国家林业和草原局普通高等教育“十三五”规划教材

# 植物组织培养

（第 2 版）

李　胜　杨德龙　主编

中国林業出版社
CFPH China Forestry Publishing House

## 内容简介

本教材为全国高等院校生物科学、生物技术、园艺、林学、中药学等专业学生使用的基础教材。全书共分10章，按照组织培养的设施设备—组织培养理论—组织培养的应用框架编排，主要介绍了植物组织培养室设计与培养基制备，外植体选择、灭菌、接种与培养，植物组织培养原理，离体培养中遗传与变异，植物组织器官培养，体细胞杂交，转基因受体系统建立，植物离体资源的种质保存，植物细胞组织器官培养与次生代谢物生产等方面的基本内容。本教材注重现代植物组织培养的发展趋势，理论联系生产实践，并考虑相关专业的教学特点，内容翔实、重点突出、脉络清晰、图文并茂、编排合理。各章后有小结、复习思考题及推荐阅读书目，书末附有植物组织培养常用培养基配方，方便学习查阅。

本教材适合生物科学、林学、园艺、生物技术、中药学等专业的本科生学习使用，也可作为相关领域研究生和科研人员的参考书。

**图书在版编目(CIP)数据**

植物组织培养／李胜，杨德龙主编. —2版. —北京：中国林业出版社，2021.6(2023.12重印)
国家林业和草原局普通高等教育“十三五”规划教材
ISBN 978-7-5219-0901-2

Ⅰ.①植…　Ⅱ.①李…②杨…　Ⅲ.①植物组织-组织培养-高等学校-教材　Ⅳ.①Q943.1

中国版本图书馆CIP数据核字(2020)第213607号

**中国林业出版社·教育分社**

**策划编辑**：康红梅　　**责任编辑**：康红梅　田　娟
**电话**：83143634　83143551　　**传真**：83143516

出版发行　中国林业出版社(100009　北京西城区德内大街刘海胡同7号)
E-mail：jiaocaipublic@163.com　电话：(010)83143500
http://www.forestry.gov.cn/lycb.html
印　刷　北京中科印刷有限公司
版　次　2015年7月第1版(共印1次)
2021年6月第2版
印　次　2023年12月第2次印刷
开　本　850mm×1168mm　1/16
印　张　19.5
字　数　436千字
定　价　56.00元

# 《植物组织培养》（第2版）编写人员

主　　编　李　胜　杨德龙
副主编　杨　宁　马绍英　赵　露
编写人员　（按姓氏拼音排序）
黄远新（西南大学）
李　胜（甘肃农业大学）
栗孟飞（甘肃农业大学）
马绍英（甘肃农业大学）
毛　娟（甘肃农业大学）
夏润玺（沈阳农业大学）
杨　宁（西北师范大学）
杨德龙（甘肃农业大学）
张　真（甘肃农业大学）
张春梅（河西学院）
赵　露（吉林农业大学）

# 《植物组织培养》(第1版)编写人员


**主　　编**　李　胜　杨　宁

**副 主 编**　赵　露　马绍英　张庆霞

**编写人员**　(按姓氏拼音排序)

李　胜(甘肃农业大学)
栗孟飞(甘肃农业大学)
马绍英(甘肃农业大学)
毛　娟(甘肃农业大学)
夏润玺(沈阳农业大学)
杨　宁(西北师范大学)
张　真(甘肃农业大学)
张春梅(河西学院)
张庆霞(陇东学院)
赵　露(吉林农业大学)

# 第2版前言

自《植物组织培养》第1版出版以来，已近5个年头。其间，这部教材在全国高等院校相关专业课程教学中得到了广泛的使用，同时也为广大业内人士提供了一部系统了解植物组织培养理论与实践应用的参考书。生命科学发展日新月异，植物组织培养技术也必须与国际接轨，才能体现时代的特点与要求，尤其近50多年来，植物组织培养在农业、林业、工业和医药行业更是迅猛发展，逐步发展成为当代生物科学中最有生命力的学科之一，并相继形成了一批特色企业，为我国社会经济和自然科学的发展提供了巨大的推动力。

植物组织培养作为现代生物技术的组成部分，同时作为理论与实践并重的学科，保持其先进性与实用性是基本要求。因此，我们再次组织多年从事植物组织培养种苗生产和本科生与研究生教学的专家与学者，立足于植物组织培养的理论构建，结合植物组织培养与其他相关学科的交叉应用与研究，综合对2015年出版的《植物组织培养》教材进行修订，力争与全球生命科学的发展齐头并进，从而为相关专业本科生与研究生的教学提供更为适用的教材，为高职高专生物技术类专业相关课程提供教学参考资料，也为从事本领域研究的专家学者提供参考。借此教材再版之际，我们对原有内容进行了适当的调整和补充，力求使全书的内容更为全面和系统，也更加科学实用。

本次修订主要体现在以下四个方面：其一，针对本学科相关名词的定义进行修改，以符合本学科最新的发展要求，如脱分化、遗传转化、内源激素等；其二，对部分章节的陈旧内容进行了复核、对冗余文字进行了适当凝练，如统计资料的更新、文献资料的替换，力求为读者提供最新的理论以及最科学的实践；其三，第6章植物组织器官培养中部分内容调整，其中包括外植体的消毒方法改进、实操理论的规范以及不适实例的删减，也是本次修订的重点部分；其四，对部分章节中涉及研究进展的内容进行了更新，如原生质体培养获得再生植株、体细胞杂交的研究成果、原生质体分离酶的研究等。此外，还有其他方面或大或小的修改，因散见于全书，不再一一列举。

本教材由李胜、杨德龙任主编，全书共分十章，编写分工如下：李胜编写前言、第1章；夏润玺编写第2章；张春梅、马绍英编写第3章；马绍英编写第4章；赵露编写第5章；黄远新编写第6章；毛娟、李胜编写第7章；杨德龙、杨宁编写第8章；栗孟飞、马绍英编写第9章；马绍英、张真编写第10章。全书重点介绍了植物组织培养的原理，植物组织器官和细胞培养，植物转基因受体系统及其建立。

本次修订得到有关科研单位、高等院校专家和教务部门的支持。另外，在编写过程中参考和引用了大量相关文献和国内外高等院校教材的许多资料，特别是得到了出版社领导和编辑的大力支持，在此一并表示衷心感谢。

生命科学的精髓在于不断的探索，虽然编者在本次修订中致力于紧跟生命科学发展前沿，但因编者学识有限、时间仓促，错误之处在所难免，万望读者给予批评指正。

李　胜

2020 年 7 月

# 第1版前言

植物组织培养自提出以来，已经历了100多年的发展，尤其是近50多年来，植物组织培养得到了迅速发展，并相继建立了一批企业，活跃在农业、林业、工业和医药业等行业，产生了巨大的经济效益和社会效益，成为当代生物科学中最有生命力的学科之一，也是现代生物技术和现代农业技术的组成部分。

我国是一个人口大国，目前从事植物组织培养的人数和实验室总面积，均居世界第一。近年来我国试管繁殖已进入成熟阶段，诞生了数百个植物组织培养企业，随着全球经济一体化以及我国加入世界贸易组织，我国植物组织培养技术必须与国际接轨，才能体现其时代的特点与要求。

我们在多年从事植物组织培养本科生与研究生教学的基础上，组织这方面的专家与学者，立足于植物组织培养的理论基础，结合植物组织培养与其他相关学科的交叉应用与研究，以及编者的多年研究，提出植物组织培养的编写任务，以便为相关专业本科生与研究生的植物组织培养教学提供更为适用的教材，同时也可作为相关领域科研人员的参考用书。

本教材概述了植物组织培养的发展历史，每一发展阶段研究形成新的理论与原理；列举了成熟技术在目前农业及相关产业中的应用实例，介绍了植物细胞培养及植株再生技术在农作物品种选育、次生代谢产物生产和基因转化中的应用原理。重点介绍了植物组织培养的原理，植物组织器官和细胞培养，植物转基因受体系统及其建立。本教材由李胜、杨宁主编，具体编写分工如下：绪论，李胜；第1章，夏润玺；第2章，张春梅；第3章，马绍英、李胜；第4章，赵露；第5章，张庆霞；第6章，毛娟、李胜；第7章，杨宁；第8章，栗孟飞、李胜；第9章，张真、李胜。

本教材在编写过程中得到有关研究单位和大专院校专家、教务部门的支持。另外，编写过程中参考和引用了国内外大专院校教材，得到了出版社的领导和编辑的大力支持，在此一并表示感谢。

本教材在编辑出版中，因编者水平有限、时间仓促，错误之处在所难免，敬请批评指正。

编　者

2015年1月

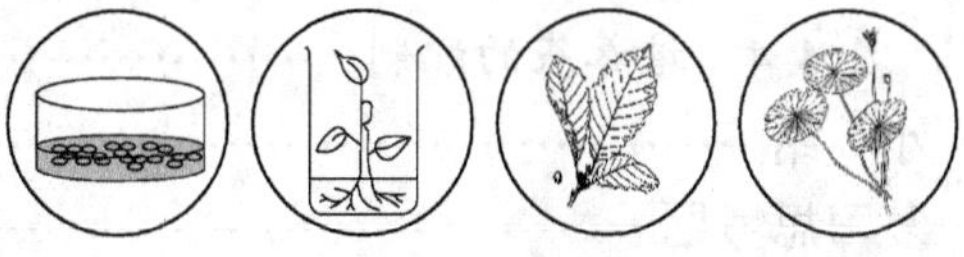

# 目 录

# 第1章 绪 论

植物组织培养提出于20世纪初，经过逾100年的发展，目前已作为生物技术的基础，不仅应用于科学研究，而且广泛地应用于农业中的无病毒优良种苗繁殖、林业中的种苗快繁、轻工业中的植物源物质生产、医药产业中的植物源药物原料生产。在21世纪的生物技术时代，植物组织培养必将在生物技术研究与产业开发中发挥越来越重要的作用。

## 1.1 植物组织培养定义和目的

植物组织培养(plant tissue culture)是指在无菌条件下，将离体的植物器官(根、茎、叶、花、果实、种子等)、组织(如形成层、花药组织、胚乳、皮层等)、细胞(体细胞和生殖细胞)以及原生质体，培养在人工配制的培养基上，给予适当的培养条件，使其长成完整植株的过程。因用于培养的是脱离母体的培养物，所以也称离体培养。根据培养对象的不同又可分为植物培养、胚培养、器官培养、细胞培养、原生质体培养等。用于离体培养的植物体或一部分器官、组织、细胞、细胞器叫作外植体(explant)。将其置于人工控制条件下，使其按照人们的意愿去分化或产生人们所需的部分或产物，来满足人们的需要，达到人们的意愿，为人类造福，是植物组织培养的最终目的。学习植物组织培养就是为了掌握这门科学技术，为生产实践服务，为我国经济建设服务。

## 1.2 植物组织培养发展简史

### 1.2.1 国外植物组织培养发展简史

国外植物组织培养史从发展进程上大致分为3个阶段。

(1)萌芽阶段(20世纪初至30年代中期)

在Schleiden和Schwann创立的细胞学基础上，1902年德国植物生理学家Haberlandt提出，人们可以培养植物的体细胞成为人工胚。当时他培养了小野芝麻、凤眼兰的叶肉组织，万年青属植物的表皮细胞等。限于当时的技术水平，未能培养成功。但它对植物组织培养的发展起了先导作用，在技术上也是一个良好开端。

1922年，Haberlandt的学生Kotte和美国的Robbins，采用无机盐、葡萄糖和各种氨基酸培养豌豆和玉米的茎尖，结果形成缺绿的叶和根，能进行有限的生长。

1925年，Laibach将亚麻种间杂交不能成活的胚取出培养，使杂种胚成熟，继而萌发。

(2)奠基阶段(20世纪30年代末至50年代中期)

1934年，美国植物生理学家White培养番茄的根，建立了活跃生长的无性繁殖系，并能进行继代培养，在以后的28年间转接培养1600代仍能生长。利用根系培养物，研究了光、温、pH和培养基组成对根生长的影响。1937年，他们首先配制成综合培养基，发现了B族维生素对离体根生长有重要作用。同年，法国的Cautheret、Nobecourt培养块根和树木形成层使其生长。White、Cautheret和Nobecourt确立的植物组织培养的基本方法，成为以后各种植物组织培养的技术基础。1941年，Van Overbeek等在基本培养基上附加椰乳(CM)，使曼陀罗的心形胚离体培养成熟。1943年，White提出了“植物细胞全能性”学说，并出版了《植物组织培养手册》，使植物组织培养开始成为一门新兴学科。

1948年，Skoog和我国学者崔徵在烟草茎切段和髓培养以及器官形成研究中，发现嘌呤或腺苷可以解除IAA对芽形成的抑制，并诱导成芽，从而确定嘌呤与IAA的比例是控制根和芽形成的条件。1955年，Miller等发现的激动素，其活力比嘌呤高3万倍，细胞分裂素与生长素的比值成为控制器官发育的模式，促进了植物组织培养的发展。

(3)蓬勃发展阶段(20世纪50年代末至今)

近几十年来，植物组织培养得到了迅速的发展，并广泛应用于生物学和农业科学，在生产上发挥了重要作用。

1958年，英国学者Steward在美国将胡萝卜髓细胞培养成为一个完整的植株。这是人类第一次实现人工体细胞胚，使Haberlandt的愿望得以实现，也证明了植物细胞的全能性。这是植物组织培养的第一大突破，它对植物组织和细胞培养产生了重大而深远的影响。

1960年，英国学者Cocking用酶法分离原生质体成功，开创了植物原生质体培养和体细胞杂交研究的先河，这是植物组织培养的第二大突破。

同年，Morel培养兰花的茎尖，可以脱除病毒并能快速繁殖兰花。其后，国际上逐渐形成了兰花工业。在兰花工业高效益的刺激下，植物离体微繁技术和脱毒技术得到了迅速发展，实现了试管苗产业化，取得了巨大的经济效益和社会效益。

1964年，印度学者Guha和Maheshwari成功地从曼陀罗花药培养获得花粉单倍体植株，从而促进了植物花药单倍体育种技术的发展，这是植物组织培养的第三大突破。

植物组织培养自1958年以来得到了迅速发展，在现代科学技术中得到实际应用，也是现代科学相互渗透、相互促进和发展的结果。

20世纪60年代初，世界上只有十多个国家的少数实验室从事植物组织培养；到了70年代已发展到很多国家和实验室；到90年代已遍及世界各国，不论是发达国家还是发展中国家，几乎所有大学、研究机构、农林单位都有人从事这方面的研究和应用(罗士韦，1978；许智宏，1991、1994)。据 Kee-Youep Paek 等报道，韩国 1993 年有组培室和商业性组培室 192 个，总面积 $14\times10^4 m^2$，每年生产试管苗2000万株，仅 1991 年所发表该方面的论文就超过1000篇。

基于植物组织培养的迅速发展，1973 年在英国成立了国际植物组织培养协会(IAPTC)，现更名为国际植物组织培养与生物技术联合会(IAPTCB)，至今已召开过十多次国际会议，论文和人数逐渐增加。有关这方面的专著或丛书出版越来越多。如印度学者 Bajaj 主编的《农业生物技术》(*Biotechnology in Agriculture and Forestry*)丛书已出版 30 多卷，国际专业杂志《植物细胞、组织和器官培养》(*Plant Cell, Tissue and Organ Culture*)也已出版 70 多卷。国际植物组织培养与生物技术联合会办的《植物离体细胞与发育生物学》(*Plant in vitro Cellular Developmental Biology*)杂志发行了 50 卷。

### 1.2.2 我国植物组织培养发展简史

1931 年李继侗培养银杏的胚，1935—1942 年罗宗洛进行了玉米根尖离体培养，其后，罗士韦进行了植物幼胚、根尖、茎尖和愈伤组织的培养。20 世纪 70 年代以来，我国开展植物花药培养单倍体育种，特别是在全国科学大会以后，我国在植物组织培养方面进行了大量研究，取得了一系列举世瞩目的成就。不少研究成果已走在世界前列。我国植物组织培养技术普及程度及技术水平均居世界领先地位(周永春，1990)。在植物组织培养和应用方面已有多项成果获得国家和省、部、厅局级科技成果奖。科技界第一个万元户就是从事植物组织培养的专业人员——‘京花一号’小麦育成者胡道芬。中国科学院北京植物所朱至清创制的 $N_6$ 培养基获国家发明二等奖。国家“六五”至“十二五”都把生物技术列入国家级或省部级重点攻关项目，作为生物技术的重要组成部分的植物组织培养在完成攻关任务上，做出了应有的贡献。

20 世纪 70 年代以来，我国学者结合自己的工作和国内外研究进展出版了不少专著译著。如《植物组织和细胞培养》(上海植物生理研究所细胞室编译，1978)，《植物组织培养及其在生物技术上的应用》(夏镇澳等译，1983)，《木本植物组织培养及其应用》(陈正华，1986；1991 年被译成英文，以 *Handbook of Plant Cell Culture* 第 6 卷木本植物组培专集形式出版)，《经济植物组织培养》(罗士韦、许智宏，1988)，《植物组织培养及其应用丛书》(陈正华，1989—1990)，《植物细胞工程与育种》(胡含、王恒之，1990)，《植物组织培养技术》(曹孜义、齐玉枢，1990)，《高等植物离体培养的形态建成及其调控》(黄学林、李莜菊，1995)，《园艺植物离体培养学》(陈振光，1997)，《实用植物组织培养技术教程》(曹孜义、刘国民，1996；2001 年修订)，《果树花卉无毒苗快繁技术》(曹孜义，1998)，《热带亚热带植物微繁殖》(郑成木、刘进平，2001)，《现代植物组织培养技术》(曹孜义、李胜等，2003)，《植物组织培养原理与技术》(李胜、李唯，2008)等。为促进我国植物组织培养技术企业化和持续发展，2000 年 12 月 4~6 日，曹孜义发起并在兰州主持召开了“全国植物组织培养效益与前景高级学术研讨会”(以下简称兰州组培会)，目前已举办了 5 期。为提高我国植物组织培养技术人才和管理人才的水平，2001 年春季，国家人事部(现人力资源和社会保障部)还委托重庆市人事局和重庆大学在重庆举办全国专业技术人员植物组织培养及产业化高级研修班。

我国《植物生理学通讯》(现更名为《植物生理学报》)杂志设有植物组织培养简报专栏，每期均有近10篇文章发表。如今，我国综合大学、师范院校生命科学院、农林院校的相关专业都开设了植物组织培养课程，培养这方面的专业技术人才。

植物组织培养技术的研究任重道远。现阶段，虽然在转基因育种、种质资源离体保存、植物脱毒和快速繁殖、植物育种等方面得到了应用，取得了一定成效，植物组织培养技术得到了提升，但植物组织培养仍然处于发展阶段。从植物组织培养的发展趋势看，相信在今后的几十年，植物组织培养技术将被应用到科研、生产和生活各个领域，最大化发挥植物组织培养技术的作用，必将为社会创造更大的价值和效益。

## 1.3 植物组织培养研究动向

(1)向规模化、企业化的脱毒及离体快繁方向发展

此方向是目前植物组织培养应用最多、最广泛和最有成效的一种模式，以植物细胞全能性为理论依据，主要利用植物茎尖培养脱毒法，将脱毒苗、新育成种、新引进种、稀缺良种、优良单株、濒危植物和基因工程植株等通过离体快速繁殖。此技术的应用不受地区、气候的影响，且植物材料处于最优的生长条件下，繁殖速度比常规方法快数万倍到数百万倍，可为农业生产和科学研究及时提供大量优质种薯和种苗。有学者计算，一个苹果茎尖，通过科学的培育繁殖，一年可生产$10^{11}$个小苗，因此，一支试管的优良树种可供数万公顷的土地造林。另外，一个新育成品种问世后，两年即可广泛用于生产。又如马铃薯茎尖脱毒、无毒种苗和微型脱毒种薯的培育，从根本上解决了马铃薯的种性退化问题。现今观赏植物、园艺作物、经济林木、无性繁殖作物等大部分植物也已使用离体快繁技术提供苗木，并结合计算机技术、信息网络技术和自动化技术，不仅能更好地进行植物的脱毒快繁，而且通过信息网络，及时了解市场的需求，加强销售网络的建设，做好产前产后服务，使组培产业化持续健康发展。

(2)分子水平上的育种

分子水平上的育种又叫转基因育种，是将具有实用价值的功能基因(如抗病虫、抗病毒、高品质、雄性不育、花色基因以及贮存基因等)导入植物或进行基因修饰与调控，创造具有某些特定功能的植物品种，一般称为转基因植物。近年来转基因植物育种工作取得了长足进步。2018 年，国际农业生物技术应用服务组织(ISAAA)报告了全球共有 26 个国家和地区种植转基因作物，种植面积达到 $1.917\times10^4hm^2$，较 2017 年的 $1.898\times10^4hm^2$ 增加 $190\times10^4hm^2$，约是 1996 年的 113 倍；另有 44 个国家和地区进口转基因农产品。其中，转基因大豆种植面积达到 $9590\times10^4hm^2$，占全球转基因作物种植面积的 50%，其次是转基因玉米($5890\times10^4hm^2$)、转基因棉花($2490\times10^4hm^2$)和转基因油菜($1010\times10^4hm^2$)。从全球单一作物的种植面积看，2018 年转基因大豆的应用率为 78%，转基因棉花的应用率为 76%，转基因玉米的应用率为 30%，转基因油菜的应用率为 29%。而这一年距 1983 年实现第一例转基因植物仅仅过了 23 年，可见转基因作物在全球具有卓越的应用价值以及开发潜能。

美国作为全世界转基因作物种植第一大国，2018 年的种植面积为 $7500\times10^4hm^2$，其次是巴西($5130\times10^4hm^2$)、阿根廷($2390\times10^4hm^2$)、加拿大($1270\times10^4hm^2$)和印度($1160\times10^4hm^2$)。这五个国家的种植面积占到全球转基因作物种植面积的 91%。美国种植的转基因作物种类多样，包括大豆、玉米、棉花、油菜、甜菜、苜蓿、木瓜、南瓜、马铃薯和苹果。相比之下，中国目前商业化种植的转基因作物仅有棉花和木瓜，总面积为 $290\times10^4hm^2$。

国际农业生物技术应用服务组织(ISAAA)以《2018 年全球生物技术/转基因作物商业化发展态势》统计显示，2018 年全球转基因作物种植面积已超 $1.9\times10^8hm^2$，创 1996 年转基因作物开始商业化种植以来新高。种种数据足以证明，全球转基因作物应用(用作粮食、饲料和加工用途的耕种和进口)在持续增长，这是因为转基因作物不仅在农业、社会经济和环境方面产生良好收益，而且还能提高食品安全水平、改善营养水平。另外，转基因作物种植面积持续增加，还有助于解决全球饥饿和营养不良问题。

(3)细胞水平上的育种

以花药培养、胚培养和体细胞无性系以及原生质体培养和细胞杂交等技术手段，筛选优质性状以育成具有高品质的品种。从 1964 年 Guha 和 Maheshwari 首次从植物花药培养出花粉植株以来，目前世界上已有 960 多种植物成功地获得了花粉植株。通过花药培养，可以加速后代纯合、缩短育种进程、简化选育程序。现已育成一大批高产优质品种，并在生产中得到应用。仅我国选育出的水稻品种就达 60 多个，小麦品种 20 多个，推广面积已达 2684 万亩*，增产创收约 5 亿元(朱至清，1998)。华中农业大学吴江生等通过油菜小孢子培养，选育出优质、高产、抗(耐)病新品种'华双 3 号'，2001 年荣获国家科学技术进步二等奖。北京市海淀区植物组织培养技术实验室李春玲等进行的甜(辣)椒花药培养单倍体育种技术的研究与应用也获国家科学技术二等奖。另外，在果树的倍性育种工作中也有突出的进展，在草莓栽培品种'甜查理'和'章姬'(赵永钦，2012)，在桃(郭继英，2009)、枣(武晓红，2008)上均获得了由花药培养而来的单倍体植株。通过体细胞无性系变异、突变体选育，已培育出有利用价值的特殊品种或材料(赵成章，1990)。用胚培养技术，可拯救杂种胚，已获得一些有用的材料或品系，取得了明显效果。河北省农林科学院王海波通过冬小麦幼胚培养，一年可繁育 5 代，加快了冬小麦育种进程。因此，细胞工程育种不仅有很大的实用价值，也是分子标记和基因图谱的理想材料。

自 Cocking 用酶法脱除植物细胞壁以来，至今已有 49 科 146 属 320 多种高等植物原生质体培养再生植株，这为实现远缘细胞杂交和外源基因导入奠定了基础。1972 年 Carlson 首先报道了属间体细胞杂交成功，现已有数十种属间体细胞杂种和数例科间体细胞杂交成功的报道。目前，原生质体培养和细胞杂交技术已进入程序化和系统化研究，体细胞融合技术、微细胞技术杂交以及配子与配子、配子与体细胞杂交，尤以禾谷类作物叶肉原生质体培养等都有较大进展，但直到现在细胞杂交尚无实际应用价值，有待继续努力。

---

* 1 亩≈$666.7m^2$。

(4) 次生代谢产物的生产

培养植物细胞像培养微生物那样大量生产微生物所不能合成的产物，如药用植物中的有效成分，香料植物中的香精，以及工业生产中需要的一些初生产物和次生产物，有些已投入工业化生产。特别是药用植物组织培养，自1976年第一次国际药用植物会议在德国召开以来发展迅速，利用药用植物产生药用成分已有数百种，即利用药用植物的愈伤组织、冠瘿组织和毛状根进行液体、固体以及发酵罐大规模培养，这方面已取得令人振奋的进展，如红豆杉、人参、长春花等毛状根的大规模培养生产紫杉醇、人参苷和长春碱已实现产业化。

(5) 植物种质资源的保存和交换

植物资源及其保存有两大难题：一是遗传资源日趋枯竭，造成有益基因的丧失；二是常规田间保存耗资巨大，且往往达不到万无一失。利用植物组织和细胞低温保存种质，可大大节约人力、物力和土地，同时，也便于种质交换和转移，防止病虫害的人为传播。植物种质资源的保存可采用低温法、超低温保存、干燥冷冻保存法进行。30多年来，植物组织培养技术对收集、繁殖和保存作物种质资源起到了重要作用。

(6) 植物细胞和组织培养技术在遗传、生理、生化、病理和环保研究中的应用

植物组织培养作为一种模式实验在植物学中广泛应用，促进了遗传、细胞、生理、生化、病理和环保等学科的发展。如培养的植物材料随时可取，不受季节影响又无菌，十分方便。单倍体或纯合二倍体植物是研究细胞遗传的极好材料；植物组织和细胞培养材料因结构均匀，也是有利于研究植物生理细胞矿质营养、有机营养、物质合成、植物激素和光合呼吸等过程的理想材料；植物组织和细胞培养常用来进行抗病性鉴定和筛选，Dixon 等认为悬浮细胞是研究植物与微生物相互作用的有效系统；Poonawala 等将组培芦苇用于工业废水处理。

植物细胞和组织培养技术是生物技术的重要组成部分，基因工程、遗传转化都必须反映出整株水平才能利用。故这些研究也必须与植物细胞和组织培养相结合才能体现出其潜在的价值。

## 1.4 植物组织培养特点

(1) 培养材料经济，可进行规模化的生产

由于植物细胞具有全能性，故单个或小块组织进行细胞培养即可再生植株，这在研究上有重大价值。在生产实践中，以茎尖、根、茎、叶、子叶、下胚轴、花芽、花瓣等作材料进行器官培养时，只需长度为几毫米甚至不到一毫米大小的材料。由于取材少、培养效果好，植物组织培养对于新品种的推广和良种复壮更新都有重大的实践意义。如非洲紫罗兰取一枚叶片培养，经3个月就可得到5000株苗。现代植物组织培养可以实现大规模的生产，如建立兰花试管苗工业、植物细胞制药工业。

(2) 培养条件可人为控制

植物组织培养中植物材料完全是在人为提供的培养基质及小气候环境条件下生长的，摆脱了大自然中四季、昼夜气候变化频繁，以及不时受灾害性气候的影响，利于

植物生长，便于稳定地进行周年生产。

(3) 生长周期短，繁殖率高

植物组织培养可人为控制培养条件，根据不同植物、不同离体部位的不同要求，提供不同的培养条件，因此生长快，往往1~2个月就可完成一个生长周期。所以，虽然需要一定的设备及能源消耗，但由于植物材料能按几何级数大量繁殖生产，总的来说成本低，利于生产应用，能及时提供规格整齐一致的优质无病种苗。

(4) 管理方便，利于自动化控制

植物组织培养是在一定场所，人为提供一定的温度、光照、湿度、营养、激素等条件，进行高度集约化、高密度的科学培养生产，比盆栽、田间栽培繁殖省去了中耕除草、浇水施肥、病虫害防治等繁杂劳动，大大节省了人力、物力及土地，可通过仪器仪表进行自动化控制，利于工厂化生产。

## 1.5 我国规模化、企业化组织培养现状

(1) 研究人员多、单位多，但企业化程度不高

我国从事植物组织培养研究的人数和实验室面积均居世界第一。如果把植物组织培养技术分为上游的研究阶段、开始走向应用的中游阶段和企业化开发的下游阶段，那么我国植物组织培养技术的现状则是：从事上游研究阶段的人数最多，中游阶段的人数不多，企业化的下游人数不变，但产业水平高。

(2) 研究范围广，低水平重复多

我国是世界人口最多的国家，也是资源比较丰富的国家，植物组织培养在多个方面和多种植物上都在开展研究和应用，研究范围和内容相当广泛，某些研究居世界领先水平，如花药培养和单倍体育种技术和应用。但我国独立创新的不多，有自主知识产权的原创性技术更少，低水平的重复研究多。如今，科技创新是企业发展的灵魂和不竭的动力源泉，今后组培产品的技术竞争会越来越强，只有不断地进行创新，才能在强手如林的种苗市场上立于不败之地。

(3) 劳动力充足，劳动者素质较高

植物组织培养产业是一个技术和劳动密集型产业，植物组织形态结构复杂，许多技术操作中无法使用机器人，故需要大量人工。即使在发达国家，也往往是人工工资在组培苗生产成本中占很大一部分。为了解决这一问题，他们一般利用发展中国家的廉价劳动力来组织试管苗生产，或进口试管苗。浙江大学徐礼根报道，发展中国家印度，因劳动力成本低，生产出了低成本的试管苗大量出口，组培试管苗生产发展很快，效益显著。虽然我国劳动力资源充足，但目前组培企业大量一线技术人员为高校毕业的本科生或研究生，文化水平高，人工工资较高，导致生产成本较高。

(4) 部分环节设施落后，现代化程度不高

我国从事植物组织培养的人数和实验室虽多，但大量实验室和生产企业由于缺乏投入，设施落后，特别是接种环节仍然人工操作，现代化程度较低。我国加入世界贸易组织后，国际化竞争日趋激烈，大力提高我国植物组织培养的现代化程度势在必行。

(5)基础研究多，但应用开发的较少

我国在植物组织培养的理论和技术上做了大量工作，对于植物组培技术的开发起了很大的推动作用，但针对企业化生产中的一些问题，如大量污染、玻璃化苗、生根问题和移栽问题等，研究还不够深入。植物材料的精准组织培养的研究及成果较少，今后更需加强前瞻性研究和技术贮备。

(6)信息灵通、营销手段先进，但普及率不够高

当今世界经济已步入全球化、信息化、网络化时代，农业和涉农网站众多。有关专家分析，我国的农业信息技术在农业上的应用较前十年有较快而广泛的推广，但较发达国家还有一定的差距。因此，对国内外需求了解不及时，难以适应市场。应加强这方面的研究和应用，使我国信息技术对植物组织培养产生推动作用。

(7)综合应用形成产业的较少

在植物组织培养技术脱毒和快繁应用中，一些企业为提高经济效益，往往采取综合措施进行经营，只把植物组织培养技术用于解决关键问题，而并不完全依赖组培。如北京锦绣大地农业有限公司，用植物组织培养技术繁殖花卉稀缺品种，同时开展蔬菜制种和休闲观光，取得了良好的效益。又如内蒙古铃田生物技术有限责任公司把马铃薯育种、脱毒、繁殖、淀粉加工、产品出口和示范推广等结合起来，年生产微型薯3000万粒、原原种$48\times10^4$kg，成效显著。但这方面成功的事例相对较少，开发力度还有待进一步增强。

## 小 结

本章从植物组织培养概念、发展历史、研究动向、植物组织培养特点和我国植物组织培养企业现状五方面进行了概述，以阐明植物组织培养丰富的理论知识与发展过程及其在实践中的应用，着重阐述了植物组织培养技术在科研与相关产业的应用以及在农业产业发展中发挥的重要作用。

## 复习思考题

1. 简述植物组织培养与外植体的概念。
2. 简述植物组织培养的发展历史。
3. 简述我国植物组织培养企业的现状。
4. 简述植物组织培养的特点。
5. 简述植物组织培养的研究动向。

## 推荐阅读书目

1. 实用植物组织培养教程．曹孜义，刘国民．甘肃科学技术出版社，2002.
2. 植物组织培养(第二版)．王蒂，陈劲枫．中国农业出版社，2013.

# 参考文献

曹孜义，2003. 现代植物组织培养技术［M］. 兰州：甘肃科学技术出版社 .
巩振辉，申书兴，2013. 植物组织培养［M］. 2 版 . 北京：化学工业出版社 .
李胜，2003. 葡萄试管苗离体生根机理的研究［D］. 兰州：甘肃农业大学 .
李胜，李唯，2008. 植物组织培养原理与技术［M］. 北京：化学工业出版社 .
秦静远，2014. 植物组织培养技术［M］. 重庆：重庆大学出版社 .
沈海光，2005. 植物组织培养［M］. 北京：中国林业出版社 .
王蒂，陈劲枫，2013. 植物组织培养［M］. 2 版 . 北京：中国农业出版社 .

# 第 2 章 组织培养室设计与培养基制备

植物组织培养是一项技术性很强的工作，对环境条件要求高，需要有专门的组织培养室。建立组织培养室要遵循一定原则，布局要合理，符合使用要求。组织培养使用多种仪器设备，需要大量培养器皿，所以设施要齐全，器具配备要能满足组培需要。离体植物组织对环境条件要求苛刻，所用器具都要认真清洗，严格消毒。植物组织在离体条件下培养，营养来源于培养基，所以，培养基直接决定组培是否能够成功。了解培养基的组成、各组分的作用和常用培养基的种类、特点及配置过程，对顺利开展组培工作具有重要意义。

## 2.1 组织培养室设计

### 2.1.1 组织培养室的设计要求

建设组织培养室首先要明确培养的目的、规模、工作人数、经费和资源状况等，然后因地制宜，采取新建或是现有房屋改造。一般要注意以下几点：

(1)设施完备，布局合理

植物组织培养由多个环节组成，需要多种仪器设备和不同环境条件，有一个设施完备、功能齐全和布局合理的组织培养室，才能保证组织培养工作的顺利进行。为便于开展工作，一般将组织培养室划分成多个功能室或功能区，并按组织培养操作顺序依次排布。按实际需要，合理设置各功能室的大小和比例，制定建筑标准，配备仪器设备和水电等供给系统。

(2)易于清洗消毒

组织培养室要经常清洗和消毒，所以建筑用材应防水，耐酸碱和腐蚀，产生灰尘少，经得起清洗和消毒；墙面、地面和天花板尽量平滑，其交界处宜做成弧形，以便于日常清洗消毒；管道尽量暗装，且便于维修；下水道开口、通风口等应设有过滤、防污设施。

(3)便于室内小气候调节

植物组织培养各阶段需要的气候条件不同，组织培养室各分室和分区要便于小气候的独立调控，力求方便、节能。比如，建筑材料保温性能要好；窗子大，采光好，节省能源，同时又要达到保温要求；房间大小合适，气候调控设备布局合理，便于独立调节气候条件。

(4)生物安全

组织培养室的建立要充分考虑到生物安全问题。一是组织培养室产生的有害物质不能外流，污染环境，必须具有污染物处理系统，最好远离生活区；二是组织培养室所处环境必须清洁。组培最怕被污染，如果周围环境中充满污染物，则组培工作难以开展。所以，组织培养室应选址在洁净、无污染的地方。

### 2.1.2 组织培养室的组成与布局

一个标准的植物组织培养室应当包括接种室、培养室、观察室、准备室、储藏室、消毒灭菌室、清洗室和温室等。在建设中可视具体情况设置，部分分室可合并或兼用。

#### 2.1.2.1 接种室

接种室也称为无菌操作室，主要功能是进行植物材料的消毒、分离、接种及培养物的转移等无菌操作，其无菌条件的好坏直接影响组培是否成功。接种室的面积不宜过大，一般面积7~8 $m^2$，满足实际需要即可。接种室要求清洁无菌，为便于清洗消毒，无菌室地面、墙面等要平滑无死角、防水耐腐，在适当位置安装1~2盏紫外线灭菌灯，并将其开关设在无菌室外。接种室与培养室相邻，设置传递窗，在适当位置安装空调控温，以减少人员进出和开窗通风带来的污染。

接种室外侧设缓冲间，防止内外空气直接对流。在进入接种室前在此更衣、换鞋、洗手、戴口罩等，以防将杂菌带入接种室。缓冲间的大小可根据实际情况设定，一般将一个房间用玻璃间隔成外小内大的2个空间，外部(靠门侧)作缓冲间，内部(靠窗侧)作接种室。接种室与缓冲间、缓冲间与外界的门口应错开，最好方向不同，并设滑动门，以免开门时空气扰动和对流，增加污染机会。缓冲间建筑要求同接种室，配备紫外线灭菌灯、电源插座、洗手池等。

接种室应配置超净工作台和组培无菌操作常用器具，如酒精灯、广口瓶、三角瓶、搪瓷盘、接种工具(镊子、解剖刀、剪刀、接种针等)、火柴、喷雾器等。接种室还要根据需要配备解剖镜、工作台、搁架、医用小推车、污物桶等。缓冲间放置搁物台(架)、鞋架、拖鞋、衣帽钩、工作服、实验帽和口罩等。

#### 2.1.2.2 培养室

培养室的主要功能是进行离体植物材料的培养。设计时要从面积、布局、功能、设施等多方面充分考虑。

培养室的大小可根据实际需要和培养架的规格、数目及其他设备而定，单间面积10~20$m^2$即可，以便于小气候调节。培养室建筑要求同接种室，便于清洗消毒，同时要求采光、保温性能好，所以培养室要设在向阳面，采用双层或3层玻璃大窗户，墙体做保温处理。培养室用电量大，要配备配电箱。为保证用电安全和方便控制，配电箱应置于培养室外。培养室要配备足够多的电源插座。培养室内设多组培养架，以结实耐用、操作方便、充分利用空间、安全经济为原则。

不同植物组织培养所需温度不同，一般在20~30℃，最好分室培养。培养室用空调调节温度。培养室面积较小时，采用窗式或柜式空调；培养室面积较大时，最好采用中央空调。培养室相对湿度以70%~80%为宜，可用除湿器、排气扇、加湿器等调整湿度。植物组织培养的光照强度一般在1000~6000 lx，每天照明10~16h，也有些需要连续照明。需要暗培养时可用暗箱培养或增设暗培养室。

培养室内需要的仪器设备有空调、排气扇、摇床、转床、光照培养箱或人工气候箱、除湿机、加湿器、光照时控器、干湿温度计、温度自动记录仪、培养架、日光灯、工作台等。

#### 2.1.2.3 观察室

观察室的主要功能是对培养材料进行细胞学或解剖学观察与鉴定，植物材料的摄影记录，或对培养物的有效成分进行取样检测等。

观察室可根据实际情况设计，一般不宜过大，能满足需求即可。该室放置仪器较多，房间要干燥、通风、清洁、明亮，设有配电箱和足够多的电源插座。

观察室应配置倒置显微镜、荧光显微镜、解剖镜、图像拍摄处理设备、离心机、酶联免疫检测仪、电子天平、PCR扩增仪、电导率仪、血细胞计数器、微孔过滤器(细胞过滤器)、水浴锅、移液枪等。

#### 2.1.2.4 准备室

准备室主要功能包括试剂的称量、溶解和溶液配制，培养基的配制、分装、包扎，蒸馏水的制备等。

准备室要求宽敞、明亮、干燥、通风，面积一般为20$m^2$左右。有充足的电源插座、有上下水。操作台宽敞、稳固。

准备室工作量大，所用仪器和用品繁多。包括普通冰箱、电子天平(电子分析天平)和托盘天平、细菌过滤装置、电蒸馏水器、磁力搅拌器、恒温水浴锅、酸度计、培养基分装设备、电炉、微波炉等，还有移液管、微量移液器、移液管架、培养瓶、棕色或透明试剂瓶、烧杯、量筒、容量瓶、培养皿、吸管、打孔器、玻璃棒、标签纸、记号笔、封口膜、周转筐、棉线绳、脱脂棉、纱布、滤纸、蒸馏水桶、医用小推车、储物柜等。

#### 2.1.2.5 储藏室

储藏室主要放置橱柜，用于存放物品，大小可根据实际需要设置，要求干燥、通风、安全，有防火设施。

#### 2.1.2.6 消毒灭菌室

消毒灭菌室主要用于器皿、器具、培养基和实验服等物品的灭菌。一般能够满足使用需要即可，要求明亮、干燥、通风、防火、耐高温，有换气扇和防火设施。有配电箱，线路负荷较高。主要放置高压灭菌锅和烘箱，并要远离其他设备，与墙保持一定距离。根据需要放置搁架、搁物台和医用小推车等。

#### 2.1.2.7 清洗室

清洗室用于器皿、器具、工作服的洗涤、干燥和贮存，培养材料的预处理与清洗，组培苗的出瓶、清洗与整理等。根据工作量的大小来决定其面积，一般 $10m^2$左右。要求房间宽敞明亮，方便多人同时工作；有大型操作台，配备电源、水源和大型水槽，为防止碰坏玻璃器皿，可在水池内铺橡胶垫，上下水道要畅通；地面耐湿、防滑、排水良好，便于清洁。应放置烘箱、晾干架、周转筐、各种规格的毛刷、托盘等。

#### 2.1.2.8 温室

温室主要用于组培苗的驯化移栽，其面积视实际需要而定。要求环境清洁，采光好，具备防虫和调控室内小气候的设施。应配置空调、加湿器、遮阳网、暖气或地热线、喷雾器、移栽床(固定式或活动式)等移栽容器(营养钵、花盆、穴盘)，以及移栽基质(草炭、蛭石、沙子)。

在组织培养室组建时如果条件允许，最好各室分设；如果条件受限，可以按功能将一些独立功能室合并。一般可按接种区、培养区、试验区、准备区和驯化区来设置。如果条件有限，可用一个房间，将房间划分成多个功能区。

## 2.2 仪器设备和器具

植物组织培养用到的仪器设备、器皿和用具繁多，下面分类介绍。

### 2.2.1 基本仪器设备

#### 2.2.1.1 无菌操作设备

无菌操作设备包括超净工作台和接种箱(图 2-1)。

(1)超净工作台

超净工作台是无菌操作的主要设备，其箱体围成一个无菌空间，工作时由无菌气流(风幕)维持箱体内的无菌环境。风幕有水平式和垂直式。超净工作台有单面操作

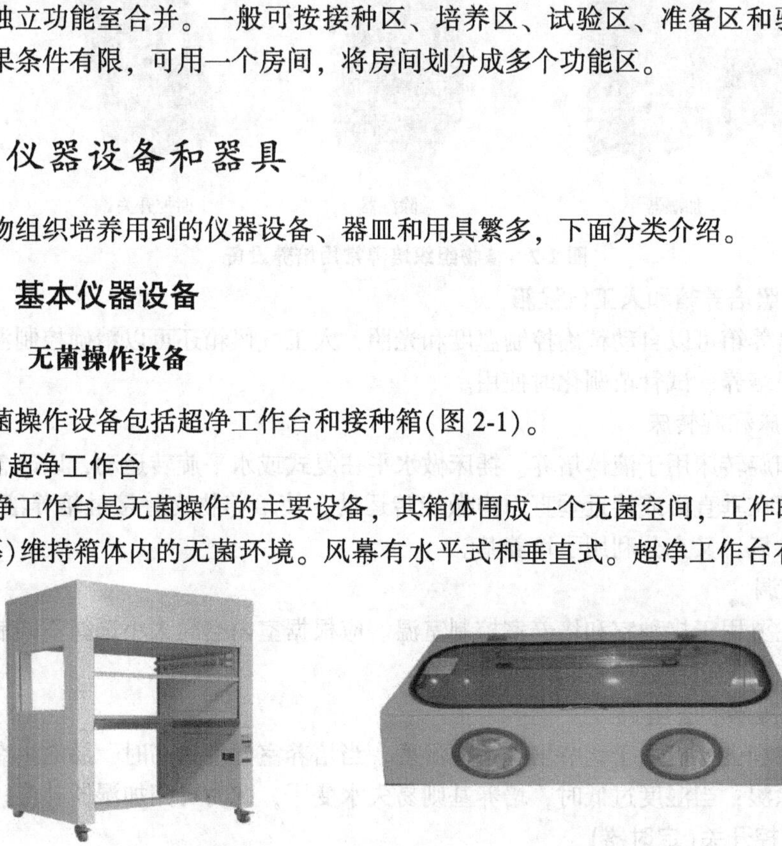

超净工作台　　接种箱

图 2-1　植物组织培养常用无菌操作设备

和双面操作两种，有的供单人操作，有的供双人对面操作和双人单面操作。

(2)接种箱

接种箱由箱体围成一个无菌空间，属简易无菌操作设备，现多用在小型食用菌场。

### 2.2.1.2　培养设备

培养设备是为培养物创造适宜培养条件的设备(图2-2)。

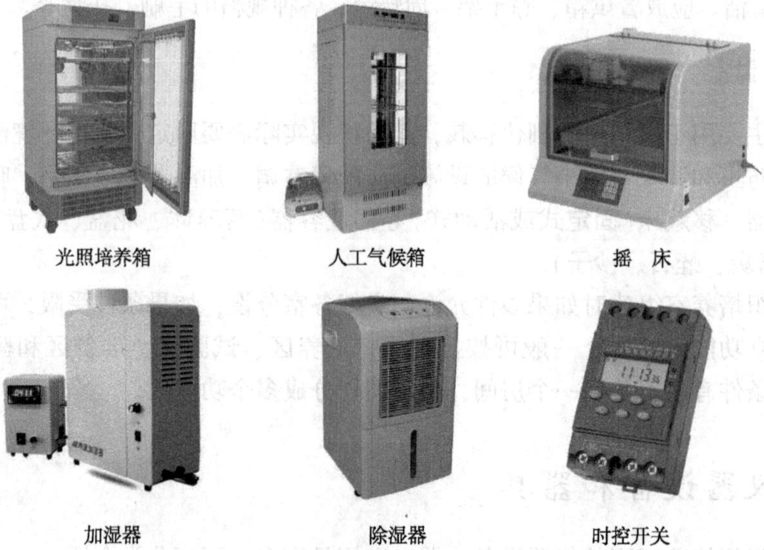


**图2-2　植物组织培养常用培养设备**

(1)光照培养箱和人工气候箱

光照培养箱可以自动精确控制温度和光照，人工气候箱还可以精确控制湿度，可在植物组织培养、试管苗驯化时使用。

(2)摇床和旋转床

摇床和旋转床用于液体培养。摇床做水平往复式或水平旋转运动，以改善通气状况。旋转床在垂直面或接近垂直面内做旋转运动，使培养物交替接触培养液和空气，既改善了供氧，又充分利用了培养基。

(3)空调

空调主要用于接种室和培养室控制室温。应根据室内空间大小选择不同制冷效率的空调，并安装在合适位置。

(4)加湿器和去湿机

加湿器和去湿机用于调节培养室内湿度。当培养室湿度过高时，易滋生杂菌，可用除湿机除湿；当湿度过低时，培养基则易失水变干，此时可用加湿器补湿。

(5)时控开关(定时器)

时控开关主要用于控制光照时间，由微电脑控制，定时接通和切断日光灯的电源。

(6)培养架

培养架多用带孔角钢搭建，一般架高 2m，宽 0.4～0.6m；设 4～6 层，层间距 0.3～0.4m，最下层距地面 0.2m。层间距可按需调整。每层顶部并行安装由时控开关控制的 2～3 盏 40W 日光灯。培养架长度可根据室内空间和日光灯长度等设定。培养架层间隔板多用玻璃板和多孔板，两者在透光性和空气流通性方面各有所长。

#### 2.2.1.3 检测设备

在植物组织培养中，观察和记录培养物的形态和解剖学变化，常用到显微镜等仪器设备(图 2-3)。

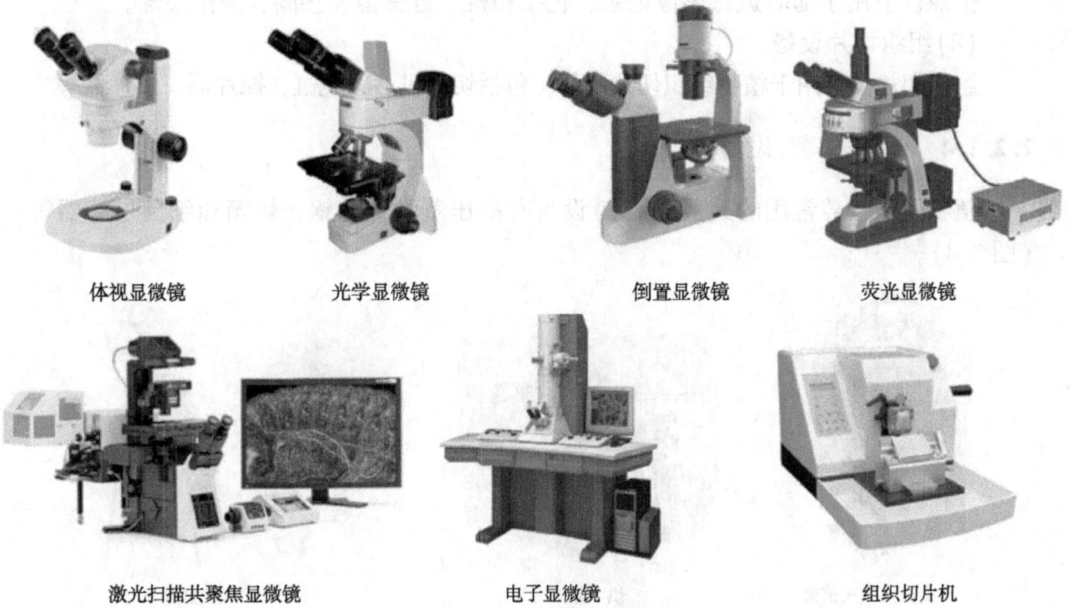


**图 2-3 植物组织培养常用检测设备**

(1)体视显微镜

体视显微镜的放大倍数一般在 5～80，应带有拍摄装置用于植物组织形态观察，不定芽、不定胚的早期识别，植物茎尖的切取等操作。

(2)普通光学显微镜

普通光学显微镜多用于植物组织切片的观察，如不定芽、不定胚的组织和器官的观察等。

(3)倒置显微镜

倒置显微镜的组成和普通显微镜一样，只是物镜在载物台之下，光源在载物台之上，主要用于细胞和原生质体的观察。

(4)荧光显微镜

荧光显微镜是用一定波长的光照射标本内的荧光物质，激发出不同颜色的荧光，再通过光学系统成像观察，主要用于细胞结构和功能以及化学成分等的研究。

(5)激光扫描共聚焦显微镜

激光扫描共聚焦显微镜是在荧光显微镜的基础上，以激光为光源激发样品中荧光物质发出荧光，荧光信号经计算机处理后形成图像。它的分辨率和灵敏度高，凡能用荧光标记的样品均可进行定位观察和定量检测，可进行断层扫描成像和三维结构重建，能进行活细胞和组织的无损伤实时动态观察。

(6)电子显微镜

电子显微镜分透射电镜和扫描电镜，能放大几十万倍，可用于细胞的微细结构观察，如细胞器的观察、脱毒苗中病毒的检查等。

(7)拍照设备

拍照设备用于随时进行影像记录，包括相机、近摄镜和接圈、翻拍架等。

(8)组织切片设备

组织切片设备用于植物组织切片制作，包括切片机、染色缸、摊片器、烘片器等。

#### 2.2.1.4 灭菌(除菌)设备

植物组织培养常用的灭菌(除菌)设备有高压蒸汽灭菌锅、烘箱和细菌过滤器等(图2-4)。

高压蒸汽灭菌锅　　烘　箱　　细菌过滤器

**图2-4 植物组织培养常用灭菌设备**

(1)高压蒸汽灭菌锅

高压蒸汽灭菌锅主要用于培养基、玻璃培养器皿和各种器械的灭菌。它是利用电加热密闭空间的水产生的高温高压蒸汽灭菌，有小型、中型和大型之分，基本都有微计算机程控功能。组培中最常用的是小型便携式灭菌锅和中型立式全自动灭菌锅，大型卧式高压灭菌锅用于大规模植物组织培养。

(2)烘箱

烘箱属干热灭菌设备，采用电加热箱体和空气，通过产生的高热空气和热辐射灭菌，主要用于玻璃器皿、金属器械等的灭菌(150℃，1~3h)及洗净后烘干(80℃左右)。

(3)细菌过滤器

细菌过滤器用于生长调节剂等不能高温灭菌的物质的过滤除菌，常用的有注射器型和漏斗型两种。注射器型过滤器用于少量溶液的除菌。漏斗型过滤器用于大量溶液的除菌，一般配合真空泵或压力泵使用。常见的漏斗型过滤器有不锈钢滤菌器和砂芯玻璃漏斗。滤菌介质有微孔虑膜和微孔滤板。

#### 2.2.1.5 试剂配制和储存设备

试剂配制和储存需要称量、促溶、低温等设备(图 2-5)。

(1)冰箱

冰箱用于某些需要低温保存的培养基母液和植物材料保存。

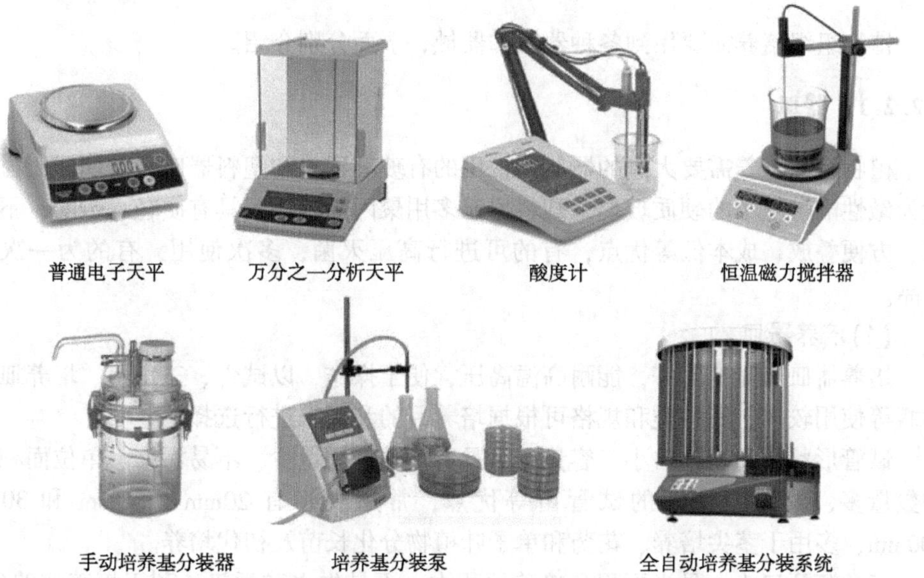


**图 2-5 植物组织培养常用试剂配制和储存仪器设备**

(2)天平

天平用于试剂和材料的称量，常用的有百分之一、十分之一普通天平和万分之一分析天平。

(3)酸度计

酸度计用于培养基的酸碱度测量，要严格按照产品说明书使用，一般使用前需校正，使用后要清洗电极，然后将电极保存在电极保护液中。

(4)培养基分装设备

少量培养基可用烧杯、漏斗等分装，也可采用手动培养基分装器分装，培养基量大、要求更高效率时，可考虑采用培养基分装泵或全自动培养基分装系统。

(5)助溶设备

配置溶液时常用加热和搅拌的方法助溶。磁力搅拌器通过持续搅拌和加热来加速溶质溶解。恒温水浴锅用于试剂的加热溶解、琼脂的熔化等。电饭锅或电炉和铝锅等也是常用简易设备。

(6)药品柜

药品柜用于存放试剂，其大小、形状和容积等可因需而定。

#### 2.2.1.6 其他设备

除了以上仪器设备外，植物组织培养还常用到小型台式离心机、高速冷冻离心机、蒸馏水制备设备、晾干架、储物柜等。有时还要用到超速离心机、液氮罐、PCR仪、流式细胞仪、显微操作仪、细胞融合仪、酶标仪等。

### 2.2.2 常用器皿与器械

植物组织培养需要用到各种器皿和器械，下面分别介绍。

#### 2.2.2.1 器皿

植物组织培养需要大量的器皿，常用的有玻璃器皿和塑料器皿。玻璃器皿材质一般为碱性溶解度小的硬质玻璃。塑料器皿多用聚丙烯制成，具有质轻、透明、不易破碎、方便叠放、成本低等优点，有的可进行高压灭菌，多次使用，有的为一次性消耗品。

(1) 培养器皿

培养器皿透光度要好，能耐高温高压，便于操作，以试管、三角瓶、培养皿、广口瓶等使用较多，其种类和规格可根据培养目的和要求进行选择。

试管形状细高、开口小、容量少，具有培养基用量少、不易污染、单位面积容纳的数量多、可培养较高的试管苗等优点，常用规格有20mm×150mm和30mm×200mm，多用于茎尖培养、花药和单子叶植物分化长苗及初代培养。

三角瓶开口小，受光面积和培养面积大，不易失水和污染，利于培养物的生长，静止或振荡培养皆宜，是植物组织培养中最常用的培养器皿。其规格有50mL、100mL、250mL和500mL等，最常用的是100mL三角瓶。

培养皿适用于细胞、原生质体、胚、花粉和花药等的培养，还常用于种子无菌发芽、植物材料的分离、植物的遗传转化、滤纸的灭菌等，常用的规格有直径40mm、60mm、90mm和120mm。

广口瓶常用于试管苗的大量繁殖，常用的规格为200mL、250mL和500mL。其瓶口大，操作方便，可减少培养材料的损伤；透光好，空间大，培养材料生长健壮；价格低廉，多用于工厂化大量生产。但因瓶口大，水分蒸发较快，易污染，灭菌和操作要求严格。

常用培养容器的封口材料有牛皮纸、塑料膜、纱布包被棉花塞、铝箔等，一般可以根据培养时间、成本和是否便于操作等进行选择。

(2) 储液器皿

常用的储液器皿包括各种规格的试剂瓶，常见的有玻璃的和塑料的，棕色的或无色的，容积小到1mL，大到5L，用于储存各种溶液和培养基等。

(3) 其他常用器皿

在植物组织培养中，还需用到许多器皿，包括各种规格的烧杯、量筒、移液管、容量瓶、试剂瓶等。

#### 2.2.2.2 器械

植物组织培养用的金属器械，多选用医疗器械和微生物实验器具(图 2-6)。

(1)镊子

植物组织培养中会用到不同形状和大小的镊子，如尖头镊子尖端锋利，适于取植物组织和分离茎尖、叶片表皮等；枪形镊子适于接种和转移植物材料。

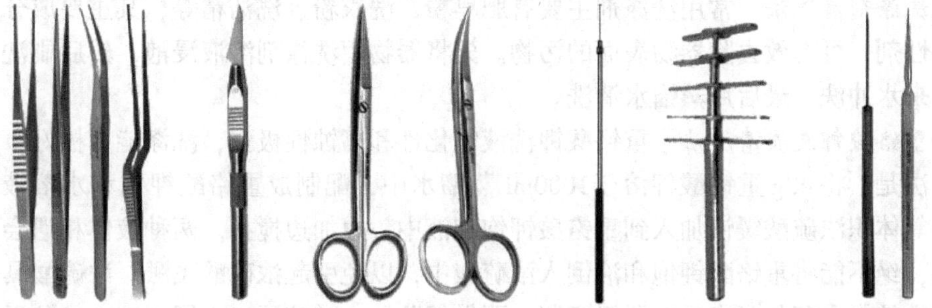


**图 2-6 植物组织培养常用器械**

(2)解剖刀

解剖刀用于切割较小的植物材料或分离茎尖分生组织等，其刀锋要求锋利，以减少切割时对周围组织的挤压损伤，有利于愈伤组织的形成。有的解剖刀可更换刀片。

(3)剪刀

植物组织培养多用医用剪刀，用于切取植物茎段、叶片等。根据实际需要选用大剪刀、小剪刀和弯头剪刀。弯头剪刀头部弯曲，可以深入瓶中进行剪切。

(4)接种环

接种环先端是铂丝或镍丝做成的小环，用来转移细胞或愈伤组织及微生物接种。在农杆菌接种培养上也经常使用。

(5)打孔器

打孔器用于取肉质茎、块茎、肉质根内部的组织，一般呈 T 形，其口径有各种规格。

(6)解剖针

解剖针可深入到培养瓶中转移细胞或愈伤组织，也可用于分离微茎尖的幼叶。

## 2.3 清洗和灭菌

植物组织培养要求所用器皿和器具均无影响植物组织生长的有害物质，无微生物存活，要严格清洗灭菌。由于不同器具的材质和用途等不同，所采用的清洗和灭菌方法各异。

### 2.3.1　清洗

对新的和已使用过的器皿和器具须进行严格清洗，以尽量减小黏附物对培养材料的影响。由于不同器皿的组成材料、结构、使用方法不同，清洗方法也有区别。在植物组织培养中，常用的洗涤方法有洗涤剂清洗法、重铬酸钾洗液清洗法和超声波清洗法。

*洗涤剂清洗法*　常用洗涤剂主要有肥皂粉、洗衣粉、洗洁精等，其主要成分是表面活性剂，可有效去除器物表面的污物。先将器物用洗涤剂溶液浸泡，然后刷洗，再用自来水冲洗，最后用蒸馏水清洗。

*重铬酸钾洗液清洗法*　重铬酸钾洗液氧化性和腐蚀性极强，洗涤能力极好，其配制方法是：将43g重铬酸钾溶于1000mL蒸馏水中，配制成重铬酸钾饱和水溶液。然后将等体积浓硫酸缓慢加入到重铬酸钾饱和液中，边加边搅拌。两种液体相遇会大量放热，绝不能将重铬酸钾饱和液倒入浓硫酸中，以免引起浓硫酸飞溅。浓硫酸具有强烈腐蚀性，在塑料或瓷质容器里配制，要做好防护。玻璃器皿先用水洗净，晾干后再放入重铬酸钾洗液中浸泡一夜，第二天取出后用自来水冲洗，然后用蒸馏水洗两次，干燥后备用。重铬酸钾洗液中的铬离子会造成环境污染，因此应尽量减少使用。

*超声波清洗法*　是靠超声波的能量使器物表面污物分散、乳化、剥离，从而达到清洗目的，对顽固污垢也十分有效。清洗时，将待洗物放入超声波清洗器的清洗槽内，注入清水，设定时间，然后进行超声波处理。处理后的物品，先用自来水冲洗，再用蒸馏水清洗。超声波清洗器的容量有限，故常用来清洗较小的、不易用刷子刷洗的物品。

(1) 玻璃器皿清洗

植物组织培养中所用的玻璃器皿种类、数量多，其清洗工作量大。

新玻璃器皿先用自来水冲洗，再用1%稀盐酸浸泡一夜，以中和玻璃表面的碱性物质和其他有害物质，然后用肥皂水洗净，清水冲洗，最后用蒸馏水冲洗，烘干备用。

对于已经用过的玻璃器皿，先将培养基等除去，然后用洗涤剂溶液充分浸泡，再用刷子刷洗，自来水冲洗，最后用蒸馏水冲洗，烘干备用。被杂菌污染的玻璃器皿切忌直接清洗，否则会造成环境污染，必须先高压蒸汽灭菌，然后用洗涤剂溶液浸泡刷洗，接着用自来水冲洗干净后晾干，再按重铬酸钾洗液清洗法操作。用过的吸管和滴管等先用洗涤液浸泡2h以上，然后用自来水冲洗干净，再用蒸馏水冲洗一次，烘干或晾干备用。洗净的玻璃器皿应内外壁水膜均匀，不挂水珠。

(2) 橡胶制品清洗

胶塞、胶管、橡皮乳头等橡胶制品的常规洗涤步骤为：首先清水浸泡，2% NaOH溶液或洗涤剂溶液煮沸15min，然后自来水冲洗，1%稀盐酸浸泡30min，再自来水冲洗，蒸馏水冲洗，晾干或50℃烘干备用。新胶塞附有滑石粉等，需先用自来水冲洗干净后再做常规洗涤。

(3) 塑料制品清洗

塑料制品用后立即用流水冲洗数次，浸于自来水中过夜，用纱布或棉签蘸 50℃洗涤液刷洗，流水冲洗数次，浸于洗涤液中 15min，流水冲洗 15~20min，蒸馏水浸洗 3 次，晾干备用。

(4) 金属器械清洗

镊子、剪刀等金属器械先用纱布拭去表面的污物，然后用自来水冲洗，再用乙醇棉球擦拭即可。

(5) 滤器清洗

对于新除菌滤器，先在玻璃滤器洗液(10g $NaNO_3$ 溶于 470mL 蒸馏水，加入 28.6mL 浓硫酸混匀)中浸泡 24h，然后用流水缓慢冲洗至 pH 5.5 左右，再用蒸馏水冲洗，最后烘干备用。用过的除菌滤器先在水中浸泡过夜，然后流水缓慢冲洗至少 24h，确定滤面基本畅通后 50℃烘干，之后处理同新滤器。不锈钢除菌滤器先用清洗剂清洗，然后用自来水冲洗 15min，再用蒸馏水冲洗，干燥备用。

(6) 注射器

使用后的注射器应立即用来苏水冲洗数次，再用蒸馏水和 70%乙醇分别洗 3 次，然后包装或放在铝饭盒内进行高压灭菌。

(7) 组织培养室

组织培养室地面、墙围多使用防水材料，并有地漏，可以用抹布、刷子蘸洗涤剂擦拭、刷洗，然后用清水冲洗。超净工作台可先用抹布蘸中性洗涤剂擦拭，然后用湿抹布擦拭，干抹布擦干。

## 2.3.2 消毒和灭菌

灭菌是指用物理或化学的方法，杀死物体表面和空隙内的一切生物体。消毒是指杀死、消除或充分抑制部分微生物，使之不再发生危害作用。灭菌杀菌强烈彻底，能杀死所有活细胞；消毒作用缓和，主要杀死或抑制附在外植体表面的微生物，但芽孢、厚垣孢子一般不会死亡。所以，无菌操作一般有两方面的含义：一是严格操作程序保证无菌；二是使操作环境中的微生物降低到允许范围内，而并非绝对的无菌。

### 2.3.2.1 消毒灭菌的方法

常用的灭菌方法有化学灭菌法和物理灭菌法。不论何种灭菌方法，都要严格按照其要求操作，否则灭菌不彻底，污染就难以控制。

化学灭菌法就是通过化学制剂的作用，使生物体失活，适用于外植体、器皿、操作台表面、接种室等。其方法有浸泡法、擦拭法、熏蒸法、喷雾法等。常用的化学制剂有 35%甲醛水溶液(福尔马林)、5%石碳酸、0.1%氯化汞、70%乙醇、0.25%新洁尔灭、漂白粉液等。

常用的物理灭菌法有干热灭菌、湿热灭菌、过滤除菌、射线灭菌、火焰灼烧灭菌等。

(1) 干热灭菌

干热灭菌是利用干热环境使生物体失活，适用于玻璃器皿、金属器械等的灭菌。将待灭菌的器物装入灭菌筒内或用锡箔纸包好，放入烘箱内，一般加热到 150℃，维持 40min，或 120℃，维持 120min。若发现芽孢杆菌，则用 160℃，维持 90~120min。烘箱内不能堆放太满，以免影响空气流通而影响灭菌效果。灭菌后等干燥箱自然冷却后再打开，否则因温度骤降，容器内压降低吸入外界空气造成污染，同时也可能因温度骤变引起玻璃器皿炸裂。

(2) 湿热灭菌

湿热灭菌也称高压蒸汽灭菌，即通过高温高压水蒸气使生物体失活。其适用范围广，可用于培养基等液体、各种器皿器具、衣帽、纸张等的灭菌，一般灭菌温度为 121℃，保持 15~20min。高压蒸汽灭菌器一般都是程序控制的，能自动完成灭菌过程。使用高压蒸汽灭菌器要经常检查安全阀和水位，不可塞得太满，以避免灭菌不彻底。增压前先排净灭菌器内冷空气，以使蒸汽到达各个部位。液体灭菌后要自然冷却，如急速放气降压则引起液体暴沸溢出。根据灭菌要求严控压力和时间，不耐高温高压的物品不能用此法灭菌。

(3) 过滤除菌

过滤除菌是通过滤膜等介质将细菌等截留，达到除菌的目的，适用于不耐高温高压的物质的除菌。先将孔径为 0.22μm 的微孔滤膜装入滤器内进行高压蒸汽灭菌，然后将待除菌物质配成溶液，在无菌条件下过滤除菌。滤器的大小可根据待除菌溶液的量进行选择。为减少滤膜堵塞，待除菌溶液最好先用孔径为 0.65μm 和 0.45μm 的滤膜澄清。

(4) 射线灭菌

射线灭菌一般是通过紫外灯发出的射线照射灭菌，适用于接种室、超净工作台等的灭菌，照射时间 20~30min。

(5) 火焰灼烧灭菌

火焰灼烧灭菌是通过酒精灯火焰灼烧灭菌，适用于金属接种工具及接种器皿等的灭菌。

### 2.3.2.2 器具灭菌

(1) 玻璃器皿

玻璃器皿可采用湿热灭菌法灭菌，即将其装入金属筒内或用布、纸等包好后放入高压蒸汽灭菌器中灭菌(参见“湿热灭菌”)。玻璃器皿也可采用干热灭菌法灭菌，即将其装入金属筒内或用锡纸包好后放入恒温干燥箱内灭菌(参见“干热灭菌”)。玻璃器皿还可进行煮沸灭菌。

(2) 金属器械

对于镊子、接种针等金属器械，一般采用火焰灭菌法，即将其在 95% 的酒精中浸一下，然后放在火焰上燃烧灭菌，待冷却后使用。在无菌操作过程中应时常进行，以避免交叉污染。金属器械也可用纸包好，放在金属盒内，置于烘箱中，在 120℃ 干热灭菌 2h，或用布包好后放在高压灭菌器内灭菌。

(3)布质制品

工作服、口罩、帽子等布质品一般采用湿热灭菌法灭菌，条件为在 121℃ 下灭菌 20~30min。

(4)塑料制品

聚丙烯、聚甲基戊烯等塑料制品可在 121℃ 下反复进行高压蒸汽灭菌，而聚碳酸酯(polycarbonate)制品经反复的高压蒸汽灭菌后机械强度会有所下降，因此每次灭菌的时间不应超过 20min。塑料制品也可用 75%乙醇浸泡，用前在超净工作台内紫外线照射灭菌约 1h，还可用塑料袋包好后经 $^{60}Co$ 照射灭菌或微波灭菌。

(5)超净工作台

超净工作台在每次接种前，可先用紫外灯照射 20min 或用 70%的酒精喷雾灭菌，然后在超净工作台正常送风 30~40min 再进行接种。

### 2.3.2.3 培养基灭菌

培养基在配置完后为防止滋生细菌应尽快灭菌，最迟应在 24h 之内灭菌。培养基常采用高压蒸汽灭菌器进行湿热灭菌，灭菌时间要根据单个容器内培养基的量设定(表 2-1)。液体培养基可待灭菌器冷却后取出，未分装的需在无菌条件下分装到已灭菌培养器皿内。固体培养基灭菌后，要在培养基凝固前取出摆放好，使其自然冷凝；未分装的应趁热取出，在无菌条件下分装，放至冷凝。

**表 2-1 培养基湿热灭菌所需最少时间**

| 体积(mL) | 121℃灭菌时间(min) | 体积(mL) | 121℃灭菌时间(min) |
|---|---|---|---|
| 20~50 | 15 | 1000 | 30 |
| 75 | 20 | 1500 | 35 |
| 250~500 | 25 | 2000 | 40 |

如没有高压蒸汽灭菌器，可用家用压力锅代替，也可采用间歇灭菌法进行灭菌，即将培养基煮沸 10min，24h 后再煮沸 20min，如此连续 3 次。

有些生长调节物质(如 $GA_3$、ZT、IAA)、尿素和有些维生素等属热不稳定物质，要用过滤法除菌。这类物质要在液体培养基灭完菌冷却后再加入，固体培养基在灭完菌温度降至约 50℃ 时再加入，然后分装冷凝。

### 2.3.2.4 接种室消毒

接种室的环境条件直接影响植物组织培养的成败，所以要对其环境条件定期进行检验，及时消毒，使用前和使用后都要进行常规消毒。

(1)接种室内环境检验

接种室的内环境要定期检验，以随时了解接种室空气污染程度，及时采取措施，从而降低污染率。常用的检验方法有平板检验法和斜面检验法。

①平板检验法　在接种室正常工作条件下，将常规平板开盖放置于接种室内，不开盖的作对照。一段时间(一般 5min)后盖上盖，同对照皿一起，30℃培养 48h 后，检查有无菌落生长及菌落形态，并检测杂菌种类。一般要求开盖 5min 的平板中的菌落数不超过 3 个。

②斜面检验法　在接种室正常工作条件下，将盛有常用固体斜面培养基的试管按无菌操作要求将棉塞拔掉，对照管不拔棉塞。30min 后再按无菌操作要求将棉塞塞好，然后连同对照管一起于 30℃培养 48h，检查有无杂菌生长。以开塞 30min 不出现菌落为合格。

(2)接种室消毒

接种室内环境经检验如不符合要求，就要及时进行彻底消毒。接种室(包括缓冲室)常用甲醛和高锰酸钾熏蒸法或石碳酸熏蒸法消毒。

①甲醛和高锰酸钾熏蒸法　甲醛的用量一般为 2~6mL/m$^3$，高锰酸钾的对应用量为 1~3g/m$^3$(甲醛用量的一半)。在接种室地面中央放一个大搪瓷盘(为了消毒后容易清理)，在盘中放一个瓷碗，将高锰酸钾加入碗内，然后倒入甲醛。高锰酸钾与甲醛接触后立即反应产热而使甲醛挥发。操作人员立即退出接种室，密闭门窗至少 4h。甲醛对人的眼、鼻有强烈的刺激作用，要待气味消散后才能进入接种室。为尽快除去甲醛，可将与甲醛等量的氨水盛放在广口容器内，放于接种室中，用氨水中和甲醛。

②石炭酸熏蒸法　将石炭酸(苯酚)水浴溶解，配成 5%水溶液，用喷雾器在接种室内从上到下、从内到外均匀喷洒，密闭片刻即可使用。石炭酸对皮肤有较强的毒害作用，使用时要做好防护。

接种室(包括缓冲室)在日常使用过程中要常用紫外灯消毒；地面、墙壁和工作台可用 2%的新洁尔灭或 70%的酒精擦拭。为使灭菌彻底，可在工作台下安装可移动的紫外灯。工作服、帽子、口罩等要定期消毒或更换。

在每次使用前，接种室(包括缓冲室)用 70%的酒精喷雾，使空气中的灰尘沉降。超净工作台和接种器具等也用酒精喷雾或用纱布蘸酒精擦拭。打开接种室(包括缓冲室)和超净工作台的紫外灯照射 20min。

接种时，先在缓冲室穿好工作服，戴上帽子、口罩和手套，套上鞋套，用 70%酒精对双手及要拿入接种室的材料和器具等进行消毒。然后进入接种室，打开超净工作台风机，10min 后开始接种操作。再次用酒精对双手和超净工作台进行消毒，器具和材料等用 70%的酒精消毒后再放到超净工作台上。点燃超净工作台上的酒精灯，开始操作。试管、培养瓶等应倾斜持握，在酒精灯火焰附近开塞/盖，开塞/盖前后应火烧管/瓶口。已灭过菌的物品处于敞开状态时，应将其放在靠近超净工作台的出风口的一侧，工作人员的手臂不得从这些物品的上方经过。已灭菌的材料、接种工具等不得接触工作台面和器皿外壁等。刀、镊子等接种工具在每次使用前要放入高温灭菌炉灭菌或酒精灯火焰灼烧灭菌，放凉后使用，以免烫伤植物材料。接种工具用后仍浸入 70%的酒精中或插入高温灭菌炉中。无菌操作时，严禁交谈并应戴好口罩，以防污染。接种结束后，清理超净工作台上的物品，再次用 70%的酒精对超净工作台消毒，然后退出接种室，打开紫外灯照射 20min。

# 2.4 培养基组成和配制

培养基(medium)是离体培养植物材料主要的营养来源，是植物组织培养的关键因素。不同培养材料对各种养分的需求不同，故应了解各种培养基的组分、特点和配制方法等，根据培养材料选择合适的培养基。

## 2.4.1 培养基的成分

培养基是培养物生长分化的基质，一般由水、无机盐、有机营养成分、植物生长调节物质和天然附加物等几类物质组成。

### 2.4.1.1 水分

水分是一切生物生命活动的物质基础，生物的生命活动离不开水分。植物组织培养的培养基中绝大部分是水分。在科研上，常采用蒸馏水、纯水或超纯水。在生产上，可以采用高质量的自来水。由于自来水中含有大量金属离子和有机质，因此，最好将自来水煮沸、沉淀后使用。

### 2.4.1.2 无机盐类

无机盐是植物生长发育所必需的营养物质，根据植物生长对其的需求量不同，可以将无机盐类分为大量元素和微量元素。

(1)大量元素

大量元素是植物大量需求的无机营养物质，有氮(N)、磷(P)、钾(K)、钙(Ca)、镁(Mg)、硫(S)、钠(Na)和氯(Cl)，其所需浓度一般大于0.5mmol/L。它们参与植物机体的建成，是构成核酸、蛋白质、生物膜、叶绿体和酶等必不可少的元素，在植物体内的含量占干物量的0.1%~10%。

植物生长需要大量的氮元素，在培养基中添加的氮元素有硝态氮和铵态氮两种形态。硝态氮通常以硝酸铵($NH_4NO_3$)或硝酸钾($KNO_3$)的形式添加，铵态氮以硫酸铵[$(NH_4)_2SO_4$]的形式添加。多数培养基含有两种形式的氮。在一般情况下，$NH_4^+$浓度过高时对培养物有毒害作用，如$NH_4NO_3$的用量达到23mmol/L时对烟草有毒害作用；而马铃薯和豌豆等的原生质体培养，需用谷氨酸和丝氨酸等有机氮来代替硝酸铵，以避免铵态氮的毒害作用。

磷广泛参与机体的构成、物质和能量的代谢，是植物必需的大量元素之一，在培养基中常以$PO_4^{3-}$的形态添加。

钾、钙、镁、硫等也是植物生长和分化所必需的大量元素。钾不仅在细胞渗透压调节方面起重要作用，而且对胡萝卜不定胚的分化起促进作用。同样，其他大量元素的缺乏，也会影响酶的活性和新陈代谢，从而对组织的生长和分化产生不利的影响。钙、镁、硫等在培养基中的用量不如氮、磷、钾多，添加浓度为1~3mmol/L。

(2)微量元素

微量元素是植物微量需求又不能缺少的无机营养物质，包括铁(Fe)、锰(Mn)、锌(Zn)、硼(B)、钴(Co)、钼(Mo)、铜(Cu)等。其所需浓度一般低于0.5mmol/L，稍多则产生毒害，在培养基中的添加浓度一般仅为$10^{-7}$~$10^{-5}$mol/L。这些元素在植物体内含量仅占干物重的0.01%以下，却是很多酶和辅酶的重要成分，直接影响着酶的活性。

铁是用量较多的一种微量元素，是许多重要氧化还原酶和叶绿素的重要组分，在无铁的培养基上生长，组织会产生黄化或死亡现象。常用$FeSO_4 \cdot 7H_2O$和$Na_2$-EDTA(乙二胺四乙酸二钠)配制成螯合态铁，也可用Fe-EDTA形态的铁盐。

碘(I)虽不是植物生长的必需元素，但几乎在所有培养基中都含有碘元素，有些培养基还加入钴、镍(Ni)、钛(Ti)、铍(Be)，甚至铝(Al)等元素。

#### 2.4.1.3 有机营养成分

在植物组织培养的培养基中，不仅含有无机营养成分，还要含有一定量的有机营养物质，以利于培养物的生长与分化。

(1)糖类

糖在植物生命活动中起着非常重要的作用，是必不可少的碳源和能源物质。绿色植物可通过光合作用合成糖类物质以满足自身需要。但植物组织培养中的培养物大多不能进行光合作用，或光合作用能力很弱，糖类物质不能自给自足，需要培养基中含有一定量的糖类物质。糖类物质还起着维持调节培养基渗透压的作用。植物组织培养常用的糖类有蔗糖、葡萄糖、果糖和麦芽糖等。其中蔗糖使用的最多，一般浓度为10~50g/L(渗透压调节范围在152~415kPa)，以30g/L的用量较普遍。蔗糖在高温高压灭菌时会有少部分分解成葡萄糖和果糖。在大规模生产中，可用市售白砂糖代替蔗糖，以降低成本。两种糖类共用比单独使用效果更好。

(2)维生素类

维生素常以辅酶或辅基的形式广泛参与生物体内的代谢活动，是重要的生命活动调节物质。在植物组织培养中，常用的有维生素$B_1$(盐酸硫胺素)、维生素$B_3$(烟酸)、维生素$B_6$(盐酸吡哆醇)、维生素$B_{12}$(钴胺素)、维生素C(抗坏血酸)和维生素H(生物素)等，使用浓度一般为0.1~1mg/L。这些物质对愈伤组织和器官的形成有促进效果。维生素C还有防止组织褐变的作用。

(3)氨基酸类

氨基酸类物质为培养物提供有机氮源，对外植体的生长以及不定芽、不定胚的分化起促进作用，用量一般在1~3mg/L。牛乳经酶或酸等水解而成的水解酪蛋白和水解乳蛋白是氨基酸的混合物，对胚状体的形成也有良好的促进效果，通常用量为500mg/L。

(4)肌醇

肌醇(环己六醇)也是植物组织培养常用的有机营养成分之一，它有助于活性物质作用的发挥，提高维生素$B_1$的效果，参与碳水化合物代谢、磷脂代谢和维持离子平衡，从而促进培养物的生长和胚状体及芽的形成，通常使用浓度为50~100mg/L。

(5)有机附加物

在植物组织培养中，有时向培养基中添加一些天然的有机物会获得良好的效果。常用的天然有机物有椰子汁(10%~20%或100~150mL/L)、酵母提取物(0.01%~0.5%)、番茄汁(5%~10%)、黄瓜汁(5%~10%)、香蕉泥(100~200mg/L)等。这些天然有机物通常富含有机营养成分、生理活性物质(如激素)等，对培养物的增殖与分化有明显的促进作用。但天然有机物成分复杂，难以确定，含量也不稳定，故试验的重复性比较差。有些天然有机物会因高温高压灭菌而变性失效，这时应过滤除菌。

#### 2.4.1.4 植物生长调节剂

植物生长调节剂(激素)可以促进植物组织的脱分化，形成愈伤组织，诱导不定芽和不定胚的形成，在培养基中的用量虽然很少，但在植物组织培养中起着极其重要的调控作用。最常用的有生长素和细胞分裂素，有时也会用到赤霉素和脱落酸等。

(1)生长素类

生长素有促进细胞生长和生根的作用，但促进茎、芽、根生长所需的浓度不同。在植物组织培养中，生长素类物质的作用是诱导愈伤组织的形成、胚状体的产生和生根，一般在培养基中的使用浓度为$10^{-7}$~$10^{-5}$mol/L，高浓度时对芽的形成有抑制作用。生长素常与细胞分裂素配合使用。

常用的生长素类物质有吲哚乙酸(indole-3-acetic acid，IAA)、萘乙酸(1-naphthylacetic acid，NAA)、吲哚丁酸(indole-3-butyric acid，IBA)和2,4-二氯苯氧乙酸(2,4-dichlorophenoxyacetic acid，2,4-D)等。它们作用的强弱为2,4-D>NAA>IBA>IAA。IAA为天然植物生长素，它见光易分解，故应避光低温(4~5℃)保存。IAA在高压灭菌时会受到破坏，最好采用过滤法除菌。NAA、IBA、2,4-D为人工合成的生长素类物质，既稳定又廉价。2,4-D多用于初代培养，启动细胞脱分化，而再分化阶段常用NAA、IBA、IAA。诱导生根时多用IBA。

(2)细胞分裂素类

细胞分裂素主要由根尖合成后向上运输，主要作用是促进细胞分裂和器官分化，解除顶端优势，促进侧芽分化和生长，抑制茎的伸长，而使茎增粗，延缓组织衰老等。在植物组织培养中使用细胞分裂素可促进细胞分裂，诱导愈伤组织、不定芽和不定胚的产生。细胞分裂素的使用浓度一般为$10^{-7}$~$10^{-5}$mol/L，常与生长素配合使用。细胞分裂素与生长素的比例是决定器官分化的关键，比例大时，促进芽的形成；比例小时，则有利于根的形成。

在植物组织培养中常用的细胞分裂素有激动素(kinetin，KT)、6-苄基腺嘌呤(6-benzyl aminopurine，6-BA)、玉米素(zeatin，ZT)、2-异戊烯腺嘌呤(2-isopentenyl adenine，2-ip)、吡效隆(4PU、CPPU)和苯基噻二唑基脲(TDZ)。它们对培养物的作用强弱顺序为TDZ、4PU > 2-ip > 6-BA > KT。在这些细胞分裂素中，TDZ诱导不定芽的作用较大，但也容易引起培养物的玻璃化(vitrification)。人工合成的6-BA和KT性能稳定，价格适中，较常使用。ZT的价格较贵，在高压灭菌时容易被破坏，但对某些植物不定胚的诱导效果较好。

(3)其他

赤霉素(gibberellic acid，GA)(常使用的是$GA_3$)、脱落酸(abscisic acid，ABA)、矮壮素(CCC)、多效唑($PP_{333}$)等有时也用于植物组织培养。如在菠菜的组织培养中，$GA_3$可促进器官形成。ABA有抑制生长、促进休眠的作用，在植物种质资源超低温冷冻保存时，可以用来促使植物停止生长和抗寒力的形成。

#### 2.4.1.5 凝固剂

在配制固体培养基时，需要使用凝固剂。最常用的凝固剂是琼脂，它是一种由海藻中提取的高分子碳水化合物，本身不为培养物提供营养，主要作用是使培养基在常温下凝固，用量一般在3.5~10g/L。琼脂有琼脂条和琼脂粉两种形式，琼脂粉纯度高、凝固力强、煮化时间短，但价格略高。琼脂一般以色浅、透明、洁净为好，新购琼脂最好要先试验一下它的凝固能力，以确定其最佳用量。当培养基pH偏低或琼脂纯度不高时，应适当增加其用量。在灭菌时间过长或湿度过高时，也会影响琼脂的凝固。琼脂存放时间过久，颜色变褐，也会逐渐失去凝固能力。

除琼脂外，脱乙酰吉兰糖胶(gelrite)也是较好的凝固剂，用量为2.0~2.5g/L，它比琼脂的透明性好，易于进行根的观察。

#### 2.4.1.6 其他添加物

在培养基中加入活性炭，可吸附一些有害物质，减少其不良影响，同时创造暗环境，有利于某些植物的诱导生根。活性炭还可以减少外植体的褐变，有利于形态发生和器官形成。活性炭对物质的吸附无选择性，且对不同植物效果不同，最好经试验确定，使用浓度通常为0.1%~0.5%。维生素C也有防止褐变的作用。在培养难以灭菌的植物材料时，可以添加一些抗生素，以抑制杂菌生长。

### 2.4.2 培养基的种类

#### 2.4.2.1 培养基的分类

根据分类方法的不同，可以把培养基分成不同的类型。

(1)基本培养基和完全培养基

根据培养基中是否添加植物生长调节剂，可将培养基分为基本培养基和完全培养基。基本培养基含水、无机营养物(大量元素和微量元素)和有机营养物(维生素、氨基酸和糖)。在此基础上，根据培养要求，添加相应的植物生长调节物质(6-BA、ZT、KT、2-ip、2,4-D、NAA、IAA、IBA、GA等)及附加物(椰乳、香蕉汁、番茄汁、酵母提取物、麦芽膏等)，就成为完全培养基。

(2)固体培养基和液体培养基

在配制培养基时，如加入适量的凝固剂(如琼脂)，冷却后就成为固体培养基；如不加凝固剂，即为液体培养基。固体培养基使用方便，不需要摇床等振荡设备，适用于固定化培养。但培养物位置固定，只有底部表面接触培养基，吸收培养基中的养分，造成培养物各部分营养浓度不一，影响其生长分化。同时，物质交换不畅，分泌物(如单宁酸等)积累，可造成毒害，必须及时转移。液体培养基需用转床、摇床之类的设备进行振荡培养，物质交换良好，利于培养物的生长发育。

(3)含盐量不同的培养基

基本培养基配方有很多种。根据成分和浓度不同，可以把它们分为4个基本类型。

①高盐培养基　主要特点是无机盐浓度高，特别是硝酸盐、钾离子和铵离子含量丰富。元素平衡较好，缓冲性能好。微量元素和有机成分含量齐全且较丰富，是目前使用最广泛的培养基。其代表是MS培养基(Murashige & Skoog，1962)，类似的还有LS培养基(Linsmaier & Skoog，1965)、BL培养基(Brown & Lawrence，1968)、ER培养基(Eriksson，1965)等。

②高硝酸钾培养基　其特点是培养基的盐类浓度较高，铵态氮含量较低，但盐酸硫胺素和硝酸钾含量较高。此类培养基有$B_5$培养基(Gamborg et al.，1968)、$N_6$培养基(朱至清等，1975)和SH培养基(Sckenk & Hidebrandt，1972)等。

③中盐培养基　这类培养基的特点是大量元素含量约为MS培养基的一半，微量元素种类少，但含量较高，维生素种类较多。该类培养基有Nitsch培养基(1969)、Miller培养基(1963)和H培养基(Bourgin & Nitsch，1967)等。

④低盐培养基　此类培养基的特点是无机盐含量非常低，为MS培养基的1/4左右，有机成分也很低。该类培养基包括怀特培养基(White，1943)、WS培养基(Wolter & Skoog，1966)和HE培养基(Heller，1953)等。

#### 2.4.2.2 常用培养基及其特点

1937年，White建立了第一个植物组织培养的综合培养基。至今已有几十种适用于各种植物组织培养的培养基问世，其中以MS培养基应用最为广泛。较常用还有改良MS、White、改良White、$B_5$、Nitsch、Blaydes、$N_6$、H、VW、改良VW、MT、NT、SH、BL、ER、LS、WS等基本培养基，其配方可参考本教材附录。

(1)MS培养基

MS培养基是1962年由Murashige和Skoog为培养烟草细胞而设计的。它的无机盐浓度较高，特别是硝酸盐、钾离子和铵离子的含量丰富，无机元素和有机养分含量丰富且比例适宜。MS培养基中离子浓度高，在配制、贮存和消毒等过程中，即使有些成分略有出入，也不会影响离子间的平衡。其养分充足，一般情况下不用再添加酪蛋白水解物、酵母提取物及椰子汁等有机附加成分，就能够满足植物细胞生长的需要。MS培养基是目前使用最普遍的培养基，广泛应用于植物的器官、花药、细胞和原生质体培养，效果良好。但它不适合生长缓慢、对无机盐类浓度要求较低的植物，尤其不适合铵盐过高时易发生毒害的植物。

(2)$B_5$培养基

$B_5$培养基是1968年由Gamborg等为培养大豆根细胞而设计的，特点是铵的含量较低。铵对有些培养物的生长有抑制作用，但对双子叶植物特别是木本植物，$B_5$培养基优于 MS 培养基。

(3) White 培养基

White 培养基是1943年由 White 为培养番茄根尖而设计的，1963年又进行了改良，提高了 $MgSO_4$ 的浓度，并增加了硼，称作 White 改良培养基。其特点是无机盐含量较低，在一般植物组织培养中应用比较广泛，同时，它还非常适合于生根培养和幼胚的培养。

(4) $N_6$ 培养基

$N_6$ 培养基是1975年朱至清等为培养水稻等禾谷类作物花药而设计的。其特点是成分较简单，$KNO_3$ 和 $(NH_4)_2SO_4$ 含量较高，不含钼。在国内已广泛应用于小麦、水稻及其他单子叶植物的花药培养和其他组织的培养。

(5) KM8P 培养基

KM8P 培养基是1974年由 Kao 和 Michayluk 为培养原生质体而设计的。它包括了所有的单糖和维生素，有机成分较复杂，广泛应用于原生质融合培养。

(6) VW 培养基

VW 培养基1949年由 Vacin 和 Went 设计，适合于气生兰的培养。其总的离子强度稍低，磷以磷酸钙形式供给，要先用1mol/L 的 HCl 溶解后再加入混合溶液中。

(7) SH 培养基

SH 培养基(Schenk & Hildebrandt，1972)与 $B_5$ 培养基相似，它以 $NH_4H_2PO_4$ 替代 $(NH_4)_2SO_4$，硝酸钾含量较高，在不少单子叶和双子叶植物上应用，效果很好。

(8) H 培养基

H 培养基(Bourgin & Nitsch，1967)中大量元素约为 MS 培养基的一半，磷酸二氢钾和氯化钙含量稍低；微量元素种类减少，但含量高于 MS；维生素种类比 MS 多，适用于花药培养。

尼奇培养基(Nitsch，1969)与 H 培养基成分基本相同，仅生物素比 H 培养基高10倍，也适用于花药培养。米勒培养基(Miller，1963)和 Blaydes 培养基(1966)二者成分完全相同，适合于大豆愈伤组织培养和花药培养等。WPM 培养基中氮的含量比较低，有利于木本植物组织的生长和分化，适用于木本植物组织培养。

不同培养基具有不同的特点和适用范围，要根据培养物种类和培养目的的不同选择不同的培养基。培养基是否适合所培养的植物，可以通过试验进行筛选，必要时应该对培养基的成分进行调整，以获得良好效果。

### 2.4.3 培养基母液的配制

每次配制培养基都称取各种组分很麻烦，并且用量很少时会出现较大的误差。为了减少工作量，减小误差，通常把培养基中各组分以10倍、100倍甚至1000倍量，配制成浓缩液，即母液。有了母液，就可以方便快速配制培养基，各成分的用量准确，且便于低温保存。一般将大量元素、微量元素、有机营养成分分别配制成一个母液，铁盐和钙盐为单独母液，各种植物生长调节物质，在各种培养基中需要灵活搭配使用，通常也单独配制成母液。现以 MS 培养基(表2-2)为例，说明母液的配制方法。

表 2-2 MS 培养基母液的配制

| 成分 | | 浓度（mg/L） | 母液倍数 | 称取量（mg） | 母液体积（mL） | 配制 1L 培养基用量（mL） |
|---|---|---|---|---|---|---|
| 大量元素 | $KNO_3$ | 1900 | 50 | 95 000 | 1000 | 20 |
| | $NH_4NO_3$ | 1650 | | 82 500 | | |
| | $MgSO_4 \cdot 7H_2O$ | 370 | | 18 500 | | |
| | $KH_2PO_4$ | 170 | | 8500 | | |
| | $CaCl_2 \cdot 2H_2O$ | 440 | | 22 000 | | |
| 微量元素 | $MnSO_4 \cdot 4H_2O$ | 22.3 | 100 | 2230 | 1000 | 10 |
| | $ZnSO_4 \cdot 7H_2O$ | 8.6 | | 860 | | |
| | $H_3BO_3$ | 6.2 | | 620 | | |
| | KI | 0.83 | | 83 | | |
| | $Na_2MoO_4 \cdot 2H_2O$ | 0.25 | | 25 | | |
| | $CuSO_4 \cdot 5H_2O$ | 0.025 | | 2.5 | | |
| | $CoCl_2 \cdot 6H_2O$ | 0.025 | | 2.5 | | |
| 铁盐 | $Na_2$-EDTA | 37.3 | 100 | 3730 | 1000 | 10 |
| | $FeSO_4 \cdot 4H_2O$ | 27.8 | | 2780 | | |
| 有机物 | 甘氨酸 | 2.0 | 50 | 100 | 1000 | 20 |
| | 盐酸硫胺素 | 0.1 | | 50 | | |
| | 盐酸吡哆醇 | 0.5 | | 25 | | |
| | 烟酸 | 0.5 | | 25 | | |
| | 肌醇 | 100 | | 5000 | | |

(1) 大量元素母液配制

大量元素主要包括含氮、磷、钾、硫和钙的无机盐，MS 培养基的大量元素主要包括硝酸铵($NH_4NO_3$)、硝酸钾($KNO_3$)、磷酸二氢钾($KH_2PO_4$)、硫酸镁($MgSO_4 \cdot 7H_2O$)和氯化钙($CaCl_2$，$CaCl_2 \cdot 2H_2O$)5 种化合物，一般配制成 50 倍的母液。配制时注意一些离子之间易发生沉淀，如 $Ca^{2+}$与 $SO_4^{2-}$、$Mg^{2+}$和 $H_2PO_4^-$等在一起可能产生沉淀。所以需要先分别用少量蒸馏水或重蒸馏水充分溶解，然后依次加入到容量瓶中，最后定容。$CaCl_2 \cdot 2H_2O$ 常单独配制成母液或者最后加入。溶解$CaCl_2 \cdot 2H_2O$时，蒸馏水需加热沸腾，除去水中的 $CO_2$，以防沉淀，另外，$CaCl_2 \cdot 2H_2O$ 放入沸水中易沸腾，操作时要防止其溢出。

(2) 微量元素母液配制

微量元素用量少，称量要用精度为 1/10 000g的电子分析天平，一般配制成 100 倍母液。表 2-2 中前 3 种微量元素与后 4 种的用量有明显差别，有时将前 3 种微量元素配制成 100 倍母液，而后 4 种配制成 200 倍或 500 倍母液。其他同大量元素。

(3) 铁盐母液配制

MS 培养基中的铁盐是硫酸亚铁($FeSO_4$)和乙二胺四乙酸二钠($Na_2$-EDTA)的螯合物，一般配成 100 倍母液，必须单独配制。这种螯合物使用方便且比较稳定，不易发生沉淀。在配制铁盐母液时，$FeSO_4$和 $Na_2$-EDTA 应分别加热溶解，然后在加热搅拌条件下混合，并不断搅拌至溶液呈金黄色(加热20~30min)，调整 pH 至5.5，放凉后再冷藏。如果搅拌时间过短，会造成 $FeSO_4$和 $Na_2$-EDTA 螯合不彻底，冷藏时$FeSO_4$会结晶析出。有些培养基配方中的铁盐如柠檬酸铁，只需和大量元素一起配制成母液即可。

(4)有机营养成分母液配制

MS 培养基的有机成分一般配制成50倍母液，一般维生素用量少，要用电子分析天平称量。由于有机营养成分营养丰富，因此贮藏时极易染菌。所以，配制母液时用无菌重蒸水溶解，并贮存在棕色无菌瓶中，或缩短贮藏时间。

(5)激素母液配制

在植物组织培养中，因培养材料和培养目的不同，使用的激素种类和用量也不同，一般将激素分别单独配制成1~10mmol/L(或0.5~1.0mg/mL)的母液。由于多数植物激素难溶于水，因此要先将其溶解在少量的乙醇等助溶剂中，然后用蒸馏水定容。如 NAA、IBA、GA 和 ZT，可先用少量95%乙醇溶解，然后加水定容，若溶解不完全可再加热助溶；2,4-D 可用 1mol/L 的 NaOH 助溶；KT 和 BA 可先溶于少量1mol/L的盐酸中或1mol/L 的 NaOH 中，若溶解不完全可再用热蒸馏水助溶，或先用少量95%乙醇加3~4滴1mol/L 的盐酸溶解，再用蒸馏水定容；叶酸需用少量稀氨水溶解。

上述所有配制好的母液，应在瓶上贴上标签，注明母液名称、配制倍数、日期及配制1L培养基的用量。母液都应保存在2~4℃冰箱中，若母液出现沉淀或污染则不能再用。

### 2.4.4 培养基的配制

(1)配制溶液

按照培养基的配方，计算各种母液及蔗糖的用量，如配制固体培养基，则要计算琼脂的用量。将母液和各种器皿、器具等按顺序放好。向配制培养基的烧杯中加入培养基总量1/2~2/3的蒸馏水，加入琼脂并煮沸，至琼脂完全熔化。加热过程中不断搅拌，以免溢出或琼脂糊底烧焦。如配制液体培养基，则不需加琼脂和加热，依次准确量取各种母液加入到烧杯中，并不断搅拌。一般最后加激素母液。注意在量取各种母液之前，轻轻摇动盛放母液的瓶子，如果发现瓶中有沉淀、悬浮物或被微生物污染，应重新配制母液。将各种母液依次混合后再加入蔗糖，并搅拌使其完全溶解，最后用蒸馏水定容。

(2)调整 pH

培养基的 pH 是影响植物组织培养能否成功的因素之一。pH 应该根据所培养的植物种类来确定。对固体培养基而言，pH 过高，培养基会变硬；pH 过低，则影响培养基的凝固。用 pH 试纸或 pH 计测试培养基的 pH，如不符合需要，可用1mol/L 的盐酸或 NaOH 溶液进行调节。培养基的 pH 一般调到5.0~6.0，最常用的为pH 5.7~5.8。在调节时一般要比目标 pH 偏高0.2~0.5个单位，因为培养基在灭菌过程中由于糖等物质的降解，pH 会有所下降。

(3)分装

培养基分装用培养基灌装机最方便，也可用烧杯和漏斗直接分注。琼脂在约40℃以下凝固，配制固体培养基时应该趁热分装。分装时要掌握分注量，多了既浪费培养基，又减小了培养物的生长空间；太少又会因营养不足而影响生长，一般以占试管、三角烧瓶等培养容器的1/4～1/3为宜，使培养基厚度达1.5cm左右即可。分装时要注意不要将培养基沾到容器壁上，以免引起污染。

(4)封口包扎

分装完毕后，及时封口，并做好标记，准备灭菌。通常采用棉塞封口，外边包裹一层牛皮纸。有条件的可用封口膜，封口膜不虫蛀、不霉变，对培养物无毒害，耐高温高压。

(5)灭菌保存

培养基分装完毕后，应立即灭菌。培养基一般用高压蒸汽灭菌锅灭菌，在121℃条件下，灭菌20min。经过灭菌的培养基应置于10℃下保存，特别是含有生长调节物质的培养基，最好在4～5℃低温下保存。含吲哚乙酸或赤霉素的培养基，要在配制后的1周内用完，其他培养基也应在灭菌后2周内用完。

## 小　结

本章主要介绍了植物组织培养相关功能室的配套要求及特点，各功能室进行植物组织培养研究与生产所需的仪器设备，各功能室及仪器设备的灭菌要求，以及培养基的基本组成及其配制特点。

## 复习思考题

1. 植物组织培养常用的仪器设备有哪些？
2. 植物组织培养常用的器皿和器械有哪些？
3. 常用清洗和灭菌方法有哪些？
4. 如何检测接种室空气污染情况？
5. 简述植物组织培养常用培养基的种类和特点。
6. 以MS培养基为例，简述培养基的配制过程。

## 推荐阅读书目

1. 细胞工程. 杨淑慎. 科学出版社，2018.
2. 植物组织培养. 袁学军，王志勇. 北京师范大学出版社，2017.
3. 植物组织培养. 石文山. 中国轻工业出版社，2017.
4. 植物细胞组织培养(第二版). 刘庆昌，吴国良. 中国农业大学出版社，2017.

## 参考文献

陈劲枫，2018. 植物组织培养与生物技术[M]. 北京：科学出版社.
陈世昌，徐明辉，2016. 植物组织培养[M]. 3版. 重庆：重庆大学出版社.
黄晓梅，2019. 植物组织培养[M]. 2版. 北京：化学工业出版社.
王蒂，陈劲枫，2014. 植物组织培养[M]. 2版. 北京：中国农业出版社.
袁学军，2017. 植物组织培养技术[M]. 北京：中国农业科学技术出版社.

# 第3章 外植体选择、灭菌、接种与培养

外植体(explant)是指植物离体培养中的各种接种材料。在理论上，植物体的任何器官、组织、细胞和原生质体都具有全能性，均可以作为外植体。但实际上，不同品种、不同器官之间的分化能力有较大差异，培养的难易程度也不同。为保证植物组织培养获得成功，应选择适宜的外植体。获取的外植体经过适宜的消毒，进行接种和初代培养，在30~60d内可获得无菌外植体或经脱分化形成不同的愈伤组织。这可为植物组织快繁、细胞学研究和转基因提供前期的基础材料。

## 3.1 外植体选择与灭菌

### 3.1.1 外植体的类型

植物组织培养的材料几乎包括了植物体的各个部位，如茎尖、茎段、花瓣、根、叶、子叶、鳞茎、胚珠和花药等。

(1)茎尖

茎尖不仅生长速度快，繁殖率高，不容易发生变异，而且茎尖培养是获得脱毒苗木的有效途径。因此，茎尖是植物组织培养中最常用的外植体。

(2)节间部

大部分果树和花卉等，新梢的节间部是组织培养的较好材料。新梢节间部位不仅消毒容易，而且脱分化和再分化能力较强，也常用作组织培养的材料。

(3)叶和叶柄

叶片和叶柄取材容易，新出的叶片杂菌较少，实验操作方便，是植物组织培养中常用的材料。尤其是近年在植物的遗传转化中，以叶片为试验材料的报道较多。

(4)鳞片

水仙、百合、葱、蒜、风信子等鳞茎类植物常以鳞片为材料。

(5)其他

种子、根、块茎、块根、花粉等也可以作为植物组织培养的材料。但是，不同种类的植物以及同种植物不同的器官对诱导条件的反应是不一致的。如百合科植物风信子、虎眼万年青等比较容易形成再生小植株，而郁金香就比较困难。百合鳞茎的鳞片外层比内层的再生能力强，下段比中、上段再生能力强。选取材料时要对所培养植物各部位的诱导及分化能力进行比较，从中筛选出合适的、最易表达全能性的部位作为外植体。

### 3.1.2 选择外植体时应该遵循的原则

(1)选择优良的种质

无论是离体培养繁殖种苗，还是进行生物技术研究，培养材料的选择都要从主要的植物入手，选取性状优良的种质或特殊的基因型。对材料的选择要有明确的目的，具有一定的代表性，以提高成功的概率，增加其实用价值。

(2)选择健壮的植株

选取发育正常的器官或组织，再生能力强，组培易成功。组织培养用的材料，最好是从生长健壮的无病虫的植株上选取发育正常的器官或组织。因为这些器官或组织代谢旺盛，再生能力强，培养后比较容易成功。此现象可能是由于外植体内部的植物激素水平能够在接种后得以维持所致。

(3)选择适宜的部位

植物组织培养几乎在植物体的各个部位都获得了成功，这些部位包括茎尖、茎段、皮层及维管组织、髓细胞、表皮、块茎的储藏薄壁细胞、花瓣、根、茎、子叶、鳞茎、胚珠和花药等。但是不同种类的植物以及同一植物的不同器官对诱导条件反应是不一致的，有的部位诱导分化率高，有的部位很难脱分化，或者再分化频率很低。

(4)选择适当的时期

组织培养选择材料时，要注意植物的生长季节和生长发育阶段，对大多数植物而言，应在其开始生长或生长旺季采样，此时材料内源激素含量高，容易分化，不仅成活率高，而且生长速度快，增殖率高。若在生长末期或已进入休眠期时采样，则外植体可能对诱导反应迟钝或无反应。花药培养应在花粉发育到单核靠边期取材，这时比较容易形成愈伤组织。百合在春夏季采集的鳞茎、片，在不加生长素的培养基中，可自由地生长、分化；而其他季节则不能。叶子花的腋芽培养，如果在1~2月采集，则腋芽萌发非常迟缓；而在3~8月采集，萌发的数目多，萌发速度快。对于大多数植物而言，应在其生长季节开始时采样。在生长末期或已进入休眠期时取样，外植体可能对诱导反应迟钝或无反应，较难成活。

(5)考虑器官的生理状态和发育年龄

一般认为，生理年龄小的幼嫩组织比生理年龄大的成熟衰老组织具有较高的形态发生能力。随着组织年龄的增加，器官的再生能力逐渐减弱甚至完全失去再生能力。

(6)材料大小的选择要适宜

建立无菌材料时，取材的大小根据不同植物材料而各异。材料太大易污染；材料太小，多形成愈伤组织，甚至难于成活。一般选取培养材料的大小为0.5~1.0cm。如果是胚胎培养或脱毒培养的材料，则应更小。

### 3.1.3 外植体、接种器具及接种空间的灭菌

外植体的灭菌是组培成功与否的第一关键步骤。不同的外植体，灭菌的要求也不一样。初学者首先要清楚有菌和无菌的范畴。有菌的范畴是：凡是暴露在空气中的物体，接触自然水源的物体，至少它的表面都是有菌的。依此观点，无菌室等未

处理的地方、超净台表面、简单煮沸的培养基、接种使用的刀剪在未处理之前、操作者身体的整个外表及与外界发生消化、呼吸相关的组织器官，或者培养容器，无论洗得多干净都是有菌的。这里所指的菌，包括细菌、真菌、放线菌、藻类及其他微生物。菌的特点是极小，肉眼看不见。它们无处不在，无时不有，无孔不入。在自然条件下忍耐力强，生活条件要求简单，繁殖力极强，条件适宜时便可大量滋生。无菌的范畴是：经高温灼烧或一定时间蒸煮过后的物体，经其他物理的或化学的灭菌方法处理后的物体(当然这些方法必须已经证明是有效的)，高层大气，岩石内部，健康的动、植物不与外部接触的组织内部，强酸强碱，化学元素灭菌剂等表面和内部等都是无菌的。

灭菌是指用物理或化学的方法，杀死物体表面和孔隙内的一切微生物或生物体，即把所有有生命的物质全部杀死。而消毒是指杀死、消除或充分抑制部分微生物，使之不再发生危害作用，显然经过消毒，许多细菌芽孢、霉菌的厚垣孢子等不会完全杀死。由于在消毒后的环境里和物品上还有少量微生物存活，所以，灭菌是一个非常重要的环节。经过严格灭菌的操作空间(接种室、超净工作台等)和器皿，以及操作者的衣着和手就不会携带任何活着的微生物。

### 3.1.3.1 外植体的灭菌

(1)材料灭菌的一般过程

首先，将采集的植物材料除去不用的部分，将需要的部分仔细洗干净，如用适当的刷子等刷洗。把材料切割成适当大小，以灭菌容器能放入为宜。置于自来水龙头下流水冲洗几分钟至数小时，冲洗时间视材料清洁程度而定。易漂浮或细小的材料，可装入纱布袋内冲洗。流水冲洗在污染严重时特别有用。冲洗时可加入洗衣粉清洗，然后用自来水冲净。洗衣粉可除去轻度附着在植物表面的污物，除去脂质性的物质，便于灭菌液的直接接触。当然，最理想的清洗物质是表面活性物质——吐温20。

其次，对材料的表面浸润灭菌。要在超净台或接种箱内完成，准备好消毒的烧杯、玻璃棒、70%酒精、消毒液、无菌水、手表等。用70%酒精浸泡10~30s。由于酒精具有使植物材料表面被浸湿的作用，且穿透力强，也很易杀伤植物细胞，所以浸润时间不能过长。有一些特殊的材料，如果实，花蕾，包有苞片、苞叶等的孕穗，多层鳞片的休眠芽等，以及主要取用内部的材料，则可用70%酒精处理稍长的时间。处理完的材料在无菌条件下，待酒精蒸发后再剥除外层，取用内部材料，然后用灭菌剂处理。表面灭菌剂的种类较多，可根据情况选取1~2种，使用的具体方法见表3-1所列。

上述灭菌剂应在使用前临时配制，氯化汞可短期内贮用。次氯酸钠和次氯酸钙都是利用分解产生氯气来杀菌的，故灭菌时用广口瓶加盖较好；低浓度的氯化汞是一种令人满意的消毒剂，是由重金属汞离子来达到灭菌的，只是难以去除，故在消毒后必须用大量无菌水冲洗材料。过氧化氢是通过分解中释放原子态氧来杀菌的，这种药剂残留的影响较小，灭菌后用无菌水涮洗3~4次即可；由于用氯化汞液灭菌的材料，难以完全去除升汞残毒，所以应当用无菌水涮洗8~10次，每次不少于3min，

表 3-1 常用灭菌剂使用浓度及效果比较

| 灭菌剂 | 使用浓度(%) | 清除难易程度 | 消毒时间(min) | 效 果 |
| --- | --- | --- | --- | --- |
| 次氯酸钠 | 10~30 | 易 | 5~30 | 很好 |
| 次氯酸钙 | 2 | 易 | 5~30 | 很好 |
| 漂白粉 | 饱和浓度 | 易 | 5~30 | 很好 |
| 氯化汞 | 0.01~1 | 较难 | 2~10 | 最好 |
| 酒 精 | 70 | 易 | 0.2~2 | 好 |
| 过氧化氢 | 10~12 | 最易 | 5~15 | 好 |
| 溴 水 | 1~2 | 易 | 2~10 | 很好 |
| 硝酸银 | 1 | 较难 | 5~30 | 好 |
| 抗菌素 | 4~50mg/L | 中 | 30~60 | 较好 |

以尽量去除残毒。焦立为等(2002)用臭氧对橡皮树带有顶芽的叶片进行消毒，结果表明，臭氧用于外植体消毒灭菌的效果很好，接种 20d 后，污染率为 0，且顶芽(有鳞叶包被)接种后的成活率极高；Abdul Qayyum Rao 等(2006)采用 0.1%氯化汞对棉花种子表面消毒时，采用较长的灭菌时间，种子在消毒液中浸泡 20min，但不会对种子造成伤害。

植物组织培养对无菌条件的要求非常严格，超过微生物的培养要求，这是因为培养基含有丰富的营养，稍不小心就引起杂菌污染。必须根据不同的对象采取不同的切实有效的方法灭菌，这样才能达到彻底灭菌的目的，保证培养时不受杂菌的影响，使试管苗能正常生长。

(2)不同外植体常用的消毒、灭菌方法

①茎尖、茎段及叶片等的消毒　用清洁剂清洗→70%酒精浸泡 10~20min→无菌水洗 2~3 次或者 NaClO 或氯化汞溶液泡 10~15min→无菌水洗 3~4 次。

②果实和种子的消毒　自来水冲洗 10~30min→70%酒精漂洗→2%次氯酸钠液浸 10min→无菌水 2~3 次→取出种子培养。

③根及地下部器官的消毒　自来水冲洗→纯酒精漂洗→氯化汞浸 5~10min 或 2%次氯酸钠液浸 10~15min→无菌水洗 3 次。

④花药的消毒　自来水冲洗→70%酒精浸泡数秒钟→无菌水洗 2~3 次→漂白粉上清液浸 10min→无菌水洗 2~3 次。

常用的消毒剂有酒精、次氯酸钠、氯化汞等，如果在培养过程中发现细菌，可加入一定量的医用青霉素或链霉素，抑制细菌繁殖基数，使植物体得到正常生长。

(3)外植体消毒注意事项

①表面消毒剂对植物组织是有伤害的，应正确选择消毒剂的浓度和处理时间，以减少对待培养材料的伤害。

②完成表面消毒后，必须用无菌水漂洗材料3次以上以除去残留杀菌剂，若用酒精消毒，则不必漂洗。

③与消毒剂接触过的切面在转移到无菌基质前需将其切除，因为消毒剂会阻碍植物细胞对基质中营养物质的吸收。

④若外植体污染严重，则应先用流水漂洗1h以上或先用种子培养得到无菌实生苗，然后用其各个部位进行组织培养。

⑤氯化汞效果最好，但对人的危害最大，用后要用水至少冲洗5次。

### 3.1.3.2 培养基及器械器皿的灭菌

常用的灭菌方法可分为物理方法和化学方法两类，物理方法包括干热(烘烧和灼烧)、湿热(常压或高压蒸煮)、射线处理(紫外线、超声波、微波)、过滤、清洗和大量无菌水冲洗等措施；化学方法是使用氯化汞、甲醛、过氧化氢、高锰酸钾、来苏儿、漂白粉、次氯酸钠、抗菌素、酒精等化学药品处理。这些方法和药剂要根据工作中的不同材料、不同目的适当选用。

(1)培养基的灭菌

培养基在制备后的24h内完成灭菌工序。培养基利用高压灭菌，高压灭菌的原理是：在密闭的蒸锅内，其中的蒸汽不能外溢，压力不断上升，使水的沸点不断提高，从而锅内温度也随之增加。在0.1MPa的压力下，锅内温度达121℃。在此蒸汽温度下，可以很快杀死各种细菌及其高度耐热的部分芽孢菌。注意放冷气时要完全排除锅内冷空气，灭菌才能彻底。高压灭菌放气有几种不同的做法，但目的都是要排净冷空气，使锅内均匀升温，保证灭菌彻底。常用方法是：关闭放气阀，通电后，待压力上升到0.05MPa时，切断电源，打开放气阀，放出冷空气，待压力表指针归零后，再关闭放气阀并通电，压力表上升达到0.1MPa时，开始计时，压力0.1~0.15MPa维持20min。达到保压时间后，即可切断电源，在压力降到0.5MPa，可缓慢放出蒸汽，应注意不要使压力降低太快，以致引起激烈的减压沸腾，使容器中的液体四溢。当压力降到零后，才能开盖，取出培养基，摆在平台上，以待冷凝。不可久不放气，引起培养基成分变化，以至培养基表面因凝固而形成斜面。一旦放置过久，由于锅炉内有负压，盖子打不开，只要将放气阀打开，大气压入，内外压力平衡，盖子便易打开。对高压灭菌后不变质的物品，如无菌水、栽培介质、接种用具，可以延长灭菌时间或提高压力。而培养基要严格遵守保压时间，既要保压彻底，又要防止培养基中的成分变质或效力降低，不能随意延长时间。对于一些布制品，如实验服、口罩等也可用高压灭菌。洗净晾干后用耐高压塑料袋装好，高压灭菌20~30min。高压灭菌前后的培养基，其pH下降0.2~0.5单位。高压后培养基pH的变化方向和幅度取决于多种因素。在高压灭菌前用酸碱调pH至预定值。培养基中成分单一时和培养基中含有高或较高浓度物质时，高压灭菌后的pH变化幅度较大，甚至可大于2个pH单位。环境值的变化大于0.5单位就有可能产生明显的生理影响。高压灭菌通常会使培养基中的蔗糖水解为单糖，从而改变培养基的渗透压。在8%~20%蔗糖范围内，高压灭菌后的培养基渗透压约升高0.43倍。培养基中的铁在高压灭菌时会催化蔗糖水解，可使

15%~25%的蔗糖水解为葡萄糖和果糖。培养基 pH 小于 5.5，其水解量更大，培养基中添加 0.1%活性炭时，高压下蔗糖水解大大增强，添加 1%活性炭，蔗糖水解率可达 5%。为防止高压灭菌产生的上述变化可采用下列方法：

①经常注意搜集有关高压灭菌影响培养基成分的资料，以便及时采取有效措施。

②设计培养基配方时尽量采用效果类似的稳定试剂并准确掌握剂量。如避免使用果糖和山梨醇而用甘露醇，以 IBA 代替 IAA，控制活性炭的用量(在 0.1%以下)，注意 pH 对高压灭菌下培养基中成分的影响等。

③制备培养基时应注意成分的适当分组与加入的顺序。如最后加入磷、钙和铁。

④注意高压灭菌后培养基 pH 的变化及回复动态。如高压灭菌后的 pH 常由 5.80 升高至 6.48，而 96h 后又回降至 5.8 左右。

(2)用于无菌操作的器械的灭菌

在无菌操作时，把镊子、剪子、解剖刀等浸入 95%的酒精中，使用之前取出在酒精灯火焰上灼烧灭菌，冷却后立即使用。操作中可采用 250mL 或 500mL 的广口瓶，放入 95%的酒精，以便插入接种器具。

(3)玻璃器皿及耐热用具的灭菌

干热灭菌是利用烘箱加热到 160~180℃的温度来杀死微生物。由于在干热条件下，细菌的营养细胞的抗热性大为提高，接近芽孢的抗热水平，通常采用 170℃持续 90min 来灭菌。干热灭菌的物品要预先洗净并干燥，工具等要妥当包扎，以免灭菌后取用时重新污染。包扎可用耐高温的塑料。灭菌时应渐进升温，达到预定温度后记录时间。烘箱内放置的物品数量不宜过多，以免妨碍热对流和穿透，到指定时间断电后充分冷凉，才能打开烘箱，以免因骤冷而使器皿破裂。干热灭菌能源消耗太大，时间长。

(4)不耐热的物质采用过滤灭菌

一些生长调节剂，如赤霉素、玉米素、脱落酸和某些维生素是不耐热的，不能用高压灭菌处理，通常采用过滤灭菌方法。防细菌滤膜的网孔的直径为 0.45μm 以下，当溶液通过滤膜后，细菌的细胞和真菌的孢子等因大于滤膜直径而被阻，在需要过滤灭菌的液体量大时，常使用抽滤装置；液体量小时，可用注射器。使用前对其高压灭菌，将滤膜装在注射器的靠针管处，将待过滤的液体装入注射器，推压注射器活塞杆，溶液压出滤膜，从针管压出的溶液就是无菌溶液。

(5)空间采用紫外线和熏蒸灭菌

①紫外线灭菌　在接种室、超净台上或接种箱内用紫外灯灭菌。紫外线灭菌是利用辐射因子灭菌，细菌吸收紫外线后，蛋白质和核酸发生结构变化，引起细菌的染色体变异，导致死亡。紫外线的波长为 200~300nm，其中以 260nm 的杀菌能力最强，但是由于紫外线穿透物质的能力很弱，所以只适用于空气和物体表面的灭菌，而且要求距照射物以不超过 1.2m 为宜。

②熏蒸灭菌　用加热焚烧、氧化等方法，使化学药剂变为气体状态扩散到空气中，以杀死空气和物体表面的微生物。这种方法简便，只需要把消毒的空间关闭紧密即可。常用的熏蒸剂是甲醛，熏蒸时，房间关闭紧密，按 5~8mL/$m^3$ 用量，将甲醛置

于广口容器中，加 5g/m$^3$高锰酸钾氧化挥发。熏蒸时，房间可预先喷湿以加强效果。冰醋酸也可进行加热熏蒸，但效果不如甲醛。

(6)物体表面用药剂喷雾灭菌

物体表面可用一些药剂涂擦、喷雾灭菌。如桌面、墙面、双手、植物材料表面等，可用70%的酒精反复涂擦灭菌，也可以用1%~2%的来苏儿溶液以及0.25%~1%的新洁尔灭菌。

## 3.2 外植体接种与培养

### 3.2.1 外植体的接种

(1)无菌操作

从外界或室内选取的植物材料必须经严格的表面灭菌处理，再经无菌操作手续接到培养基上，这一过程叫作接种。接种时由于有一个敞口的过程，所以是极易引起污染的时期，污染主要由空气中的细菌和工作人员本身引起，接种室要严格进行空间消毒。接种室内保持定期用1%~3%的高锰酸钾溶液对设备、墙壁、地板等进行擦洗。除了使用前用紫外线和甲醛灭菌外，还可在使用期间用70%的酒精或3%的来苏儿喷雾，使空气中灰尘颗粒沉降下来。无菌操作可按以下步骤进行：

①在接种4h前用甲醛熏蒸接种室，并打开接种室的紫外灯进行灭菌。

②在接种前20min，打开超净工作台的风机以及台上的紫外灯。

③接种员洗净双手，在缓冲间换好专用实验服，并换穿托鞋等。

④上工作台后，用70%酒精棉球擦拭双手，特别是指甲处，然后擦拭工作台面。

⑤先用酒精棉球擦拭接种工具，再将镊子和剪刀从头至尾过火一遍，然后反复过火尖端处，对培养皿要过火烤干。

⑥接种时，接种员双手不能离开工作台，不能说话、走动和咳嗽等。

⑦接种完毕后要清理干净工作台，用紫外灯灭菌30min。若连续接种，每5d要对接种室彻底灭菌一次。

(2)接种

接种是将已消毒的根、茎、叶等离体器官，切割或剪裁成小段或小块，放入培养基的过程。接种前材料表面的消毒灭菌已述，现将接种的程序整体介绍如下。

①将初步洗涤及切割的材料放入烧杯，带入超净台上，用消毒剂灭菌，再用无菌水冲洗，最后沥去水分，取出放置在灭过菌的4层纱布或滤纸上。

②材料吸干后，一手拿镊子，一手拿剪子或解剖刀，对材料进行适当的切割。如叶片切成0.5cm×0.5cm的小块；茎切成含有一个节的小段。微茎尖要剥成只含1~2片幼叶的茎尖等。在接种过程中要经常灼烧接种器械，防止交叉污染。

③用灼烧消毒过的器械将切割好的外植体插植或放置到培养基上。具体操作过程是：先解开包口纸，将试管几乎水平拿着，使试管口靠近酒精灯火焰，并将管口在火焰上方转动，使管口里外灼烧数秒。若用棉塞盖口，可先在管口外面灼烧，去掉棉

塞，再烧管口里面。然后用镊子夹取一块切好的外植体送入试管内，轻轻插入培养基。若是叶片直接接种于培养基上，以1~3块为宜。至于材料放置方法，除茎尖、茎段要正放(尖端向上)外，其他尚无统一要求。放置材料数量倾向少放，对外植体每次接种以一支试管放一枚组织块为宜，这样可以节约培养基和人力，一旦培养物污染可以抛弃。接种完成后，将管口在火焰上再灼烧数秒钟，并用棉塞塞好，包上包口纸。

## 3.2.2 外植体的培养和驯化

培养是指把培养材料放在培养室(有光照、温度条件)里，使之生长、分裂和分化形成愈伤组织或进一步分化成再生植株的过程。

### 3.2.2.1 培养方法

(1)固体培养法

固体培养法即用琼脂固化培养基来培养植物材料的方法，是目前最常用的方法。虽然该方法设备简单、易行，但养分分布不均，生长速度不均衡，并常有褐化中毒现象发生。

(2)液体培养法

液体培养法是用不加固化剂的液体培养基培养植物材料的方法。由于液体中氧气含量较少，所以通常需要通过搅动或振动培养液的方法以确保氧气的供给，采用往复式摇床或旋转式摇床进行培养，其速度一般为50~100r/min。这种定期浸没的方法，既能使培养基均一，又能保证氧气的供给。

### 3.2.2.2 培养步骤

初代培养旨在获得无菌材料和无性繁殖系。即接种某种外植体后，最初的几代培养。初代培养时，常用诱导或分化培养基，即培养基中含有较多的细胞分裂素和少量的生长素。初代培养建立的无性繁殖系包括茎梢、芽丛、胚状体和原球茎等。根据初代培养时发育的方向不同，可分为以下几种：

(1)顶芽和腋芽的发育

采用外源的细胞分裂素，可促使具有顶芽或没有腋芽的休眠侧芽启动生长，从而形成一个微型的多枝多芽的小灌木丛状的结构。在几个月内可以将这种丛生苗的一个枝条转接继代，重复芽→苗增殖的培养，并且迅速获得多数的嫩茎。然后将一部分嫩茎转移到生根培养基上，就能得到可种植于土壤中的完整小植株。一些木本植物和少数草本植物也可以通过这种方式进行再生繁殖，如月季、茶花、菊花、香石竹等。这种繁殖方式也称作微型扦插，它不经过发生愈伤组织而再生，所以繁殖种苗的遗传稳定性好。

适宜这种再生繁殖的植物，在采样时，应采用顶芽、侧芽或带有芽的茎切段，种子萌发后取枝条也可以。

茎尖培养是较为特殊的一种方式。它采用极其幼嫩的顶芽分生组织作为外植体进行接种。在实际操作中，采用包括茎尖分生组织在内的一些组织来培养，操作方便，极易成活。

依靠培养定芽获得的培养物一般茎节较长，有直立向上的茎梢，扩繁时主要用切割茎段法，如香石竹、矮牵牛、菊花等。

(2)不定芽的发育

在培养中由外植体产生不定芽，通常首先要经脱分化过程，形成愈伤组织。然后经再分化，即由这些分生组织形成器官原基，它在构成器官的纵轴上表现出单向的极性(这与胚状体不同)。多数情况下它先形成芽，后形成根。还有一种方式是从器官中直接产生不定芽，有些植物具有从各个器官上长出不定芽的能力，如矮牵牛、福禄考、悬钩子等。在试管培养的条件下，培养基中提供了营养，特别是提供了连续不断的植物激素，使植物形成不定芽的能力被大大激发。许多种类的外植体表面几乎全部为不定芽所覆盖。在许多常规方法中不能无性繁殖的植物种类，在试管条件下却能较容易地产生不定芽而再生，如柏科、松科、银杏等一些植物。许多单子叶植物储藏器官能强烈地发生不定芽，如用百合鳞片的切块就可形成大量不定鳞茎。

在不定芽培养时，也常用诱导或分化培养基。依赖培养不定芽得到的培养物，一般采用丛生芽进行繁殖，如非洲菊、草莓等。

(3)体细胞胚状体的发生与发育

体细胞胚状体类似于合子胚但又有所不同，它也经过球形、心形、鱼雷形和子叶形到成熟胚的胚胎发育时期，最终发育成小苗。但它是由体细胞发生的。胚状体可以从愈伤组织表面产生，也可从外植体表面已分化的细胞中产生，或从悬浮培养的细胞中产生。

(4)初代培养外植体的褐变

外植体褐变是指在接种后，其表面开始褐变，有时甚至会出现整个培养基褐变的现象。它的出现是由于植物组织中的多酚氧化酶被激活，而使细胞的代谢发生变化所致。在褐变过程中，会产生醌类物质，它们多呈棕褐色，当扩散到培养基后，就会抑制其他酶的活性，从而影响所接种外植体的培养。

### 3.2.3 外植体的成苗途径

(1)愈伤组织成苗途径

外植体先形成愈伤组织，然后分化成完整的植株。具体分化过程又可分3种(图3-1)。

①在愈伤组织上同时长出芽和根，以后连成统一的轴状结构，再发育成植株；

②在愈伤组织中先形成茎，后诱导成根，再发育成植株；

③在愈伤组织中最常见的再分化是先形成根，再诱导出芽，得到完整植株。

在培养中一般先形成根的，往往抑制芽的形成；而一般先产生芽的，以后却较易产生根。

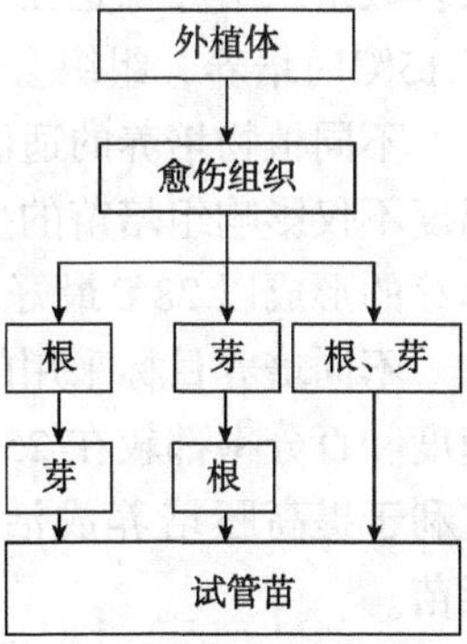

**图3-1 愈伤组织成苗途径**

(2)胚胎发育途径

在组织培养中再生植株可通过与合子胚相似的胚胎发生过程，即形成胚状体，再发育成完整植株(图 3-2)。胚状体可以从以下几种培养物产生：①直接从器官上发生；②从愈伤组织发生；③从游离单细胞发生；④从小孢子发生。

**图 3-2　胚胎发育途径**

20 世纪 50 年代末期，Steward 等人从胡萝卜的韧皮部用液体培养基通过游离细胞的分化，获得了胚状体。据统计，在植物组织培养中具有胚状体分化能力的种子植物已达 117 种，分属 43 科 75 属。培养基的激素成分和氮源影响胚状体的发生。有的植物可在无激素培养基上诱导出胚状体，如烟草、曼陀罗、水稻、小麦花药培养；有的植物需要一定比例的生长素与细胞分裂素诱导胚状体，如油茶、酸枣、桃等。

在植物组织培养中，诱导胚状体与诱导芽相比，具有显著的优点：①数量多；②速度快；③成苗率高。由于胚状体具有这些优点，所以在育种工作及园艺工作中，可用胚状体作为特定的优良基因型个体的无性繁殖原料，同时在研究胚胎发育中也有很重要的理论意义。

(3)直接成苗途径(图 3-3)

如茎尖培养就属于此类。

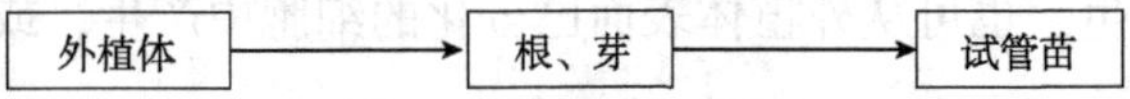


**图 3-3　直接成苗途径**

## 3.2.4　培养条件

在植物组织培养中温度、光照、湿度等各种环境条件，培养基组成、pH、渗透压等各种化学环境条件都会影响组培苗的生长和发育。

### 3.2.4.1　温度

温度是组织培养过程中的重要因素。组织培养在最适温度下生长分化表现良好，大多数组织培养都是在 23～27℃进行，很多研究者采用了 25℃±2℃的恒温条件。低于 15℃时培养，组织会停止生长，高于 35℃时对生长不利。

不同植物培养的适温不同。百合的最适温度是 20℃，月季 25～27℃，番茄 28℃。温度不仅影响组培苗的生长速度，也影响其分化增殖以及器官建成等发育进程。如烟草芽的形成以 28℃最好，在 12℃以下或 33℃以上形成率皆最低。

不同培养目标采用的培养温度也不同，百合鳞片在 30℃下再生的小鳞茎的发叶速度和百分率都较在 25℃下的高。桃胚在 2～5℃条件下进行一定时间的低温处理，有利于提高胚培养成活率。用 35℃处理草莓的茎尖分生组织 3～5d，可得到无病毒苗。

### 3.2.4.2 光照

组织培养中光照也是重要的调控条件之一。

(1)光照强度

光照强度对外植体、细胞的最初分裂增殖和器官的分化有重要影响。一般来说，光照强度较强，幼苗长得粗壮；而光照强度较弱，幼苗容易徒长。

(2)光质

光质对愈伤组织诱导、培养组织的增殖以及器官的分化都有明显的影响。如红光下百合珠芽愈伤组织的发生较蓝光下快；而唐菖蒲子球块茎接种 15d 后，在蓝光下培养首先出现芽，形成的幼苗生长旺盛，而白光下幼苗纤细。

(3)光周期

试管苗培养时需要一定的光暗周期来进行培养，最常用的周期处理是 16h 的光照、8h 的黑暗。研究表明，对短日照敏感品种的组织器官，在短日照下易分化，而在长日照下易脱分化产生愈伤组织，但愈伤组织的发生需在暗期，尤其是一些植物的愈伤组织在暗中较光下细胞分裂快，如红花、乌桕的愈伤组织。

### 3.2.4.3 湿度

湿度的影响包括培养容器和环境的湿度条件。容器内主要受培养基水分含量和封口材料的影响。前者又受琼脂含量的影响。在冬季应适当减少琼脂用量，否则将使培养基干硬，不利于外植体接触或插进培养基，导致生长发育受阻。封口材料直接影响容器内湿度情况，封闭度较高的封口材料易引起通透性受阻，也导致生长发育受影响。

环境的相对湿度可以影响培养基的水分蒸发，一般要求 70%~80% 的相对湿度，常用加湿器或经常洒水的方法来调节湿度。湿度过低会使培养基散失水分过快，导致培养基各种成分浓度的改变和渗透压的升高，进而影响组织培养的正常进行；湿度过高时，易引起棉塞长霉，造成污染。

### 3.2.4.4 培养基 pH

pH 适度因植物材料而异，不同的材料对培养基最适 pH 的要求也不同，大多在 5.8~6.0，一般培养基都调至 5.8，这能适应大多数植物培养的需要(表 3-2)。

pH 也因培养基的组成而不同。以硝态氮作氮源和以铵态氮作氮源就不一样，后者较高一些。

**表 3-2 不同植物材料的最适 pH**

| 种　类 | 最适 pH | 种　类 | 最适 pH |
|---|---|---|---|
| 杜鹃花 | 4.0 | 月　季 | 5.8 |
| 越　橘 | 4.5 | 胡萝卜、石刁柏 | 6.0 |
| 蚕　豆 | 5.5 | 桃 | 7.0 |
| 番茄、葡萄 | 5.7 | | |

一般来说，当pH高于6.5时，培养基完全变硬；pH低于5时，琼脂不能很好地凝固。由于高温灭菌会降低pH 0.2~0.5，故在配制时常提高pH 0.2~0.3。pH大小可用0.1mol/L的NaOH和0.1mol/L的HCl来调整。1mL的NaOH可使pH升高0.2，1mL的HCl可使pH降低0.2。调节时一定要充分搅拌均匀。

#### 3.2.4.5 渗透压

培养基中添加的盐类、蔗糖、甘露醇及聚乙二醇类等化合物影响渗透压的变化。1~2个大气压对生长有促进作用，2个大气压以上就对生长有阻碍作用，5~6个大气压使生长完全停止，6个大气压下细胞就不能生存。

#### 3.2.4.6 气体

氧气是组织培养中必需的因素。培养室要经常换气，改善室内的通气状况。瓶盖封闭时要考虑通气问题，可用附有滤气膜的封口材料。通气性最好的是用棉塞封闭瓶口，但棉塞易使培养基干燥，夏季易引起污染。固体培养基可加进活性炭来增加通气度，以利于发根。液体振荡培养时，要考虑振荡的次数、振幅等，同时要考虑培养基和容器的类型等。

## 3.3 外植体培养过程中污染发生及其防治

污染是指在组织培养过程中微生物进入培养体系，在外植体上、外植体周围的培养基以及培养基的其他部位生长。由于植物组织培养过程中的温度、湿度、营养、pH等适宜微生物的生长，因此，一旦微生物进入培养容器中将快速繁殖，通过营养竞争、侵蚀植物材料、分泌有毒代谢物质等途径使植物材料发生病害或死亡，导致组织培养的失败。

### 3.3.1 外植体污染的原因

从已有报道看，造成污染最常见的微生物是细菌和霉菌，有时也可以是酵母菌。在培养过程中，培养材料附近经常出现黏液或混浊的水迹，并有发酵状泡沫。这大多是细菌性污染，主要细菌有：棒杆菌属(*Corynebacterium*)、肠杆菌属(*Enterobacter*)、葡萄球菌属(*Staphylococus*)。污染主要是由于使用了未消毒的工具及操作者呼吸时排出的细菌所引起的，或是操作人员的手接触了材料或器皿边缘所致。培养基上还会出现黄、白、黑等不同颜色的霉菌，这是真菌性污染，主要是由于接种室空气污染造成的。霉菌主要有：地霉属(*Geotrichum*)、曲霉属(*Aspergillus*)、毛霉属(*Aspergillus*)、根霉属(*Rhizopus*)等(周俊辉等，2002)。

造成污染的原因很多，从时间角度可以将污染发生原因归纳为3个阶段：

①前期准备阶段　包括培养基灭菌不彻底，器皿灭菌不完全，外植体选择不当与消毒不彻底。

②无菌操作阶段　包括无菌操作室灭菌和超净工作台有问题，操作不规范，操作

工具的消毒不彻底等。

③培养阶段 培养环境不清洁和培养体系意外开放等。

组织培养中，是否污染通常通过观察培养过程中培养基是否出现菌落来判断。不同成因造成的污染表观现象大多存在差异。通过对同批培养材料的菌落位置、菌落数、出现时间的观察，即可初步判断出污染的原因。例如，对于培养阶段中的污染，虽然发生时间不确定，但是组织培养周期一般在30d左右，因此，在前2~3d污染发生的概率比此后的概率低得多，一般在培养较长时间后才观察到菌落的出现；而超净工作台或操作人员导致的污染则在培养几天后即可观察到，因此，必须根据不同的污染表观现象寻找污染的成因。

## 3.3.2 外植体污染的防治

组织培养中降低污染率是工厂化生产不可忽视的重要技术环节。

(1)防止材料带菌

①用茎尖作外植体时，可在室内或无菌条件下对枝条先进行预培养：枝条→水洗净→插入无糖的营养液或自来水→抽枝→以这种新抽的嫩枝条作为外植体→接种。这样便可大大减少材料的污染。或在无菌条件下对采自田间的枝条进行暗培养，待抽出徒长的黄化枝条时采枝，经灭菌后接种也可明显减少污染。

②选择合适的时间于田间采取外植体。首先，应避免阴雨天去田间采取外植体。在晴天采取外植体时，下午采取的外植体要比早晨采的污染少，因材料经过日晒后可杀死部分细菌或真菌。

③目前对材料内部污染还没有令人满意的灭菌方法。由于材料内部的内生菌不能被一般的表面消毒方法所清除，随着材料进入培养过程，引起的污染称为内生性污染或内源性污染。许多植物表面或大气中生存的微生物，可经由植物自然的开口或伤口进入植物内部，而有一些兼性腐生菌或绝对寄生菌，可借由载体或是拥有一些侵入的机制侵入植物内部，使植物感染病原菌。容易携带内生菌的外植体消毒要比表面消毒复杂得多。主要方法有：

a. 在外植体表面消毒前，采用超声波、热击等物理方法处理后进行表面消毒。例如，G. M. Hol 等(1992)以水仙的鳞茎为外植体进行组培时发现，采用1%的次氯酸钠对其进行灭菌时，当灭菌时间为30min时，污染率为40%~60%；将灭菌时延长为2h甚至4h后，仍然不能降低污染率；而在使用消毒剂前用热水浸泡，可以将污染率降至5%。

b. 在消毒液中添加表面吸附剂吐温20。任敬民等(2004)在对台湾青枣组织培养消毒方法的研究中发现，在0.1%氯化汞中加入3~5滴吐温20的消毒效果要优于不添加吐温20者。

c. 在培养基中添加抗生素防止污染。郑永强等(2003)在生姜组织培养研究中发现，在初代培养时采用剥离至茎尖仅剩3~4个叶原基进行表面消毒后，接种于含25~50mg/L的硫酸链霉素和硫酸卡那霉素混合液防止污染效果较好，在继代培养过程中培养基中抗生素浓度达25~50mg/L，污染的培养基表现无菌状态。在使用抗生素时要有针对性地选择抗生素的种类和使用浓度，一种抗生素可能只对一种或几种微生物有效；浓度低时效果差，而浓度高又容易对植物产生毒害(周俊辉等，2003)。

(2)根据材料特点，采用不同的灭菌方法

①多次灭菌法　如咖啡成熟叶片的灭菌即用这种方法。

首先，除去主脉(因主脉与支脉交界处常有真菌休眠孢子存在)，同时去掉叶的顶端、基部和边缘部分，这样可大大减少污染；其次，将切好的外植体放入1.3%的次氯酸盐溶液中(商品漂白粉25%的溶液)，灭菌30min；第三，用无菌蒸馏水冲洗3次；第四，将材料封闭于无菌的培养皿中过夜，保持一定温度；第五，次日将叶片用2.6%次氯酸钠灭菌30min，然后用蒸馏水洗3次。对层积过的种子也可用多次灭菌法，在种子吸胀前后都要灭菌，在层积贮藏的第一周还应增加1次灭菌处理。

对于污染严重的并且尚不能摸索出有效灭菌方法的外植体，在组织培养中，尽可能减少单位培养容器中外植体的个数，每个培养容器中可以只接入一个外植体，这样可以获得相对大的无污染机率。

②多种药液交替浸泡法　对容易污染而难灭菌的材料，首先，取茎尖、芽或器官外植体，用自来水及肥皂充分洗净，表面不可附着污垢、灰尘，用剪刀剪去外植体上无用的部分，剥去芽上鳞片；其次，将材料放入70%医用酒精中灭菌数秒钟；最后，在1∶500 Roccal B(一种商品灭菌剂名)稀释液中浸5min。

③混合消毒剂与酒精联合灭菌　刘香玲等(2005)在进行水稻组织培养时，使用混合消毒剂对水稻种子进行灭菌，将水稻种子去壳后，先用70%酒精消毒1min，再用0.1%氯化汞和2%NaClO(1∶1)的混合消毒液浸泡20min。

(3)接种用具灭菌

应用湿热灭菌法，将玻璃器皿包扎后置入蒸汽灭菌锅中进行高温高压灭菌，灭菌时间可延长至25~30min。

应用干热灭菌法，将拭净或烘干的玻璃器皿和金属器械用纸包好置入电热烘箱中进行灭菌。

应用火焰灭菌法，把金属器械放在95%的酒精中浸一下，然后放在火焰上燃烧灭菌。这一步骤应当在无菌操作过程中反复进行。

应用布质制品的灭菌，工作服、口罩、帽子等布质品均用湿热灭菌法，即将洗净晾干的布质品放入高压锅中，在0.108MPa、121℃温度下，灭菌20~30min。

(4)操作室及时彻底消毒

无菌操作室的地面、墙壁和工作台的灭菌可用2%的新洁尔敏或70%的酒精擦洗，然后用紫外灯照射约20min。使用前用70%的酒精喷雾，使空间灰尘落下。每年要定期用甲醛和高锰酸钾熏蒸1~2次。

(5)按照操作程序进行

操作人员需穿经消毒的白色工作服，戴口罩。进入接种室前，工作人员的双手必须进行消毒，用肥皂和水洗涤能达到良好的效果，进行操作前再用70%的酒精擦洗双手。操作期间经常用70%的酒精擦拭双手和台面。特别注意防止“交叉传递”的污染，如器械被手污染后又污染培养基等。在打开培养瓶、三角瓶或试管时，最大的污染危险是管口或瓶口边沿沾染的微生物落入管内或瓶内。解决这个问题，可在打开前用火焰烧瓶口。如果培养液接触了瓶口，则瓶口要烧到足够的热度，以杀死存在的细菌。为避免灰尘污染瓶口，可用纸包扎瓶口和塞子，以遮盖瓶子颈部和试管口，相对减少污染机会。工具用后及时消毒，避免交叉污染。工作人员的呼吸也是污染的主要途径。通常在平静呼吸时细菌是很少的，但是谈话或咳嗽时细菌增多，因此，操作过程中应禁止不必要的谈话并戴上口罩。由于空气中有灰尘，因此，在操作时仍要注意避免灰尘的落入。尽量把盖子盖好，当打开瓶子或试管时，应倾斜角度，以免灰尘落入瓶中。刀、剪、镊子等用具，使用前一般浸泡在95%酒精中，用时在火焰上消毒，待冷却后使用。每次使用前均需进行用具消毒。

## 小　结

外植体是指植物离体培养中的各种接种材料。选取材料时要对所培养植物各部位的诱导及分化能力进行比较，从中筛选出合适的、最容易表达细胞全能性的部位作为外植体。本章介绍了外植体的类型，从选择优良的种质，选择健壮的植株，选择适宜的部位，选择适当的时期，考虑器官的生理状态和发育年龄，选择合适的大小6个方面阐述了选择外植体时应该遵循的原则。阐明了外植体及所用器具灭菌消毒方法和程序。论述了外植体的接种、培养和驯化、成苗途径和培养条件，以及外植体培养过程中污染发生的原因及其防治的措施和途径。

## 复习思考题

1. 常见的外植体有哪些？请试述外植体选择的原则。
2. 外植体通常怎样灭菌？
3. 无菌操作时有哪些注意事项？
4. 简述植物组织培养无菌操作技术的一般流程。
5. 简述接种后离体培养物对光照、温度、湿度等环境条件的要求。
6. 阐述外植体的成苗途径。
7. 请详述在植物组织培养过程中污染出现的原因及其预防措施。

## 推荐阅读书目

1. 植物细胞工程简明教程．刘进平．中国农业出版社，2005.
2. 植物组织培养．王水琦．中国轻工业出版社，2007.
3. 植物组织培养技术．李永文，刘新波．北京大学出版社，2007.
4. 园艺植物组织培养．王永平，史俊．中国农业出版社，2010.
5. 植物组织培养(第二版)．王蒂．中国农业出版社，2013.

## 参考文献

常宏，王玉萍，王蒂，等，2009. 光质对马铃薯试管薯形成的影响[J]. 应用生态学报，20(8)：1891-1895.

潘瑞炽，2000. 植物组织培养[M]. 广州：广东高等教育出版社.

彭剑涛，向结，2002. 利用组织培养技术获得烟草抗性材料的研究[J]. 种子，122(3)：26-27，30.

王蒂，2013. 植物组织培养[M]. 2版. 北京：中国农业出版社.

朱广廉，1996. 植物组织培养中的外植体灭菌[J]. 植物生理学通讯，32(6)：444.

BEROTO M，CURIR P，2007. In vitro culture of tree peony through axillary budding//MOHAN JAIN S，HAGGMAN H. Protocols for micropropagation of woody trees and fruits[M]. Derdrecht：springer.

BOUZA L，JACQUES M，MIGINIAC E，1994. Requirements for in vitro rooting of *Paeonia suffruticosa* Andr. cv'Mme de Vatry'[J]. Scientia horticultural，58(3)：223-233.

CASSELLS A C，1983. Plant and in vitro factors influencing the micropropagation of pelargonium cultivars by bud tip culture[J]. Scientia horticultural，21(1)：53-65.

ERIKSSON T，1965. Studies on the growth requirements and growth measurements of cell cultures of *haplopappus gracilis*[J]. Physiologia *plantarum*，18：976-993.

HUDSON T HARTMANN，DALE E KESTER，FRED T DAVIES，et al.，1997. Plant propagation：principles and practices[M]. $6^{th}$ edition. New Jersey：Upper Saddle River.

LINSMAIER E M，SKONG F，1965. Orgnic growth factor requirements of tobacco tissue cultures[J]. Physiologia plantarum，18：100-127.

MOLDRICKX R S，1983. The influence of light quality and light intensity on regeneration of Kalanchoe-Blossfeldiana-hybrids in vitro[J]. Acta hortic，131：163-170.

RN TRIGIANO，DJ GRAY，2000. Plant tissue culture concepts and laboratory exercises[M]. $2^{nd}$ edition. Boca Raton：CRC Press LLC.

# 第 4 章 植物组织培养原理

植物组织培养是利用植物的细胞、器官或组织进行离体培养，按照人们的预期目标进行生长发育的系统发育过程。该理论自 20 世纪初提出后，经过了 100 多年的发展，由简单的器官增殖、种苗生产发展到进行系统基因工程研究的转基因受体系统的建立，由原生质体到细胞、组织、器官和植株个体和大田植株个体与群体建立的微观到宏观的发展，由简单的种质快繁到利用细胞、组织和器官进行植物源活性物质生产，因而该学科自提出后近百年的时间中，研究领域的深入、植物材料的扩大、应用领域的拓展、系统理论的发展都有了长足进步。植物组织培养理论与技术在学科研究与产业开发、丰富人们生活和提高人们生活质量、延长人类的寿命等方面都发挥了极其重要的作用。

## 4.1 植物细胞全能性

### 4.1.1 植物细胞全能性

#### 4.1.1.1 概述

(1) 植物细胞全能性的概念

植物细胞全能性(plant cellular totipotency)是指植物的每个细胞都包含着该物种的全部遗传信息，从而具备发育成完整植株的遗传能力。在适宜条件下，任何一个细胞都可以发育成一个新个体(图 4-1)。植物细胞全能性是植物组织培养的理论基础。

(2) 植物细胞全能性的成因

为什么植物细胞具有全能性呢？我们知道，一个植物体的全部细胞，都是从受精卵经过有丝分裂产生的。受精卵是一个有着特异性的细胞，它具有本种植物所特有的

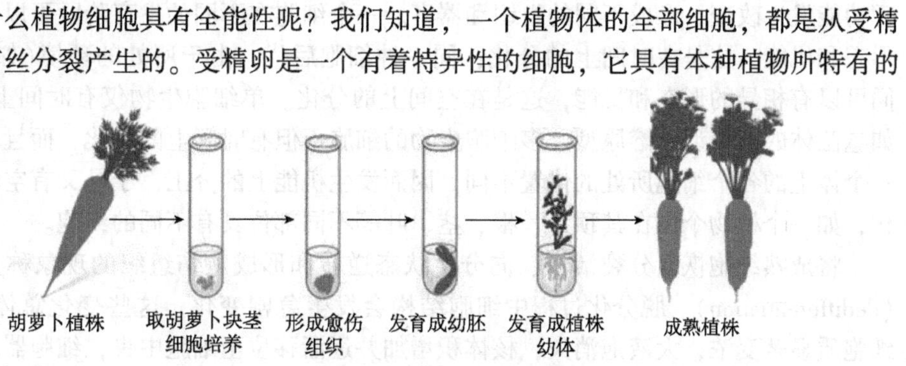


图 4-1 胡萝卜体细胞全能性验证

全部遗传信息。因此，植物体内的每一个体细胞也都具有和受精卵完全一样的 DNA 序列链和相同的细胞质环境。当这些细胞在植物体内时，由于受到所在器官和组织环境的束缚，仅仅表现一定的形态和局部的功能。可是它们的遗传潜力并未丧失，全部遗传信息仍然被保存在 DNA 序列链之中，一旦脱离了原来器官组织的束缚，成为游离状态，在一定的营养条件和植物激素的诱导下，细胞的全能性就能表现出来。于是就像一个受精卵那样，由单个细胞形成愈伤组织，然后成为胚状体，进而长成一棵完整的植株。所以离体培养之所以能够成功，首先是因为植物细胞具有全能性。

(3) 植物细胞全能性的验证过程

1902 年，德国植物学家 Haberlandt 预言植物体的任何一个细胞，都有长成完整个体的潜在能力，这种潜在能力称为植物细胞的全能性。为了证实这个预言，他用高等植物的叶肉细胞、髓细胞、腺毛、雄蕊毛、气孔保卫细胞、表皮细胞等多种细胞放置在他自己配制的营养物质中(人工配制的营养物称为培养基)。这些细胞在培养基上可生存相当长一段时间，但他只发现有些细胞增大，却始终没有看到细胞分裂和增殖。1934 年，美国植物生理学家 White 用无机盐、糖类和酵母提取物配制成 White 培养基，培养番茄根尖切段，逾 400d 后，在切口处长出了一团愈合伤口的新细胞，这团细胞称为愈伤组织。法国的 Gautherete 1934 年制成了一种固体培养基，使山毛柳、黑杨形成层组织增殖，最后形成了类似藻类的突起物。1946 年，罗士韦培养菟丝子的茎尖，在试管中形成了花。

1958 年，Steward 等将高度分化的胡萝卜根的韧皮部组织细胞放在适宜的培养基上培养，发现根细胞会失去分化细胞的结构特征，发生反复分裂，最终分化成具有根、茎、叶的完整植株；1964 年，Cuba 和 Mabesbwari 利用毛叶曼陀罗的花药培育出单倍体植株；1969 年 Nitch 将烟草的单个单倍体孢子培养成了完整的单倍体植株；1970 年，Steward 用悬浮培养的胡萝卜单个细胞培养成了可育的植株。至此，经过科学家们的不断试验，植物分化细胞的全能性得到了充分论证，建立在此基础上的组织培养技术也得到了迅速发展。

#### 4.1.1.2 细胞分化、脱分化与再分化

细胞分化(differentiation)是指个体发育过程中，不同部位的细胞的形态结构和生理功能发生改变，形成不同的组织和器官。一个细胞在不同的发育阶段可以有不同的形态和机能，这是在时间上的分化；同一种细胞后代，由于所处的环境(如部位)不同可以有相异的形态和机能，这是在空间上的分化。单细胞生物仅有时间上的分化，如噬菌体的溶菌型和溶原型。多细胞生物的细胞不但有时间上的分化，而且由于在同一个体上的各个细胞所处的位置不同，因而发生机能上的分工，于是又有空间上的分化，如一个植物个体在其顶芽、根、茎、叶等不同部位具有不同的细胞。

将成熟细胞恢复分裂活性、向分生状态逆转和形成愈伤组织的现象称为脱分化(dedifferentiation)。脱分化过程中细胞结构会发生急剧变化，这些变化总体上包括：细胞质显著变浓，大液泡消失，核体积增加并逐渐移位至细胞中央，细胞器增加。液泡蛋白体的出现和质体转变为原生质体被认为是细胞脱分化的重要特征。根据脱分化

过程的时空顺序，细胞的脱分化过程可分为3个阶段：第一阶段为启动阶段，表现为细胞质增生，并开始向细胞中央伸出细胞质丝，液泡蛋白体出现；第二阶段为演变阶段，此时细胞核开始向中央移动，质体演变成原生质体；第三阶段为脱分化终结期，细胞回复到分生细胞状态，细胞分裂即将开始。

对于一个已分化的细胞，表达其全能性的过程应该首先经历脱分化，而后再经历一个再分化的过程。再分化(redifferentiation)是指脱分化的细胞或组织在特定的条件下转变成各种不同细胞类型的现象。

#### 4.1.1.3 细胞全能性与细胞类型

尽管理论上每个生活的植物细胞都具有全能性，但其实际表达的难易程度却随植物种类、组织和细胞的不同而异，通常受精卵或合子、分生组织细胞和雌雄配子体细胞较易表达其全能性。

(1)体细胞全能性的表达

1958年，Steward和他的合作者利用胡萝卜髓细胞再生形成完整植株个体，在人类历史上第一次实现了植物体细胞的全能性。1963年，Steward和Wetherell与Halperin几乎同时报道了胡萝卜的游离细胞培养在琼脂植板上可产生上千个胚胎，就如真正的合子胚胎发生那样，经历球形胚、心形胚及鱼雷形胚和子叶胚阶段。最后，Backsh Usemann和Reinert(1970)的工作表明，游离的单个细胞也可以转变成胚胎，即得出胚状体(embryoid)是单细胞起源的结论。其后的工作表明，植物体的任何部位，合子、胚珠、珠心、根、茎、上下胚轴、叶柄、叶肉原生质体、花芽等，几乎都可以像合子发育那样表达其全能性。但由于技术和遗传基因调控原因，体细胞全能性的表达还十分有限，要实现所有植物体细胞全能性的表达还有大量的理论与技术需要深入研究。

(2)性细胞全能性的表达

精子、卵子以及与此相关的配子体世代的单倍体细胞不仅是特化的生殖单位，而且也具有发育成多细胞有机体的潜在能力。在活体状态下，单倍性配子体可以经单性生殖(parthenogenesis)、孤雌生殖或孤雄生殖而发育成单倍体胚，继而形成单倍体植株。在远缘杂交时，温度剧变、辐射或化学试剂处理时多出现这种情况。在离体培养条件下，尤其是雄配子体花粉粒的营养细胞和生殖细胞有极大的倾向，经胚胎发生途径发育成完整植株。

### 4.1.2 决定作用与形态发生感受态

植物器官的形成是一个有序且可以预测的过程，细胞和组织由于被决定而经历特定的形态发生过程。所以，植物组织培养的启动、分化的诱导，甚至由培养细胞再生获得完整植株，都依赖于对决定过程的操作。

单细胞和原生质体培养再生植株，诱变处理细胞获得目标变异，原生质体融合获得种间杂种，以及外源基因在培养细胞中的表达，都受到组织培养技术本身的限制。例如，某些植物种类难以进行植株再生和遗传操作，亲缘关系很近而基因型不同的品种对组织培养的反应有很大差异。另外，简单的培养细胞会导致非表型和非遗传的变异等。这些都制约着上述技术在品种改良中的应用。因而，植物组织培养与其说是一门科学，倒不如说是一门技术。启动培养和植株再生在很大程度上依靠经验通过改变培养基成分和培养条件来实现，对于一些关键因素，如激素如何改变决定状态(determined state)，为何不同植物种类及不同组织对培养的反应存在能力上的差异等，仍然需要大量研究。

(1)决定

决定(determination)在动物胚胎发育生物学中的原意是指胚胎某一部位的组织或细胞向特定器官分化的发育状态。移植试验表明，即便将原肠胚发育后期的表皮和神经细胞改变位置，这些细胞仍将形成在原先位置应该形成的器官。细胞的发育命运一旦决定，就保持稳定的发育特性，不因环境条件的变化而改变。决定状态或程度可以由异位移植和离体培养来测定。

决定同大多数发育过程不同，只有当有机体的部分置于试验操作时，才可知道其存在与否。也就是说，组织或细胞置于新的环境条件下仍可继续形成其在原先环境条件下发育形成的特定结构，我们才说这些组织或细胞是被决定了的。因而，决定包含两方面的含义：首先，它是相对的，既依赖于组织或细胞的特性，又有赖于试验处理；其次，决定能引起稳定的表型变化，即当能引起某种表型变化的外部因子去掉后，仍将产生原来的表型变化，这种稳定性使得这些细胞保留了对过去的“记忆”。这也是发育前进性的基础。

决定作用有 4 个特点：①高频率存在；②直接性；③相对稳定；④可以通过无性过程(有丝分裂)传递下来。人们很早就注意到植物发育可以带来稳定的表型变化。例如，在胚胎发生中，根和芽分生组织都从同一个细胞合子产生，即使从植物体上游离下来进行离体培养，根分生组织仍旧形成根，而芽分生组织仍旧形成芽。这种稳定的变化在光诱导开花现象中尤为明显。例如，种子植物在发育过程的某个时候会由营养生长向生殖生长转变，先产生芽的分生组织会发育成花。苍耳(*Xanthium pennsylvanicum*)的开花诱导中需要短日照处理，这种成花状态一旦确定，就将终生继续，即使在非诱导性条件(如长日照条件)下仍将如此。嫁接试验证明，诱导信号是由叶片接收并传递给芽分生组织，即使数天后叶片丧失这种诱导状态，芽分生组织仍确定地向花发育。

对于一个既定的发育过程，稳定性事件何时发生，在植物的哪个部位发生，存在很大的差异。例如，紫苏属(*Perilla*)的光诱导成花状态，可以通过诱导后叶片的系列嫁接向未诱导植株上传递，但这种诱导状态却需要诱导叶片来维持。因而可以说，紫苏属成花状态的稳定转变是在叶片中发生，而苍耳属(*Xanthium*)的成花状态却是在芽分生组织中发生，而且这些稳定性事件是在花形成开始前。菊花属(*Chrysanthemum*)的形成花状态转变则发生在心皮发生之后，而凤仙花(*Impatiens balsamina*)的成花分生组织即便形成几轮花后仍可向营养生长状态逆转。

随着决定作用的继续，组织的发育潜能会受到限制。桂皮紫萁(*Osmunda cinnamomea* var. *asiatica*)的叶原基离体培养在包含无机盐和蔗糖的培养基上可以继续其发育；与早期的叶原基相比较，尽管形态上已有区别，但却能产生完整的芽。随着离体时叶原基发育年龄的增加，芽发育的机会降低，而叶发育机会增加。所以，在早期阶段，叶原基与产生叶原基的芽分生组织具有同等发育潜力。在发育的晚期，叶原基发生稳定变化，因而其发育潜力受到限制，只能形成叶。对花形成过程做同样的试验发现，伴随着发育潜能的限制，不同的花器官依次固定化。

在分生组织中也存在相继决定状态(successive states of determination)。南美杉(*Araucaria angustifolia*)的树形是在单个直立的茎干上，初级枝条以层状排列，次级枝条从初级枝条上发出并与初级枝条在同一水平面分布排列。Vochting(1904)发现，生根插条的直立茎尖可以生长成完整的植株，而且外形也正常；但是生根的初生茎尖尽管可以分枝，却不能垂直生长；而生根的次生茎尖却不能分枝，只水平生长出纤细的枝条。在发育过程中，直立茎干的分生组织不仅产生茎干结构，也产生初级枝条分生组织，初级枝条分生组织依次产生次级枝条分生组织。因而，Vochting 的试验表明，这些分生组织经历一个发育潜能的顺序限制过程，而在分裂细胞群中保持着不同的决定状态。

(2)感受态

感受态(competence)早期指固有全能性的表达或形态建成的能力。在后来的发展中，感受态的定义逐渐拓宽，指细胞的反应状态，即对特殊刺激或信号的反应能力。这个术语与决定一起讨论时，有两方面的含义：

一是指感受态是细胞在诱导被决定时的一种短暂状态。例如，*Sl2* 等位基因纯合的番茄植株，雄蕊发育异常，短而侧向分离，花药退化。当用吲哚乙酸处理正在发育的花后，雄蕊原基会形成心皮状器官，而用赤霉酸处理后，则形成正常的雄蕊。这说明，在雄蕊形成过程中存在一段有限的感受态时期。

二是指决定引起的细胞反应的变化。例如，将营养生长的烟草离体茎段培养在诱导培养基上会形成叶芽；而开花的烟草近花端茎段外植体，在同样条件下培养则形成花。向开花状态的转变引起茎段组织感受态的变化，虽然都以器官发生反应，但却形成不同的器官。对于日中性的烟草，这种变化极为短暂，在培养中按一定的顺序多次转接，这种开花的感受态就会丧失。

在另外一些例子中，这种感受态却相当稳定。某些植物光诱导成花时需要冷处理(春化作用)，才能感受成花。二年生天仙子(*Hyoscyamus niger*)品种在17℃下可以生长形成器官，但无论在长日照或短日照条件下均不能开花。但如果将其实生苗低温培养数天后，再到短日照条件下生长，则只有经长日照处理后它才能感受成花，而这种感受态可以在旺盛生长的植株上持续190d之久。

(3)极性及其在分化中的作用

极性是植物分化中的一个基本现象，它通常是指植物的器官、组织甚至单个细胞在不同的轴向存在的某种形态结构以及生理分化上的梯度差异。

极性无论在低等植物或高等植物中均是普遍存在的。在高等植物的根、茎、叶器官中表现最为明显，它通常在合子或胚胎发育的早期即已确立。在高等植物中，合子的第一次不均等分裂所形成的基细胞及顶端细胞即进入不同的发育途径，由基细胞分裂形成高度分化的胚柄结构，而由顶端细胞分裂形成胚胎本身。胚中的极性明显地表现在一端形成胚根，另一端形成胚芽。在胚中建立的极性随植物轴器官的伸展而愈加明显，即在其两端分化出不同的器官(一端分化出根，另一端分化出芽、茎、叶等)。极性一旦建立，即很难使之逆转。这在用一些植物的茎或根的切段进行有关再生的经典试验中已清楚地得到了证实，即由茎切段上再生芽，往往只能在形态的上端(远基端)分化形成；而在根切段上形成芽，则发生在近基端。这种情况在形成层的衍生细胞的径向分化中也十分典型，即向外形成韧皮部，向心形成木质部。极性在茎切段不断分割成更小的小块时依然存在，犹如铁原子在磁化过程中定向一样。如果如此无限切割下去，我们自然会想到是否每个细胞也表现出类似的极性。20 世纪 30 年代初在丝状绿藻刚毛藻(*Cladophora*)中已清楚地证实了这种想法。因此，Bünning(1973)提出的"没有极性就没有分化"的看法，似乎也并不过分。

在一个细胞中极性的建立受到其周围环境因子很大的影响，即使在种子植物胚胎发生中，胚的极性也为胚囊中的条件所制约(胚根端朝向珠孔)，即极性受母体植物组织中已建立的极性的影响。极性的建立为环境条件所左右的情况在低等植物中更为常见。例如，在墨角藻(*Fucus vesiculosus*)中，如其受精卵的两侧暴露于不同光强的照光下，则受光较弱的一面变为未来的假根端。木贼属(*Equisetum*)孢子萌发时，叶绿体聚集在向光一面，而假根在背光一面形成。其他可以影响卵和孢子中极性的诱导因素还有 pH、$CO_2$和 $O_2$ 的梯度等。

## 4.2　植物试管苗生根

### 4.2.1　生根机理的研究

#### 4.2.1.1　基因表达和遗传转化

(1) 基因表达

基因表达是指基因指导下的蛋白质合成过程。生物体生命活动中并不是所有的基因都同时表达，代谢过程中所需要的各种酶蛋白质及其编码基因以及构成细胞化学成分的各种编码基因，正常情况下是经常表达的，而与生物发育过程有关的基因则要在特定的条件下表达。目前有关调控植物根系发育的基因克隆及其表达主要以模式植物拟南芥突变体为材料进行相关基因表达研究，如 Alan Marchant 等(2002)从拟南芥中筛选到一个 aux1 突变体，其特点是阻断了 IAA 在源库间的运输，从而表明生长素的载体 AUX1 有调整根的结构的作用。aux1 突变体表现为调整了 IAA 在主要的源库器官幼嫩叶和根中的分布。说明 AUX1 易于将 IAA 装载进叶导管运输系统，同时也容易将 IAA 卸载到初生根尖和发育的侧根原基中。

(2)遗传转化

遗传转化是指同源或异源的游离 DNA 分子(质粒和染色体 DNA)被自然或人工感受态细胞摄取，并得到表达的基因转移过程。根据感受态建立方式，可以分为自然遗传转化(natural genetic transformation)和人工转化(artificial transformation)，前者感受态的出现是细胞一定生长阶段的生理特性；后者则是通过人为诱导的方法，使细胞具有摄取 DNA 的能力，或人为地将 DNA 导入细胞内。利用发根农杆菌 T-DNA 携带的 *ro*1 基因转化植物细胞，可以提高一些植物的插条生根率。

#### 4.2.1.2 内源激素

内源激素是植物细胞接受特定环境信号诱导产生的、低浓度时可调节植物生理反应的活性物质。在细胞分裂与伸长、组织与器官分化、开花与结实、成熟与衰老、休眠与萌发以及离体组织培养等方面，分别或相互协调地调控植物的生长发育与分化。不同植物材料，由于其基因和生理状态各不相同，因而对其进行组织培养时，生根能力各不相同，究其原因，与其内源激素合成能力和分布量不同有关。李胜等(2005)研究认为葡萄品种‘皇家秋天’与‘藤稔’初代试管苗在培养不同时间内源 IAA、ABA 和 ZRs 消长时间不同，并提出了植物试管苗的生根培养应根据生根的难易程度进行分段诱导，以实现难生根试管苗的高频生根。此外，生长素的代谢和内源乙烯水平对植物生根有不同的影响。

#### 4.2.1.3 酶活性变化

试管苗生根过程中，酶活性变化是指不定根分生的组织细胞出现氧化还原状态的动态变化。在器官形成启动前 IAA-氧化酶/过氧化物酶活性的增加表明，组织在达到适当的生长素/细胞分裂素比例时需要较低的内源生长素水平。形成根的组织中存在着丰富的过氧化物酶，在生根过程中，过氧化物酶同工酶酶谱发生变化：阳性过氧化物酶的数量和强度持续增加；而阴性过氧化物同工酶的强度增加到极值，然后逐步下降。过氧化物酶的适合性和内源酚类物质的含量可以作为区分诱导阶段和启动阶段的生化标志。如白杨根诱导期过氧化物酶活性升高，然后迅速下降的变化。Witjaksono 等(1998)报道，鳄梨茎过氧化物酶活性在生根诱导 3d 后升高 2 倍，然后保持稳定一直到不定根形成末期；过氧化物酶活性与形成层细胞分裂、木质部分化和根原基形成密切相关，推测该酶可能起着调节根原基形成的作用。Basak 等(1995)分析了红树林几个种诱导生根时一些酶活性的变化，淀粉酶和多酚氧化酶急剧上升有利于加强皱荚红树(*Cynometra iripa*)和海漆(*Excoecaria agallocha*)茎段生根，而 IAA 氧化酶和过氧化物酶活性低有利于木榄(*Bruguiera gymnorrhiza*)和桐棉(*Thespesia populnea*)的生根。补骨脂(*Psoralea corylifolia*)生根诱导期过氧化物酶显著升高，是茎段生根的分子标记(Rout et al.，2000)。以上研究表明，生根诱导期过氧化物酶等酶的活性变化对不定根发生有影响。烟草 rac 突变体木质素水平较高，过氧化物酶活性较高，特别是酸性和碱性过氧化物酶同功酶活性高，乙烯含量也较高，在生长素处理下无动态变化，是其不定根发生潜能丧失的生理表现(Faivre-Rampant et al.，1998)。

氧化还原剂对某些生长状态植物的生根有影响。Cano 等(1996)用两种氧化剂[$H_2O_2$和间氯过氧苯甲酸 m-chloroperoxibenzoic acid (m-CPBA)]和两种还原剂(抗坏血-ASC 和谷胱苷肽-GSH)处理羽扇豆黄花苗下胚轴后，不定根发生受到抑制，抑制强度依次为：m-CPBA > GSH > ASC > $H_2O_2$，并随氧化还原剂浓度增加，抑制作用增强。衰老下胚轴对氧化还原剂的反应比幼嫩的敏感，说明抑制生根在于改变了组织细胞的氧化还原状态，细胞的氧化还原状态对形态发生有影响。Neves 等(1998)观察到 $H_2O_2$ 大量产生可以作为葡萄生根的早期标记。生长素诱导后，组织印迹能鉴定分化的类分生组织和稍后出现的根原基为无色斑点；根伸长时，根维管束为有色细胞，而皮层细胞无色。

生根过程中其他酶类变化具有适应性的特点。Hdider 等(1994)将草莓试管苗转移到生根培养基 5d 后，Rubisco 活性降低，PEPC 活性最高；在生根培养基上培养至第 28 天，Rubisco 活性升高 2 倍，PEPC 活性下降 0.4 倍。在此期间，$CO_2$ 固定率不变，但 $^{14}CO_2$ 迅速整合到氨基酸中。说明 PEPC 在生根初期对维持 $CO_2$ 固定和氨基酸合成具有重要作用，草莓试管苗在生根过程中逐渐从异养阶段过渡到自养阶段。

### 4.2.2 培养基成分及 pH 对试管苗生根的影响

(1)无机成分

将培养基中的大量元素和微量元素的浓度降至 1/2，可提高大多数植物的生根能力。这种盐浓度降低的功能虽不十分明确，但培养基中的盐浓度会影响到其渗透压，从而影响到植物组织培养的营养吸收和向培养基中释放一些物质。研究发现，降低盐浓度提高生根的原因可能是将培养基中的氮源降低到一个有利水平。同培养基中足量盐浓度相比，一半的盐浓度附加 1μmol/L IBA 可提高生根率。在桃生根培养研究中，降低 P、Mg、Ca 和 S 含量有利于试管苗生根。低盐培养基如 White 和 Knop 培养液也常用于生根培养。Bellamine 等(1998)报道，在缺钙无激素培养基上毛白杨生根率降至 42%左右，添加钙螯合剂 EDTA 增强抑制生根的作用；此外，钙通道阻断剂氧化镧在无激素培养基中完全抑制毛白杨生根。说明生长素和钙均参与调节毛白杨试管苗的不定根发生。李胜等(2005)对'矢芙罗莎''森田尼无核''藤稔'和'皇家秋天'4 个葡萄品种试管苗的生根特性观察和继代周期中试管苗 $Cu^{2+}$、$Zn^{2+}$、$Fe^{2+}$、$Ca^{2+}$ 和 $Mg^{2+}$ 含量测定，结果表明：$Cu^{2+}$、$Zn^{2+}$、$Fe^{2+}$ 和 $Ca^{2+}$ 在根系启动时含量增加，而后恢复到较低的水平；$Mg^{2+}$ 在根系启动时含量下降，而后上升至正常水平。说明前 4 种金属元素对葡萄试管苗根系启动有利，而 $Mg^{2+}$ 对生根不利，但对试管苗的生长有利。

(2)有机成分(维生素和氨基酸)

对于绝大多数果树生根而言，MS 培养基中的维生素成分比较适合，通常使用 B 族维生素就足够了。但对于难生根的果树如苹果、樱桃、李、梨等的生根培养，可对有机成分进行改良，如使用维生素 $B_2$ 可使生长素在光照下氧化失活，从而降低生长素的含量，防止根发端后对根生长的有害作用。如在木瓜组织培养中，首先在含 IBA 的培养基上培养，2d 后转入无激素但含有 10μmol/L 维生素 $B_2$ 的培养基中进行根的生长发育；或用注射的方法将适当浓度维生素 $B_2$ 注入在光下培养 1d 后的生根培养基中(内含 10μmol/L IBA)，使培养基中 $B_2$ 浓度约为 30μmol/L，代替转接，均具有较好的生根效果。此外，由于 IAA 络合物的形成及其水解方式也可调控组织内的 IAA 水平，其中最常见的结合物为肌醇，因而肌醇被证明可以促进不定根的形成，它可能涉及根发端的进程。在改良的有机成分中常含有谷氨酰胺和维生素 C，后者通常作为抗氧化剂，可降低组织周围培养基的褐化程度。对核酸碱基的作用也进行了研究，发现1mg/L腺嘌呤、1mg/L或5mg/L胞嘧啶可以显著地促进樱桃和李的根发生。

(3)生长调节物质

在微繁殖实践中，通常采用天然的生长素IAA和合成的生长素NAA和IBA进行根形成诱导。单独采用生长素或结合使用细胞分裂素、$GA_3$、ABA和酚类化合物，主要在根诱导和启动阶段(生长素敏感期)发生作用。培养基中的细胞分裂素/生长素比例通常决定苗/根的形成，但组织本身在器官形成部位的生长调节物质必须保持平衡。

由于在根的伸长阶段生长素并非必需，而且会抑制根的生长发育及愈伤组织产生。所以，通常在对木本植物进行生根培养时采用两步法(在一些植物微繁殖中，生根培养前需一个低细胞分裂素浓度或不含任何生长调节物质的苗芽伸长培养阶段)，即先在富含生长素的培养基上进行根的发生，而后转接到无任何生长调节物质的培养基上进行根的伸长生长。有时只在含高浓度生长素的溶液(10mg/L、50mg/L或100mg/L IBA)浸渍若干分钟或小时后，转接于无生长调节物质的培养基上培养，或瓶外的其他基质如蛭石等进行瓶外生根。这样不仅可提高生根率和有效根的数目，而且可限制苗芽基部愈伤组织的生成。在扁桃生根处理中，生长素处理时间长短对生根率没有影响，但转接到无激素的培养基上会提高根的活力。在苹果M9和M26的生根处理中，处理时间与生长素浓度的互作对根形成有一定影响。IAA处理木瓜无根苗的时间长短也影响其生根：在10μmol/L时处理3d，得到最高生根率(96%)；处理4d，获得最高平均根重；处理1d后，根细而多侧根；处理2d和3d，根较粗壮；处理4d、5d、6d、7d或12d，根逐渐变短、变粗，带少量的侧根。生长素的类型不同，对生根的作用也不同，一般以IBA最为常用。鹰嘴豆分生组织培养时，在MS培养基中单独加入生长素如IAA和NAA或与BA组合都不能生根，而加入1.0μmol/L IBA时即可发根。对番茄子叶外植体进行生根时，10μmol/L IBA、IAA、BOA(1,2-benxisoxazole-3-acetic acid；1,2-苯并异噁唑-3-醋酸)、NAA、2,4-D，在无细胞分裂素存在时(除2,4-D外)均可诱导根形成，其中IBA比IAA处理时生根长，而2,4-D处理则产生愈伤组织和毛状根丝。生根数随各生长素浓度增加而增加，但达到一定浓度则受抑制；因而在高浓度(0.32mmol/L)处理时，根的数量最多，但根长最短。有时单一的生长素还不能获得较好的生根效率，则需几种生长素复合处理。如IAA+IBA+NAA各以0.1mg/L浓度配合处理印度黄檀(*Dalbergia hupeana*)成年树形成层外植体可获得最佳生根效果。

在许多植物种类的组织培养中，较低的细胞分裂素和较高的生长素组合可以产生较佳的生根效果。在酸樱桃组织培养中，BA+IBA为最好的生根处理组合。激动素与0.1mg/L NAA配合，可显著提高樱桃下胚轴片段的生根频率。1μmol/L BA可刺激樱桃、李、桃×扁桃杂种生根，在连续光照下用5μmol/L BA可刺激榅桲生根，而2-ip、KT、zeatin则无这种作用。番茄花序外植体离体培养在KT浓度为0.001μmol/L、生长素(IBA或IAA)浓度为10μmol/L时，生根频率最高。而KT和NAA各为0.01μmol/L时生根数目最多，樱桃无根苗用0.1mg/L和1mg/L BA可使生根率分别达到70%~100%和20%。Wilkins和Dodds(1982)还观察到樱桃在富含细胞分裂素的培养基(2.5~5mg/L BA)上培养 6~10 个月后有根形成。虽然如此，但不应认为细胞分裂素对生根有刺激作用。许多李属(*Prunus*)种类在 BA 与 IBA 组合中，即便 IBA 的浓度很高都无法生根。事实上，绝大多数的果树作物的生根都是用生长素单独实现的。在研究细胞分裂素对葡萄单芽茎段培养时发现，大多数品种不需要 BA，少数品种需要低浓度的 BA(0.02mg/L)，BA 超过 0.1mg/L 时抑制生根，BA 浓度达到 0.5mg/L 时完全不发根。以上种种现象表明，根发生需要建立一种最佳的内源生长素/细胞分裂素平衡。尽管细胞分裂素被认为对生根有抑制作用，但在后期这种抑制作用会消失，而根原基的发育似乎依赖于细胞分裂素。

赤霉素在多种情况下对生根不利，但在果树苗木繁殖中，却常规地在生根培养基中加入 0.1mg/L。$GA_3$对根形成并无直接作用，但可通过调节 IAA 水平来实现。没有外源 $GA_3$，果树作物也可以生根。例如，0.1mg/L $GA_3$可促进李生根，但这并非必不可少；而在桃树培养中，$GA_3$+PG 可增加发育良好的植株数目。G. Nemeth(1979)发现，3μmol/L $GA_3$ 可显著提高 GF31 李树的生根效果；但对樱桃和桃×扁桃杂种则无，尽管可显著促进其苗芽的伸长生长。温柏 BA29 组培中，3μmol/L $GA_3$使生根苗芽数减少一半。Rosati 等(1980)指出，$GA_3$和培养温度之间存在互作。1mg/L $GA_3$可完全抑制扁桃的生根。Thorpe(1980)认为，$GA_3$参与正常组织的生长发育，但使用外源 $GA_3$会引起组织内 $GA_3$超适量水平，从而使器官形成受到抑制。而 $GA_3$可以促进器官发生表明，其内源 $GA_3$处于一个较低水平。

ABA 与赤霉素是天然的颉颃剂，在许多赤霉素对生根不利的培养中，ABA 常有促进作用。如石刁柏在常规培养基中很难生根，但当转到含 $10^{-7}$mol/L ABA 的培养基中，15d 后就可产生不定根，30d 时生根率可达 66.3%。随着培养时间延长，茎基部 ABA 含量上升，而 $GA_3$含量下降，培养 30d 后，ABA/$GA_3$值达 3.56，约为生根前的 7 倍；而对照无生根，ABA/$GA_3$值变化不大。ABA 对黄瓜黄化子叶外植体生根也有类似的促进作用。这些植物难生根被认为是体内 $GA_3$含量过高所致，而 ABA 的作用可能是通过调节 $GA_3$水平实现的，但 ABA 通常是一种抑制剂。如在扁桃培养中，0.8mg/L ABA 会使生根完全受到抑制，在欧洲甜樱桃(*Prunus avium*)和中国樱桃(*P. pseudocerasus*)茎段外植体培养中，单独使用 0.1~10mg/L ABA 不会有根形成，如果 0.1mg/L ABA 与 1mg/L 或 10mg/L IBA 组合可以获得生根植株。

乙烯对生根的作用不一致，在胡萝卜、大麦和番茄根发生中表现为抑制作用。

不少研究表明，多胺(polyamine)与试管苗生根诱导有关。丁二胺(Put)可提高苹果(砧木 M9，无性系 $P_3$)及橄榄基部外植体的生根(在 16h/d 光周期下培养)，对栗树、扁桃、希蒙得木属(*Jojoba*)和杏生根的影响甚小，但却降低了胡桃的生根效果。多胺的合成前体 L-鸟氨酸促进朱横、隐脉杜鹃插条及毛叶曼陀罗叶外植体生根。Put、亚精胺(Spd)或精胺(Sp)可促进菜豆下胚轴切段生根。Sp 还可促进文竹插条等生根，以及促进绿豆幼苗生根。但 Put 或 Spd 抑制绿豆幼茎插条生根。Put 也抑制茄子叶外植体生根。Rugini(1993)认为，需要 PA 促进生根的植物种类可能由以下两个因素决定：①生根阶段之前的游离 PA 含量；②在生根诱导需要游离 PA 时，即生根培养前 2d 中结合 PA 的累积情况。外源腐胺促进榛子插条的生根(Rey 等)。Hausman

等指出，白杨树插条经 0.3mg/L NAA 处理 7h 后生根率达 100%，在无生长素培养基中添加腐胺和有利于腐胺积累的精氨酸合成酶抑制剂 CHA(cyclohexylamine)能使 40%的插条生根。NAA 处理后，茎基部游离和结合的 IAA 升高，内源丁二胺水平 6h 后达高峰，不影响精胺和亚精氨的含量；NAA 与腐胺同时使用不影响游离和结合的 IAA 水平，对内源丁二胺稍有影响，外源丁二胺能提高精胺和亚精胺的水平。但是，培养基中加入精胺和鲱精胺(AG)显著降低腐胺含量，说明丁二胺的催化途径参与根形成过程。Martin-Tanguy 等发现鸟氨酸脱羧酶(ODC)调节丁二胺合成和 2-脱氧链酶胺(DOA)调节其代谢变化与菊花外植体生根有关。Faivre-Rampant 等指出，普通烟草组培苗在无生长素培养基中添加多胺能促进不定根发生，多胺抑制剂阻碍生根。但是，对生长素不敏感的突变体 rac 对多胺不敏感，原因是突变体细胞中游离和结合的多胺积累以及合成酶活性增加受阻，野生型则相反。

(4)糖类

绝大多数生根都采用 20~30g/L 蔗糖作为能源和渗透压调节物质，樱桃突变体无性系 F12/1 在蔗糖浓度为 50mg/L 时有较高生根率，酸樱桃在无激素的培养基上进行根的伸长生长取决于蔗糖的存在(20mg/L)：如果不加蔗糖，生根会完全受到抑制。对于一些植物品种而言，10~15mg/L 的蔗糖对生根会更为有利。木瓜(*Carica papaya*)腋芽无根苗在培养基中无蔗糖时，根发端明显减少，但所加蔗糖量对根发端影响不大，蔗糖浓度只影响根重(最适浓度 20g/L)。对于兰伯氏松(*Pinus lambertiana*)离体胚和甘蔗生根而言，高浓度(8%，W/V)蔗糖是最适条件。Wiesman 和 Lavee(1995)单独用 IBA 诱导难生根的橄榄插条，不能诱导其生根。将蔗糖和 IBA 配合使用，能促进橄榄插条的生根率、生根数量和根的生长。蔗糖的浓度也会影响根系的发育。

不同的糖种类对生根的影响不同，Pawlicki 等(1995)使用 29~59mmol/L 蔗糖能促进苹果砧木 Jork9 茎圆片生根，但同时发生愈伤化；山梨醇引起的愈伤化小，生根要求较高浓度；葡萄糖+山梨醇(117/59mmol/L)，蔗糖+甘露醇(59/29mmol/L)促使 100%茎圆片生根，平均每个茎圆片有 6 条不定根。Romano 等(1995)比较了不同糖类对橡树插条生根的作用，最有效的为葡萄糖，其次为蔗糖和过滤灭菌的果糖，完全无效的是山梨醇和高压灭菌的果糖。各种单糖和双糖对李树生根培养的反应试验表明，果糖配合或不配合葡萄糖+蔗糖，以及阿拉伯糖+乳糖配合或不配合蔗糖可以获得较好的生根效果。G. Nemeth(1978)则观察到用果糖、阿拉伯糖或山梨糖醇在李、苹果、樱桃及榅桲培养中的生根效果较差。

试管苗生根过程中植株体内糖的种类和数量也发生变化，Kromer 等(2000)在苹果砧木 M7 无菌苗茎段生根过程中观察到葡萄糖、果糖、山梨醇、肌醇升高。生根诱导期的前 10d 可溶性糖水平升高与茎基部细胞分裂旺盛一致，并发现果糖含量与生根能力密切相关。在根原基分化和根伸长期，可溶性糖恢复到原有的水平。同时也观察到根原基形成时可溶性蛋白质和酯类化合物略有升高。同时，李胜等(2006)在葡萄试管苗的生根研究中认为蔗糖浓度为 15~20g/L 对葡萄试管苗的生根最有利。

器官发生是一个高能需要的过程，蔗糖的存在与否，以及浓度大小对生根的影响可解释为是由于碳源缺乏引起异养无根苗的饥饿和(或)渗透压处于亚最适水平或超最适水平。

(5)琼脂

生根试验中，琼脂浓度范围在0(液体培养基)~0.9%，常用0.6%~0.8%。但在使用时，要注意琼脂质量，因为其质量与最适使用浓度有关。降低琼脂浓度有利于对营养的吸收，但会增加培养基中的水分蒸发。由于琼脂一般用来充当支持物，其浓度越高，则培养基越硬，所以研究者一般认为降低琼脂浓度可以增大生根下切段与培养基的接触面积。琼脂的浓度在 5~6g/L 时李树培养获得较好的生根效果。但G. Nemeth(1978)发现，在0.5%和液体培养基中培养会引起叶片的玻璃化现象。苹果在液体振荡培养中可成功地形成根原基，但在静止液体和固定培养中则否。李胜等(2006)研究认为，葡萄试管苗生根中随琼脂浓度(3.5~7.0g/L)增加，生根变慢，根变短变粗。

作为支持物，琼脂可以用灭菌的蛭石代替。另外，在有菌的条件下，弥雾处理也可促进生根，其生根效果比离体培养效果更好，如在扁桃、苹果和樱桃中得以证实。

(6)活性炭

活性炭(AC)被认为是通过吸附培养物分泌到培养基中的有毒物质而发挥作用。AC 一般和 IAA 一起使用。李属(*Prunus*)培养中，在苗芽伸长阶段(生根前)加入0.5%AC 能提高生根率。而在榅桲和李培养中，在改良 Quoirin-Lepoivre 培养基上加入500mg/L AC 显著降低了生根率和每株生根数。在李和樱桃生根培养中，AC 还会引起黄化和生根植株频率的显著降低；但在苹果砧木培养中，却获得 100%生根率，对根的长度也有一定积极作用。将 AC 应用于耐阴观叶花木和扁桃组织培养的试管苗生根中也取得了较好的生根效果。AC 对生根的抑制作用部分是因为它对 IAA 和其他营养物质也有吸附作用。

(7)酚类物质

酚类物质对根发生的促进或抑制作用是通过与 IAA 相互作用实现的。自 Tones(1976)首次报道根皮苷(phlorizin，PZ)和其降解产物根皮酚(phloroglucinol，PG)对苹果根形成和无根苗生长的促进作用以来，这两种物质引起人们的极大注意。162mg/L PG 可提高樱桃‘F12/1’和李‘Pixy’的生根频率和根数。对根和叶的解剖表明，PZ 和 PG 可促进木质部和叶绿体的生长，但邻苯三酚(pyrogallol)、邻苯二酚(catechol)和咖啡酸(caffeic acid)则不会产生这种现象。研究表明，在生长素敏感阶段提高 PG 内源水平有利于根的发生，同 IAA 的协同作用依赖于处理时间的长短。这被认为是 PG 可以作为 IAA-氧化酶和/或过氧化物酶的交替底物而对生长素有保护作用，从而引起内源 IAA 水平的提高。PG 不是通过提高对标志 IAA 的吸收而发挥这种作用的。PG 和 IAA 的协同作用受光的影响，但不受温度(22~29℃)的影响。李品种‘Pixy’在由自养状态向异养状态转变中，在暗中培养的增殖阶段的苗芽需要 PG。在梨和苹果培养中，PG 并不在培养基上与 IAA 络合成复合物，而是直接为组织所吸收，随后 90%以上的PG 转化为 Phlorin(PG 的 β-葡萄糖式)。绝大多数标记 PG 都可在苗芽基部找到。

在不同植物的组织培养中，PG 在根的伸长阶段出现会对生根有轻微的促进作用，也有抑制作用。这种不一致结果可能是由于植物种类或无性繁殖系之间存在差异，以及外植体的生理状态如年龄、预条件化(preconditioning)、PG和IAA的处理时间的不同引起的。

其他酚类物质对生根的作用是对苯二酚(hydroguinone)、邻苯二酚(catechol)、邻苯三酚(pyrogallol)单独使用时无效果，而在同IAA一起使用时，只有邻苯三酚和IAA可提高苹果的生根数。绿原酸和水杨酸对酸樱桃生根没有正效应。在甜樱桃下胚轴培养中，绿原酸抑制根形成，而在光照下对李却可显著地提高生根效果。槲皮素(quercetin)和芦丁(rutin)在根发生阶段可增加桃无根小苗的生根率。

(8)pH

有关pH对生根影响的研究报道较少，研究结果表明，pH由5.0增至7.0，葡萄试管苗根系在数量上没有显著变化，但使根系变粗、变短，根冠比增大。Harbage等(1998)指出，生根培养基的pH影响IBA的吸收，但不影响根诱导期的代谢活动。在苹果(*Malus domestica*)品种'Gala'和'Triple Red Delicious'试管苗生根诱导时，IBA的吸收与培养基pH呈负相关，pH 4.0的培养基上IBA吸收量最大。Liu等(1993)研究认为低pH培养基可刺激向日葵插条生根。李胜等(2006)在葡萄试管苗的生根研究中认为，葡萄试管苗的生根数与平均根长随着pH 5.5~7.0升高而减小，平均根粗与根冠比随pH的升度而增大。

### 4.2.3 培养微环境对试管苗生根的影响

(1)光照

光对生根有抑制作用。在扁桃组织培养中，Tabachnik和Kester(1977)在光照和黑暗条件下均可生根，而Rugini和Verma(1982)则仅在黑暗条件下生根。马哈利酸樱桃(*Prunus mahaleb*)的叶盘只能在光照条件下生根。依光质不同，不同李属(*Prunus*)树种无根苗在黑暗中培养5d后转接到光照条件下可提高生根率。G. Nemeth(1979)观察到在2000 lx光强下较800 lx光强下生根率高(在含BA的培养基上培养)。Jordan等(1982)在黑暗中对欧洲甜樱桃(*P. avium*)进行生根培养，生根率达到80%，尽管樱桃无根苗在弱光下也可生根。Hammerschlag(1982)研究认为，对李的品种'Calita'进行生根培养，两周的黑暗处理对获得最大生根率必不可少，而光照则抑制根形成，在其他几种木本树木培养中，最初一周的生根阶段进行黑暗培养也可以促进生根。由于黑暗预处理会影响其后向土壤移栽的成活率，Rugini等(1988)发现对橄榄和扁桃无根苗进行基部遮光处理(瓶壁外培养基以下部分用黑颜料涂敷不透光，培养基水平表面用黑色多聚碳化物颗粒覆盖)可以替代这种黑暗预处理，提高生根效率。在苹果生根培养中，结论多不一致。Druat等(1982)研究不同光照方案对生根的影响时发现，在诱导阶段(苗芽伸长生长阶段)和根发端阶段，都采用黑暗培养可获得最高生根率和生根数。车生泉等(1997)研究不同光质对小苍兰试管苗生长的影响发现，红光有利于根的分化和生长，白光使生根受到明显的抑制。倪德祥等(1985)发现蓝光对锦葵植物愈伤组织生长与不定根的形成最有效。在葡萄试管苗生根的研究中发现，长期在某一光质条件下培养，则表现出在黑暗条件下根长、根粗最大，在红光条件下根条数最多。Hansen 和 Potter 将苹果砧木、杜鹃花和山月桂品种的插条黄化处理后，生根率提高，而且在 18℃下黄化处理的生根效果比在 28℃下的好。Newton 等(1996)研究了红光与远红光(R：FR)比率为 0.5 和 3.1 条件下对榄仁树(*Terminalia spinosa*)和 *Triplochiton scleroxylon* 插条生根的影响，榄仁树插条在 R：FR 比率高条件下生根率(93.7%)优于比率低的生根率(77.5%)；而 *Triplochiton scleroxylon* 插条相反，在 R：FR 比率低(0.5)的条件下，插条生根率高(54.1%)，在高比率(3：1)下生根效率低(31.1%)。Bertazza 等(1995)观察到容易生根的西洋梨(*Pyrus communis*)品种'Conference'在白光、蓝光和红光下无外源生长素诱导也能生根，但在远红光和黑暗下无不定根发生，说明光敏色素系统参与了根的形态发生。Podwyszynska 等(2000)研究了玫瑰生根对光和温度的要求，指出 20℃、16h 光照处理 10d，然后 5℃和 10℃、16h 光照冷处理插条，生根效果最好。光照对生根的影响不一致的结论可能同在生根阶段中不同植物光敏感性不同，以及蓝光会破坏大部分 IAA 有关。李胜等(2005)研究不同光质对生根能力不同的葡萄试管苗根系产生和生长的效应，结果表明，所有处理在接种后 5d 均无根产生；易生根品种'矢芙罗莎'和'森田尼无核'在白光、黑暗、红光和黄光条件下的生根时间主要在第 6 天至第 10 天；绿光和蓝光下处理 5d 后在白光下生长的试管苗生根数最多，当处理超过 5d 时，生根明显受到抑制；在 4 种单色光(红光、黄光、绿光和蓝光)和黑暗中随处理时间延长根长逐渐变短，根鲜重逐渐降低。难生根品种'藤稔'和'皇家秋天'在黑暗、红光和黄光条件下处理 10d，根长和根鲜重达最大值，而后随处理时间的延长根长变短，根鲜重下降，在绿光和蓝光下根长和根鲜重均随处理时间延长而下降。因而得出短波光不利于葡萄试管苗生根和生长，长波光有利于难生根试管苗的生根。光照强度为 500~3000 lx，平均生根数、根长、根冠比和根粗均随光强的增强而增大(李胜等，2006)。

(2)温度

果树一般在 21~30℃范围内生根，苹果无根苗在 28℃生根最佳，而在 23℃和 21℃生根率下降，Rosati 等(1980)报道，在生根培养基中加入 $GA_3$，培养室温度对李生根率有一定的影响。在 26~30℃范围内，所有 IBA 的使用浓度对生根的抑制作用可以通过 0.1mg/L $GA_3$解除；但在 15℃或 21℃就没有这种效果。苹果无根苗在 22℃、25℃或 29℃对生根反应无影响(两步法生根)。木瓜无根苗，当日温和夜温保持在 27℃±1℃和 25℃±1℃时，生根最佳；如日温降低，根发端速率也降低。日温从(22±1)℃增到(29±1)℃时，根重随之增加；在 29℃日温下，根变细，侧根增多。李胜等(2006)研究葡萄试管苗生根中发现，温度在 20~35℃，生根数无显著差异，平均根粗随温度的升高略有下降；平均根长和根冠比随培养温度的升高而增加，在 35℃时降低。

### 4.2.4 外植体类型与生根的关系

(1)基因型

不同植物的生根能力或生根潜能的表达有很大的差异并受遗传控制，所需要的生根条件区别大。Caboni 和 Damiano(1994)报道，杏品种'Sapomova'比砧木'Sel M51'生根弱，前者生根需要 IBA+黑暗的严格条件，后者可以在任何条件下诱导生根，最适条件是IBA+光照。Reed调查了梨的49个种、品种和株系的生根，结果表明在10mmol/L IBA溶液中浸蘸15s后转移到无激素培养基上培养3周，生根率等于和大于50%的有18个基因型；在10μmol/L IBA的培养基上诱导7d再置于无激素培养3周才能生根的有12个基因型；19个顽固性基因型中，提高NAA的处理强度可使10个基因型生根，另9个基因型仍然不能诱导生根。Amold等(1995)报道，玫瑰品种'Champlain'生根的最适培养基为低盐培养基与高浓度IAA或中等浓度的IAA和NAA配合，培养基盐浓度升高，IAA或NAA浓度也随之升高才有利于生根；而另一品种'John Franklin'和两杂种'John Paul Ⅱ'与'Landora'的最适生根培养基为高盐培养基与低浓度IAA或无生长素配合。Henry等(1997)指出，不同枫树种的生根率有明显差异。在相同处理条件下，红枫生根率最高60%，其次为日本枫26%，糖枫最低为15%。在无生长素培养基上，蓝金银花(*Lonicera caerulea* f. *caerulea*)的侧枝生根率为90%，*L. caerulea* f. *edulis* 的生根率只有40%，在培养基中加入生长素后可以达到100%(Karhu)。Tibbits等(1997)分析得到桉树(*Eucalyptus nitens*)实生苗生根能力是受遗传控制的，在14025根插条试验中，只有14%的插条生根。Leo和Gould(1999)报道，棉花试管苗不定根发生取决于基因型，受基因型的影响，生根潜能丧失达到30%~80%。生根最适培养基随基因型而变化。

(2)插条生理和发育状态

从幼态观点来看，母株的生长年龄是影响生根的一个重要因素。Eshed等(1996)指出，栎树生根能力随树龄增加而减弱，$GA_3$处理3年龄的无叶枝后，生根率提高6~7倍。Diaz-Sala等(1996)比较了生长素对50d龄的实生苗上、下胚轴的生根诱导，诱导后20~30d内，下胚轴生根，而上胚轴均无不定根出现。组织学观察表明，生长素诱导初期使两外植体均出现形成层分化成薄壁细胞等特征，但而后上胚轴无局部细胞快速分裂和根原基分化。$C^{14}$标记生长素，放射性自显影揭示，下胚轴根分生组织出现前，生长素束缚在皮层，而不是集中在根分生组织处。幼态的木本植物材料比成熟或衰老的材料容易生根，因而幼态的M26和成年的苹果M26在达到最大生根率所需的IBA浓度也不同。对不同发育阶段或发育状态的植株生根诱导中，松树幼年期外植体的生根率为98%，而成年期插条仅为49%，培养基中加入活性炭使其生根率提高到78%(Dumas & Monteuuis，1995)。

不同生长季节也影响枝条的生根率。Howard(1996)指出，难生根的丁香品种'Syringa'顶端枝条只有来自夏初快速生长期或冬季重修剪后的植株，才能较好地诱导生根；在生长初期和生长高峰后采集的枝条生根率降低。类似地，12月至翌年2月采集的 *Cephalotaxus harringtonia* 插条生根率高(85%)，6~8月或9~11月采集的插条生根能力最差(Southworth & Dirr，1996)。Houle和Babeux(1998)报道，灌木柳树(*Salix planifolia*)枝条生根与其生长季节和性别有关，8月采集的插条生根率最高，而6月、10月和翌年2月的枝条不能生根。

培养物的不同继代时间也影响试管苗的生根，苹果M26只在培养后第3至第4个月以上才可以生根。在增殖培养基上也可增加苹果的生根率。James和Thurbon(1981)则认为生根能力随继代时间的延长而增强是由于无根苗基部BA浓度下降所致。自20年生柠檬桉(*Eucalyptus citriodora*)培养出的无根苗，直到第4代继代培养才生根，此时大约培养了240d。野桉(*E. rudis*)需继代培养4个月才生根。边缘桉(*E. marginata*)在培养12个月以上，生根率才有所提高。藤稔葡萄经继代10个月才能生根。木本植物组织培养中的这种现象可能是由于延长继代培养带来的复幼效果。

植株的性别不同，生根能力不同，欧洲刺柏(*Juniperus communis*)雌株比雄株容易生根，高浓度IBA条件下，雌株插条生根受到抑制(Houle & Babeux，1994)。柳(*Salix planifolia*)雌株枝条的生根率比雄株的高，而且单枝生根数量多(Houle & Babeux，1998)。

## 4.3 植物试管苗玻璃化及其防治

植物试管苗玻璃化(vitrification)是指试管苗呈半透明状，外观形态往往异常的现象。虽然试管苗玻璃化后偶尔可在延长培养期间恢复正常，也可通过诱导形成愈伤组织后重新分化形成正常苗，但通常玻璃化苗恢复正常的比例很低，继代培养中仍然形成玻璃化苗，且玻璃化苗的分化能力低下，难以增殖生根成苗。由于玻璃化苗的生理功能异常，难以移栽成活。因此，玻璃化苗的出现对于利用植物组织培养技术进行植物快速微繁殖(micropropagation)是不利的。目前已经发现各种类型植物进行微繁殖时都有可能出现玻璃化现象，玻璃化苗的比率可高达100%，因而对于微繁殖来说，试管苗玻璃化是试管生产中亟待解决的问题。

### 4.3.1 试管苗玻璃化现象发生的普遍性

试管植物玻璃化在组织培养中普遍存在，在草本与木本植物中均有发生，已报道出现玻璃化苗的植物逾70种(表4-1)。

**表4-1 试管苗玻璃化植物名录**

| 种 名 | 科 名 | 文献来源 |
| --- | --- | --- |
| *Allium porrum* 韭葱 | 百合科 | 卜学肾、陈维伦(1987) |
| *Alnus crispa* 美洲绿桤木 | 桦木科 | 卜学肾、陈维伦(1987) |
| *Apium graveolens* 芹菜 | 伞形科 | 卜学肾、陈维伦(1987) |
| *Arabidopsis himalaica* 喜马拉雅鼠耳芥 | 十字花科 | Marianne 等(1997) |
| *Asparagus officinalis* 石刁柏 | 百合科 | Kevers 等(1984) |
| *Brassica juncea* 芥菜 | 十字花科 | 陈国菊、雷建军(1992) |
| *B. napus* 油菜 | 十字花科 | Bloch 等(1989)、顾享森(1989) |
| *B. oleracea* 花椰菜 | 十字花科 | Bloch 等(1989) |
| *Caladium picturatum* 彩叶芋 | 天南星科 | 卜学肾、陈维伦(1987) |
| *Cephalotaxus harringtoina* 日本粗榧 | 粗榧科 | Wichremesinhe 和 Arteca(1993) |
| *Chrysanthemum* spp. 菊花类 | 菊科 | 卜学肾、陈维伦(1987) |
| *Cinnamomum camphora* 樟树 | 樟科 | 卜学肾、陈维伦(1987) |
| *Citrullus lanatus* 西瓜 | 葫芦科 | 赵月玲等(1999) |

（续）

| 种 名 | 科 名 | 文献来源 |
|---|---|---|
| *Clianthus formosus* 台湾耀花豆 | 豆科 | Taji 和 Williams(1989) |
| *Conostulis wonganensis* 黄花菜 | 血皮草科 | Rosetto 等(1992) |
| *Cucumis melo* 甜瓜 | 葫芦科 | 卜学贤、陈维伦(1987) |
| *C. sativus* 黄瓜 | 葫芦科 | Ladyman 和 Girard(1992) |
| *Cynara scolymus* 洋蓟 | 菊科 | Debergh 等(1981，1983) |
| *Daphne odora* 瑞香 | 瑞香科 | 周菊花等(1990) |
| *Datura insignis* 曼陀罗 | 茄科 | Miguens 等(1993) |
| *Dianthus caryophyllus* 香石竹 | 石竹科 | Hauxiska(1974)，Davis 等(1977)，Sutter 和 Langhans(1979)，Hakkart 和 Versluijs(1983)，Kevers 等(1984，1985)，Miller 等(1991)，叶祖云、贾炜龙等(1997)，陈爱萍(1998) |
| *Drummondita ericoides* 芥蓝 | 芸香科 | Rossetto 等(1992) |
| *Eramophila resinosa* | 苦槛蓝科 | Rossetto 等(1992) |
| *Eucalyptus graniticola* 桉树 | 桃金娘科 | Rossetto 等(1992) |
| *E. teretiornis* 细叶桉 | 桃金娘科 | S. K. Sharma 等(2000) |
| *Euphorbia pulcherrima* 一品红 | 大戟科 | 卜学贤、陈维伦(1987) |
| *Ficus lyrata* 榕树的一种 | 桑科 | 卜学贤、陈维伦(1987) |
| *Forsythia intermedia* 连翘属一种 | 木犀科 | Debergh 等(1981)，Debergh(1983) |
| *Fuchsia hybrida* 倒挂金钟 | 柳叶菜科 | Kevers(1984) |
| *Gerbera jamesonii* 扶郎花 | 菊科 | Debergh 等(1981)，Debergh(1983) |
| *Glycine max* 大豆 | 豆科 | 刘莉、赵桂兰(1999) |
| *Gossypium hirsutum* 陆地棉 | 锦葵科 | 李克勤等(1991)，刘金宏等(1993)，张宝红等(1996) |
| *Gimpsophylla paniculata* 重瓣丝石竹 | 石竹科 | Dillen 和 Buysens(1989)，郭达初等(1991)，刘非燕等(1996)，王纪方等(1997)，张淑改等(1999) |
| *Lxora coccinea* 深红龙船花 | 茜草科 | P. Lakshmanan 等(1997) |
| *Lilium tigrinum* 卷丹 | 百合科 | Kevers 等(1984) |
| *Limonium aureum* 金色补血草 | 蓝雪科 | 卜学贤、陈维伦(1987) |
| *L. bicolor* 二色补血草 | 蓝雪科 | 卜学贤、陈维伦(1987) |
| *Lobularia maritima* 香雪球 | 十字花科 | 卜学贤、陈维伦(1987) |
| *Malus* spp. 苹果类 | 蔷薇科 | Hedegus 和 Phan(1983)，Vieth 等(1982，1983)，Phan(1986)，井忠平等(1992) |
| *Malus zumi* 珠美海棠 | 蔷薇科 | 李云等(1996，1997) |
| *M. micromalus* 西府海棠 | 蔷薇科 | 师效欣等(1992) |
| *Narcissus tazeatta* 水仙 | 石蒜科 | J. chen 等(2001) |
| *Oreopanax nympaeifolium* | 五加科 | Debergh 等(1981)，Debergh(1983) |

（续）

| 种　名 | 科　名 | 文献来源 |
|---|---|---|
| *Olearia microdisca* | 菊科 | Williams 和 Taji(1991) |
| *Paeonia suffruticosa* 牡丹 | 毛茛科 | 储成才、李大卫(1992) |
| *Pediocactus knowltonii* 诺尔托花梗仙人掌 | 茄科 | Leonhardt 和 Kandeler(1987) |
| *Petunia hybrida* 碧冬茄 | 茄科 | 卜学肾、陈维伦(1987) |
| *Picea glauca* 云杉 | 松科 | Ellis 等(1991) |
| *Pinus* spp. 松类 | 松科 | Aitken-Christie 和 Jones(1987) |
| *Piper nigrum* 胡椒 | 胡椒科 | M. A. Fontes(1999) |
| *Populus tomentosa* 毛白杨 | 杨柳科 | 卜学肾、陈维伦(1987)，郝贵霞等(1999)，钟士传等(2000) |
| *P. tremula* 欧洲山杨 | 杨柳科 | B. Vinocur 等(2000) |
| *Primula obconica* 四季报春 | 报春花科 | Kevers 等(1984) |

## 4.3.2　玻璃化苗的形态解剖学特征

(1)形态学特征

与正常试管苗比较，玻璃化苗在形态学上变化显著。玻璃化苗外观显示的共同特点是呈半透明状，并且可分为外观形态明显异常与基本无异常两种类型。此外，玻璃化苗的茎尖顶端分生组织相对较小，茎尖发育部分保持分生组织性的时期也缩短；叶表面缩小或增大，叶片常皱缩并纵向卷曲，脆弱易破碎，其颜色不正常，玻璃化苗难以生根。

(2)解剖学特征

茎皮层及髓部的薄壁组织过度生长，细胞间隙大，输导组织发育不良或畸形，导管和管胞木质化不完全。叶片的栅栏组织细胞层数减少，或仅有海绵组织。叶肉细胞间隙大，表皮组织发育不良，包括叶表角质层变薄或缺少角质层蜡质，有的是蜡质发育不完全，或蜡质结晶的结构发生变化。果胶及纤维素等也发育不良。在有些植物玻璃化苗的叶表发现大量的排水孔。气孔器数量或多或少，但功能不正常，其原因可能是保卫细胞中胼胝质含量增加，而纤维素含量减少。叶绿体中基粒和基质的组织结构异常，叶绿素含量低。根茎之间维管组织联系有缺陷。

Miguens 等(1993)利用扫描电镜观察了曼陀罗(*Datura stramonium*)正常苗与玻璃化苗叶片的表面结构，发现玻璃化苗与正常苗的表面结构有相似之处：①两者均是叶片上下表面具有气孔器；②具有相似的腺毛及非腺毛的分布；③气孔长度、直径及分布相似；④未成熟气孔的孔道关闭，在两个保卫细胞之间被一些非结晶状的物质所堵塞。但在两类叶片上，正常气孔具有典型的肾形保卫细胞，且与生长在田间植物叶片上的气孔器相近，而异常气孔器的保卫细胞畸形，在其垂周或水平面上有突出物或圆形疣突产生，堵塞孔道。正常苗叶片上有 80%的正常气孔器，而玻璃化苗叶片上正常气孔器只有 7%，而不正常气孔器的比例达 90%，他们认为保卫细胞畸形是导致气孔功能异常的主要原因。

### 4.3.3 玻璃化苗的生理生化特点

(1)基本成分的含量

玻璃化苗的过度含水、含水量高，还原糖和蔗糖、$K^+$、$Ca^{2+}$、$Cl^-$的含量明显高，而鲜重、干重、粗纤维、木质素、叶绿素和蛋白质、肌醇、$Fe^{2+}$和$Cu^{2+}$的含量明显低。这表明玻璃化苗的细胞壁发育差、细胞质膜透性改变、蛋白质合成能力和光合作用能力低。

(2)酶的活性

玻璃化苗中某些酶的活性也发生明显的变化，例如，与木质素合成有关的羟基肉桂酸的合成中，CoA 连接酶和与木质化进程有关的苯丙氨酸氨解酶(PAL)的活性比正常苗低得多。Kevers(1984)和周菊花等(1993)的研究表明，玻璃化苗的淀粉酶(AMY)总活性明显升高，碱性和中性区过氧化物同工酶(POD)活性显著提高，而酸性区 POD 活性有所下降。赵剑等(1998)、王继芳(1997)研究认为，玻璃化苗的 CAT、SOD 和 POD 活性低于正常苗。此外，有报道指出巴比伦柳的谷氨酸脱氢酶活性与玻璃化程度呈正相关，而蓝色特基拉韦伯龙舌兰(*Agave tequilana*)的谷氨酸脱氢酶活性则与玻璃化程度呈负相关，考虑到谷氢酸脱氢酶活性易受体内碳的供应状况的影响，故谷氨酸脱氢酶活性不一定与玻璃化的发生有明确的相关性。同样，由于不同植物玻璃化苗的过氧化物酶总活性的变化趋势不同，因而测定过氧化物酶的总活性也难以确切了解玻璃化发生的原因。

(3)内源激素的状况

玻璃化苗的内源激素状况也有显著的变化。牛自勉等(1995)用高效液相色谱法(HLPC)测定苹果砧木茎尖培养玻璃化过程中内源激素的含量变化，结果表明：玻璃化苗的叶片及茎尖中 $GA_3$、IAA、ABA 含量极显著上升，同时 CTK 含量显著上升，在茎叶极度玻璃化时 CTK 含量显著降低，这可能与 $CA_3$、IAA 含量显著降低后植株的生理失调有关。Kevers 和 Gaspar(1985)报道，石竹组织在容易诱导玻璃化发生的液体培养条件下高速产生乙烯，玻璃化组织的乙烯产生总是高于正常组织。但是，培养物乙烯的大量产生可能不是诱发玻璃化的原因，因为提高培养瓶中的乙烯水平，添加乙烯的前体 ACC 或乙烯生物合成的抑制剂并不影响玻璃化的发生。乙烯是一种生长调节剂，张洪胜(1991)、Kevers C. 等(1985)在试验中发现玻璃化过程中乙烯含量的增加。Gersani 等(1986)报道，石竹玻璃化叶片生长素的极性运输大大降低，其原因可能是玻璃化使细胞间联系疏松、有细胞间空隙、维管组织发育差之故，这表明玻璃化苗的内源生长素状况可能发生了明显的变化。Böttcher Bottcher 等(1988)也报道，玻璃化石竹对赤霉素的敏感性高于正常苗，提示玻璃化苗的内源赤霉素也可能发生改变。

### 4.3.4 影响玻璃化苗发生的因素

玻璃化现象发生在微繁殖实验中，是植物组织培养中特有的现象。因此，材料种类、培养基成分和培养条件等各种内外因素都影响玻璃化苗的发生，其中研究较多的是培养基水势、细胞分裂素、氮源和碳源的状况。

(1)材料差异

众多研究表明，培养材料的种类和外植体类型显著影响玻璃化苗的发生。例如，Lange(1988)报道，具有来自 *Beta procumbens* 的外源染色体 6 或 9 的甜菜幼苗是高度玻璃化的。周菊华等(1990)研究表明，瑞香基部茎段产生的试管苗玻璃化率最低，茎尖的次之，中部茎段的极高。胡开林等(1998)研究青花菜时发现，用花蕾诱导所分化的不定芽 74%表现正常，而用子叶、上胚轴和花序柄诱导的不定芽全为玻璃化苗。然而，这些研究没有进行必要的生理生化分析，因此难以确切说明不同植物种类、不同外植体类型所产生的玻璃化程度不同的原因。而且，这些研究大多只使用一种培养基，所以不能排除改变培养基后试管苗的玻璃化程度会发生显著变化。

(2)培养基水势和环境湿度

已经证实，液体培养比固体培养更容易产生试管苗玻璃化现象，提高培养器皿内空间相对湿度容易产生玻璃化，故提高培养基琼脂或 Gelrite 浓度能降低玻璃化苗的发生，但也同时降低了试管苗的增殖率，而且不能排除琼脂和 Gelrite 中高浓度 $K^+$、$Mg^{2+}$等杂质的作用。总之，培养基水势和环境湿度对试管苗玻璃化有明显的影响，因此，有人认为玻璃化发生的原因与水势过高有关。Kevers 等(1984)认为细胞壁纤维素、木质素缺少导致壁压下降、细胞吸水过多，从而使形态异常而产生玻璃化。

(3)碳源

有关碳源供应状况对玻璃化影响的研究还不多见。Rugini(1986)报道，用 4.5%的果糖替换 4.5%蔗糖可显著降低扁桃的玻璃化发生率。郭达初等(1990)则报道，用 3%或 4%葡萄糖替换相同浓度的蔗糖明显增加香石竹嫩梢培养物的玻璃化苗百分率。李云等(1996)在珠美海棠中也观察到了同样的现象，但认为葡萄糖和蔗糖对试管苗的影响未达到显著水平。张燕玲等(1997)研究表明，糖含量与丝石竹玻璃化苗比率呈极显著负相关，在含糖 20g/L 的培养基中，玻璃化苗率为 100%，含糖 60g/L 的培养基，玻璃化苗比率则降至 70%。Zimmerman 和 Cobb(1989)也报道矮牵牛玻璃化苗叶片的还原糖含量明显较高，肌醇含量明显较低。因此，碳源供应状况对玻璃化发生有影响，但尚需要继续进行探讨。

(4)无机盐和离子

培养基中的 $NH_4^+$过多容易导致玻璃化苗的发生。张翠玉等(1991)在 MS 培养基中减少 3/4 的 $NH_4NO_3$或除去 $NH_4NO_3$对减少月季玻璃化苗的产生效果极显著，如月季品种‘杨基歌’和‘黄和平’在完全除去 $NH_4NO_3$的培养基上，未出现玻璃化苗。周菊花等(1990)在瑞香培养中也得到了类似的结果。Darral 等(1981)报道降低供氮水平显著降低细胞分裂素水平。Phan 等(1986)认为 $NH_4^+$过多会毒害与木质素合成有关的酶。程家胜等(1990)认为培养基中氨态氮比例越低，则玻璃化苗率和病情指数越小，在一定范围内降低培养基中的氨态氮的比例有利于防止或减少玻璃化苗的产生。王家旺等(1990)在油菜茎尖培养中发现：MS 培养基培养茎，玻璃化苗的比例明显低于 $B_5$培养基；提高 $B_5$ 培养基中氨、钙、锰含量时，玻璃化苗的比例降低；而提高硼含量时，玻璃化苗的比例上升。这说明 MS 和 $B_5$ 培养基对玻璃化作用的影响与盐浓度有关，也可能与两者的有机物成分和含量不同有关。提高培养基中的 $K^+$ 或 $Ca^{2+}$ 浓度可以降低玻璃化苗的发生，这与玻璃化苗含高水平的 $K^+$ 和 $Ca^{2+}$ 的报道不符，意味着 $NH_4^+$、$K^+$ 和 $Ca^{2+}$ 对玻璃化苗发生影响的复杂性，它们的影响可能还受其他因素的制约。此外，提高培养基中的 $Zn^{2+}$、$Mn^{2+}$ 浓度可以减少玻璃化苗的形成，而 $Cl^-$ 浓度过高易导致玻璃化发生。

(5) 外源激素

培养基中的细胞分裂素容易导致试管苗玻璃化。细胞分裂素的主要作用是促进芽的分化，打破顶端优势，促进腋芽发生，因而玻璃化苗也相应表现出茎节短、分枝多的特性。玻璃化苗发生百分率和细胞分裂素呈正相关，一些试验证明高浓度的 6-BA 对玻璃化的产生有一定的促进作用。在葡萄试管苗的组培中也发现类似现象：随着 BA 浓度的增高，玻璃化率也提高。周菊华等(1990)研究表明，利用瑞香茎尖培养时，当激素供应为 KT 2. 0mg/L+IBA 0. 1mg/L 时玻璃化苗百分率为 8. 3%，当为 BA 2. 0mg/L+NAA 0. 2mg/L 时则为 37. 5%，差异十分显著。因此，在比较玻璃化发生的材料差异时应注意与之相配合的培养条件。

王纪方等(1997)的试验表明：过量外源激素破坏植物体内的保护酶系统的平衡(SOD、CAT 和 POD 三者的活性不协调)，这说明环境的胁迫可能诱导了较多自由基的产生，SOD 同工酶效能的降低又使其得不到及时清除，超氧化物自由基参与乙烯的生物合成，但是乙烯过量产生会导致乙烯合成的自我抑制，从而抑制与乙烯有关的 PAL 和 POD 酶的活性，这与陈国菊(2000)和 Letouze 等(1987)的研究结果一致。PAL 是木质素生物合成的起始酶，PAL 和 POD 活性的降低导致木质素的生物合成不能顺利进行，组培苗木质化程度降低，而木质素在细胞壁的硬度中起重要作用，其含量降低使得细胞壁的构成物质缺乏，造成试管苗组织幼嫩，细胞壁的壁压降低，细胞大量吸水。另外，活性氧自由基的积累使得膜脂上不饱和脂肪酸的过氧化增强，使之形成许多过氧化产物，如丙二醛(MDA)等，而 MDA 是一种能强烈地与细胞内各种成分发生反应的物质，因而会引起酶和膜的严重破坏，使膜失去正常膨压，组织吸水失控，便产生了玻璃化苗的肿胀现象。

(6) 其他因素

5℃左右的低温处理可以克服试管苗玻璃化现象，但必须注意重新转入高温培养和继代培养时玻璃化现象的恢复。此外，40℃热激处理也可消除瑞香愈伤组织再生苗的玻璃化。

黑暗和弱光培养容易形成玻璃化苗，而光照则可以显著降低玻璃化苗百分率。

培养基中添加根皮苷或活性炭能够减轻试管苗玻璃化现象，而添加水解酪蛋白则使玻璃化苗百分率增加。

培养基 pH 对玻璃化苗发生也有影响。郭初达等(1990)研究指出，pH 在 5. 8～7. 0 范围内，玻璃化苗百分率以 pH 6. 2 时最高，pH 7. 0 时最低。所以研究玻璃化现象时应注意培养基的 pH。

青霉素可以诱导赤霉素合成的有关 mRNA 的合成，而且能抑制愈伤组织中过氧化物酶和 IAA 氧化酶的活性，从而提高 IAA 含量。同时，它一方面通过促进叶片中核酸和蛋白质的合成来促进叶绿素的合成；另一方面通过降低叶片中叶绿素降解酶类的活性来延缓叶绿素的降解，从而提高叶片中叶绿体色素的含量。

聚乙烯醇(PVA)和青霉素 G 钾对试管苗玻璃化也有影响。

此外，内源激素水平随季节的变化，会导致试管苗的玻璃化率在春夏季较高，冬季较低。

### 4.3.5　玻璃化苗发生的机理

玻璃化是植物组织培养中所特有的现象，在自然环境中的陆生植物未见有玻璃化现象存在。众多研究表明，玻璃苗绝大多数来自茎尖或茎切段培养物的不定芽，仅极少数玻璃苗来自愈伤组织的再生芽。已经玻璃化的试管苗，随着培养基和培养环境在培养过程中的变化是有可能逆转的，也可以通过诱导愈伤组织后再生成正常苗。导致玻璃化发生的因素很多，但不同植物种类的玻璃化诱发因素往往不同。除人为增加染色体导致玻璃化一例报告外，未见玻璃化发生与遗传直接有关的研究。因此，有关试管苗的玻璃化现象可以形成以下共识：

①玻璃苗是在人工提供的培养基和培养条件下培养植物的产物。

②与愈伤组织再生苗相比，从茎尖、茎切段培养物直接增殖不定芽形成试管苗的进程快、时间短，至少有部分外植体分生组织还没有来得及适应新的环境。

③试管培养无论试验设计如何变化，有许多方面是相似的，如光照弱、培养容器内相对湿度接近饱和、氧气供应不足、培养基内各成分大致相似、无机供应处于完全速效状态和异养营养等。但是不同植物生长分化的需求差异甚大。因此，对于比较相似的培养基和培养条件，不能满足不同植物的不同需求，这也可能是不同植物产生玻璃化苗的原因。

④可以认为，微繁殖中试管苗的玻璃化现象主要是适应性的生理问题。

前述关于玻璃化的形态解剖学和细胞学研究表明，玻璃化的发生是从茎尖、从分生组织开始的，已经成长的组织、器官不可能再玻璃化，这符合最年幼部分耐逆性最差的常规理论。玻璃化苗的细胞学特点是细胞质稀薄、细胞壁发育不好，实质上是细胞分化受损。因此，关于细胞形态分化的研究资料可以为玻璃化发生机理研究提供有价值的线索。

关于玻璃化发生原因的研究报道较少，其中比较系统深入的是关于乙烯在玻璃化中作用的研究和根皮苷在克服玻璃化中作用的研究。乙烯对玻璃化的诱导作用目前结果不一致，根皮苷的效应在植物种类上有较大的局限性。目前比较集中的是水势过高的影响，以细胞分裂素为代表的激素平衡问题和以 $NH_4^+$为代表的矿质元素平衡供应问题 3 个方面。但是，玻璃化的原发机制还无头绪。比较茎尖、茎段处于离体培养和整体植株处于自然生长环境的差异，主要在于：一是茎尖、茎段培养时切断了与根的联系而丧失了由根承担的对离子选择吸收和原来由根供应的细胞分裂素和脱落酸，这些在一定程度上改变了茎尖、茎段内的离子平衡状况和激素平衡状况；二是茎尖、茎段培养时碳营养由自养变为异养，这在一定时期内必然会使茎尖、茎段体内的碳代谢和有关的生物合成受到影响，其中包括对 $NH_4^+$ 的同化；三是培养时光照远较自然环境弱，一般仅 1000~3000 lx，培养器皿内相对湿度过高、饱和或接近饱和，氧气供应逐日下降，$CO_2$浓度逐渐上升，培养基中各化学成分往往开始过高而后又不足。目前的研究对于这些方面的差异均已有涉及，但还不够系统深入，如与 ABA 是否有关，$NH_4^+$以外的其他离子间是否存在平衡失调和培养基水势过高，渗透失调的生理影响等还有待探讨。因此，可针对试管培养和自然环境生长的差异进一步设计试验，进行比较系统深入的研究。从适应角度考虑，不同植物发生玻璃化应该有不同的原因。至于不同的起因和最后如何导致相同的结果——木质素合成受阻、细胞分化受抑制，则是需要进行深入研究的问题。

### 4.3.6 玻璃化苗的综合防治

目前对试管苗玻璃化的原因和机理还不明确，但是微繁殖工作仍然需要进行，这就必须要有对策。培养基和培养条件不适宜、不平衡是试管苗玻璃化发生的原因。玻璃化问题实质上是适应性问题，即不同种类植物不同个体的适应性差异问题。因此，目前对玻璃化的策略就是尽可能采取可能有益、肯定无害的预防性措施，必要时进行个别因子的平衡剂量试验。目前可采取的具体措施大致如下。

①适当提高光照培养时的光照强度，延长光照时间。因强光有助于克服玻璃化，却未见光照有增加玻璃化发生率的报道。

②琼脂浓度不低于 0.8%，条状琼脂先用双蒸馏水浸泡 24h 以去除杂质，使用粒状琼脂时尽可能选用含灰量低于 2.5% 的。因为琼脂杂质中的 $Ca^{2+}$、$Mg^{2+}$、$Fe^{2+}$、$Zn^{2+}$、$Cu^{2+}$等含量高，会影响培养基中矿质元素的适宜含量和合理比例。

③注意通气以尽可能降低培养容器内的空气相对湿度和改善氧气供应状况。

④适当降低培养基中 $NH_4^+$浓度或者及时转移，使 $NH_4^+$浓度高低交替以兼顾不定芽增殖系数和控制玻璃苗发生。适当提高培养基中的 $Ca^{2+}$浓度可能有益，至少不会增加玻璃化苗的发生。

⑤注意碳源种类和浓度的选择。梁海曼等(1994)对石竹培养物的分析表明，玻璃化苗的总可溶性糖含量较高而蔗糖含量明显较低，故玻璃化苗的糖代谢异常。因此，有必要对碳源供应进行深入研究。

⑥适当添加 IAA、$GA_3$、ABA，减少 BA。一般认为 IAA 对植物幼茎、叶柄等组织木质化部的分化有直接作用，$GA_3$对蛋白酶、核酸、淀粉酶的生物合成有促进作用，$GA_3$、IAA 的急剧下降可能诱发木质素、蛋白质以及核酸等物质合成的失调，而 ABA 的适当含量是维持植物正常生长所必需的。

⑦考虑到玻璃化发生是生长因子不平衡的产物，是培养物“中毒”，以致培养物不能很好适应培养基和培养环境的结果，因而，提高培养物对逆境的耐受能力是非常重要的。

⑧在高温季节，培养室必须有降温设施，控制室温不超过 32℃。

⑨减小接种密度。

⑩外植体的类型影响玻璃化苗的产生，这与内源激素的含量和分布有关，一般来说，选取顶芽部位有助于减少玻璃化苗的产生。

试管苗的玻璃化是植物组织培养中非常普遍的现象，在草本植物和木本植物的组织培养中都已相继报道。目前，关于试管苗玻璃化现象的研究较为广泛，主要通过对玻璃化苗的形态解剖学和植物生理学方面的研究，来探讨试管苗玻璃化发生的可能机理，从实践中提出一些防止试管苗玻璃化发生的切实有效的措施。但是，关于试管苗玻璃化现象发生的机理还比较模糊，至今未见到有关从分子水平来研究玻璃化现象发生机理的系统报道。因此，加强试管苗玻璃化现象发生机理的研究，从系统的机理研究出发，提出切实可行的防止试管苗玻璃化发生的有效措施，是今后试管苗玻璃化研究的重点。

## 4.4 植物病毒脱除及鉴定

### 4.4.1 病毒的概念

病毒由核酸与蛋白质构成，是一种极其微小的颗粒体。病毒寄生于活组织细胞内，随同寄主的有机物质而运输扩散到寄主全身，干扰寄主正常的新陈代谢，使其生长发育受到阻碍。

### 4.4.2 病毒的危害及防治研究

迄今为止有文献记录的危害植物的病毒有300多种(不包括不同株系)，病毒对植物正常生长发育所产生的不良影响采用生物、物理、化学方法等途径来防治收效甚微，有的甚至毫无成效，世界范围内病毒病的发展越来越严重，给粮食作物、园艺作物、经济作物和林木生产带来不可估量的损失。

病毒在生产上造成严重危害，最早记录的是马铃薯的退化症，其症状主要表现为产量逐年降低，植株变得矮小并伴有花叶、卷叶等异常现象。马铃薯属于生长期短、产量高、适应性强、营养丰富的粮菜兼用作物，全世界每年种植面积约$2000\times10^4hm^2$，但由于病毒危害，每年造成生产上大面积减产10%~20%，并限制了栽培面积的进一步扩大。小麦丛矮病毒在20世纪70年代，曾使我国西北和华北冬麦区小麦严重减产。病毒的危害给园艺作物生产也带来重大损失，如草莓病毒的危害，曾使日本草莓产量严重降低，品质大大退化，使草莓生产几受灭顶之灾。柑橘衰退病曾经毁灭了巴西大部分柑橘，致使圣巴罗州600万株甜橙死亡(约占总数的75%)，至今仍威胁着世界上的柑橘产业。葡萄扇叶病毒可使葡萄减产达15%。可可肿枝病使非洲地区大部分可可树被迫砍伐约4000万株，损失产量约$5.5\times10^4t$。枣疯病则几乎毁灭我国北京密云的金丝小枣。

由于病毒对植物所造成的危害远远超过细菌性病害且越来越严重，特别是对无性繁殖的植物，由于病毒在母株体内逐代积累，造成的危害更趋于严重，因此自从发现病毒以后，人们就在不断地寻找防治病毒病的方法。病毒病害与真菌和细菌性病害不同，不能通过化学杀菌剂和杀菌素予以防治。现虽有人从事病毒抑制剂的研究，但由于病毒的复制增殖是在寄主体内完成，与寄主植物正常的生理代谢过程密切相关，因此，现有的病毒抑制剂对植物都有害，同时抑制剂不能治愈植物全株，当药效消失时病毒就很快恢复到原来的浓度。用化学杀虫剂消灭介体（蚜虫、叶蝉、线虫、螨类等）能减轻一些病毒的蔓延，但对于机械传播，母体带毒或昆虫觅食就立即传播的病毒，用化学杀虫剂则不能控制这类病毒病。随着人们对病毒生物学特性的深入理解，Kunkel（1936）根据某些病毒在一定温度条件下受热不稳定，并逐渐失去活性这一现象，首次利用热处理方法获得桃黄萎病无病毒植株，而植物组织培养这一技术学科的创建和发展，使人们从组织或细胞水平上排除病毒质粒成为可能。1952 年 Morel 首先证明已感染病毒的植株，可以通过茎尖分生组织培养恢复成无病毒植株，此后组织培养脱毒的技术就在花卉、果树、蔬菜和林业生产上广泛使用，成为防治病毒病的最有效途径。目前有不少国家和农业生产部门已将此作为常规良种繁育的一个重要程序。甚至有的国家专门制定法规，建立无病毒良种繁育体系和大规模的无病毒苗生产基地，生产脱毒苗供国内外大规模栽培所需。其对提高植物产量、质量和恢复种性都有显著作用，具有重大的经济价值和实用价值。

植物无病毒苗的培育，在植物病理学上也有重要意义，它丰富了植物病理学的内容，从过去的拔除病株、销毁病株到病株的脱毒再利用，是一个积极有效的途径。同时，由于减少了化学药剂防治这一环节，而排除了化学药剂对环境、人、畜可能的污染和危害，这对于保护环境、增进健康无疑具有积极意义。

## 4.4.3 脱病毒的方法

### 4.4.3.1 热处理脱毒

（1）热处理脱毒的原理

高温使病毒的侵染力丧失是由于部分病毒在高温下不稳定，将病株抽提液放在一定温度下经 10min 能使病毒失去侵染力，此时的温度就称为该病毒的钝化温度。不同的病毒常常具有不同的钝化温度，这说明病毒衣壳蛋白分子结构的差异，从而表现出抗热能力的差异。热处理脱毒正是利用不同病毒受热处理后衣壳蛋白变性，病毒活性丧失的原理而进行的。Kassunis（1954）对这一脱毒技术的解释是感染植物体内病毒的含量，反映了病毒质粒合成和破坏的平衡程度。在高温作用下，病毒不能合成或合成很少，而破坏却日趋严重，以致寄主植物体内病毒含量不断降低，这样持续一段时间，病毒自行消失而达到脱毒的目的。

不同病毒的抗热能力是不同的，除由于其病毒衣壳蛋白分子结构的差异外，有许多外部因素也可以影响这种能力的高低，其中最主要的是病毒的浓度、寄主体内正常蛋白的含量以及处理的时间。一般寄主体内病毒的浓度越大，寄主体内正常蛋白含量越多，处理的时间越短，则所需的钝化热能越大，也就是说需要更高的温度；反之亦然。这也是在处理某些果树作物时，由于过高的温度同时会对植物造成损伤，所以多以不损伤植物或轻微损伤植物的温度较长时间处理病毒侵染植物，从而达到脱毒目的的原因。

一般在干燥状态下，病毒抵抗热力钝化的能力较强，因为分子中的原子键的结合力在干燥状态下比较强，结合比较紧密，需要更大的热能才能使它们解组。在潮湿状态下，由于水合的关系，键的联系比较松，用较少的热能便能使它们解组。因此，在采用热处理脱毒这一技术时，处理温度、时间以及环境湿度都是比较重要的考虑因素。以能脱去病毒，并保证半数以上被处理植物能恢复正常生长的处理温度、时间和湿度为最佳处理方案。

(2)热处理脱毒的方法

①温汤浸渍处理法　将剪下的接穗或种植材料，在50℃左右的温汤中浸渍数分钟至数小时。此方法简易，但温度掌握不好常易使材料受损伤，一般55℃时大多数植物会被杀死。此法多用于禾本科植物和需嫁接材料的热处理脱毒，例如，前面提及的甘蔗枯萎病毒脱毒即是采用温汤浸渍处理法；又如苹果褪绿叶斑病毒的脱毒，则是分别将无性系接穗和砧木分别处理后再进行嫁接。此法由于温度难于掌握，脱毒效果相对较差，很难达到彻底排除病毒的作用。

②热风处理法　此法是让温室盆栽植物在35~40℃的高温条件下生长发育，切取其处理后所长出的枝条作接穗和砧木，从而达到脱去病毒的效果。对于草本植物则直接经高温处理达到消灭病毒的目的，目前热处理脱毒大多采用这种方法。

热处理的设备一般比较简易，具有良好增温送风设备的温室或恒温箱即可。进行热处理的植物，通常先种在花盆中，使根充分发育，培育健壮后再处理，其成活率依季节而异。Kassanis(1954)曾在不同季节用36℃温度处理黄瓜、番茄、香石竹、曼陀罗、烟草等植物，处理时间为3~4周。结果表明，夏季为最适合的季节，其中以香石竹处理效果最好，但幼小植物或刚移栽入盆的植株，若立即进行高温处理，则数日内即枯死，因而需要对其进行适应性驯化数日后方可进行高温处理；冬季即使解决照明，在高温下也易形成弱苗，且难以经受2周以上的热处理；而春秋季节处理效果尽管比冬季处理好，但也远不如夏季理想。因此要加强管理，注意高温驯化。

(3)热处理脱毒的应用

热处理脱毒对设备的要求不高，技术简单，且不需要耗费太多人力、物力，经济方便。因此，该法在20世纪50年代应用十分广泛，如将葡萄蔓放在38℃的人工气候箱内30min可以除去葡萄扇叶病毒。大部分作物用35~38℃热空气处理2~4周，可除去病毒。由于热处理对草本植物伤害较大，草本植物受损后生长难于恢复，所以热处理脱毒法大多用于木本植物。同时许多研究结果表明，热处理脱毒只对钝化温度较低的病毒(如圆形的葡萄扇叶病毒、苹果花叶病毒和线状的马铃薯X、Y病毒)有脱毒效果，而对钝化温度较高的病毒(如杆状的千日红病毒)不起作用，因此，热处理方法脱毒并不能除去植物体内感染的所有病毒，对钝化温度较高的病毒只能采用其他方法处理。此外，对热处理可脱去病毒的处理效果也不完全一致。就目前的发展趋势而言，热处理脱毒仅用于木本类果树和林木部分病毒病的病毒处理上，草本植物包括大部分的蔬菜、粮食作物和花卉，主要应用茎尖分生组织培养脱毒或其他器官、细胞培养脱毒。

#### 4.4.3.2 茎尖培养脱毒

茎尖是植物顶端的原生分生组织，细胞分裂旺盛，有很强的生命力。现已在很多种植物进行茎尖培养再生植株。当植物病毒感染营养繁殖植株时(已证明大多数病毒不能通过植物的有性世代传播)，病原体从一个营养世代传播到下一个营养世代，当某种植物无性系的全部种群受到病毒感染时，特别是几乎不可觉察的、症状潜伏的病毒感染时，这种植物的品质和产量就会逐年降低，甚至造成毁灭性危害。当前所有栽培植物的无性系都存在一种甚至几种病毒侵害，为了获得更高的产量和更优的品质，人们希望得到无病毒的植物材料。无病毒种薯的利用是一个很好的例子。

(1)茎尖培养脱毒的原理

White(1943)首先发现在感染烟草花叶病毒的烟草植株中病毒在寄主体内的分布是不均匀的，生长点附近病毒的含量很低甚至不含病毒。在这个启示下，1952 年 Morel 等利用感染花叶病毒的大丽菊茎尖分生组织进行离体培养，成功地将植株嫁接到大丽菊实生砧木上，经检验为无病毒植株，从此茎尖分生组织培养就开始广泛地应用在无病毒苗的培育上。茎尖分生组织培养之所以能除去病毒，是由于病毒在感染植株体内的不均匀分布，老叶及成熟的组织和器官中病毒含量较高，而幼嫩的及未成熟的组织和器官病毒含量较低，生长点(0.1~1mm 区域)则几乎不含或含病毒很少。这是因为病毒繁殖运转速度与茎尖分生区细胞生长速度不同，病毒向上运输速度慢而分生组织细胞增殖快，这样就使茎尖分生组织区域的细胞不含病毒。

Navarro(1975)将组织培养与嫁接方法相结合创建了一种新的脱毒方法——离体微型嫁接法，其步骤是：先把感染病毒幼枝的分生组织顶部切割下来，然后嫁接到离体培养出来的无菌实生砧木上，继续进行离体培养，使接口愈合、接穗长成完整植株。此法是对茎尖分生组织培养脱毒的补充和完善，已在柑橘和苹果上广泛应用。

(2)茎尖培养的方法和程序

茎尖培养的工作程序一般为：无菌培养的建立，外植体的增殖(茎尖增殖新梢的过程)，诱导生根和试管苗的移栽驯化 4 个阶段。

①无菌培养的建立 建立供试植物的无菌培养，这一阶段工作的好坏直接影响以后工作的开展，所以一定要严格注意掌握有关条件，以保证初代培养的成功，为以后继代培养、扩大繁殖奠定基础。

首先要严格选择接种的外植体，它关系到大量试管苗的质量问题。供试母株应生长发育正常、健壮并已达到一定的生育期，因采用幼龄材料在果树、林木上易受到生育期长的影响；其次要挑选杂菌污染少、刚生长不久的茎尖，这样不易污染且分生能力强。果树、林木和木本花卉植物则可在取材前茎尖生长期预先喷几次杀菌药，以保证材料不带或少带菌。一般大田、温室的材料都有不同程度的表面带菌。因此，必须进行材料的表面消毒处理，首先用自来水冲洗一定时间，有的还需用洗涤剂洗涤，然后用消毒剂消毒处理，常用的消毒剂有升汞、乙醇、次氯酸钠等，经消毒剂处理后用无菌水冲洗 3~5 次，切忌取用已被真菌、细菌等病害危害的材料，同时灭菌时注意掌握好适宜的灭菌时间，以免过度而造成材料的损伤。

茎尖培养的成活率和茎叶分化生长的能力与开始接种时的大小呈正相关，所以为了快速繁殖则可取数毫米的茎尖接种培养。但当需要从感染病毒植株分离出无病毒组织时，这又与茎尖的大小呈负相关，所以在培养无病毒苗时，则取 1mm 乃至不到 1mm 大小的茎尖分生组织进行培养。有些植物的茎尖由于多酚氧化酶等的氧化作用而变褐，所以在操作接种时要注意不能用生锈的解剖刀、镊子等，且接种时动作敏捷，随切随接，减少伤口在空气中暴露的时间或者配制一定浓度的维生素 C 液，切下的茎尖材料即浸入保存，有时也可在培养基中加入抗氧化剂，以抑制外植体氧化变褐和败坏。此外，培养基中加入适量间苯二酚，可促进幼茎的增殖和新根数的增加。

②外植体的增殖　植物组织或器官的繁殖是否成功，可以用增殖率来表示。增殖率是指在每次转移过程中，产生数量最大的有效的繁殖体单位。

茎尖组织培养获得外植体增殖的 3 种形式，即促进萌发腋芽、形成不定芽、产生胚状体。这 3 种形式中以萌发腋芽的增殖率最低，因为每次培养萌芽的数量受到外植体上腋芽数量的严格限制。不定芽形成具有较大的增殖率，因为继代培养的外植体任何部位都可能长出幼芽，而胚状体的形式具有最大的增殖潜能，并产生一个完整的小植株。但在实际工作中，由于目前培养技术和胚状体形成萌发的生理基础研究尚不完善，以及外部条件的限制，此法在木本类作物中尚未达到商品生产水平。此外，离体培养茎尖分生组织脱分化形成愈伤组织往往易产生染色体的变异，因此对于保持种性，繁殖优良品种不宜采用此法。

为了达到较高的增殖率必须进行培养基及附加物试验，特别是附加不同生长调节剂的组合和浓度试验，这是因为不同植物乃至同一植物不同品种，对生长调节剂的要求不论从量还是最适种类上都有细微的差别，这需要在具体研究工作中不断探索总结。

大量的研究证明，茎尖培养新梢的诱导增殖受到基因型、外植体来源、生长素和细胞分裂素的种类、浓度水平、培养基成分、蔗糖浓度、光照强度等多方面因素的综合影响，此外，外植体在培养基上的接种位置，外植体的大小，继代培养的间隔时间，对茎尖培养新梢的萌芽和生长都有明显影响，这些都需要通过试验来确定。

除上述影响因素外，还应当根据外植体的生长情况选用合适的培养容器。

③诱导生根　外植体大量增殖之后多数情况下是无根的芽苗，需要进一步转移到不含任何激素或不含细胞分裂素，而含有一定量生长素的生根培养基中，经诱导生根培养，得到完整的试管植株。

④试管苗的移栽驯化　试管苗要从培养基中移栽到土壤中，这是一个由异养到自养的转变，这个转变需要一个逐渐锻炼适应的过程。一般移栽前可以先在不附加生长调节剂的基本培养基上提高光强，进行炼苗，使试管苗生长粗壮，同时将培养室温度逐渐调整到与外界温度一致，减少温差变化大造成的死苗，以提高移栽存活率。

试管内的植株移出来后，首先冲去根部的培养基，以免造成菌类的繁殖生长，使苗污染死亡。此外，植株从试管中异养到土壤中自养，环境变化较大，由密闭转入与外界空气接触，由高湿环境转入湿度较低的环境，而光照强度却大幅增强，因此在移栽时，对盆栽的土壤、空气湿度和温度等环境条件都要加以周密地考虑。试管苗移栽后温度的高低，对成活率影响较大。最适宜的温度一般为 16~20℃，温度升高，则成活率降低，超过22℃，成活率则显著下降。

移植后的小苗由于从湿度较大的异养环境转移到湿度较低的大气环境中，非常容易干枯死亡，因而缓苗期必须保证大气湿度高于75%，常用保温罩或间歇喷雾的方法来保持湿度，此外，还要注意掌握光照的强度和时间，以使驯化移植的小苗逐步适应外界环境条件，这样成活率可大大提高。

(3)培养茎尖大小与脱毒的关系

1960年日本下村等利用不同大小的草莓茎尖进行脱毒培养，发现切取的茎尖小于0.3mm的外植体进行培养可产生100%无病毒苗，Hollings等(1964)对此进行了更为详细地研究。供试材料为受香石竹斑驳病毒侵染的香石竹植株，试验切取了不同大小的茎尖进行培养，经鉴定病毒的感染率，这表明：茎尖越小，去除病毒的效果越好(表4-2)。

**表4-2 香石竹不同大小茎尖培养与香石竹斑驳病病毒的脱除情况**(Hollings et al.，1964)

| 茎尖大小(mm) | 培养茎尖数 | 无病毒茎尖 | |
|---|---|---|---|
| | | 数 目 | 所占百分比(%) |
| 0.1 | 3 | 2 | 66 |
| 0.25 | 20 | 8 | 40 |
| 0.5 | 30 | 4 | 13 |
| 0.75 | 9 | 1 | 11 |
| 1.0 | 4 | 0 | 0 |
| 1.0以上 | 5 | 0 | 0 |

植物感染病毒的种类常常是复合感染而不是单一感染。不同植物或同一植物要脱去不同病毒所需茎尖大小也是不同的。通常茎尖培养脱毒的效果与茎尖的大小呈负相关，而培养茎尖的成活率则与茎尖的大小呈正相关。应用中既要考虑到脱毒效果，又要提高其成活率，故一般切取长度为0.2~0.5mm，带1~2个叶原基的茎尖作为培养材料。近年来研究者发现，将热处理与茎尖培养结合起来应用，对排除病毒、提高茎尖增殖率都有明显效果(表4-3)。

**表4-3 热处理对草莓茎尖生长速度和脱毒效果比较**(苗洪芹，1992)

| 品 种 | 培养茎尖大小(mm) | 热处理后茎尖分生组织培养 | | | | 未热处理后茎尖分生组织培养 | | | |
|---|---|---|---|---|---|---|---|---|---|
| | | *a/b* | 分化天数(d) | 检测茎尖数 | 无病毒苗数 | *a/b* | 分化天数(d) | 检测茎尖数 | 无病毒苗数 |
| 早光 | 0.3~0.6 | 3/5 | 10.3 | 3 | 2 | 40/47 | 25.8 | 6 | 1 |
| | 0.3以下 | 1/1 | 14.0 | 1 | 1 | 38/58 | 16.7 | 1 | 1 |
| | 0.6以上 | 1/2 | 7.3 | 1 | 1 | 46/49 | 9.4 | 9 | 0 |

注：*a/b*表示叶绿素a与叶绿素b的比值。

#### 4.4.3.3 热处理结合茎尖培养脱毒

在热处理结合茎尖培养脱毒法中，热处理可以在游离茎尖之前在母株上进行，也可在茎尖培养期间进行。前一种方法可以使母枝快速生长，茎尖生长速度远远高于病毒繁殖和扩散速度，游离的外植体可以比不经热处理的大一点，这样就既可保证高的脱毒率，又可提高茎尖培养存活率和再生植株百分率。

热处理结合茎尖培养法是在单独用热处理或单独用茎尖培养都不能奏效时使用。因为有的病毒可以侵染到茎尖分生区域，用热处理结合茎尖培养可以有效地使茎尖内的病毒失活、浓度降低或无毒的区域扩大。这种方法已成功地用来对马铃薯、菊花、麝香石竹和草莓进行脱毒。未经热处理或经短时间热处理的母株，外植体大小与脱除效果有很大关系，而经热处理后则脱毒效果显著增加，如马铃薯品种 White Rose，未经热处理的最高脱毒植株为15%，经热处理 8 周后为 50%，热处理 18 周则几乎为 100%的脱毒率。

热处理温度和时间对脱毒效果有很大影响，显然并非温度越高、时间越长效果就越好。

#### 4.4.3.4 超低温疗法脱病毒

超低温处理(cryotherapy)脱病毒是指利用部分病毒对超低温不稳定，短期处理后，利用茎尖培养即可获得无病毒或病毒含量极少茎尖材料的病毒脱除方法。近年来利用该方法已在 200 多种植物中成功地脱除了部分植物病毒。Helliot 等(2002)利用超低温处理成功从香蕉中脱除黄瓜花叶病毒(CMV)及香蕉条斑病毒(BSV)。Wang 等(2006)研究发现，利用超低温处理技术可以同时脱除马铃薯 Y 病毒(PVY)和马铃薯卷叶病毒(PLRV)，脱毒率分别为 91%～95%和83%～86%。不仅如此，Wang 等(2008)还发现超低温处理结合热处理可以脱除茎尖剥离结合热处理无法去除的木莓丛矮病毒(RBDV)，脱毒率为 35%，该研究成果使得顽固病毒的脱除成为可能。2009年，Wang 等的研究成果标志着超低温处理成为国际学术界承认的植物脱毒技术。目前，该技术研究主要集中在国外，我国的相关报道不多，蔡斌华等(2008)利用该技术成功脱除草莓轻型黄斑病毒(SMYEV)；曲先(2009)利用该技术成功脱除 PVY 和马铃薯 S 病毒(PVS)。目前该方法已广泛应用于甘薯、草莓、马铃薯、柑橘、天竺葵、树莓和葡萄等多种植物病毒的脱除，并取得了较好的脱毒效果(表 4-4)。

**表 4-4 超低温疗法在部分园艺植物上的应用**

| 植 物 | 病 毒 | 脱毒率(%) | |
|---|---|---|---|
| | | 传统脱毒方法 | 超低温疗法 |
| 李 | 李痘包病毒(plum pox virus，PPV) | 19[A] | 50 |
| 香 蕉 | 黄瓜花叶病毒(cucumber mosaic virus，CMV)；香蕉条斑病毒(banana streak virus，BSV) | 0/52[A] | 30/90 |
| 葡 萄 | 葡萄病毒 A(Grapevine viruses A，GVA) | 12[A] | 97 |

（续）

| 植　物 | 病　　毒 | 脱毒率(%) | |
|---|---|---|---|
| | | 传统脱毒方法 | 超低温疗法 |
| 马铃薯 | 马铃薯Y病毒(Potato virus Y，PVY)；马铃薯卷叶病(Potato leaf curl disease，PLRV) | 56/62$^{A}$ | 83~86/91~95 |
| 甘　薯 | 甘薯羽状斑驳病毒(Sweet potato feathery mottle virus，SPFMV)；褪绿矮化病毒(Sweet potato chlorotic stunt virus，SPCSV) | ≤10$^{A}$ | 100 |
| 甘　薯 | 小叶支原体 | 7/10$^{A}$ | 100 |
| 柑　橘 | 柑橘黄龙病(Orange huang long disease，HLB) | 25.3$^{A}$ | 98.1 |
| 树　莓 | 树莓丛矮病毒(Raspberry bushy dwarf virus，RBDV) | — | 80$^{E}$ |
| 马铃薯 | 马铃薯X病毒(Potato virus X，PVX) | 56.02$^{C}$ | 59.13 |
| 马铃薯 | 马铃薯Y病毒(Potato virus Y，PVY)；马铃薯S病毒(Potato virus S，PVS) | 65$^{D}$/17$^{A}$ | 83/47 |
| 天竺葵 | 天竺葵属花破裂病毒(Pelargonium line pattern virus，PLPV) | 15$^{A}$ | 50 |
| 草　莓 | 草莓轻型黄边病毒(Strawberry mild yellow edge virus，SMYEV) | 0$^{F}$ | 95 |

注：A茎尖培养；C温热疗法+茎尖培养；D热处理脱毒法；E超低温疗法结合热疗法；F玻璃化处理；—未报道。

(1)超低温疗法脱病毒原理

超低温处理是利用液氮超低温(-196℃)对植物细胞的选择性杀伤，得到存活的顶端分生组织(Wang et al.，2009)。顶端分生组织能够在超低温处理后存活，与其本身的细胞特性有关。顶端分生组织位于茎尖和根尖，直径约0.1mm，长约0.25mm。这些细胞能够分裂和自我更新，具有排列紧密、体积小、立方形、核质比高、细胞质浓稠、无成熟液泡的特点。这样的细胞自由水含量低，在超低温环境中细胞质保持无定形状态，或产生不会造成细胞死亡的微小冰粒，从而存活。然而，具有成熟液泡的已分化细胞由于含有大量自由水，在超低温环境中会形成树枝状冰晶，这些冰晶破坏细胞的膜结构从而导致细胞死亡。正是由于超低温处理对细胞的选择性杀伤，保留顶端分生组织，杀伤含有病毒的其他细胞，所以经超低温处理繁殖而来的植株很可能是脱毒的(Wang et al.，2009；徐刚标、陈良昌，1998)(图4-2)。

(2)超低温处理的优势

①脱毒率不受茎尖大小的限制，操作简便易于推广　茎尖剥离受到茎尖大小的限制，存在脱毒率与成活率之间的矛盾。茎尖越小脱毒率越高，但是成活率越低；反之亦然。所以茎尖剥离通常采用0.2~0.4mm的茎尖(李胜、李唯，2008)。此技术需要操作熟练的技术人员。不仅要求操作人员熟练使用解剖镜，而且要求操作精准迅速。因为剥离时间过长易造成茎尖褐化，降低成活率。超低温对植物细胞的选择性杀伤与细胞本身的特性有关。因此，无论茎尖取的大还是小，能够在超低温处理后存活的细胞都只是顶端分生组织细胞和部分叶原基细胞，所以超低温处理不受茎尖大小的限制，茎尖肉眼可见即可，试验操作难度大大降低，剥取茎尖的速度也随之提高，可以

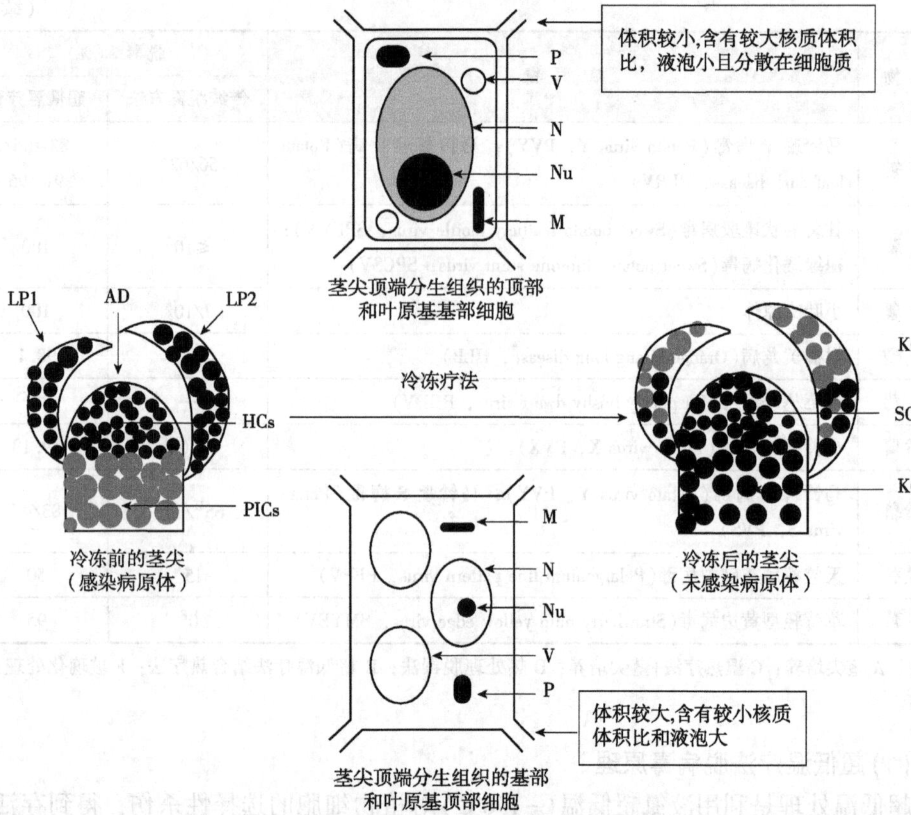


**图 4-2　超低温疗法前后的茎尖分生组织与已分化的细胞**(Wang et al.，2009；Feng et al.，2013)

注：LP1 为叶原基 1；LP2 为叶原基 2；HC 为健康细胞；PIC 为受病原体感染的细胞；AD 为顶端分生组织；P 为原质体；V 为液泡；Nu 为细胞核；N 为核膜；M 为线粒体；KC 为死亡细胞；SC 为存活细胞。

在短时间内取得大量茎尖用于脱毒试验。而且，超低温处理不需要额外的仪器设备，一般的植物组织培养实验室都可以完成。液氮也是较易采购的药品。这些优势使得超低温处理成为操作简便、易于推广的植物脱毒技术。

②试验周期短、成本低　茎尖剥离存在脱毒率与成活率之间的矛盾，所以现在常用的方法是热处理结合茎尖剥离。在 37~40℃条件下，病毒被钝化，在植物体内的传播速度变慢，而植物生长相对正常，因此在茎尖部位就会有更大的区域不含病毒，剥离茎尖时就可以剥取更大的茎尖，这样就能在保证脱毒率的基础上提高成活率。热处理结合茎尖培养，通常需要 30~40d，这必然使试验成本提高，周期增长。通常情况下超低温处理不需要热处理，因此，超低温处理与热处理结合茎尖剥离相比，试验周期更短、成本更低。

③脱毒率高　超低温处理对细胞的选择性杀伤使得带病毒的植物细胞几乎全部死亡，存活的只是分生区和部分幼嫩叶原基细胞，而这些存活的细胞恰恰不含或只含有少量病毒(李胜、李唯，2008)。因此，超低温处理后再生的植株脱毒率较高。

(3)超低温处理的不足

①种间差异大，针对不同品种建立不同的超低温处理技术体系　脱毒体系植物品

种不同，其组织特性、含水量以及对超低温的耐受程度必然有所不同。这就要求超低温处理试验针对不同植物品种分别建立适宜的试验程序。如脱水剂种类、脱水剂浓度、脱水时间、脱水步骤等。

②茎尖成活率低　低超低温处理需要对茎尖进行脱水、干燥，还要将茎尖置于-196℃的液氮中。这些步骤必然对茎尖造成伤害，从而使成活率降低。脱水会降低茎尖细胞的活性；干燥茎尖所使用的玻璃化溶液含有聚乙二醇和二甲基亚砜（DMSO），这两种药品对植物细胞有毒性作用。液氮超低温会将大部分茎尖细胞杀死，不仅使成活率降低，而且延长了茎尖复苏所用的时间。

(4) 超低温处理试验步骤

目前常用的超低温处理方法包括包埋干燥法、玻璃化法、小滴玻璃化法、包埋玻璃化法。在进行超低温处理前，通常要对茎尖进行脱水和干燥，以强化茎尖对超低温的耐受能力。虽然超低温处理的试验方法很多，总体可以概括为以下几个步骤：①以带毒的植物为材料进行组织培养建立试管苗体系；②以机械切割的方式获得植物茎尖；③对茎尖进行处理以增强其对干燥和超低温的耐受能力（通常是将茎尖培养于含有高浓度蔗糖的培养基上，使其脱水）；④干燥茎尖以增强其对超低温的耐受力（如无菌风干燥或玻璃化处理）；⑤液氮超低温处理（将茎尖置于液氮中）；⑥茎尖复苏及再生；⑦再生植株的继代繁殖及相关检测；⑧得到无毒的健康植株。

#### 4.4.3.5　离体微型嫁接法脱毒

离体微型嫁接是茎尖培养与嫁接方法相结合，用以获得无病毒苗木的一种新技术。它是将长度0.1~0.2mm的接穗茎尖嫁接到由试管中培养出来的无菌实生砧上，继续进行试管培养，愈合后成为完整植株。

离体微型嫁接法主要应用在果树脱毒方面，在苹果和柑橘脱毒上已经发展成一套完整技术，并在生产上广泛应用。

#### 4.4.3.6　愈伤组织培养脱毒

植物各部位器官和组织通过去分化培养诱导产生愈伤组织，经过几次继代，然后愈伤组织再分化形成小植株，可以得到无病毒苗。

愈伤组织在长期继代培养过程中，由于培养基中激素、生长素类物质的刺激，通常会发生体细胞无性系变异。这种变异的范围和方向都是不定的，因此，对于无性繁殖作物而言，为了保持其优良种性，在病毒脱毒上一般不采用此法。但关于这种变异，有研究者也提出了不同观点。例如，大泽（1980）根据大量的试验观察，提出变异的频率是很低的，即使是发生变异，也与物理和化学诱变不同，会产生有益的变异，如草莓花药愈伤组织培养，可产生比亲本增产50%~60%的株系。

#### 4.4.3.7　花药或花粉培养脱毒

花粉是高等植物的雄性孢子，是通过小孢子形成的过程发生的。花药或花粉粒培养一般程序是去分化诱导愈伤组织形成，再分化诱导根芽器官的分化形成小植株。由于经过愈伤组织生长阶段，加之形成雄性配子的小孢子母细胞在植株体内属于高度活跃，因此不断分化生长的细胞，从理论上讲，其含病毒质粒很少或几乎没有。1974年大泽胜次等利用草莓花药培养法获得大量草莓无病毒植株，从实践上证明，花药或花粉培养可以对某些种类的作物病毒起到根治作用。我国学者王国平等(1990)利用花药培养获得大批无病毒草莓植株，在17个省(自治区、直辖市)示范栽培中增产7.8%~45.1%，并经过比较试验，指出草莓病毒脱毒采用花药培养较茎尖培养和热处理脱毒获得无病毒株的概率要高。

但由于大多数无性繁殖作物为杂合体，采用花药培养，获得纯合体，在一定程度上改变了其遗传背景，产量和品质下降，因此，花药或花粉培养脱毒一般适用于自交亲和作物或自交不亲和作物优良无病毒育种原始材料的创造。

#### 4.4.3.8 珠心胚培养脱毒

此方法大多用于果树作物，常用在柑橘类果树上。普通作物受精产生的种子绝大多数只形成一个胚，而柑橘的种子常形成多胚。柑橘类中的温州蜜柑、甜橙、柠檬等8%以上的种类具有多胚性，而单胚占的比例很小。多胚中只有一个胚是受精后产生的有性胚，而其余是珠心细胞形成的无性胚，一般称珠心胚。通过珠心胚培养可以得到无病毒的珠心胚苗。因此，由珠心组织诱导产生的植株就可以免除病毒的危害。

### 4.4.4 无病毒植物的鉴定

在植物脱毒技术中，无论利用哪一种技术手段进行脱毒，最终都必须经过严格的鉴定以证明确实植物体内无病毒存在，是真正的无病毒苗，才可以供给生产上利用。常用的鉴定方法有以下几种。

#### 4.4.4.1 指示植物法

病毒学家在研究新的或可疑的病毒，尤其是可以通过汁液传播的病毒时，希望能寻求到一种转株寄主植物，而这种转株寄主能对汁液接种产生迅速和特有的反应。如能在接种叶片上形成局部病斑等。通常将这种转株寄主植物称为指示植物。

病毒指示植物鉴定法就是利用病毒在其他植物上产生的枯斑和某些病理症状，作为鉴别病毒及病毒种类的标准。有时该法也称枯斑测定法。指示植物鉴定法对依靠汁液传播的病毒，可采用摩擦损伤汁液传播鉴定法；对不能依靠汁液传播的病毒，则采用指示植物嫁接法。

指示植物法最早是美国的病毒学家 Holmes(1992)发现的。他用感染烟草花叶病毒的普通烟叶的粗汁液和少许金刚砂相混，然后在心叶烟叶上摩擦，2~3d 后叶片出现了局部坏死斑。由于在一定范围内，枯斑数与侵染病毒的浓度成正比，且这种方法条件简单，操作方便，故一直沿用至今，仍作为一种经济而有效的鉴定方法广泛使用。指示植物法不能测出病毒总的核蛋白浓度，但可以检测被鉴定植物是否体内含有病毒质粒以及病毒的相对感染力。

常用的指示植物有千日红、野生马铃薯、曼陀罗、辣椒、酸浆、心叶烟、黄花烟、豇豆、天仙子等。理想的指示植物应是容易并能快速生长的，它应具有适于接种的大叶片，且能在较长时期内保持对病毒的敏感性，容易接种，并在较广的范围内具有同样的反应。指示植物一般有两种类型：一种是接种后产生系统性症状，其出现的病毒扩展到植物非接种部位，通常没有局部病斑明显；另一种是只产生局部病斑，常由坏死、褪绿或环斑构成。

病毒接种鉴定工作必须在无虫温室中进行，接种时从被鉴定植物上取 1~3g 幼叶，在研钵中加 10mL 水及少量磷酸缓冲液(pH 7.0)，研碎后用双层纱布过滤，滤汁中加入少量 500~600 目金钢砂作为指示植物叶片的摩擦剂，使叶片表面造成小的伤口，而不破坏表层细胞。加入金钢砂的滤汁用棉花球蘸取少许，在叶面上轻轻涂抹 2~3 次进行接种，然后用清水冲洗叶面。接种时也可用手指涂抹，用纱布垫、玻璃抹刀、塑料海绵、塑料刷子或用喷枪等均可。接种后温室应注意保温，一般温度在 15~25℃，2~6d 后即可见症状出现。如无症状出现，则初步判断为无病毒植物，但必须进行多次反复鉴定，这是由于经过脱毒处理后，有的植株体内病毒浓度虽大大降低，但并未完全排除，因此，必须在无虫温室内进行一定时间的栽种，再重复进行病毒鉴定，经重复鉴定确未发现病毒的植株才能进一步扩大繁殖，以供生产上利用。

木本多年生果树植物及草莓等无性繁殖的草本植物，采用汁液接种法比较困难，则通常采用嫁接接种的方法，以指示植物作砧木，被鉴定植物作接穗。可采用劈接、靠接、芽接等方法嫁接，其中以劈接法为多。目前世界各国草莓病毒的鉴定和检测，都是采用指示植物小叶嫁接法，其操作程序如下：先从待检株上剪取成熟叶片，去掉两边小叶，留中间小叶带叶柄 1.0~1.5cm，用锐利刀片把叶柄削成楔形作为接穗；然后选取生长健壮的指示植物，剪去中间小叶作为砧木；再把待检接穗切接于指示植物上，用 Parafilm 薄膜包扎，整株套上塑料袋保温保湿。成活后去掉塑料袋，逐步剪除未接种的老叶，观察新叶上的症状反应。木本植物采用指示植物法进行病毒检测，其操作程序基本同草莓病毒检测。

#### 4.4.4.2 抗血清法

植物病毒是由蛋白质和核酸组成的核蛋白，因而是一种较好的抗原，给动物注射后会产生抗体。这种抗体是动物有机体抵抗外来的抗原而产生的一种物质，这种物质具有结合抗原，使它不能活动的能力，这种结合的过程叫作血清反应。由于抗体主要存在于血清中，故含有抗体的血清即称为抗血清。不但在动物体内可以进行血清反应，在动物体外也可以进行这种反应。

具体来说，凡能刺激动物机体产生免疫反应的物质都称为抗原。而抗体则是由抗原刺激动物机体的免疫活性细胞生成的，它存在于血清或体液中，为一种具有免疫特性的球蛋白，能与该抗原发生专化性免疫反应。蛋白、蛋白分解后的高分子化合物以及多糖类物质都具抗原的特性。由于植物病毒为一种核蛋白复合体，因此它也具有抗原的作用，能刺激动物机体的免疫活性细胞产生抗体。同时，由于植物病毒抗血清具有高度的专化性，感病植株无论是显症还是隐症，无论是动物还是植物的传播病毒介体，均可以通过血清法准确地判断植物病毒的存在与否、存在的部位和存在的数量等；对植物病毒的定性、定量，对植物病毒侵染过程中的定位、增殖与转移等，均起到快速诊断的作用。因此，在植物病毒学中得到广泛应用。同时由于其特异性高，测定速度快，抗血清法也成为植物脱毒技术中病毒检测最有用的方法之一。

抗血清鉴定法首先要进行抗原的制备，包括病毒的繁殖，病叶研磨和粗汁液澄清，病毒悬浮液的提纯，病毒的沉淀等过程；同时要进行抗血清的制备，包括动物的选择和饲养，抗原的注射、采血，抗血清的分离和吸收等过程。血清可以分装在小玻璃瓶中，贮存在-25～-15℃的冰冻条件下，也可以分装于安瓿瓶中，冷冻干燥，随后密封，有效保存。植物病毒血清鉴定试验方法很多，但常用的有试管沉淀试验、凝胶扩散反应、免疫电泳技术、炭凝集试验、荧光抗体技术、酶联免疫吸附法、免疫电子显微镜法等。

#### 4.4.4.3　电子显微镜法

电子显微镜的出现，将人们的视野从宏观带到了微观、超微观世界。普通光学显微镜可看到小至 200nm 的微粒，而现代电子显微镜则将分辨能力增至 0.2～0.5μm，达到了肉眼能直接进行观察分子和原子的水平。近年来随着电子显微镜技术水平的提高及制样等有关技术的发展与完善，电子显微镜已广泛应用于病毒学、细胞学、生物化学、分子生物学、遗传工程等各个领域。

在植物病毒研究中，采用电子显微镜技术研究病毒，与传统的指示植物法和抗血清鉴定法不同，利用电子显微镜，可以直接观察，检查出有无病毒存在，并可得知有关病毒质粒的大小、形状和结构，根据这些稳定的特征特性，可以深化人们对病毒的认识，对病毒的分类鉴定具有很重要的作用。

#### 4.4.4.4　分子生物学法

分子生物学检测法是通过检测病毒核酸来证实病毒的存在。此方法灵敏度高，特异性强，有着更快的检测速度，操作也比较简便。目前，在植物病毒检测与鉴定方面应用的分子生物学技术主要包括核酸分子杂交技术、双链 RNA 电泳技术、聚合酶链式反应技术、基因芯片技术、PCR-微量板杂交技术以及实时荧光定量 PCR 技术。

(1)核酸分子杂交技术(nucleic acid hybridization)

核酸分子杂交技术是 20 世纪 70 年代发展起来的一种新的分子生物学技术。它是基于 DNA 分子碱基互补配对的原理，用特异性的核酸探针与待测样品的 DNA 或 RNA 形成杂交分子的过程。根据使用的方法，待测样品核酸可以是提纯的(膜上印迹杂交或液相杂交)，也可以在细胞内杂交(细胞原位杂交)。核酸探针是指能与特定核苷酸序列发生特异互补杂交，而后又能被特殊方法检测的已知核苷酸链，所以探针必须标记，以便示踪和检测。核酸探针的标记有同位素标记和非同位素标记两大类。同位素标记方法简单，灵敏度高，但存在环境污染以及放射性废物处理等问题。非同位素标记不存在以上问题，且由于信号放大以及模板扩增两方面的发展，检测灵敏度亦在不断提高，常用的非同位素标记物有生物素、地高辛精和荧光素。

(2)双链RNA(double-stranded RNA, dsRNA)电泳技术

大约90%的植物病毒基因组为单链RNA，当病毒侵染植物后利用寄主成分进行复制时，首先产生与基因组RNA互补的链，配对成双链模板，再以互补链为模板转录出子代基因组RNA，互补链的长度与基因组RNA相同。这种双链RNA结构称为复制型分子(RF)，可在植物组织中积累起来。有些病毒基因组为dsRNA，因而复制后会产生大量的子代dsRNA基因组。而正常的植物中往往不产生，而且dsRNA对酶具有一定的抗性，因而较易操作。dsRNA经提纯、电泳、染色后，在凝胶上所显示的谱带可以反映每种病毒组群的特异性，并且有些单个病毒的dsRNA在电泳图谱上也显示一定的特征。因此，利用病毒dsRNA的电泳图谱可以检测出病毒的类型和种类。此法已用于一些病毒组(如黄化病毒组、马铃薯Y病毒组、番石竹潜病毒组、烟草坏死病毒组、黄瓜花叶病毒组、绒毛烟斑驳病毒组)的分类研究。

(3)聚合酶链式反应(polymerase chain reaction, PCR)技术

PCR是Mullis等在1985年发明的一种特异性DNA体外扩增技术。其基本原理和过程是：首先合成两个引物，这两个引物分别与待扩增的DNA片段的正链和负链互补。将两个引物、待扩增的DNA样品、4种dNTP和DNA聚合酶加入到PCR缓冲液中，通过反复的加热变性和退火，即开始了PCR扩增的循环反应。在反应过程中，前一轮扩增得到的DNA又作为次轮反应的模板。因此DNA的量以$(1+X)n$扩增($X$为平均反应效率，$n$为扩增轮数)。一般经过30轮左右的反应，DNA的量可扩增100万倍以上。

对于DNA病毒可以直接进行扩增，而对于大多数的RNA病毒，则需先将RNA反转录成cDNA再进行PCR扩增，此方法为RT-PCR(reverse transcription PCR)。用PCR检测植物病毒所需时间短，灵敏度特别高。Kinard G(1996)用RT-PCR检测苹果褪绿叶斑病毒和苹果茎沟病毒的灵敏度可达5pg。近年来，在此基础上又发展了多种方法用于植物病毒检测。如复合PT-PCR是在同一RT-PCR反应体系中用几对不同的引物同时检测多个目的片段；PCR-ELISA是用ELISA代替琼脂糖凝胶电泳检测PCR产物灵敏度高。Olmos等(1997)用PCR-ELISA方法检测李痘病毒的灵敏度比免疫PCR高100倍；IC-PT-PCR是一种将抗原抗体反应的高特异性与PCR的高灵敏度有机结合的检测技术。该技术先用抗体来捕获病毒，提取核酸后，再进行PCR或RT-PCR检测。该方法由于能去除抑制物质而改善检测环境，比标准PCR方法更为灵敏、可靠。

(4)基因芯片技术

基因芯片技术是最近国际上迅猛发展的一项高新技术，可分为基因芯片技术和蛋白质芯片技术。基因芯片技术是DNA杂交技术与荧光标记技术相结合的基因水平检测方法，具有灵敏度高和可靠性强的特点。其原理是将各种病毒样品的基因片断或特征基因片断样，制成基因芯片，并以荧光标记的待检核酸与芯片进行杂交，杂交信号借助激光共聚焦显微扫描技术进行实时、灵敏、准确的检测和分析，再经计算机进行结果判断。

在蛋白芯片技术的基础上，发展出了基质辅助激光解析粒子飞行等质谱技术。质

谱技术是采用固相进样，样品蛋白质在检测前通过还原、酶解等处理后，以一定比例与基质混合，在特异的激光照射后，样品离子化，在电场作用下飞行，通过记录飞行时间的长短计算出质量，电信号由高速的模拟数字转化器转化并记录，被测定的蛋白质以一系列的具有生物分子指纹特性的峰的形式呈现，并得到一系列酶解肽段的分子量或部分肽序列等数据，最后通过相应的数据库搜索来鉴定检测过去无法分离检测的新病毒。在植物病毒鉴定和检测上有较好的应用前景。

(5)PCR-微量板杂交技术

PCR-微量板杂交技术是一种以 PT-PCR 为基础、类似于 ELASE 的一种高灵敏的诊断技术。其原理是：从感病植物叶片或种子中抽提病毒或者类病毒和类病毒核酸，经反转录得到 cDNA，再经 PCR 扩增 cDNA 片断；把 PCR 产物加热变性后直接吸附于聚苯乙烯微量板内；将吸附于孔内的 DNA 与地高辛(DIG)标记的 cDNA 探针杂交；杂交物再与碱性磷酸酯酶标记的抗 DIG 抗体(alkaline phosp hataes conjugated anti-DIG antibody)反应，加底物后用微量板读数仪测出吸收值。该方法检测出 10fg 的病毒 RNA，灵敏度是 ELASE 的 10 000 倍，特异性比 PCR 强。

(6)实时荧光定量PCR 技术

实时荧光定量PCR 技术于1996 年由美国公司推出，它是一种在PCR 反应体系中加入荧光集团，利用荧光信号积累实时检测整个PCR 进程，最后通过标准曲线对未知模板进行定量分析的方法。

实时荧光定量 PCR 所用荧光探针主要有 3 种：TaqMan 荧光探针、杂交探针和分子信标探针，其中TaqMan 荧光探针使用最为广泛。TaqMan 荧光探针的工作原理是使用具有 5’外切核酸酶活性的 DNA 聚合酶(Deborah S G，1999；吴乃虎，2000)，水解同底物 DNA 杂交的探针。反转录后，在复性阶段，两个特异性的引物同模板 DNA 的末端杂交，同时探针同模板中互补序列杂交。TaqMan 探针的 5’端带有荧光染料(reporter)，它发出的荧光信号可被 3’端的淬灭子吸收，以热量的形式释放掉。如果在 PCR 过程中，底物序列不能同探针互补，则探针仍然是游离的，由于使用的是酶、是双链特异性，因此没杂交的探针仍然保持完整，荧光信号也就不能被检测到。相反，如果正确的底物被扩增出来，探针就会在复性阶段与其杂交，当聚合酶延伸到探针时，它就会将探针的5’端给替换下来，并将报道子切割下来，这就使得报道子和淬灭子分开，从而使荧光信号释放出来，可通过检测系统观察到信号的变化。

PCR 反应过程中产生的 DNA 拷贝数是呈指数方式增加的，随着反应循环数的增加，最终 PCR 反应不再以指数方式生成模板，从而进入平台期。在传统的 PCR 中，常用凝胶电泳分离并用荧光染色来检测 PCR 反应的最终扩增产物，因此，用此终点法对 PCR 产物定量存在不可靠之处。在实时荧光定量 PCR 中，对整个 PCR 反应扩增过程进行了实时的监测和连续地分析扩增相关的荧光信号，随着反应时间的进行，监测到的荧光信号的变化可以绘制成一条曲线。在 PCR 反应早期，产生荧光的水平不能与背景明显地区别，而后荧光的产生进入指数期、线性期和最终的平台期，因此可以在 PCR 反应处于指数期的某一点上来检测 PCR 产物的量，并且由此来推断模板最初的含量。为了便于对所检测样本进行比较，在实时荧光定量 PCR 反应的指数期，首先需设定一定荧光信号的域值(threshold)，一般这个域值是以PCR反应的前15个循环的荧光信号作为荧光本底信号(baseline)，荧光域值的缺省设置是3～15个循环的荧光信号标准偏差的10倍。如果检测到荧光信号超过域值被认为是真正的信号，它可用于定义样本的域值循环数($C_t$)。$C_t$值的含义是：每个反应管内的荧光信号达到设定的域值时所经历的循环数。研究表明，每个模板的$C_t$值与该模板的起始拷贝数的对数存在线性关系，起始拷贝数越多，$C_t$值越小。利用已知起始拷贝数的标准品可作出标准曲线，因此只要获得未知样品的$C_t$值，即可从标准曲线上计算出该样品的起始拷贝数。

## 4.5 植物试管苗移栽

离体繁殖的试管苗能否大量应用于生产，特别是木本植物、名贵花卉能否取得好的效益，试管苗移栽成活率低，是最关键的环节。因此，大力提高移栽成活率，建立高效而稳定的移栽工序和方法是十分重要的。

试管苗移栽过程复杂，在未掌握其有关理论和技术时，若盲目移栽，势必造成死亡率高，而导致前功尽弃。因此，掌握移栽的有关理论和技术十分重要。

### 4.5.1 试管苗移栽后易于死亡的原因

试管苗一般在高湿、弱光、恒温下异养培养，出瓶后若不保湿极易失水而萎蔫死亡。从形态解剖和生理功能两个方面分析其原因如下。

#### 4.5.1.1 形态解剖方面

(1)根

①无根 一些植物，特别是木本植物，试管繁殖中能不断生长、增殖，但不生根却无法移栽。王际轩等(1989)和薛光荣等(1989)报道苹果部分品种茎尖再生植株和花药诱导的单倍体植株不生根或生根率极低，无法移栽而采用嫁接法解决。

②根与输导系统不相通 Mccown(1978)报道桦木从愈伤组织诱导的根，不与分化芽的输导系统相通。李曙轩等发现花椰菜等芸薹属蔬菜第一次培养可诱导成苗，但培养的苗根系是从愈伤组织上产生的，与茎叶维管束不相通，需将芽切下转移到生根培养基上再长根，才能与茎的维管束相通，移栽才能成活。Donnelly 等(1985)观察花椰菜植株，发现根与新枝连接处发育不完善，导致根枝之间水分运输效率低。林静芳(1985)在杨树上，陈正华在橡胶树上，Red(1982)在杜鹃花上均发现此现象。

③根无根毛或根毛很少 Red(1982)报道杜鹃花在培养基上产生的根细小，无根毛。赵惠祥等(1990)报道珠美海棠试管苗形成的根上无根毛。Hasegawa(1979)报道玫瑰试管苗根系发育不良，根毛极少。曹孜义等报道葡萄试管苗生长在培养基内的根上无根毛，而菊花试管苗在培养基内上部根上生有大量根毛，下部则无，故有根毛的菊花试管苗移栽远比葡萄容易。

(2)叶

在高湿、弱光和异养条件下分化和生长的叶，叶表皮保护组织不发达或无，易于失水萎蔫。

①叶表皮角质层、蜡质层不发达或无 Ellen 等(1974)用扫描电镜观察了香石竹茎尖再生植株和温室苗的叶表皮蜡质的细微结构，前者 96%～98%的植株叶表皮光滑，无结构状的表皮蜡，或有极少数棒状蜡粒，经过 10d 遮阴和迷雾炼苗，才诱导产生表皮蜡；而温室苗成熟叶上下表面均覆盖一层 0.2μm × 0.2μm 的棒状蜡粒，幼叶上也有，但少而小。沈孝喜(1989)用扫描电镜观察了梨试管苗叶片的表皮蜡的发生过程，发现继代增殖的试管苗小叶上无蜡质，转入生根培养基后，少数扩大叶片上偶尔可见，驯化 1 周后尚未发生，经 2 周炼苗后才见到大量表皮蜡。而温室苗叶片角质层加厚快于试管苗。

Grout 和 Aston(1977)认为是高湿造成试管苗叶表皮的这种特殊结构。Sutter 和 Lomylems(1982)用甘蓝试管苗试验，相对湿度降至 35%，甘蓝试管苗就会产生具有蜡质的叶表皮。Warolle 等(1983)用干燥剂降低试管内的湿度，使花椰菜试管苗叶表皮产生较多的蜡质。有人认为是高温、高湿和低光照造成的，也有人认为是激素影响的结果。

②叶无表皮毛或极少 Donnelly 等(1986)对比了黑色醋栗试管苗和温室苗叶表皮毛的类型和数量，前者在叶柄和叶脉中存在寿命极短的球形有柄毛和多细胞黏液毛，后者这种类型的毛极少，而单细胞毛较多；刺毛二者均有，但前者比后者少。试管苗叶表皮无毛或极少，或存在球形有柄毛和多细胞黏液毛，保湿、反光性均差，故易失水。

③叶解剖结构稀疏 Grout 和 Aston(1978)报道了花椰菜的试管苗叶片未能发育成明显的栅栏组织。Brainerd 等(1981)比较了李试管苗在驯化前后和田间苗叶解剖结构，发现试管苗、温室苗和田间苗的叶栅栏细胞厚度、叶组织间隙存在明显差异，前者依次增加，而后者依次降低；上下表皮细胞长度差异不显著(表 4-5)。曹孜义等(1990)在葡萄炼苗过程中，马宝焜等(1991)在苹果试管苗炼苗过程中也观察到类似情况。

试管苗叶组织间隙大，栅栏组织薄，易失水，加之茎的输导系统发育不完善，供水不足，易造成萎蔫，干枯死亡。

**表 4-5 李试管苗、温室苗、田间苗叶表皮、栅栏细胞厚度、细胞间隙百分比**

(Brainerd & Fuchigami，1981)

| 植株来源 | 细胞长度(μm) | | 栅栏细胞厚度(μm) | 细胞间隙(%) |
|---|---|---|---|---|
| | 上表皮 | 下表皮 | | |
| 试管苗 | 26.4 | 13.8 | 20.2 | 20.6 |
| 温室苗 | 19.7 | 15.8 | 31.8 | 13.3 |
| 田间苗 | 26.2 | 15.9 | 76.9 | 9.5 |

④叶气孔突起，气孔口开张大　扫描电镜观察苹果和玫瑰试管苗叶气孔突起，气孔保卫细胞变圆，而温室植株气孔则下陷，保卫细胞椭圆。

DonneHy 等(1986)测定了不同来源的醋栗叶片面积、气孔大小和指数，结果见表 4- 6 所列。

**表 4-6　醋栗叶面积、气孔指数、气孔长度、宽度、叶下表皮气孔总数对比**

(Dommelly et al.，1983)

| 来　源 | 叶面积 ($mm^2$) | 气孔指数 | 气孔大小(μm) | | 每叶气孔总数 (个) |
|---|---|---|---|---|---|
| | | | 长 | 宽 | |
| 丛生芽 | 35 | 261 | 28.82 | 23.52 | 9150 |
| 试管小苗 | 80 | 229 | 32.55 | 28.53 | 18 170 |
| 温室苗 | 7735 | 227 | 31.83 | 18.41 | 1 752 155 |

从表 4-6 可见，试管苗因无复叶，其叶总面积明显低于温室苗。气孔指数三者相近，气孔长度差异小，但宽度差异明显，随叶面积的增加，气孔总数大幅度增长。从气孔分布来看，醋栗试管苗上表面有分布，随着培养由上表面着生向上下两面着生，而且气孔突起。

Bminerd 等(1986)报道李试管苗叶片气孔频率[(150±60)/$mm^2$]低于移栽苗[(300±60)/$mm^2$]。醋栗气孔宽度有明显差异，表明不同阶段试管苗和田间苗气孔开张程度不一，而气孔大小、指数与试管苗驯化程度无关。

⑤叶片存在排水孔　DonneHy 等(1987)还报道了黑色树莓试管苗叶片、叶尖和叶缘存在排水孔。曹孜义等(1993)在葡萄试管苗叶片上除见到排水孔外，还看到一些假性水孔，这都是长期在饱和湿度条件下形成的，一旦移至低湿下极易失水干枯。

综上所述，在形态解剖方面试管苗无根系或不发达，无根毛或极少；叶无保护组织或极差，且叶组织间隙大，气孔开口大，故试管苗移栽后极易失水而干枯。

### 4.5.1.2　生理功能方面

(1)根无吸收功能或极低

Skolmen 等移栽金合欢生根试管苗，在间歇喷雾下栽入蛭石和泥炭基质中，很快干枯死亡。如果移栽前在 Hoagland 溶液中培养一个月，再栽入上述基质，83%成活，认为液体培养可恢复根的吸收功能。

徐明涛等测定了葡萄试管苗移栽炼苗过程中根系吸收能力的变化，结果见表 4-7 所列。

**表 4-7　葡萄试管苗、沙培苗和温室苗根系吸收能力的对比**(徐明涛、曹孜义，1986)

| 来　源 | α-萘胺[mg/(h·g)] | 增加倍数 |
|---|---|---|
| 试管苗 | 2.1 | 1 |
| 沙培苗 | 36.4 | 18 |
| 温室苗 | 81.0 | 39 |

由表4-7可见，葡萄试管苗根系吸收功能极低，仅为沙培苗的1/18，温室苗的1/39，低湿度下叶片大量失水，而根系又不能有效地吸水补充，故极易萎蔫、干枯。

(2)叶片极易散失水分

试管苗叶片无保护组织，加之细胞间隙大，气孔开张大，移于低湿环境中失水极快。Brainerd等(1981)报道李试管苗叶片切下30min后即失水50%，而温室苗要经1.5h后才失水50%。

把处于不同炼苗阶段的葡萄试管苗的叶片切下放在43%湿度下，试管苗叶片20min，光培苗1.5h，沙培苗8h，温室苗15h后萎蔫。试管苗叶片极易失水，保水力极差，经过分步炼苗后，保水力才逐渐增强。

(3)试管苗气孔不能关闭，开口过大

离体繁殖和生长的小植株，与温室和大田生长的小植株，气孔结构明显不同。气孔保卫细胞较圆，呈现突起。从观察的各类植物中，均报道试管苗的气孔是开放的，这种开放的气孔，用低温、黑暗、高浓度$CO_2$、ABA、甘露醇等诱导气孔关闭的因素处理均无效，且气孔开张很大。有人提出试管苗气孔不能关闭的原因是气孔过度开放，气孔口横径的宽度过大，超过了两个保卫细胞膨压变化的范围，从而不能关闭。这种过度开放的气孔，要经逐步炼苗，降低了开张度，才能诱导关闭。

(4)试管苗叶光合作用能力极低

试管苗生长在含糖培养基中，光和气体交换受到限制，因此光合能力很弱。李朝周等(1995)用光合系统仪测定了葡萄试管苗、沙培苗和温室营养袋苗叶气孔阻力、蒸腾速率、净光合强度、叶绿素含量等，发现试管苗叶气孔阻力小，蒸腾速率高，叶绿素含量低，弱光下净光合速率呈负值；而经过炼苗的沙培苗和温室营养袋苗，气孔阻力逐渐增强，蒸腾速率下降，叶绿素含量增加，净光合能力增强(表4-8)。

表4-8 葡萄试管苗、沙培苗、温室营养袋苗净光合速率的变化(李朝周等，1995)

| 品 种 | 光强 μmol/(m²·s) | 净光合速率[μmol $CO_2$/(m²·s)] | | |
|---|---|---|---|---|
| | | 试管苗 | 沙培苗 | 温室营养袋苗 |
| 玫瑰香 | 230 | -2.9520 | 0.7367 | 1.1370 |
| | 1600 | 2.1230 | -0.2867 | 2.6850 |
| 藤 稔 | 230 | -0.1435 | 0.6795 | 2.6170 |
| | 1600 | 0.5492 | -1.7830 | 3.5530 |

试管苗叶片类似于阴生植物，栅栏细胞稀少而小，细胞间隙大，影响叶肉细胞中$CO_2$的吸收和固定。又因试管苗气孔存在反常功能，气孔一直开放，导致叶片脱水而对光合器官造成持久的伤害。在含糖培养基中，糖对植物卡尔文碳素循环呈现反馈抑制(feedback effect)，以及$CO_2$的不足使叶绿体类囊体膜上存在过剩电子流，造成光抑制和光氧化，致使光合作用效率极低。

试管苗光合能力低，是由于培养基中加有蔗糖，小苗吸收后，无机磷大幅度下降，减少了无机磷的循环，使RuBP羧化酶呈不活化状态，无力固定$CO_2$或极少固定。同时，由于蔗糖的刺激，促使试管苗的呼吸速率增强，呼吸作用又大于光合作用。从试管苗光合特性来看，在移栽前进行较强光照闭瓶炼苗，促使小苗向自养转化是合理的。

试管苗光合能力低，RuBP 酶活性低，而呼吸作用强，PEP 酶活性高，促进了蔗糖的吸收和利用，有利于氨基酸和蛋白质的合成，促使新的细胞和组织的形成。Hdider 和 Deesjardins(1994)测定了草莓试管苗 PEP 酶活性，发现培养 5~10d 的植株比培养 28d 的植株高 2~3 倍，用$^{14}C$ 测定 $CO_2$的吸收和转化，首先出现在氨基酸上。

试管苗光合能力低也与叶绿体发育不良及基粒中叶绿素分子排列杂乱有关，除 RuBP 羧化酶活性低外(Tront，1988)，光照和气体交换不充分也是一个限制因素。如白桦试管苗和温室实生苗对比试验，前者当光强由 200μmol/($m^2$·s)增加到1200μmol/($m^2$·s)，净光合强度未增加，但后者净光合强度却增加 2 倍。

## 4.5.2 提高试管苗移栽成活率的技术和措施

试管苗在恒温、高湿、低光、异养等特殊环境下增殖与生长，其形态、解剖和生理特性与温室和大田生长的植株不同，为了适应移栽后的较低湿度以及较高光强并进行自养，必须有一个逐步锻炼和适应的过程。这个过程称作驯化或炼苗(acclimatization)。

试管苗从试管内移到试管外，由异养变为自养，由无菌变为有菌，由恒温、高湿、弱光向自然变温、低湿、强光过渡，变化十分剧烈。若要移栽成活率高，应根据当地的气候环境特点、植物种类、移栽季节、设备条件等逐步缩小这种变化，以实现高成活和低成本的移栽。针对试管苗易于萎蔫死亡的原因，应采用以下措施及方法。

### 4.5.2.1 培育瓶生壮苗

不同植物试管苗通过不同程序、不同培养基、不同继代次数及不同发生方式而来，它能否成活及能否从异养变为自养，取决于试管苗本身生活力。凡生活力强、小苗健壮、有较发达根系的易于移栽和成活；反之，倍性混乱和单倍体小苗、生长不良小苗、弱苗、老化苗、发黄苗及玻璃化苗则不易移栽或移栽成活率很低。因此，培育壮苗是移栽能否成活的基础。

在培养基中加入多效唑(MET)、$B_9$、CCC 等植物生长延缓剂是培育瓶生壮苗的一种有效途径。如李明军等(1995、1997)报道将多效唑加入到壮苗培养基中，可以使玉米试管苗的健壮程度得到较大的提高，移栽后成活率显著提高(表 4-9)。

**表 4-9 多效唑对玉米试管苗移栽成活率的影响**(李明军等，1997)

| 基因型及处理 | 315 | | 517 | | 386 | |
|---|---|---|---|---|---|---|
| | CK | MET | CK | MET | CK | MET |
| 移栽株数 | 42 | 32 | 15 | 15 | 30 | 39 |
| 成活率(%) | 23.8 | 87.5 | 26.6 | 86.7 | 30 | 89 |

注：多效唑处理浓度为 2~4mg/L。

多效唑处理后的试管苗：①高度降低，粗度增大，从而使其矮壮；②发根快，根数多，从而大大增加了根系吸收养料的能力；③叶色浓绿，叶绿素含量增加，从而加强了其移栽后的自养能力。因此，这些试管苗直接移栽入土后，成活率由对照的30%提高到85%以上。在水稻(赵成章等，1990)、怀地黄(李明军等，1996)、怀山药(李明军等，1997)等植物试管苗的壮苗培养中也观察到了类似的现象。目前这种方法已在多种植物的组织培养中广泛应用。

#### 4.5.2.2 促进试管苗根系发生及功能的恢复

可采用试管内生根和试管外生根的方法促进试管苗根系发生及功能的恢复。

#### 4.5.2.3 促进茎叶保护组织的发生和气孔功能的恢复

前面提到试管苗叶表角质、蜡质、表皮毛无或极少，气孔又不能关闭，极易失水。在移栽时，应尽量诱导茎叶保护组织的发生和恢复气孔调节功能。

一般移栽试管苗时，开始时打开瓶口，逐渐降低湿度，并逐渐增强光照，进行驯化，使新叶逐渐形成蜡质，产生表皮毛，降低气孔开度，逐渐恢复气孔功能，减少水分散失，促进新根发生，以适应环境。其湿度降低和光照增强进程依植物种类、品种、环境条件而异。其程度应使原有叶片缓慢衰退，新叶逐渐产生。如湿度降低过快，光线增加过大，原有叶衰退过速，则使得原有叶片褪绿和灼伤、死亡或缓苗过长而不能成活。一般情况下初始光线应为日光的1/10，其后每3d增加10%，经过10~30d炼苗即可栽入田间，但一定要避免中午的强光。湿度按开始3d饱和湿度，其后每两三天降低5%~8%，直到与大气相同。

#### 4.5.2.4 嫁接

有些植物试管内难生根，或生根苗不能在生产上应用，必须进行嫁接，以解决生根及异砧结合问题。嫁接可分为试管内嫁接和试管外嫁接两种方法。

(1)试管内嫁接

试管内嫁接又叫显微嫁接或试管微体嫁接，是组织培养与嫁接方法相结合用以获得无病毒苗木的一项新技术，它是将0.1~0.2mm的接穗茎尖嫁接到由试管内培养出来的无菌砧木上，继续进行试管培养，愈合后成为完整植株再移入土壤中。

①试管内嫁接的意义　可以获得无病毒植株；可以克服生根难的问题；有利于嫁接亲和力的研究。嫁接是果树、经济林木、蔬菜、花卉等生产上常用的技术。但砧木与接穗必须亲和才能成活，否则不能成活。研究异种、异属、异科之间嫁接的亲和力问题在试管外受许多因素影响，情况复杂；而在试管内研究则很方便。鉴于上述原因，近年来试管内嫁接发展很快，在柑橘和苹果等果树上已有一套成熟的方法。

②试管内嫁接的方法　主要步骤为：接穗的准备，砧木的培养，显微嫁接，嫁接后培养，嫁接苗移栽。

③影响嫁接成活率的因素　接穗的大小；嫁接的方式；嫁接的时间；嫁接的管理；砧木的影响；其他影响因素(如植物激素、营养条件等)。

总的来说，试管内嫁接技术难度较高，技术不易掌握，一般成活率在50%以下，还需改进提高。

(2)试管外嫁接

由于试管内嫁接程序复杂，技术要求高，成活率低，或不易移栽、长势差，故一些植物也进行试管外嫁接，如无籽西瓜、苹果、金花茶、葡萄等。

①试管外嫁接的意义

a. 降低成本。试管繁殖要经历生根培养和移栽等步骤，成本较高，而通过试管外嫁接则可免去这些过程，而且可缩短培养时间，如苹果可缩短3个月。

b. 提高成活率。有些植物或品种试管内难以生根，或试管内嫁接成活率低，采用试管外嫁接则能提高成活率。

c. 加快生长，提早结果。为了加速一些试管苗繁殖和提早对试管苗进行植物学性状观察，提早结果，或保存材料，有必要进行试管外嫁接。

d. 提高长势。无籽西瓜采用试管外嫁接方法嫁接在瓠瓜等植物上，根系发达，生长旺盛，抗病性强，品质好，产量高。

e. 进行病毒鉴定。试管茎尖是否脱除病毒，可用指示植物进行试管外嫁接病毒鉴定，如在柑橘、葡萄、苹果等植物上的应用。

②试管外嫁接的技术　试管外嫁接的技术很多，这里以苹果试管外嫁接为例。

a. 嫁接方法。杨玉梅等选用苗高2cm，茎粗0.1~0.2cm的试管苗为接穗，从培养瓶中剪下，插入固体培养基，置于室温下锻炼1~2d后，取出用刀削平整，迅速劈接或皮接于大树新梢上，接后绑扎要严密，并套上双层袋，1周以后内袋开一小缝，2周后去内袋，3周后去外袋和绑扎物。2年嫁接成活600余株。

b. 影响嫁接成活率的因素。

试管苗质量：旺盛生长的试管苗作接穗比老化苗嫁接成活率高，经2年试验，前者成活率苹果为86.0%，梨为71.0%；后者苹果为9.8%，梨为35.7%。

嫁接时期：苹果试管苗嫁接每年4月下旬到7月中旬均可进行，最适时期是4月下旬到6月上旬，成活率可达64%~90%；而6月中旬到7月中旬则下降至25%~52%。

砧木枝条年龄：不同树龄作砧木，嫁接效果不同，嫁接在树龄11年初结果的苹果树上，1~5年生枝均可，但以3~4年生枝最好。章德明等以1~2年生山荆子苗作砧木，采用腹接法，选用基部可见木质化的材料作接穗，显著地提高了苹果试管外嫁接成活率。

套袋方式：嫁接后套袋与否及方式显著影响成活率，不套袋成活率为零；而采用内套薄膜，外套羊皮纸袋，可达到保湿和避免日晒的目的，成活率达70%。

### 4.5.2.5 使用杀菌剂和抗蒸腾剂

试管苗从无菌异养培养，转入有菌自养环境，在温度高、湿度大的条件下，试管苗组织幼嫩，易于滋生杂菌，造成苗霉烂或根茎处腐烂，苗死亡。因此，有人主张使用杀菌剂作为预防措施。但也有人不主张使用，因为会造成毒害且增加成本，不如控制环境和确保移栽环境尽可能干净，特别是移栽基质要卫生，不带或带极少微生物。

## 小　结

本章从植物细胞全能性、植物试管苗的生根理论、玻璃化理论、病毒学理论和移栽理论 5 个方面阐述植物组织培养的原理，重点从细胞的生长发育方面阐述了植物组织培养的理论基础——细胞全能性；从分子基础、生理生化水平和微环境条件方面阐述了试管苗生根的微宏观调控；从试管苗所特有的玻璃化现象的影响因素方面阐述了发生的原因，提出综合防治的措施和途径；从病毒本身的特性出发，阐述植物试管苗脱病毒的方法与原理，以及目前无病毒植株的检测方法；从试管苗与大田苗在营养物质来源的异养与自养水平出发，阐述了试管苗较大田苗的光合生理和解剖生理的特征特性，最终提出了提高试管苗移栽成活率的可能途径和措施。

## 复习思考题

### 一、名词解释

细胞全能性，细胞脱分化，决定作用，形态发生感受态，玻璃化现象，病毒，茎尖培养脱病毒，热处理结合茎尖培养脱病毒，气孔过度开放理论。

### 二、回答题

1. 简述试管苗移栽易于死亡的原因。
2. 简述试管苗玻璃化现象发生的原因与防治的措施。
3. 简述影响试管苗生根的因素。
4. 简述提高试管苗生根的可能措施。
5. 简述脱病毒的方法及原理。
6. 简述无病毒植株检测的方法。
7. 简述脱病毒中茎尖大小与脱毒率和成活率之间的关系。
8. 简述提高试管苗移栽成活率的可能措施。
9. 简述玻璃化苗的形态学特征和生理生化特点。
10. 简述试管苗离体分化再生途径的类型。
11. 设计一试验证明植物试管苗叶片主要通过气孔散失水分。

## 推荐阅读书目

1. 实用植物组织培养教程. 曹孜义，刘国民. 甘肃科学技术出版社，2002.
2. 现代植物组织培养技术. 曹孜义. 甘肃科学技术出版社，2003.
3. 植物组织培养原理与技术. 李胜，李唯. 化学工业出版社，2008.
4. 植物组织培养(第二版). 王蒂. 中国农业出版社，2013.

## 参考文献

蔡斌华，张计育，渠慎春，等，2008. 通过玻璃化超低温处理脱除草莓轻型黄边病毒(SMYEV)

研究[J]. 果树学报，25(6)：872-876.

曹孜义，2003. 现代植物组织培养技术[M]. 兰州：甘肃科学技术出版社.

曹孜义，刘国民，1999. 实用植物组织培养技术教程[M]. 兰州：甘肃科学技术出版社.

曹孜义，齐玉枢，1990. 植物组织培养技术[M]. 北京：高等教育出版社.

高焕利，2007. 番茄黑环病毒和建兰花叶病毒检测方法的研究[D]. 杨凌：西北农林科技大学.

胡虹，季本仁，段金玉，等，1993. 云南山楂中吲哚乙酸、脱落酸、玉米素和玉米素核苷的内源水平及其生根率[J]. 云南植物研究，15(3)：278-284.

黄学林，李莜菊，1995. 高等植物离体培养的形态建成及其调控[M]. 北京：科学出版社.

李胜，2003. 葡萄试管苗离体生根机理的研究[D]. 兰州：甘肃农业大学.

李胜，李唯，杨德龙，等，2003. 植物试管苗玻璃化研究进展[J]. 甘肃农业大学学报，38(1)：1-16.

李胜，李唯，杨德龙，等，2005. 不同光质对葡萄试管苗根系生长的影响[J]. 园艺学报，32(5)：872-874.

李胜，杨德龙，李唯，等，2003. 植物试管苗离体生根的研究进展[J]. 甘肃农业大学学报，38(4)：1-10.

李胜，杨德龙，王新宇，等，2005. 葡萄试管苗生根与体内金属离子含量变化[J]. 植物生理学通讯，41(6)：831-832.

梁宏，王起华，2005. 植物种质的玻璃化超低温保存[J]. 细胞生物学杂志，27(1)：43-45.

刘进平，1998. 扁桃微繁殖研究[D]. 兰州：甘肃农业大学.

刘进平，曹孜义，李唯，等，2001. 扁桃试管苗生根培养的研究[J]. 甘肃农业大学学报，36(2)：135-139.

曲先，2009. 低温疗法脱除马铃薯病毒及遗传变异分析[D]. 开封：河南大学.

孙琦，张春庆，2003. 植物脱毒与检测研究进展[J]. 山东农业大学学报(自然科学版)，34(2)：307-310.

杨宁，2000. 美国大杏仁砧木微繁殖技术研究[D]. 兰州：甘肃农业大学.

郑成木，刘进平，2001. 热带亚热带植物微繁殖[M]. 长沙：湖南科学技术出版社.

朱德蔚，2001. 植物组织培养与脱毒快繁技术[M]. 北京：中国科学技术出版社.

ARNOLD N P，BINNS M R，CLOUTIER D C，et al.，1995. Auxins，salt concentrations，and their interactions during in vitro rooting of winter-hardy and hybrid tea roses [J]. HortScience，30(7)：1436-1440.

BASAK U C，DAS A B，DAS P，1995. Metabolic changes during rooting in stem cuttings of five mangrove species[J]. Plant growth regulation，17(2)：141-148.

BELLAMINE J，PENEL C，GREPPIN H，et al.，1998. Confirmation of the role of auxin and calcium in the late phases of adventitious root formation[J]. Plant growth regulation，26(3)：191-194.

BLAZKOVA A，SOTTA B，TRANVAN H，et al.，1997. Auxin metabolism and rooting in young and mature clones of *Sequoia sempervirens*[J]. Physiologia plantarum，99(1)：73-80.

CABONI E，LAURI P，TONELLI M，et al.，1996. Root induction by *Agrobacterium rhizogenes* in walnut[J]. Plant science，118(2)：203-208.

CANO E A，GARRIDO G，AMAO M B，et al.，1996. Influence of cold storage period and auxin treatment on the subsequent rooting of carnation cuttings[J]. Scientia horticulturae，65(1)：73-84.

FAIVRE-RAMPANT O，KEVERS C，BELLINI C，et al.，1998. Peroxidase activity，ethylene production，lignification and limitation in shoots of a nonrooting mutant of tobacco[J]. Plant physiology and biochemistry，

36(12):873-877.

FEITO I, GEA M A, FERNANDEZ B, et al., 1996. Endogenous plant growth regulators and rooting capacity of different walnut tissues[J]. Plant growth regulation, 19(2): 101-108.

HACKETT W P, LUND S T, SMITH A G, 1997. The use of mutants to understand competence for shoot-born root initiation, biology of root formation and development[M]. NewYork: Plenum Press.

HAUSMAN J F, KEVERS C, GASPAR T, 1995. Putrescine control of peroxidase activity in the inductive phase of rooting in poplar shoots in vitro, and the adversary effect of spermidine[J]. Journal of plant physiology, 146(5-6): 681-685.

HENRY P H, PREECE J E, 1997. Production and rooting of shoots generated from dormant stem sections of maple species[J]. HortScience, 32(7): 1274-1275.

LUND S T, SMITH A G, HACKETT W P, 1997. Differential gene expression in response to auxin treatment in the wild type and rac, an adventitious rooting-incompetent mutant of tobacco[J]. Journal of plant physiology, 114(4): 1197-1206.

LUO J H, GOULD J H, 1999. In vitro shoot-tip grafting improves recovery of cotton plants from culture[J]. Plant cell tissue and organ culture, 57(3): 211-213.

REED B M, 1995. Screening pyrus germplasm for in vitro rooting response[J]. HortScience, 30(6): 1292-1294.

THOMAS P, 2000. Microcutting leaf area, weight and position on the stock shoot influence root vigour, shoot growth and incidence of shoot tip necrosis in grape plantlets in vitro[J]. Plant cell tissue and organ culture, 61(3): 189-198.

TIBBITS W N, WHITE T L, HODGE G R, et al., 1997. Genetic control of rooting ability of stem cuttings in *Eucalyptus nitens*[J]. Australian journal of botany, 45(1): 203-210.

WELANDER M, PAWLICKI N, HOLEFORS A, et al., 1998. Genetic transformation of the apple rootstock M26 with the *Rol*B gene and its influence on rooting[J]. Journal of plant physiology, 153(3-4): 371-380.

WITJAKSONO, LITZ R E, GROSSER J W, 1998. Isolation, culture and regeneration of avocado(*Persea americana* Mill.) protoplasts[J]. Plant cell reports, 18(3-4): 235-242.

# 第 5 章 离体培养中遗传与变异

体细胞无性系变异与活体植株的自然变异不同，其变异具有普遍性，变异频率高、变异谱广泛，有些可以稳定遗传。对体细胞无性系变异发生的细胞学和分子生物学机制研究表明，变异既有染色体数目变异、也有染色体结构改变。在 DNA 分子序列上，可由碱基突变、DNA 片段选择性扩增或丢失引起，也可以由甲基化或转座子活动引起。本章还介绍了变异诱导常用方法，变异的筛选、鉴定方法，以及体细胞无性系变异的应用价值与应用前景。

## 5.1 离体培养中遗传与变异

离体培养的细胞主要是指植物体细胞。对于二倍体真核生物而言，多数体细胞具有 $2n$ 染色体，细胞通过有丝分裂增殖，亲代与子代细胞间通过有丝分裂传递染色体。所以，在植物体内，除了孢子母细胞、孢子、配子外，几乎所有的细胞都是体细胞，它们具有不同的组织特异性和不同程度的分化。孢子母细胞虽然具有 $2n$ 染色体，但是它们通过减数分裂形成配子(染色体数为 $n$)，因此不属于体细胞。

研究体细胞的遗传与变异，属于细胞遗传学的分支之一的体细胞遗传学研究范畴。体细胞遗传学是遗传学、细胞学和植物组织培养结合的产物。实验细胞来源于一种植物的，称为种内体细胞遗传学，主要研究在各种诱变情况下，细胞在形态、生理方面的改变，对诱变细胞进行筛选和分析，获得新的基因型，或者是在细胞水平上，研究细胞的发育与分化，细胞信号物质、受体蛋白及信号传递途径，基因的结构与功能，基因的表达与调控机制等。实验细胞来源于两个不同植物种，研究体细胞融合后形成的细胞质融合细胞或核融合细胞的遗传与变异，称为种间体细胞遗传学。

### 5.1.1 植株在自然生长状态下的染色体变异

高等植物一个完整的生命周期是从种子胚到下一代种子胚，这个周期包括无性世代和有性世代 2 个阶段。由受精卵发育成一个完整的植株，是孢子体的无性世代，也称孢子体世代，大多数二倍体植物，这个阶段的体细胞染色体数是 $2n$。而在孢子体内完成的配子体世代，大、小孢子染色体数都是 $n$。研究发现，在植物根部的髓、皮层等分化组织中，会镶嵌出现多倍性巨大细胞，这些巨大细胞的染色体是多线染色体或多倍性染色体。

多线染色体是由核内有丝分裂(endomitosis)形成的，染色体经过复制在细胞核内直接发生有丝分裂，而细胞核膜没有裂解消失，也不形成纺锤体，没有细胞质分裂，即细胞分裂没有进入后期和末期，多线染色体可以在相同位置形成数十到上千个成对染色体。另一种导致细胞染色体多倍性的原因是核内复制(endoreduplication)，即在细胞分裂间期时每条染色体的2个单体进行复制，但不发生染色单体分离。核内复制可以形成双分染色体(有4个染色单体的染色体，基因组为$4C$)、四分染色体(基因组为$8C$)，是植物细胞内最普遍的染色体多倍化的方式，在分裂间期的细胞中，用光学显微镜即可观察到。

根据对不同来源外植体培养物的染色体研究发现，一般裸子植物和10%左右的被子植物，细胞和组织以二倍体状态分化，不发生染色体倍数变异现象，这类植物称为非体细胞多倍体物种(non-poly somatic species)。而大约90%的被子植物，其皮层和髓等高度分化的组织细胞，染色体倍数性有很大变异，这类植物称为体细胞多倍体物种(poly somatic species)。我们熟悉的向日葵、胡萝卜、菊芋等属于非体细胞多倍体物种，豌豆、烟草、蚕豆等属于体细胞多倍体物种。用体细胞多倍体物种植物的茎、叶柄、根等分化组织作外植体进行组织培养，愈伤组织细胞容易发生染色体倍数变异。

### 5.1.2 植物在离体培养条件下的染色体变异

植物组织和细胞在离体条件下培养，无论形成愈伤组织还是再生植株，都未经过雌雄配子受精形成合子的过程，因此其细胞增殖或再生植株都是无性繁殖的结果。细胞、组织或再生植株通过无性繁殖不断复制，增加数量。由于最初外植体来源不同，培养方式和培养基组成以及培养条件有差异，无性繁殖的后代细胞、组织或再生植株与初始外植体的遗传物质组成会有所不同，有时甚至是染色体倍数性变异。Larkin 和 Scowcroft 等(1981)提出任何形式的细胞培养产生的植株统称体细胞无性系(somaclones)，植株所表现出的各种变异称为体细胞无性系变异(somaclonal variation)。体细胞遗传学即研究培养中的体细胞的遗传性和变异性。

(1)遗传稳定性

细胞全能性学说认为，每个植物体细胞包涵完全相同的遗传信息，因此，由它们分化成的再生植株在遗传上应该具有相同的表型性状。体细胞无性系增殖和再生植株形成的细胞学基础是有丝分裂，有丝分裂前DNA以半保留方式进行复制，有丝分裂过程中均分到子细胞中去。从遗传物质基础来说，体外培养的体细胞与起始外植体间具有遗传稳定性。很多研究结果也证实，在选择适宜的培养基和培养方式时，离体培养可以保持较高的遗传稳定性。

无性繁殖系的遗传稳定特性被用于植物的快繁技术，通过选择优良品种单株进行无性快繁，可以高效获得具有优良亲本性状的无性繁殖产品。如兰科(Orchidaceae)植物蝴蝶兰、卡特兰、石斛兰，依靠于分株繁殖效率极低；采用播种繁殖，虽然可获得大量幼苗，但植株遗传性状不一致，不能进行大批量生产。1960年 Morel 采用茎尖培养方法繁殖幼苗获得成功之后，兰花无性繁殖开始进行大规模商业化生产。

(2)变异性

我们知道，在离体培养条件下，体细胞增殖或再生植株具有较强的遗传稳定性，保持原来的遗传性状。但有些时候，由于培养基组成、培养方式或外植体物种类型、组织部位不同，会发生一定的变异。这种变异的比例很小，对于一个突变株一般是单一性状的改变，或者少数性状的改变，而且突变性状主要表现在植株形态、育性、抗性等方面，变异株容易筛选和剔除。

尽管体细胞无性系发生变异的频率较低，但是目前很多研究结果已经证明，无性系变异具有普遍性。无论是无性繁殖作物如甘蔗、马铃薯、菠萝等，还是有性繁殖的水稻、小麦、玉米、烟草等，都在离体培养中表现出一定频率的变异。

根据对无性繁殖植物和有性繁殖植物离体培养细胞及再生植株的研究结果，朱至清认为，离体培养条件下的变异可归纳为以下特点：无性系变异是组织培养中的普遍现象，并且无性系变异可以遗传；变异频率在百分之几到百分之几十之间，高于自然突变频率；无性系变异频率高低与外植体来源及培养时间有关。

最早观察到培养细胞无性系变异现象的是 Heinz 和 Mee(1969、1971)。他们在甘蔗离体培养试验中，从幼叶和幼茎来源的愈伤组织再生植株中观察到形态、细胞遗传学和同工酶谱的变异，并试图将这些变异材料用于新品系选育。同一时期的斐济科学家 Krishnamurthi 和 Tlaskal(1974)从甘蔗无性系中筛选出抗斐济病毒和霜霉病的株系。Shepard 等(1980)从布班克马铃薯叶肉细胞的原生质体获得1000余株再生植株，在生长习性、块茎大小和颜色、光周期规律及产量、成熟期等性状方面发生高频率变异，再生植株中几乎没有和外植体植株性状完全相同的植株。Barbier 和 Dulier(1980)对黄绿色烟草(由 *a*1 和 *Yg* 2 个基因决定)愈伤组织的再生植株进行基因突变分析，发现 *a*1 和 *Yg* 分别发生突变或缺失导致的深绿色野生型出现的比例为 3.5%和 3.6%，高于 $10^{-6} \sim 10^{-5}$的自发突变率。他们认为突变在外植体中早已存在，与愈伤组织培养时间的长短无关。

水稻是有性繁殖植物，它是研究离体培养、无性系变异的最适宜材料之一。一般显性变异在无性系再生植株的第一代($SC_1$)即可观察到，而隐性突变在$SC_2$代及以后的世代中可观察到。Oono K. (1981)用纯合二倍体花粉植株的种子为起始材料，经过愈伤组织途径，再生出1121株无性系，其中的59%发生表型变异。对$SC_2$和$SC_3$代统计发现，隐性缺绿突变变异率为8.4%。某些后代在连续自交过程中，在株高、成熟期、抽穗期和产量方面发生性状分离。分析该无性系群体，72%至少发生1个性状的变异，28%发生2个或2个以上的性状变异。

除上述经典试验例证外，在小麦、玉米、燕麦、番茄、大豆等很多农作物和经济植物、药用植物的离体培养中，都观察到了不同程度的无性系变异情况。

## 5.1.3 影响无性系变异的因素

无性繁殖系变异是早期在无性繁殖作物中发现的，研究者认为是无性繁殖植物复杂的杂合体遗传组成，导致这类植物在以后的离体培养中发生变异，是供体植物体细胞间固有的遗传物质差异和嵌合细胞引起的。而在其后对自交植物的研究中，也观察到无性繁殖系变异现象，而且在长期培养细胞中变异频率较高，由此认为，是组织培养过程诱导了变异的发生。

#### 5.1.3.1　培养细胞变异的起源

当植物组织或细胞进入离体培养状态时，由于脱离了母体植株环境，外植体被动地发生生理生变化以适应环境的改变。外植体由各种分化程度不同、遗传组成不同的细胞构成，当激素刺激时形成愈伤组织。多数情况下愈伤组织也是一种由染色体数目和变异程度都存在差异、非同步分裂的细胞组成的嵌合体。因此，培养细胞的变异首先来源于异质性外植体诱导后发生的分裂；其次，培养基成分构成和培养条件也可能同时对变异发挥作用。

外植体进入离体培养状态后，细胞可能出现 3 种形式的分裂过程：正常有丝分裂，核内复制再有丝分裂，无丝分裂(核碎裂)再有丝分裂。

(1)有丝分裂

非体细胞多倍性植物进行离体培养时，外植体所有细胞都是二倍体，有丝分裂产生的子代细胞也都是二倍体。而体细胞多倍性植物进行离体培养时，外植体中二倍体细胞和核内复制的多线染色体细胞都能进行有丝分裂，二倍体细胞产生二倍体子细胞，多线染色体细胞则可能产生四倍体或八倍体的子代细胞，结果就形成了多种倍数性细胞混合组成的愈伤组织。我们知道，再生植株或来源于体细胞胚或来源于器官发生，而体细胞胚或再生器官可能来源于一个细胞，也可能来源于多个细胞，再生植株发生于多种细胞嵌合的愈伤组织，具备变异的遗传基础。

(2)核内复制再有丝分裂

有些植物在活体状态下易发生核内复制，当它作为外植体进行离体培养时，有些分化细胞可能先形成多线染色体再进行有丝分裂，最终形成染色体为混倍数的细胞群。

(3)无丝分裂(核碎裂)再有丝分裂

一些豆科植物、烟草的某些组织在离体培养时，组织中的某些整倍体超大细胞会出现细胞核裂解现象，形成多核状态。由于细胞核裂解的碎块大小不同，DNA 水平也不同；多核细胞有时也会形成新的隔膜，使多核细胞变成单核细胞。当这些细胞进行有丝分裂后，在愈伤组织中就会出现各种倍数性的细胞，既有整倍体也有非整倍体(单倍体、二倍体、亚单倍体、亚二倍体等)。非整倍体细胞在以后的有丝分裂中逐渐被淘汰，整倍体细胞得以保留。

经过较长时间离体培养的愈伤组织中，细胞染色体变异主要有两种类型，即整倍性和非整倍性。整倍性，即增加的染色体数是基因组的整倍数，可以是 $2n$、$3n$ 或 $5n$；非整倍性，即染色体数不是基因组数的整数倍。很多观察已经证明培养细胞中非整倍性的存在，但体细胞多倍性研究一般不涉及非整倍性细胞。

#### 5.1.3.2　培养细胞变异的影响因素

植物外植体进入离体培养程序后，由于脱离母体植株，外植体本身会发生一定的生理生化变化，外植体对新的生活环境即培养条件，包括培养基构成、培养温度、光照条件和培养方式等有一个逐步适应的过程，在此过程中及以后的离体生长和植株再生中可能发生一定频率的变异。因此，供体植物的遗传背景、培养条件等是影响培养细胞变异的因素。

(1)供体植物的影响

很多研究结果已经证实，供体植物的遗传背景直接影响培养细胞的变异及发生频率。较早期的报道见于Sacristan(1971)对还阳参单倍体和二倍体细胞系培养过程中的细胞学研究。他们发现，经过长期培养后，单倍体细胞系发生二倍化，二倍体细胞系发生四倍化，而前者的发生频率高于后者，更为常见，说明单倍体细胞在培养中更不稳定。

用体细胞多倍体物种植物的茎、叶柄、根等分化组织作外植体进行组织培养，愈伤组织细胞容易发生染色体倍数变异。研究者认为，可能是供体植物体细胞中预先存在的变异在离体培养的植株再生过程中表现了出来。果树的体细胞突变频率相对较高，如温州蜜柑为$3\times10^{-3}\sim9\times10^{-3}$。果树进行组织和细胞培养时，变异类型多种多样，既有抗逆性变异，也有植物形态和经济性状变异。一般认为，体细胞变异频率为1%~3%，香蕉的表型变异率有时可以达到90%。当外植体来自有分生组织的茎尖和腋芽等材料时，由于分生组织细胞快速分裂，细胞始终保持在二倍体水平，由此获得的再生植株通常也可以保持供体植物的形态特征和生理特性，因此，变异频率低于有分化组织的叶片、根段、茎段等外植体材料。已分化组织在细胞分化过程中可能出现核内复制等，导致体细胞多倍性，在未离体情况下，分化细胞不再发生分裂，维持分化细胞的功能，而在离体情况下，由于植物激素和生长环境改变，多倍体的分化细胞会启动分裂，可能形成多倍体再生植株。研究还发现，受伤的外植体材料比未受伤的材料变异率高；倍数性高或基因组染色体数目多的材料变异率也较高。

此外，外植体的生理状态有时也明显影响变异率高低，这是由于不同组织细胞发育时期和生理功能的差异，在细胞生理生化水平以及细胞所处的遗传状态导致的。

(2)培养基组成的影响

培养基组成成分，特别是植物激素或植物生长调节物质是离体培养细胞染色体变异的主要影响因素，因为它既能诱导愈伤组织发生和维持愈伤组织生长，又能在促使细胞快速分裂时诱发染色体变异。培养基组成影响离体培养细胞染色体变异的报道最早见于1961年Torrey的研究。Torrey在豌豆根段试验中发现，培养基中只有2,4-D存在时，二倍体细胞发生分裂，而当2,4-D和激动素、酵母浸出液同时存在时，能选择性地诱导四倍体细胞发生分裂。激动素和酵母浸出液能提高多倍体细胞的有丝分裂频率。

培养基中的2,4-D成分与培养细胞多倍性的相关性，不同物种的研究中既有正相关报道也有负相关报道。詹亚光等(2006)对欧美杂种山杨无性系的培养发现，用13.57μmol/L 2,4-D诱导时，再生植株的细胞染色体稳定性较差，对144个细胞观察发现，变异细胞中多数发生了染色体加倍，二倍体细胞仅占36.81%。有些染色体发生形态变异，出现染色体加长、带有随体或长臂较长的大型染色体；在用4.44μmol/L 6-BA诱导的再生植株中，142个观察细胞中二倍体细胞占54.93%，稳定性大于用13.57μmol/L 2,4-D诱导的细胞。Butcher等(1975)在向日葵的组织培养过程中，没有观察到2,4-D、NAA、IAA对培养细胞多倍化的促进作用。Kallack和Yarve Kylg

(1971)则在豌豆实验中观察到，2,4-D浓度与细胞多倍化程度间呈负相关。

(3)培养方式与培养时间的影响

Yoshida等(1998)在水稻花药培养中观察到，在高渗透压培养基中培养时，再生植株二倍体比例增加。在292μmol/L甘露醇培养基上培养时，再生植株单倍体、二倍体和多倍体的比例分别为37%、77%和3%；在438μmol/L的甘露糖醇培养基上培养时，再生植株单倍体和二倍体、多倍体的比例分别为19%、83%和7%。Yamagishi和Otani(1996)以水稻成熟胚为材料，研究培养方式对体细胞无性系变异的影响时发现，原生质体培养得到的再生植株中，多倍体频率为33%~70%，而由悬浮培养细胞再生得到的植株，多倍体频率为3%~6%。在对悬浮培养细胞和用半固体培养基培养的细胞进行的核型比较研究发现，二倍体细胞在悬浮培养时更稳定，渗透压有利于二倍体细胞；而用半固体培养基培养时，四倍体细胞发生频率较高。

由此可见，培养基的物理状态和培养方式也是影响离体培养细胞染色体变异的重要因素。此外，离体培养时间对无性系变异的影响也不可忽视。一般而言，由长期培养物诱导获得的再生植株变异率较高，而频繁继代的悬浮培养细胞变异率较低，可以较长时间保持高比例二倍体细胞状态。Blakely和Steward(1964)在研究菊科Haplopappus gracilis($2n=4$)的2个无性系在2年以上悬浮培养中染色体变化时发现，无性系内染色体组成变化程度不一致，但随着培养时间延长，染色体数目变异呈增加趋势。烟草、牡丹、蚕豆在离体长期培养试验中也观察到相似的结果。

## 5.1.4 染色体变异与再生植株发生

Skirvin等将体细胞无性系变异分成可遗传变异(heritable variation)和外遗传变异(epigenetic variation)。可遗传变异指在有性繁殖世代和无性繁殖世代稳定保持的变异。外遗传变异是由于外部影响导致基因表达的改变引起表型的变异。主要表现在无性系培养中再生植株形态上的复幼现象，如桉属(*Eucalyptus*)再生植株着生无柄叶片，这种幼龄形态会随着培养时间延长而终止。在生理上，则经常表现为对激素成分的驯化现象(habitutation)，即失去对生长素、细胞分裂素或维生素类成分的异养需要，变为自养。外遗传变异也表现在当再生植株移栽后，表现出较强的生长势或短暂矮化(transient dwarfism)等现象。

无性系愈伤组织有时经过长期培养后，再生植株发生能力逐步下降甚至完全失去形成再生器官或植株的能力。这主要是由于无性系培养物发生多倍性、非整倍性或染色体易位、断裂等结构或数目的变异。这种变异的频率越高，器官发生时期越晚；反之则早，且发生频率也高。如Zagorska等(1974)对烟草细胞系的研究发现，染色体数为$2n$、$3n$的细胞系与染色体数是$2n$至$8n$的细胞系相比，前者有丝分裂活性高，茎芽分化早，平均每管茎芽数为3.8个；后者有丝分裂活性低，茎芽分化晚，平均每管茎芽数为1.93个。试验还发现，染色体变异程度高的愈伤组织再生植株难于生根，生长缓慢。

在离体培养的细胞中还会观察到这样的现象，即细胞经过一定时期培养后，细胞中既有二倍体也有四倍体，但由它们形成的再生植株可能都是二倍体。如Torrey

(1967)对豌豆根愈伤组织再生植株研究时即看到这种现象，而且在愈伤组织培养时间增加后，也出现四倍体再生根。但是大部分愈伤组织细胞都变成四倍体或倍数性更高时，愈伤组织再生根的能力即完全丧失。这种现象在其他学者的研究中被证实。

在愈伤组织的细胞群体中，再生器官为什么由二倍体细胞得来，机制还不完全清楚。有学者推测，可能是由于倍数性较高的细胞在倍数性不同的细胞群体中，处于不利于细胞分裂的状态。而这些细胞源于不断的继代培养中低倍数性细胞的核内复制，而非多倍体细胞的增殖。

## 5.2 体细胞变异细胞学与分子遗传学机制

### 5.2.1 体细胞无性系变异的细胞学机制

体细胞在离体培养时发生的变异，本质上是细胞应对环境变化做出的适应性改变。Phillips 等(1994)认为，细胞应答环境变化机制的调整，起始于细胞放弃了自然条件下的控制程序，重建新的细胞控制程序，这种程序重建的结果导致了染色体数目和结构的改变。染色体变异具有普遍性，无论是整倍性和非整倍性变异都存在于各类培养细胞中。目前，多数学者认为，离体培养细胞染色体变异主要由细胞不正常分裂、染色体重排等引起。

(1) DNA 多重复制——多线染色体

在自然生长状态下，植物基因组和染色体组成是恒定的。如水稻有 24 条染色体($2n=24$)，所形成的配子中都含有 12 条染色体。遗传学上把一个配子所含的染色体称为基因组，用 $n$ 表示，一种生物的单倍体基因组的 DNA 总量称为 $C$ 值。大多数植物体细胞的染色体数为 $2n$，DNA 含量为 $2C$，配子中染色体数和 DNA 含量均为体细胞的一半。离体培养条件下的植物细胞常出现非正常有丝分裂，如核内 DNA 重复复制但细胞不发生有丝分裂，导致染色体组数增加，形成了同源多倍体。DNA 重复复制次数越多，形成的同源染色体拷贝数就越多，DNA 含量就越高。

对细胞核内复制机制的研究表明，DNA 核内复制与细胞分裂周期调控有关。在正常的细胞周期中，细胞首先进入 S 期，DNA 复制开始，然后细胞进入 $G_2$-M 期，细胞完成有丝分裂。而离体培养细胞在 S 期完成 DNA 复制后不进入 $G_2$-M 期而是一直处于间期或前期状态，使细胞内染色体倍性和 DNA 含量增加。细胞进入间期后又开始 DNA 复制，如果此时能够进行有丝分裂，则可能产生四倍体细胞。如果仍然不能分裂，则 DNA 含量和染色体倍性又增加一倍，由此循环，细胞内的 DNA 和染色体倍性以 $2n$ 的倍数增加。D'Amato 等报道(1980)，红花菜豆(*Phaseolus coecineu*, $2n=22$)幼胚愈伤组织，由于 DNA 在核内多次复制，有些细胞核内 DNA 值高达 $128C$，而正常二倍体细胞数仅占 50%左右。研究显示，DNA 的核内复制可能与某些细胞周期调控基因开关有关。

(2) 染色体断裂与重组

细胞在有丝分裂过程中，有时会出现染色体断裂、落后染色体或染色体桥，导致子细胞的染色体在分子修复后出现易位、倒位、缺失等结构变异，引起细胞染色体变异。离体培养细胞发生染色体变异，不仅由染色体倍数性改变引起，染色体结构变异即染色体断裂和重组也是变异的重要原因，并且在体细胞变异中发生频率较高。

离体培养细胞的染色体结构变异现象在很多植物中都有报道。早期的如 Lillian 等(1964)在烟草继代培养 8 年的细胞系中观察到染色体桥、落后染色体和染色体断片等结构。纤维冠菊悬浮培养细胞，有丝分裂过程中产生无着丝粒片段、微染色体、双着丝粒染色体环、缺失染色体等结构异常现象。在燕麦和玉米离体培养的细胞中，观察到缺失和易位引起的染色体异形。

染色体断裂与 DNA 的甲基化程度有关。DNA 甲基化水平高，可能抑制 DNA 复制效率，使复制不同步，形成染色体桥或造成染色体断裂。染色体结构变异既可在愈伤组织细胞中产生，也可在再生植株中产生，甚至在再生植株的有性后代中也能观察到染色体结构变异现象。无论是再生植株还是有性世代植株，一旦发生染色体结构变异，则植株生长势减弱，生活力低下，不能长期存活。

(3)异常有丝分裂

如前所述，在植物体细胞离体培养中，染色体除发生整倍性变异外，还经常发生非整倍性变异。非整倍体是指一种染色体数目的变异，是增减一条或几条染色体，增减后的染色体数目不是整倍数，所以叫作非整倍体。发生非整倍性变异的愈伤组织往往分化能力低下，再生植株大多不能正常生长，有性繁殖的遗传稳定性差。非整倍性产生的原因，可能是在减数分裂或有丝分裂过程中，丢失单条染色体，也可能是减数分裂时，同源染色体不分离或有丝分裂时姊妹染色单体不分离，或者是纺锤体形成异常导致有丝分裂不正常。

细胞在正常的有丝分裂过程中，产生一个橄榄球形的纺锤体，纺锤丝将染色体均等地拉向细胞的两极，使染色体均等地分配到子细胞中。但如果纺锤体结构发生错误，出现三极或多极，染色体不能均等地分配到子细胞中，则子细胞中染色体数出现差异。如单冠毛菊($2n=4$)的培养细胞中经常可以观察到三极纺锤体，因此，子代细胞中经常可见染色体数目不同的情况。当细胞形成三极或多极纺锤体时，细胞分裂期经常有落后染色体，落后染色体进入一个子细胞后，导致两个子细胞最终的染色体数目不同，产生非整倍性和亚倍体。核裂经常导致双核或多核细胞出现，在核裂发生频率高的植物材料中，培养细胞出现多倍体、亚多倍体和非整倍体的频率也相应增加。如红花菜豆胚来源的愈伤组织细胞，70%的双核细胞有核裂现象。蚕豆子叶来源的愈伤组织细胞双核和多核细胞发生频率也非常高。由此可见，不正常核分裂是单倍体、多倍体和非整倍体形成的途径之一。

## 5.2.2 体细胞无性系变异的分子遗传学机制

离体培养细胞发生变异，既有染色体水平的变异也有基因水平的变异。染色体变异如前所述，是染色体结构变异，由易位、倒位、缺失等引起，通常是不可利用的畸形突变，也不能稳定遗传。而基因水平的变异往往只引起单一性状或少数性状的表型改变，多数不影响再生植株的正常生长和发育，根据育种目标，采取适宜有效的筛选方法，就可以从再生植株中获得有价值的变异。

离体培养细胞变异的分子遗传学机制研究将在分子生物学技术的推动下更加深入，为人们利用无性系变异获得有益变异株或进行分子标记育种实现育种目标提供帮助。

(1)基因突变

所谓基因突变是 DNA 序列上某个碱基修饰状态(如甲基化、乙酰化等)发生改变，或是碱基的改变。如果突变的碱基位于基因序列编码区，或位于调控序列非组蛋白结合位置，则可能导致编码的氨基酸序列发生改变，或改变基因表达调控程序，改变基因表达产物水平。因此，基因突变是离体培养细胞变异的重要原因。

很多实验结果已经证明，由单基因控制的性状发生相应的碱基突变后，突变性状不仅可以稳定遗传，而且符合孟德尔的分离规律。Brettell 等(1986)从玉米杂种胚来源的再生植株中筛选出一个乙醇脱氢酶突变体(*Adh*1)，该突变体可以产生有活性的酶。对突变基因测序发现，编码谷氨酸的碱基密码发生了 A→T 的转换，突变体中该基因表达的缬氨酸代替了野生型植株中的谷氨酸。该突变引起的酶蛋白分子化学性质的改变，在突变型和野生型的蛋白电泳酶分子迁移率差异中可以证明。

(2)DNA 片段的选择性扩增与丢失

在植物个体发育过程中，一些高度重复序列或某些与发育时期相关的基因会特异性扩增，以满足发育时期的需要。在离体培养的细胞中，同样也观察到类似的现象。张春义等(1994)认为，离体培养细胞某些基因的选择性扩增，是细胞在短期内满足某种需要合成足够的基因产物的一种调控机制。主要发生在一些高度重复序列、微卫星 DNA 序列和与细胞生长发育时期相关的基因上。DNA 片段的选择性扩增会引起细胞中 DNA 成分变化和基因组体积的改变，但是这种改变与细胞染色体倍性增减不同，与染色体结构变异也不同，是 DNA 序列部分片段的扩增。Larkin 和 Scoworoft 在 20 世纪 80 年代提出，DNA 序列的选择性扩增与丢失也是体细胞无性系变异的原因之一。离体培养细胞 DNA 序列的选择性扩增与活体植株相同，有重复序列的扩增，也有基因的选择性扩增。

Lapitan 等(1988)对杂种小黑麦再生植株当代染色体 7R 用分子探针杂交发现，在短臂端粒处的重复序列发生了扩增，而且，这种扩增可以稳定遗传 3 代以上。Peter 等发现，在抗草甘膦的烟草突变体中，至少有两个参与 EPSPs 合成的基因发生了选择性扩增，增加了 EPSPs 酶的含量。在无草甘膦筛选压力的培养基中，突变体 EPSPs mRNA 水平仍然较高。草甘膦能抑制 EPSPs 活性，抗草甘膦的突变体具有较高的 EPSPs 活性。在抗草甘膦的矮牵牛突变体中，也发现 EPSP 合成基因的选择性扩增现象。

在离体培养的细胞中还观察到由于 DNA 序列丢失导致的变异现象，这种变异也可以发生在再生植株及其有性后代的个体中。DNA 序列丢失多发生在 rDNA 序列及其间隔序列中，在一些重复序列 DNA 区域也较容易发生。有些 DNA 序列的减少只发生在愈伤组织形成时期，形成再生植株时又恢复正常，这种变化的机制及生物学意义目前尚不清楚。

(3)DNA 甲基化机制

在自然界中，植物经常以DNA分子的甲基化和去甲基化机制调控某些基因的表达或应答环境因子的变化。而在离体培养的细胞或再生植株中，同样观察到甲基化现象的存在。如玉米幼胚来源的再生植株中，某些无性系与外植体植株的DNA分子甲基化水平明显不同，而另一些再生植株却只在某些特定位点发生甲基化，导致整个基因组上甲基化分布不均匀。在马铃薯、番茄和胡萝卜的离体培养细胞或再生植株中都观察到因DNA分子甲基化产生的体细胞变异。在一些改变培养基组成或理化性质的实验中，也观察到培养细胞因为渗透压等因素变化，引起DNA分子甲基化水平升高，进而导致变异的现象。如在烟草细胞"TBY-2"培养基中增加甘露醇或NaCl浓度，以增大溶液渗透压，而后在培养细胞DNA分子检测中出现超甲基化现象。

同样，去甲基化也会引起培养细胞或再生植株变异。如Rival等(1997)在对油棕的长期研究中发现，来源于体细胞胚的再生植株中，有5%出现雄蕊雌性化或完全不育。在对形成雄蕊雌性化突变植株的两种愈伤组织的甲基化检测中发现，它们分别发生不同程度的去甲基化现象，推测与再生植株变异有关。

关于DNA分子甲基化研究，主要采用分子生物学方法和技术。

(4)转座子机制

转座子基因 *Ds* 在染色体断裂和染色体结构变异中的作用，最早是由Mc Clintock(1950)在玉米种子糊粉层色素研究中发现的，20世纪70年代末获得分子证据并因此获得诺贝尔奖。对转座子功能和分子机制的认识，促使研究者用转座子学说解释体细胞无性系变异的分子机制。Phillips等(1988)认为：在离体培养过程中，细胞分裂速度很快，异染色质复制落后，在分裂后期形成染色体桥及断裂；当断裂部位(异染色体区)的DNA修复时，属于异染色质一部分的转座基因去甲基化被激活，发生转座并引起一系列结构基因活化、失活和位置变化，导致无性系变异发生。朱至清认为，除了这种染色体先断裂、转座子后激活机制外，可能还存在另一种可能性，即在离体培养中由于一些化学因素(培养基中生长素或细胞分裂素)或物理因素使转座子激活(如激活转座子Ac)，再通过Ds转座子引起染色体断裂和结构变异。

转座子引起离体培养细胞的变异，在Peschke等(1987)用Mc Clintock提供的检测系对不成熟玉米胚来源的再生植株测交中得到间接验证。他们根据种子糊粉层色素的变化确定再生植株中是否携带活化的Ac转座子。从1200株再生植株中检测出56株带有Ac转座子活性，而在供体对照植株中未发现活化的Ac转座子。试验结果证明了组织培养使Ac转座子活化。Bingham等(1988)在苜蓿组织培养再生植株中也观察到因转座子活化引起的花色变异。这些结果对揭示转座子在无性系变异中的作用机制及控制变异率机制有积极意义。

朱至清认为，用转座子学说解释无性系变异现象，很多方面是吻合的。例如，可以解释无性系变异频率高的原因，因为各种转座子的活动可以引起基因表达的广泛变化；转座子具有使沉默的结构基因活化的特点，以解释出现显性突变的原因；转座子可以使多拷贝基因中不表达的拷贝活化，提高基因表达量，即基因放大。因此，转座子的作用被认为是无性系变异的原因之一。

## 5.3 体细胞无性系变异诱导与选择

遗传与变异是自然界两大基本生命现象，是植物进化与育种的基础。近年来的研究表明在保持原有性状基本稳定的前提下，植物组织、细胞培养过程普遍引起丰富的变异，一个组织培养周期内可产生1%~3%的无性系变异，有时甚至高达90%以上，远远高于自然突变频率。1981年，Larkin和Scowcroft建议使用体细胞无性系(somaclone)这一术语，表示由任何形式组织培养产生的再生植株，而用体细胞无性系变异(somaclonal variation)这一术语表示在这些再生植株中出现的变异。为了避免与自然突变后代和传统杂交育种后代混淆，针对体细胞无性系变异后代一般用这样两种方法表述：一种是Larkin和Scowcroft(1983)提出的，以RC1、RC2、RC3…分别代表体细胞无性系变异当代和自交以后的世代；另一种是由Chaleff(1981)提出的，以R0、R1、R2…分别代表体细胞无性系变异当代和自交以后的世代。目前，这两种表述方法在体细胞无性系变异研究中都有应用。

无性系变异具有普遍性，并广泛用于育种实践。与传统育种相比，体细胞无性系变异在筛选环节有以下优势：可以在较小空间对大量个体进行筛选；不受季节限制，在几个细胞周期内完成高效率筛选；可以人工设计和控制筛选和诱变的条件，实验重复性高；细胞无性系变异发生在单细胞上，不易受非突变细胞的干扰，降低了再生植株出现嵌合体的概率，减少了变异分离步骤；理化诱变剂在培养过程中能够均匀地接触细胞，突变的发生频率较高。

### 5.3.1 体细胞无性系变异的诱导

植物诱变育种是人为利用物理或化学方法诱发植物变异，经过对诱变后代的筛选，在较短时间内获得有价值的突变体，作为亲本用于育种过程或根据育种目标将选育的新品种直接用于生产。相对于植株个体水平诱变，离体培养细胞诱导发生变异的效率高，且没有嵌合体发生。同时，由于细胞对诱变条件比较敏感，可以通过试验设计，将诱变与筛选同步进行，提高诱变的目的性和效率。针对离体培养细胞，常用的诱变方法有化学诱变、物理诱变、复合因素诱导以及分子生物学技术。

(1)化学诱变

化学诱变是采用化学诱变剂的作用离体培养细胞，使细胞直接或间接产生DNA碱基突变制造变异的方法。进行化学诱变时，一般先将培养细胞置于含较高浓度诱变剂的培养基中培养，在诱变处理一段时间后，再将细胞转移到含低浓度诱变剂的培养基中培养，在低诱变剂浓度培养基中筛选突变体。有时，也可将诱变处理的细胞在不含诱变剂的普通培养基上诱导再生植株，再根据植株性状筛选符合目标的突变体。

化学诱变剂常用的有烷化剂、碱基类似物、叠氮化物、移码诱变剂等类型，一些抗生素也可以作为诱变剂。常用的烷化剂有硫酸二乙酯(DES)、乙基磺酸乙酯(EES)、甲基磺酸乙酯(EMS)、环氧乙烷(EO)、乙烯亚胺(EI)等，烷化剂有一个或多个活化烷基，通过与DNA分子中的碱基或磷酸基结合，改变DNA结构导致突变。

碱基类似物与正常碱基结构相似，在DNA复制时取代正常碱基参入到子链DNA序列中导致错配发生。如5-溴尿嘧啶(BU，胸腺嘧啶类似物)、2-氨基嘌呤(AP，腺嘌呤类似物)等，它们的参入使AT碱基对转换为GC碱基对。碱基对的改变也可以用碱基修饰剂，通过对碱基修饰改变DNA序列。叠氮化物是在常规诱发突变中对植物诱变效果最好的一种诱变剂，在大麦、豌豆、小麦、水稻等作物上都获得较高的诱变率。对大麦叶绿素缺失突变体诱变的效果，比γ射线和中子诱导率高，对人的毒性小，对植物的损伤也小。如叠氮化钠诱变率为40%~50%，γ射线和中子诱变率约为10%。

化学诱变以点突变为主，一些化学试剂具有相对较高的突变频率和较稳定的突变谱。就高等植物而言，近年较常用的诱变剂是烷化剂和叠氮化物两大类。化学诱变方法易操作、诱变剂量易控制、对基因组损伤小、突变率高，已经广泛用于育种技术。随着分子生物学和测序技术的发展，采用移码诱变剂和碱基类似物诱导突变，将有可能实现定点诱变。

(2)物理诱变

利用各种射线、磁场以及温度变化等对培养物进行一定处理，然后在培养过程中对处理物进行筛选，这种物理手段诱导培养细胞突变的方法，称为物理诱变。常用的射线主要有X射线、γ射线、中子、α粒子、β粒子、紫外线等。其中，紫外线因能量较低，培养细胞中的分子不发生离子化，因此也称为非电离诱变；物理诱变方法中能引起照射物质离子化的，称为电离诱变。

物理诱变要根据不同的培养材料选择辐射类型。如诱导材料为组织器官，应选择快中子、γ射线等辐射强度较大的射线；诱导材料为原生质体或细胞，应选择低强度的紫外线、X射线，原生质体对紫外线较敏感，用波长为270nm紫外线照射更好。用于辐射的紫外线波长与细胞中DNA吸收波长260nm相近，可以达到较好的诱变效果。对于原生质体诱导再生植株培养体系成熟的植物来讲，用紫外辐射诱变既经济又高效。

物理诱变主要为外照射，射线由培养物外部透进内部诱发突变，简便安全，可以大量处理样品。照射可分为急照射和慢照射。急照射即在短时间内把全部剂量照射完；慢照射是在较长时间内照射完全部剂量。物理诱变还可用内照射，即将放射源导入植物组织或细胞中，使其放出射线诱发突变。常用的有浸泡法、注射法和饲入法。

(3)复合因素诱变

对离体培养材料进行诱变处理，可以采用1种方法(单因子处理)也可以采用两种方法(复合因子处理)叠加处理。不同诱变剂的诱变机制不同，两种诱变方法复合处理能发挥各自的特异性，起到相互配合的作用，提高突变频率和诱变效果。复合处理方法可以是2种或2种以上诱变剂同时使用或交替使用，也可以将1种诱变剂连续重复使用。许多试验验证了复合处理增加诱变效率的可能性。大多数复合处理为物理因子(主要是γ射线)和化学因子配合，两种物理因子的复合处理也不少。由于不同诱变剂的复合效应，复合处理的诱变频率总比单独处理高。因此，在水稻、小麦和大麦的诱变育种中，推荐使用γ射线+EMS、γ射线+SA和SA+EMS复合处理。

诱变剂量是影响诱变效果的另一个关键因素。一般按照半致死剂量来确定诱变剂量，即处理后培养细胞50%致死的剂量。此外，所有诱变剂，无论是化学诱变剂还是物理诱变剂，都对人体有害。因此，在进行诱变处理操作时，必须要采取严格的安全防护措施。

(4) DNA 分子操作制造突变

近年来，随着分子生物学技术的发展成熟，利用 DNA 分子操作技术进行基因的敲除或敲入，利用转座子或逆转录转座子改变基因序列，都能有效制造分子突变。转座子可以将外源基因直接导入细胞内并整合到细胞基因组中，使细胞获得新的 DNA 序列，从而改变细胞或组织的特征。目前，玉米的 Ac-Ds 转座子体系是使用较多的一个系统。

## 5.3.2 体细胞无性系变异的筛选

### 5.3.2.1 常用筛选方法

虽然对离体培养细胞进行诱变，突变频率相对较高，但是真正的可利用的目的变异却非常少。所以，想要获得目的变异，利用有效技术进行突变体的分离和筛选是必需的。我们主要根据拟分离的突变性状特性来设计和决定突变体筛选的方法。依据筛选时所采用的策略，筛选方法可分为两类：直接筛选法和间接筛选法。

(1) 直接筛选法

在设计的选择条件下，直接筛选法能使培养细胞或再生个体获得直接感官上的差异，因此，能将突变个体和非突变个体分离。直接筛选法有两种：一是大田栽培条件下的田间表型选择法，即在田间栽培的大量再生植株中筛选优良变异单株。该方法工作量虽然大，但较为简单，得到的结果能直观表现性状变化，利于对改良的性状作出直接判断，也是迄今为止筛选一些农艺性状（如株高、穗型、成熟期及营养成分等）的最有效的和最主要的方法。目前育成的有关品种多是采用这种方法获得的。二是实验室通过外加选择压力的室内压力选择法，即通过向培养基加入如氯化钠、真菌毒素、除草剂、抗生素等，或采用干旱或冷、热和冰冻处理等环境处理，获得抗性愈伤组织或抗性细胞系，然后经过再生获得抗性突变体植株。这种方法可使有抗性性状的细胞突变体数达到高浓度，得到无嵌合体的纯合性状的植株。目前，人们利用该方法已经取得了许多研究进展和成果。例如，采用人工形成的低温、干旱、盐碱作为选择压力，已在番茄、苜蓿、柑橘、水稻等作物中得到稳定的抗盐细胞系和再生植株；谷祝平等利用海水做胁迫剂，采取逐步加大培养基中海水浓度的方法，筛选耐盐的红豆草变异系取得成功，得到了再生植株；Chaleff 等（1984）筛选到抗除草剂的烟草组织突变体；陆维忠等以小麦赤霉病毒素脱氧雪腐镰刀菌烯醇（DON）为筛选剂，对小麦愈伤组织进行抗性突变筛选，获得了一个抗赤霉病的小麦品系。但由于有些性状在再生植株上和在培养细胞、组织、器官中往往表现不一致或出现多种非目标性状的分化，因而必须将再生植株再在大田中进行性状筛选才能得到能稳定遗传的具有优良性状的新品系。即便如此，也比单纯采用大田筛选节省大量的人力、物力，缩短育种周期。

(2)间接筛选法

间接筛选法是以与突变表现型相关的性状作为选择指标进行筛选的一种选择方法。在缺乏直接选择表型指标的条件下，或使用直接筛选法对细胞生长会产生不利影响时，可以考虑间接筛选法。如Chaleff认为可以利用聚乙二醇(PEG-6000)、羟脯氨酸(HYP)等作为选择剂，通过渗透调节能力的选择作为耐盐性的指标。如脯氨酸作为一种植物内在的渗透调节物质，可以维持细胞膜稳定性、细胞水分平衡等。当植株遇到非生物胁迫时，细胞内脯氨酸浓度会大量增加，因此可以通过测定细胞脯氨酸含量鉴定抗逆突变系。林定波等将‘锦橙’(*Citrus sinensis*‘Jincheng’)珠心愈伤组织悬浮细胞通过γ射线诱变后，用高浓度羟脯氨酸离体筛选，获得抗性细胞系并再生植株，再生植株连续3年测定后，证实其抗寒性是稳定增强的。Bnaskaran和Smith利用PEG引起的渗透压，对高粱种子愈伤组织进行筛选，结果表明，在细胞水平上耐渗性好的材料，在大田整株水平上耐渗性也表现较好。

也有学者将突变细胞的离体选择方法分为正选择和负选择两类。所谓正选择，就是把待选择细胞群体置于一定的选择压力下培养，使野生型细胞被淘汰，能耐受选择压的突变细胞得以保留。正选择适用于对某种环境因子具有耐受性或抗性的突变体选择，如植物耐盐性、耐旱性、抗除草剂特性等都可用正选择法筛选。正选择法可以施加一个强的选择压，一次性筛除野生型细胞，也可以分多次施加选择压，在选择压力逐步增强的培养中筛除野生型细胞。一次性筛除野生型细胞的方法(一步法)适用于单基因突变导致某种抗性改变的筛选，而多次施压筛选(多步法)适用于可能由多基因突变或核外基因组突变导致的抗性改变。多步法的缺点是可能使野生型细胞在较低的筛选压力下适应变化而存活，造成“假突变”的现象，干扰筛选准确性。所谓负选择，是以加入选择压后正常生长的细胞为筛除细胞，不能正常生长的细胞为筛选对象细胞，予以保留。该方法适宜于对营养缺陷型细胞突变体的筛选。

#### 5.3.2.2 无性系突变体鉴定

目前，对植物体细胞无性系变异的检测和鉴定，可以从形态学、细胞学、生物化学和分子生物学等多个方面综合进行。从而使我们能在个体、器官、组织、细胞、蛋白质及DNA等不同水平上，全面了解和分析无性系变异的遗传机制及其稳定性。

(1)细胞遗传学鉴定

目前常通过观察细胞有丝分裂和减数分裂过程中染色体的数目和行为，利用染色体核型和形态的配对分析对变异植株的染色体数目和结构变异进行鉴定，如吴鹤鸣等对小麦、大蒜和芦笋等植物体细胞克隆的分析。由于不同特化类型组织中存在核内多倍性(endopolyploidy)，有时检测到的染色体数目有差异，因此，在细胞遗传学鉴定的基础上，还要结合生物化学或分子生物学等检测方法，进一步对植物体细胞无性系变异进行分析和鉴定。

(2)生物化学方法鉴定

经常使用同工酶酶谱分析，常用的如酯酶、过氧化物酶、淀粉酶、多酚氧化酶以及其他一些可溶性蛋白等。但该方法具有局限性，只能对可溶性蛋白进行分析，检测范围有限。同时，同工酶酶谱易受环境因素干扰和植物个体发育时期的影响，因此，同工酶变化只能揭示一部分变异情况。

(3)分子生物学方法鉴定

分子标记技术在植物体细胞无性系变异检测与鉴定中得到广泛应用。微卫星或SSR技术利用特异引物扩增染色体微卫星区含2~4个核苷酸的串联重复序列，检测引物结合位点或重复序列数量发生改变的无性系变异体。RFLP技术，用以检测因碱基插入或缺失导致限制性内切酶识别位点改变的变异，也是较早用于植物体细胞无性系变异分析的分子标记技术。如果RFLP技术与特异性识别甲基化碱基的限制性内切酶结合应用，对检测因DNA甲基化导致的体细胞无性系变异将非常有效，但这一技术应用目前在引物和限制性内切酶筛选上受到限制。基于PCR的RAPD技术，快速、方便、经济，是目前应用较广泛的植物体细胞无性系变异鉴定方法。AFLP分子标记技术结合了RFLP和RAPD的优点，具有方便快速、信息量大和稳定性强等优点，已初步应用于多种植物体细胞无性系变异的分析和鉴定，能够检测到相对较多的多态性信息。

### 5.3.2.3 影响突变细胞选择效果的因素

对突变细胞的筛选，无论是直接选择还是间接选择，首先要考虑的问题是各种因素对突变选择效果可能产生的影响，一般应从以下几个方面考虑。

(1)外植体材料的影响

外植体材料选用时应注意以下几点：①选用综合性状优良、仅有个别性状需要改进的基因型材料。②以选择实验的目的决定亲本材料的种类。如选择对玉米小斑病小种C的抗性，就必须采用C-型细胞质雄性不育的玉米细胞系。③选择容易筛选、符合要求的细胞突变体及再生能力强的材料。培养细胞的再生能力对选择效果有直接影响，如果一个亲本细胞系不能形成再生植株，从其中筛选出来的变异细胞系也不会形成再生植株。所以，应避免使用不具有再生能力或再生能力不强的细胞系。④用染色体数目稳定的细胞系，非整倍性细胞系不能进行遗传和生化分析。⑤在离体选择隐性突变时，尽量用能够表现隐性性状的单倍体材料。如果实验目的是获得一个显性突变或细胞质突变，则采用二倍体细胞系更好。二倍体细胞在体外培养时稳定，便于进行遗传和生化分析，而单倍体细胞培养时不稳定，容易产生多倍体。

(2)培养方式及细胞生长速度对选择效果的影响

突变细胞筛选时，通常利用愈伤组织培养、细胞悬浮培养、原生质体培养和细胞平板培养4种培养方式进行选择。每种培养方式各有优势和不足，其中最为常用的是愈伤组织培养。愈伤组织容易获得，操作方便，但生长速度慢，长期培养还容易出现嵌合体。悬浮培养的细胞生长较为迅速，但在培养体系中，大小不一的细胞团与单细胞共存，导致大细胞团内部细胞与外层细胞承受的选择压力可能不同，不利于优良细胞的筛选。因此，用这种方法进行选择培养，在细胞继代时应采用适宜目数的细胞筛网过滤，除去较大的细胞团，使悬浮细胞均匀一致。原生质体是用于筛选突变体的最理想材料，因其接受诱变剂和选择剂均匀，不存在嵌合体。但很多植物的原生质体培养和再生植株诱导、培养尚不成熟，限制了在原生质体水平进行诱变和筛选的应用。细胞平板培养也存在类似的再生植株诱导困难的问题。总之，离体培养物越接近单细胞水平，离体选择的效果越好，而越是选择效果好的培养方式，实际操作时的难度越大，因此，应根据材料和诱变方法选择适宜的离体培养方式。

另外，培养细胞的生长速度也直接影响诱变和选择的效果。例如，多数愈伤组织细胞生长较缓慢，而当培养基中添加的选择剂降解速度较快时，细胞在受到短时间选择压力后压力迅速解除，敏感细胞得以继续生存，在不应该存活的条件下存活，导致选择结果出现错误。

(3)选择压力施加方式的影响

对于任何一个选择系统，选择压力既可以一次性施加，也可以逐步施加。选择压的施加方式对有些试验最终的选择效果可能没有影响，但有些情况下试验结果影响很大。如筛选线粒体突变的细胞，当细胞中单个线粒体发生突变而其他线粒体均正常，此时施加一个很强的选择压给细胞，细胞可能和其他野生型细胞同时被淘汰，但如果是分步给予细胞温和的选择压，该突变细胞可能存活并由于突变线粒体比例的增加，表现型随之增强，最终被筛选出来。因此，选择压力的施加方式要结合试验目的来确定，如果我们的试验目的是对一个细胞器基因突变的选择，那么就应该采用渐进式的选择方式。

### 5.3.3 体细胞无性系变异的应用

体细胞无性系在离体培养、诱变处理和变异筛选中，因繁殖体小、增殖快，便于各种诱变方法处理，可以在有限空间内进行大规模检测和选择，特别是对无性繁殖的观赏植物、果树等能有效筛除嵌合体，获得稳定的纯合突变体，被广泛用于农作物、果树和园艺植物的育种研究中。与遗传转化法和传统有性杂交相比，可以有效缩短育种周期、降低研究成本。但体细胞无性系变异也存在一些缺点，如产生的变异多、变异类型复杂，有些变异不能稳定遗传；变异方向难以预期，负向变异多；变异选择方法并非对所有作物都有效准确等。目前，体细胞无性系变异主要应用于遗传与育种研究及基础研究领域。

(1)在育种研究中的应用

如前所述，体细胞无性系变异往往是一个少数性状的变异，因此，它更适用于对某些综合性状良好、个别性状表现不佳、需要改良优化的品种培育中。如对农作物的品质性状改良，抗病性状改良，针对土壤盐渍化程度加剧进行的耐盐、抗盐作物品种培育，针对沙漠化和干旱缺水地区进行的耐旱品种培育，以及针对土壤中除草剂污染培育的抗除草剂品种等。在农作物育种中，既避免了有性杂交周期长的缺点，又避免了基因转化引起的潜在生物安全风险。目前，在主要的谷物生产国家和地区，借助体细胞诱变选育的禾谷类作物有1000多种，大约有35%的品种品质得到不同程度的改良。在作物品质改良方面，特别著名的有意大利选育的硬粒小麦品种‘Creso’，射线处理选育的面包小麦‘Sharbati Sonora’。日本培育的水稻品种‘富士光’‘加贺光’和‘美雪锦’等。

又如，抗寒性是一种复杂的多基因性状，受到一些修饰基因较大的影响，其遗传基础复杂，并且依不同栽培植物而异。利用组织培养可以在细胞水平上研究植物的耐寒机制，以及如何增加愈伤组织等培养物的抗寒性。培养物经过低温处理，最终有可能选出抗寒的突变细胞系，而诱变则可以提高突变率，通过其分化成的抗冻植株培育成品系或品种。李波等对苜蓿(*Medicago sastiva*)幼茎诱导的愈伤组织进行硫酸二乙酯诱变处理，对另外3个品种的愈伤组织进行$NaN_3$诱变处理，再在-7℃低温下进行筛选以获得抗寒性突变体，最后通过抗寒性生理生化指标的测定发现其抗性增强。

土壤盐渍化是全世界面临的问题，有效利用这些土地进行农业生产，需要培育更多耐盐、抗盐的作物品种。通过高盐胁迫筛选体细胞变异系是近年来在耐盐作物培育中常用的方法，并取得很多阶段性成果。如谷祝平等用不同剂量的快中子辐射旺盛生长的红豆草愈伤组织，将存活下来的愈伤组织在含有30%、40%、50%、60%和70%的人工海水培养基上培养，从中筛选出3个耐盐愈伤组织系，经多次继代和选择后，在40%~70%的海水培养基中分化出再生植株。利用组织和细胞培养技术筛选耐盐突变体已在40多种作物上进行研究。

抗旱性也是一种复杂的多基因性状。黄俊生等利用EMS对菠萝愈伤组织进行诱变处理，在羟脯氨酸作选择压力培养基上筛选抗旱性愈伤组织，进而诱导成再生植株获得抗旱性菠萝。抗病性是保证作物高产、稳产的重要性状，抗病性是显性因子控制的。抗病性的等位基因，对存在于其他基因中感病的等位基因是显性，因此，有一个抗病的等位基因就足以使植株具有抗病性。在离体培养过程中，诱变抗病突变体具有处理材料多、突变频率高、突变谱广等优点，并且还能对某些特定的材料进行处理，如原生质体、愈伤组织、花粉、胚、胚乳等遗传上不稳定，易出现突变而嵌合体又少的培养材料。李中存结合离体培养，通过辐射小麦幼胚筛选出了白粉病抗性突变株。吴金平等用EMS对魔芋的愈伤组织进行化学诱变，获得了抗软腐病的材料。王荔等以$^{60}Co$-γ射线对烟草感病品种的花粉进行诱变处理，再用烟草疫霉菌粗毒素做选择压，对烟草花粉植株叶片愈伤组织进行突变体筛选，获得了抗病材料。

总之，在主要农作物细胞和组织离体培养、再生植株诱导、体细胞无性系变异诱导及选择等完善的技术体系支持下，利用体细胞无性系变异有针对性地进行作物品种改良、选育，已经成为作物育种的常规手段。

(2)在基础研究领域的应用

在分子遗传研究中，对基因差异化表达和分子标记筛选，突变体具有独特的优势。突变体和野生型供体在表现型上可能具有显著的差异，通过检测DNA分子的差异表达和分子杂交技术检测出突变位点、突变的DNA序列，对该序列测序并进行功能分析鉴定，确定突变性状与突变基因间的关系，或者标记与突变性状关联的分子特征，用于相关的遗传研究。如拟南芥、水稻等模式植物都建立了数目庞大的突变体库，利用突变体进行基因功能分析、鉴定。在其他植物的功能基因研究中，借助模式植物基因功能研究成果，大量功能基因和抗病基因被分离鉴定出来，如玉米、水稻上分离出的水通道蛋白基因，赤霉素合成基因*GA1*、*GA4*，生长素合成基因*AUX1*、*AUX2*等。

在发育生物学研究中，利用体细胞突变和分子生物学实验技术对植物发育调控基因进行研究，已经取得了很多突破性进展。例如，从模式植物拟南芥突变体中分离出发育相关的基因，利用这些基因的过表达或基因敲除获得很多突变体植株，这些突变体或指示顶端分生组织分化、发育，或指示花芽、花序发育和分化，或者指示根等组织器官的发育。通过突变体中基因表达的研究，建立器官发育模式与基因表达之间的关联机制，不仅阐明了器官发育模式，也阐明了相关基因的功能机制。使植物发育学研究由最初的形态观察、组织结构观察深入到了形态与组织结构形成的分子机制研究中。如在烟草和玉米中，通过质体突变体分离鉴定了与叶绿体发育相关的来自细胞核基因组的基因。

在植物的一些代谢活动相关的研究中，为了阐明代谢机制或代谢途径中各成员组分的作用，也经常利用突变体与野生型植株间代谢活动差异或某个成员组分的差异，揭示成员组分的作用机制或代谢活动机制。突变体成为研究代谢活动调控机制的便利而高效的手段。早期的一个代表性实验结果，是从烟草中发现了两种硝酸还原酶缺失突变体，这 2 种突变体的共同点是在硝态氮为唯一氮源的培养基上不能正常生长。而当 2 种突变体细胞进行体细胞融合后，融合细胞可以在硝态氮为唯一氮源的培养基上正常生长。对代谢途径的研究发现，两种突变体分别通过钼因子响应途径和酶蛋白影响硝酸还原酶的活性，进而影响对硝态氮的吸收利用。

随着植物组织和细胞培养技术的飞速发展，体细胞无性系变异技术的应用也将趋于广泛和深入。通过选择合适的外植体以及培养方式，降低体细胞变异发生的频率，使培养群体维持稳定遗传。充分利用离体培养快繁的优势高效培育种苗。通过离体培养技术与诱变技术相结合，提高变异频率，增加变异选择的基础材料，丰富遗传资源。

## 小 结

本章主要介绍了体细胞无性系遗传与变异的特点，变异的起源与影响因素；无性系变异发生的细胞学和分子生物学机制；体细胞无性系变异的筛选与鉴定，体细胞无性系变异的应用。

## 复习思考题

1. 离体培养物的遗传与变异有什么特点？
2. 影响离体培养遗传与变异的因素都有什么？
3. 体细胞无性系变异的细胞学机制是什么？
4. 体细胞无性系变异的分子机制是什么？
5. 体细胞无性系变异的诱导方法和选择方法有哪些？
6. 体细胞无性系变异有什么应用价值？

## 推荐阅读书目

植物细胞工程. 谢从华，柳俊. 高等教育出版社，2004.

## 参考文献

李波，袁成志，陈辉，等，2004. 硫酸二乙酯诱变苜蓿愈伤组织抗寒生理的研究[J]. 草业科学，21(5)：20-22.

李耀维，冯文新，武增寿，等，2000. 激光诱变选育雷公藤次生物质高产细胞系[J]. 激光生物学报(4)：43-46.

李中存，2002. 辐射小麦幼胚诱发和筛选白粉病抗性突变体的研究[J]. 华北农学报，17(2)：58-60.

林定波，颜秋生，沈德绪，1999. 柑橘抗寒细胞变异体的获得及其抗性遗传稳定性的研究[J]. 植物学报(2)：136-141.

刘进平，郑成木，2002. 体外选择与体细胞无性系变异在抗病育种中的应用[J]. 遗传，24(5)：617-630.

刘进平，郑成木，胡新文，2001. 体细胞无性系变异研究进展[J]. 华南热带农业大学学报，7(2)：22-29.

吴金平，顾玉成，万进，等，2005. 魔芋抗软腐病突变体筛选的初步研究[J]. 华中农业大学学报(5)：448-450.

许明淑，2000. 贯叶金丝桃高产细胞系筛选的基础研究[D]. 北京：中国中医研究院.

许智宏，1985. 植物体细胞的遗传变异[J]. 遗传，7(6)：37-40.

张华，曹日强，杨永华，1999. γ-射线对滇紫草细胞产生色素的影响[J]. 植物资源与环境(1)：43-46.

BOUMAN H，DE KLERK GJ，2001. Measurement of the extent of somaclonal variation in begonia plants regenerated under various conditions，comparison of three assays[J]. Theoretical and applied genetics，102：111-117.

CARLO P，MAR ÍA LR，2002. AFLP analysis of somaclonal variation in *Arabidopsis thaliana* regenerated plants[J]. Plant science，162：817-824.

JUAN P R，RICARDO W M，2001. Assessment of somaclonal variation in asparagus by RAPD fingerprinting and cytogenetic analyses[J]. Scientia horticulturae，90：19-20.

LIU Z L，WANG Y M，SHEN Y，et al.，2004. Extensive alterations in DNA methylation and transcription in rice caused by introgression from *Zizania latifolia*[J]. Plant molecular biology，54：571-582.

VENDRAME W A，KOCHERT G D，SPARKS D，et al.，2000. Field performance and molecular evaluations of pecan trees regenerated from somatic embryogenetic cultures[J]. Journal of the american society for horticultural science，125：542-546.

# 第 6 章 植物组织器官培养

植物组织器官培养(plant tissue and organ culture)，包括狭义的植物组织培养和植物器官培养，即在无菌条件下，将离体的植物组织(包括分生组织、形成层、薄壁组织、髓组织、木质部、韧皮部、表皮、皮层组织、愈伤组织等)和植物器官(根、茎、叶、花、果实、种子)的全部、部分或器官原基作为外植体，培养在人工配制的培养基上，给予适宜的培养条件，使其长成完整植株。植物组织器官的离体培养是研究不同类型组织器官的起源、形态建成、器官生长、营养代谢等机理和基本理论的重要方法，也是研究植物生理学、生物化学、遗传学、育种学和病理学等生物学科的重要工具，特别是与分子生物学及 RNA 干扰(RNA interference，RNAi)技术结合，成为细胞生物学和细胞遗传学研究的技术基础。目前，植物组织器官培养技术在医学、农业、食品工业、能源工业、环境保护等领域得到了广泛应用。因此，植物组织器官培养无论在理论研究还是在生产应用方面都具有十分重要的意义。

## 6.1 植物组织器官离体培养途径与方法

高等植物是由无数不同形态及执行不同功能的细胞构成的，一部分细胞继续分裂构成维持分生能力的分生组织(meristem)；而另一部分细胞逐渐分化失去分生能力构成执行其他功能的永久组织(permanent tissue)。在人工培养条件下，植物组织器官的细胞恢复分裂能力，最终形成植物的不同器官和完整植株。同时，植物组织器官离体培养包括了细胞分化、脱分化和再分化等复杂的生理生化和形态建成(morphogenesis)过程。

### 6.1.1 植物组织器官离体培养的再生途径

植物组织器官离体培养的再生途径主要有以下两大类。

(1)不经脱分化的再生途径

在适宜的培养条件下，利用植物的茎段、茎尖、芽、种子、幼胚或成熟胚等器官作为外植体进行的无菌培养(asepsis culture)，不经过脱分化过程而直接形成完整植株。这种培养途径主要用于保存或繁殖优、稀、缺等植物种质资源或育种新材料。在理论上这个过程属于无性繁殖，在遗传上未发生变异。因此，离体器官培养不经脱分化的再生途径繁殖的后代基因型与母体植株的基因型一致，能够较好地保持母本的特性。

(2)经脱分化的再生途径

植物的各种组织和器官，如根尖、茎尖的分生组织，茎的表皮、皮层、髓部、木质部、韧皮部，叶肉组织，花器官组织，种子的子叶、胚芽、胚根和胚轴，有生活力的种皮、幼胚或成熟胚等在人为调控下经脱分化、再分化形成不同的组织或完整植株个体。由于脱分化彻底改变了植物原有的发育模式，经历脱分化形成愈伤组织和再分化形成再生植株这样一个复杂的生理生化及发育过程，在培养过程中涉及各种容易导致细胞发生变异的物质(如植物生长物质)或不适合的培养条件，导致愈伤组织在遗传上发生变异，产生新材料。因此，脱分化也成为了植物育种的重要途径之一。

愈伤组织再分化的形态发生方式有器官发生(organogenesis)和体细胞胚发生(somatic embrogenesis)两种。现已从拟南芥、金鱼草、玉米和烟草等发育突变体中分离出一系列基因，并利用分子生物学技术建立了植株再生的时空表达模式，为在细胞、组织和器官水平上控制地上部分和根部的形态发生和发育过程提供了新的研究工具。

## 6.1.2 植物组织器官离体培养的方法

植物组织器官的离体培养主要包括以下程序。

### 6.1.2.1 无菌外植体的获得

从田间或室内采集的植物组织和器官材料，都不同程度地携带各种微生物，这些污染源一旦进入培养容器中，会造成培养基和培养材料的污染，使得实验无法继续进行。因此，污染是组织培养的一大障碍，必须利用适宜的消毒剂对材料进行严格的表面灭菌，获得有生活力的无菌外植体。但不同植物或同一植物不同组织和器官的带菌程度不同，使用消毒剂的种类、浓度及消毒方法也不尽相同。

(1)茎尖、茎段、叶片的消毒

生长于地上部分的植物体，因暴露于空气中，有较多的茸毛、油脂、蜡质和刺等，宜选择比较大的完整材料，应在自来水下进行较长时间的流水冲洗。尤其是多年生木本材料或茸毛较多的材料可用皂液、洗衣粉或吐温等洗涤后，再用自来冲洗干净，最后用吸水纸吸干表面水分。消毒时，按材料组织老嫩、薄厚程度不同，剪切整理成适合的消毒材料，先用70%乙醇消毒10~15s，再用0.1%~0.2%的氯化汞溶液浸泡消毒5~8min，或用2%~10%次氯酸钠溶液浸泡10~15min，或倒入饱和漂白粉上清液溶液浸泡10~15min。最后用无菌水冲洗3~5次，每次停留20~30s。接种时，将消毒后的材料置于无菌滤纸上吸干表面水分，分割成适当的外植体。

(2)根、块茎、鳞茎的消毒

生长于土壤中的材料一般带菌严重，且挖取时易受损伤。所以消毒前应仔细清洗，对凹凸不平及鳞片缝隙处，需用软刷清洗，并切除损伤部位。消毒时应增加消毒时间或增大消毒剂浓度，如将材料浸泡在0.2%氯化汞溶液中8~12min，或在10%次氯酸钠溶液中浸泡15~20min。若效果不佳时，可将材料浸入消毒液中进行抽气减压有助消毒液的渗入达到彻底消毒的目的。消毒程序和消毒后的操作同(1)。

(3)花蕾的消毒

未开放花蕾中的花药有花被包裹，大多处于无菌状态，所以采摘后分离材料可直接进行消毒。先在70%乙醇消毒20~30s，再用0.1%氯化汞溶液消毒5~8min或用

2%次氯酸钠溶液消毒 10~15min。消毒程序和消毒后的操作同(1)。

(4)果实、种子的消毒

果实和种子先在自来水下冲洗 10~20min 后，用 70%乙醇消毒 1~3min，然后用 10%次氯酸钠溶液消毒 15~20min，或用饱和漂白粉上清液消毒 20~30min。对难于消毒的还可用 0.1%氯化汞或用 1%~2%溴水消毒 5min，也可预先去掉果皮或种皮，再用 4%~8%次氯酸钠溶液消毒 8~10min 或用 0.1%~0.2%氯化汞溶液消毒 5~10min。消毒后用无菌水冲洗 3~5 次，取出果实内部组织或种子接种。

#### 6.1.2.2 初代培养物的建立

外植体经过消毒处理后，要建立起初代无菌培养材料，并使其增殖和发育，还需进行适当的操作和提供适宜的培养条件。

(1)无菌的环境

消毒液处理过的材料只进行了表面灭菌，不能除掉所有病菌，特别是无法去除侵入组织内部的病菌。因此，有时需在培养基中加入抗生素类，防止初代培养材料的污染。但抗生素对某些种类的植物生长有抑制作用，所以，要在实践中摸索适用的抗生素种类和浓度。此外，还须保证培养基、接种器械和超净工作台无菌，并使接种室环境保持清洁。

(2)规范性操作

在建立初代培养物的过程中，熟练的操作技术也十分重要。无菌操作时，除按严格的操作程序进行外，须经常对超净工作台和物品表面，以及操作者的双手进行酒精擦拭消毒。

(3)适宜的条件

培养材料在离体条件下能否正常生长发育，形成良好的初代培养物，与基本培养基的种类、植物生长物质的种类和浓度、其他添加物以及外植体的来源、生长发育状态和所处的培养条件等有密切关系。从理论上讲，任何一种植物的组织和器官均具有再生成完整植株的潜能，但实际上它们的再生能力不尽相同。如菊花较月季易分化出不定芽，香石竹的叶片、茎尖、茎段、花瓣、子房、花托等外植体均可得到再生植株，而非洲菊的再生植株则多从花托、茎尖和花芽外植体中产生。

#### 6.1.2.3 形态发生

外植体可以通过不定根、不定芽(adventition bud)、胚状体(embryoid)、腋芽增殖和原球茎等形态发生途径形成完整的再生植株。脱分化形成愈伤组织分化不定芽或胚状体的发生均与愈伤组织的细胞组成及组织结构有密切关系。胡萝卜根外植体从第六天开始出现新细胞，有 2~3 个细胞层开始分裂，愈伤组织表面非常致密，由形态相似的细胞组成。曼陀罗和落花生愈伤组织的表层结构松散，能观察到穿过细胞层的通道。不定芽的芽原基起源于愈伤组织较浅层的细胞(即外起源)，而根原基则发生在愈伤组织里面较深处的细胞(即内起源)，两者之间一般没有联系，呈现单向极性。体细胞胚的发生，绝大多数起源于单细胞，经历了与合子胚类似的原胚、球形胚、心形胚、鱼雷形胚和子叶形胚 5 个发育时期，因此，体细胞胚通常也称为胚状体。胚状体在发育到心形胚阶段后，逐渐出现两极分化，首先在方向相反的两端分化出茎端和根端，其间的微管组织通常还没有联系，呈独立的"Y"字形。胚状体进一步长大，子叶伸长，最后从愈伤组织上游离出来，形成完整的幼苗。

Pelissier(1990)发现，向日葵下胚轴的表皮层和薄壁细胞同时存在时，既有愈伤组织的形成，也有胚状体的形成，在无表皮的情况下则只能形成愈伤组织。胚状体除了可以从愈伤组织上产生外，还可以直接由组织或器官等外植体的表皮层细胞产生(图 6-1)。目前，体细胞胚产生的机理还不十分清楚，培养基中植物生长调节物质种类和浓度、氮源种类和比例以及天然有机复合物对体细胞胚的发生和形成具有重要的作用。

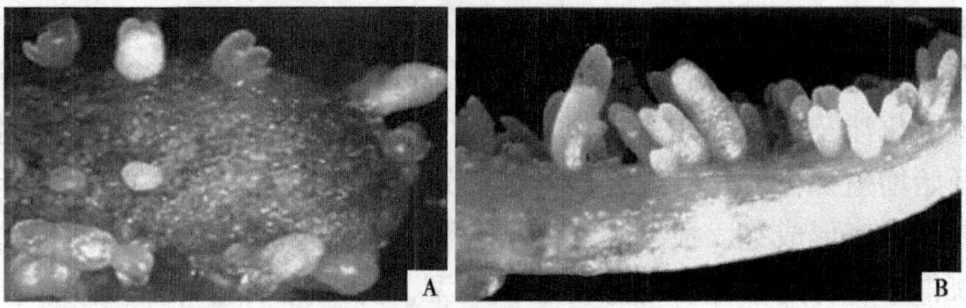


**图 6-1 体细胞胚的形态发生**

A. 毛茛茎表层体细胞胚的发生(Konar & Nataraja, 1969)

B. 苜蓿子叶表面直接分化体细胞胚(Merkle et al., 1990)

#### 6.1.2.4 植株再生

愈伤组织由不同类型的细胞组成，可能是外植体的多细胞结构和不同的诱导条件共同作用所致。即便是同一外植体，其愈伤组织在颜色、质地、含水量(密实度)、生物合成和形态发生能力等方面都可能存在较大差异。有紧凑的或易碎的，有干燥的或潮湿的，有浅色的或深色的，这些特征可能随着培养时间的推移而改变。愈伤组织通常可以在新鲜培养基上进行不定期的继代培养，也可以通过设计培养基调控分化形成根、芽及胚的器官结构。体细胞胚是双极性的，其基部的根端是封闭的，它与外植体的微管组织没有联系，可以从愈伤组织中移除而不会造成损伤。而不定芽，其茎的基端呈开放状态，维管束的分布贯穿于愈伤组织或外植体的微管组织中，并存在紧密联系，如果从愈伤组织中取出芽，其基底端就会受到损伤(图 6-2)。

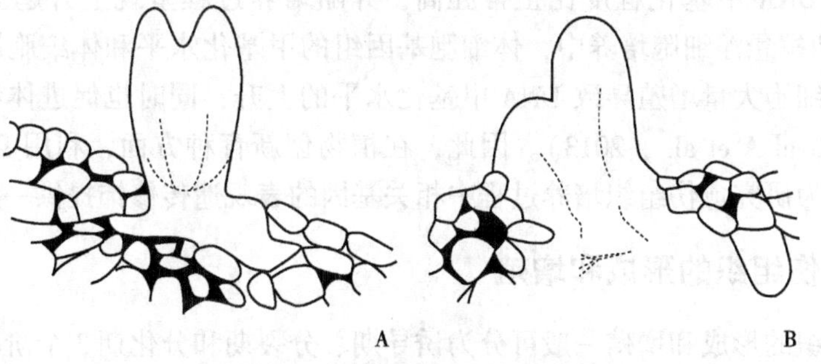


**图 6-2 胚与芽器官结构示意图**

A. 胚 B. 芽

愈伤组织再分化的细胞各自形成不同的组织，一般形态和机能相同的细胞形成同一种组织，机能相关的组织形成器官，并进一步发育为完整的植株。胡萝卜和拟南芥是遗传学和分子生物学研究胚胎发生的经典模型系统(Raghavan，2006)。目前，体细胞胚发生的植物已逾 500 种(Thorpe & Stasolla，2001)，其中苜蓿、柑橘、咖啡、棉花、毛茛、玉米、芥末、水稻、向日葵、小麦等已经得到了广泛应用。

## 6.2 愈伤组织培养

愈伤组织(callus)是指外植体在离体培养条件下，形成的一团无极性、能旺盛分裂的薄壁细胞团，形态上具有"疤"或"瘤"的特征。愈伤组织培养包括脱分化和再分化过程，脱分化涉及染色质水平的动态重构，通过改变培养基中的植物生长调节物质，细胞开始增殖并再分化，继续培养这些分化的薄壁细胞，发生一系列形态和生理的变化，最终发育形成芽、根、胚状体，直至形成完整的再生植株。愈伤组织培养可通过状态获得某一特定培养物的愈伤组织类型，为植物细胞的生长发育、遗传变异、次生代谢物生产等提供研究条件。同时，愈伤组织还是悬浮培养的细胞和原生质体的材料来源(图 6-3)。

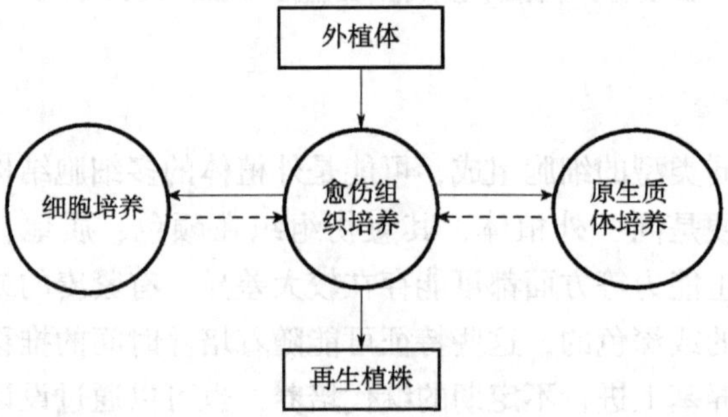


**图 6-3　愈伤组织培养在植物组织培养过程中的关系**

愈伤组织培养的时间和难度除了受植物种类、外植体类型、培养基成分和环境因素影响外，还与 DNA 的甲基化程度存在密切联系。在玉米胚脱分化时，胚性愈伤组织诱导中的 DNA 甲基化程度比正常胚高，并随培养过程呈现上升趋势(Liu et al.，2017)。在油棕悬浮细胞培养中，体细胞基因组的甲基化水平和体细胞胚的发生能力呈正相关，细胞大量增殖导致 DNA 甲基化水平的上升，同时也促进体细胞胚发生能力的增加(Rival A et al.，2013)。因此，在植物创新育种方面，利用 DNA 甲基化的分子机制，为研究愈伤组织培养过程中相关基因的表观遗传修饰提供一条有效途径。

### 6.2.1　愈伤组织的形成和增殖

愈伤组织的形成和增殖一般可分为诱导期、分裂期和分化期 3 个阶段。

(1)诱导期

诱导期(induction stage)是细胞准备进行分裂的时期。接种外植体材料的细胞通常均是成熟细胞，一般处于静止状态，在一些刺激因素和植物生长调节物质的诱导下，细胞代谢便活跃起来，促进蛋白质和核酸的迅速合成。这时期细胞的特点是：在切离和培养后约几秒钟内，细胞的气体交换迅速，耗氧量明显增加；核酸合成速度加快并大多形成多聚核糖体，细胞大小不变，核体积增加；RNA 和蛋白质含量迅速增加，细胞有丝分裂前的 RNA 含量增加 300%，蛋白质增加 200%；在 DNA 复制前，DNA 聚合酶、代谢有关的己糖激酶和一些脱氢酶的活力增加。

诱导期的长短，因植物种类、外植体的生理状况和外部因素而异。如有的植物(菊芋)的诱导期只要 1d，而有的植物(胡萝卜)需要几天。菊芋块茎贮藏时间改变，其诱导期也会发生变化，如刚收获的菊芋块茎的诱导期只需 22h，而贮藏 5 个月的菊芋块茎诱导期需要 40h 以上。生长在不同光照条件下的植株，对其诱导分裂的难易程度也不一样。一般生长在弱光下的植株比生长在强光下的植株的外植体易于诱导分裂，且分裂频率高。如菊芋的细胞分裂频率在弱光下生长的为 60%~75%，而在强光下生长的则为 35%~45%。

外源激素对诱导细胞开始分裂具有较好的调控作用，最常用的植物生长调节物质有 2,4-D、NAA、IAA、KT、6-BAP 等。静止细胞是具有分裂潜力的，只是被一类抑制剂所抑制，如果除去抑制物质，就可恢复分裂能力。这些抑制物质的作用是阻碍 DNA 复制，若加入抵消抑制剂影响的物质，那么细胞就立即进行 DNA 复制，细胞全部进入合成期，并发生同步分裂。

(2)分裂期

分裂期(division stage)是指细胞开始分裂到快速分裂的时期，通过一分为二的分裂，不断增生子细胞的过程。外植体的细胞一旦经过诱导，其外层细胞便开始分裂，使细胞脱分化，进而形成一团无序结构的愈伤组织。在细胞分裂期，其形态结构和生理生化都发生深刻的变化。其共同特征是：细胞分裂快，结构疏松，缺少有组织的结构，颜色浅而透明，维持不分化的状态。分裂期愈伤组织的主要表现为：①细胞的数目迅速增加。如胡萝卜培养 7d 后，细胞数目增加 10 倍。②每个细胞平均鲜重下降。其原因是新合成的物质主要用于子细胞的形态建成。③细胞体积小。细胞内无液泡，如同根尖和茎尖的分生组织细胞一样。④细胞的核和核仁增至最大，RNA 含量最高，标志着细胞分裂进入高峰期。⑤随着细胞不断分裂和组织生长，愈伤组织的总干重、蛋白质和核酸含量大大增加，新细胞壁的合成极快。

(3)分化期

分化期(different stage)是指停止分裂的细胞发生生理代谢变化，导致形成由不同形态和功能的细胞组成的愈伤组织。组织学研究显示，处于未分化时的愈伤组织细胞均处于无序状态，为近圆形的液泡化薄壁细胞，蛋白质含量少，细胞器不发达。细胞大小不均一，处于愈伤组织表面或外围的细胞体积较小，越往中间的细胞越大。当转向有序状态时，就会出现类似形成层的拟分生组织细胞群，进而在愈伤组织中排列成有序的成束的致密细胞团。它的细胞体积小，细胞质稠密，蛋白质丰富，液泡逐渐消失。分化期愈伤组织特征为：①细胞分裂部位和方向发生了改变。分裂期的细胞分裂仅限于愈伤组织外缘，主要是平周分裂，而在分化期开始后，愈伤组织表层细胞的分裂逐渐减慢并停止，转向愈伤组织内部深层局部区域的细胞开始分裂，使分裂面的方向发生改变，出现瘤状物和细胞分裂深入内层的愈伤组织形态。②形成瘤状或分生组织结节(meristemoid)，分生组织结节成为愈伤组织的生长中心或进一步分化为微管组织。瘤状结构由分生组织组成，但不再是愈伤组织进一步分化的生长中心，而从其周缘新产生的薄壁细胞成为生长中心。瘤状结构成团地分散在愈伤组织块中，形成微管组织，但不形成微管系统。微管组织呈分散的节状和短束状结构，它可由木质部组成，也可由木质部、韧皮部乃至形成层组成，细胞分裂素对促进微管组织的形成有重要作用。③细胞体积不再减小，细胞形态保持相对稳定。④出现各种类型的细胞，如薄壁细胞、分生细胞、管胞、石细胞、纤维细胞、色素细胞、毛状细胞、细胞丝状体等。⑤生长旺盛的愈伤组织一般呈浅绿色或浅黄色、乳白色或白色，老化的愈伤组织多转变为黄色甚至褐色。

愈伤组织形成时期的划分并不具有严格的界限，分裂期和分化期往往可以出现在同一块组织上。另外，细胞脱分化的结果在大多数情况下是形成愈伤组织，但这绝不意味着所有细胞脱分化的结果都必然形成愈伤组织。相反，一些外植体的细胞脱分化后可直接分化为胚性细胞而形成体细胞胚。

## 6.2.2　影响愈伤组织培养的因子

植物器官、组织、细胞彼此在生理和遗传上互相协调和制约的关系中发挥植物体各自的功能，它们不可能独自进行生长和分化。如植株生长的顶端优势，使植物体内源激素、光合产物等的分配不均等，这就是一种生理制约现象。一个植物体的每一个体细胞含有相同染色体和植物体的所有遗传信息(基因)，但基因只在特定的细胞(空间)、特定的时间内表达。如花粉育性基因 *TA29* 只在花药绒毡层细胞中表达，且只在花粉母细胞减数分裂时才表达。虽然 *TA29* 基因在所有的体细胞中都存在，但其表达却受严格的控制。这样，植物的生长发育始终处于一种协调和有序的状态。可见，植物的器官组织虽有相同的基因，但不可能都表达而发育成一个完整植株。因此，只有打破这种生理和遗传的制约，才有可能表达细胞全能性。

高等植物几乎所有器官和组织，离体后在适当条件下都能诱导出愈伤组织，即其细胞从分化状态回复到未分化状态，这表明外植体的来源不完全决定愈伤组织的形成，只要离开母体，脱离整体水平的生理、遗传制约，就有可能形成愈伤组织。关键的决定因子是培养条件，其中主要是植物生长调节物质，没有外源激素的作用，外植体可能不形成愈伤组织。脱分化产生愈伤组织因外植体基因型、培养材料生理状态，以及培养基特别是外源激素配比的不同而有较大差异。

### 6.2.2.1　培养基和培养条件

培养基的各种成分及物理性质，都对愈伤组织的培养和器官发生产生一定影响，但起决定作用的是植物生长调节物质，特别是生长素和细胞分裂素的配比。

(1) 植物生长调节物质

生长素与细胞分裂素的比值是控制芽和根形成的重要条件之一，生长素对芽的抑制作用可被细胞分裂素克服。生长素与细胞分裂素的比值低时，有利于芽的形成；而比值高时，有利于根的发生。这样通过调节植物生长调节物质的种类、浓度和配比，即可有效地调节培养组织的器官分化。不同种类的生长素和细胞分裂素，对生根和长芽的效果是不同的。如 NAA 对生根的作用比 IAA 和 IBA 强，但用 NAA 处理产生的根较粗短、易断，而用 IAA 处理产生的根比较细弱，IBA 处理产生的根比较健壮。2,4-D 往往对生根不利。KT 和 6-BA 能广泛地诱导芽的形成，但 6-BA 比 KT 的效果好。玉米素的作用范围较窄，仅对某些植物有特效。因此，多数植物采用 6-BA 和 KT 来诱导芽的形成。

(2)无机营养元素

与母体植物一样，离体培养的器官组织也要满足植物生长的必需元素，若完全缺乏、过多或不足，也会影响细胞生长和分化。不同种类的植物、器官和组织所需元素的种类和量各不相同。如生根培养要求无机离子浓度要低，常用 1/2MS 或 White 培养基。

(3)有机成分

培养基中的甘氨酸、硫胺素、吡哆素、烟酸、肌醇和蔗糖等，可以满足愈伤组织生长和分化的要求。蔗糖不仅可作为碳源，也可作为培养基渗透压调节剂。各种氨基酸和生物活性物质，可以促进愈伤组织生长和向器官发育。在组织培养过程中添加一些植物器官的汁液，也常常产生良好的效应。如添加马铃薯汁、椰汁或香蕉汁等。

(4)物理性质

培养基的物理性状(固体状态或液体状态，渗透压和 pH)对形态发生有明显的影响。在胡萝卜和石刁柏的培养中，需要改变培养基的形式，才能顺利地分化出苗。其方法是：第一阶段诱导形成愈伤组织，应在固体培养基上进行培养；第二阶段细胞的增殖和胚状体的成熟，需在液体培养基中完成；第三阶段由胚状体发育成可移植的植株，又应转移到固体培养基上进行培养。培养基中的渗透压对细胞增殖和胚状体的形成均有重要的作用，如在花药培养中，往培养基中添加 5%~10% 蔗糖，有利于花粉愈伤组织诱导增殖和胚状体的形成。

培养的微环境条件主要包括光照和温度两个方面。在离体培养条件下，光照的作用并不是提供光合作用的能源，因为培养基中已有足够的碳源供利用，这时细胞处于异养条件下。因此，光对器官的作用只是一种诱导反应。如愈伤组织诱导培养初期一般不宜在强光照(3000 lx)下，应置于黑暗或在弱光照(500 lx)下进行，当转向芽的形成或胚状体的分化培养时，则必须要一定的光照强度。在组织培养中，对一般植物采用 22~25℃ 的恒温进行外植体的培养，都能较好地形成芽和根。

#### 6.2.2.2 愈伤组织继代培养的分化潜力

植物愈伤组织诱导形成后，若在原培养基上继续培养，在 2~3 周内，由于培养基中营养物质的枯竭、水分的散失、次生代谢物质的积累，外植体上会出现明显的小颗粒状或精细的绒片状突起。这时原有的培养基已不适宜愈伤组织的生长，必须将其转移至新鲜培养基上培养。一般在愈伤组织长至直径 1~3cm 时才将其与外植体分离，单独培养，并将其切成几个小块(直径 5~10mm 或质量 20~100mg)继续培养，即为继代培养。如果起始的愈伤组织的大小或形状不规则，可选取生长迅速的部位进行继代培养。从外表看，生长迅速的愈伤组织多呈浅色、质地松散。若要进行愈伤组织的分化和再生，则应选生长较慢的愈伤组织。每一次继代培养的时间取决于愈伤组织生长的速度，一般4~6周继代一次。由于代谢产物的积累会产生毒害作用，如果长时间不继代，组织则发生褐化。一般在继代培养时应切除褐色的组织，愈伤组织经多次继代培养也能恢复活力而正常生长。

用继代培养维持愈伤组织的生长，是长期保存愈伤组织的一种方法。从单细胞产生的愈伤组织，同样可以用分割愈伤组织块的方法进行反复继代培养，以繁殖出大量的培养物，供研究生长、代谢和生产试管苗之用。一般来说愈伤组织的增殖生长只发生在不与固体培养基接触的表面，而与培养基接触的一面极少有细胞增殖，只是细胞分化形成紧密的组织快。

## 6.2.3　愈伤组织的再分化

在愈伤组织增殖过程中，细胞分裂常以不规则方式发生，并产生无明显形态或极性的无序结构组织，愈伤组织中有的细胞发生了分化，形成微管化组织和瘤状结构，但并无器官发生。只有满足某些条件，才可从愈伤组织通过再分化而产生芽或根的分生组织，甚至胚状体。愈伤组织诱导器官形态发生过程主要涉及微管组织的分化、不定芽或根和体细胞胚发生。

### 6.2.3.1　胚状体途径

胚状体发生是外植体经愈伤组织诱导再生的一个重要途径。早在1958年，Steward等利用胡萝卜根作培养材料，首先观察到来自体细胞的胚启动和发育过程。随后，许多学者做了大量关于体细胞胚发生的研究。现已认为，体细胞胚发生是植物界的普遍现象，是离体培养植株再生的一个基本发育途径。

(1)胚状体特点

胚状体主要有两个特点：一是双极性，即在其发生的最早阶段就具有根端和芽端；二是它与外植体的维管束系统无直接联系，在适宜条件下可长成一个独立的有苗端和根端的植株。与器官发生途径相比，体细胞胚发生具有数量多、速度快、结构完整、再生率高等优点。

(2)胚状体发育阶段

由外植体经脱分化形成胚状体植株可分为3个不同发育阶段。

①细胞脱分化　外植体发生细胞分裂，进而形成愈伤组织。这一阶段同不定芽方式一样。

②胚状体的形成　细胞经脱分化后，发生持续细胞分裂增殖，并依次经过原胚期、球形胚期、心形胚期、鱼雷形胚期和子叶期，进而成为成熟的有机体。这种由愈伤组织不经有性生殖过程而直接产生类似胚的结构，称为胚状体。

③胚状体发育成完整植株　胚状体进一步发育，形成具有芽和根的试管苗，类似于种子苗的发育。

(3) 影响胚状体发生的因素

①基因型　胚状体发生与否与基因型有较大的关系。一个物种中可能并非所有的品种，一个属中可能并非所有的种都能同样表达细胞的全能性。不同物种间诱导反应不同是由于其内在感受力存在差异。张利平(1993)、Gribaudo(1996)在葡萄花药培养，卢炳芝等(1997)在葡萄花丝脱分化培养时发现，不同基因型脱分化能力不同，甚至个别基因型不能发生脱分化。其原因可能有两个方面：一是不同基因型体细胞胚发生能力不同；二是不同基因型的最适感受条件不同，导致了胚状体发生频率的差异。体细胞胚发生能力具有遗传性，有可能受一个或几个显性基因控制。Rajasekaran等(1983)发现，葡萄花药较其他花器官具有更高的再生能力，且产生的愈伤组织和形成的体细胞胚也呈现杂种的特性，用沙地葡萄作为亲本的大多数葡萄杂种的花药愈伤组织具有较高的植株再生能力。

②外植体　其生理状态和发育程度直接影响体细胞胚发生，处于生理代谢旺盛而分化程度较低的组织有利于诱导体细胞胚的发生。最常用的诱导体细胞胚发生的外植体是合子胚和子叶等。少数植物如胡萝卜、石龙芮等，几乎所有的器官都可诱导产生胚状体，但大部分植物目前只有一定发育时期的某些器官可产生胚状体。同一植株上材料来源不同，可以得到不同的诱导效果。木本植物存在“幼态”和“成熟”问题，因而组织培养采用外植体时，不同来源的外植体处于不同的生理状态，其再生能力也不同。一般认为来源于合子和幼年实生苗的外植体较易诱导不定芽或体细胞胚发生，而来源于成年树体的较难。在某些果树(如柑橘属)中，其珠心组织具有潜在再生能力，可通过无融合生殖产生珠心胚，珠心胚产生的幼苗具有与成年母株相同的基因型，珠心组织可被看作是存在于成年树体中的童性组织。在陆地棉下胚轴诱导中，来自皮层的愈伤组织分化出胚状体，而来自中柱的则未能分化(王酷之等，1990)。营养器官中许多植物的幼苗下胚轴较易产生胚状体，而常春藤只有成熟的茎才能产生胚状体，幼年茎只能产生芽。

③培养基　基本培养基对形成胚状体的效果有显著影响。李世诚等(1992)以葡萄未成熟合子胚诱导体细胞胚时，比较了NN和MS培养基的诱导效果，结果愈伤组织培养在两种培养基上大致相同，但胚状体分化率则差别较大，在添加相同激素的情况下，NN培养基的诱导效果明显优于MS培养基，胚状体分化率约是MS培养基的5倍。钾的含量对某些植物体细胞胚发生有重要作用。Brown等(1976)在胡萝卜体细胞胚发生研究中发现，钾适宜浓度为2mol/L，降至1mol/L时愈伤组织无序生长。氮素水平低的情况下，低钾离子浓度影响更加明显。铁盐也是影响体细胞胚发生的一个重要因素。在一些植物(普通烟草和颠茄)的花药培养中，螯合铁盐的效果要比其他铁盐的效果好。而且在缺铁情况下，体细胞胚不能从球形胚发育成心形胚。培养基中的氮元素及形态对体细胞胚发生起着至关重要的作用。在以非还原态氮为唯一氮源的White培养基中不能产生体细胞胚或极少发生(Wetherell et al.，1976)。氨基酸对植物体细胞胚发生也有影响。Ser、Gln、Asn和Ala对体细胞胚发生均具有促进作用，而Ser、Try、Pro、Asp、Glu等几种氨基酸对松子体细胞胚的诱导起抑制作用。一些含氮化合物如水解蛋白、谷胱甘肽、丙氨酸可代替$NH_4^+$，但效果不如$NH_4^+$(Wetherell，1976)。某些天然产物，如椰乳对有些植物体细胞胚发生和发育也是有利的。

④激素　在植物生长调节物质中，2,4-D、NAA是诱导胚性愈伤组织中最常用的激素，但生长素对不同植物所形成的胚状体经历的发育时期也不完全一样。2,4-D对红豆属的乌头叶豇豆体细胞胚的进一步发育是必不可少的，茄子、金鱼草可发育到成熟的胚状体；而石龙芮在含2,4-D的培养基上只能发育到球形胚，甘蔗可发育到鱼雷形胚。有些物种要求除去生长素或降低生长素的浓度才有利于体细胞胚的进一步发育(周俊彦，1982)。

⑤渗透压　蔗糖的浓度与体细胞胚发生也有密切的关系。蔗糖在培养基中的作用，一是作为碳源，二是维持一定的渗透压。达克东(1996)在诱导苹果叶柄分化时发现，在培养基中以2%蔗糖为界，低于此浓度时，叶柄发生体细胞胚，且分化率随蔗糖浓度降低而降低，高于此值时，发生不定芽。曲桂芹等(2001)发现，在大豆培养中，1.5%蔗糖起重要作用，渗透压的作用主要是引起细胞失水，使细胞内含物含量升高，直接影响体细胞胚的成熟。

#### 6.2.3.2 器官发生途径

在组织培养中，由愈伤组织诱导器官形态发生的过程主要涉及微管组织的分化、不定芽和根的分化。

(1)微管组织的分化

在一个完整的植株中，组织分化是以一种固定的方式进行的，这种方式在不同物种和不同器官中各有不同的特征。无论是在离体还是母体条件下，植物细胞分化的研究重点是微管组织的分化，特别是木质部成分的分化(李俊明，1992)。据报道，植物生长调节物质，特别是生长素，从量和质上影响维管束分化。一些试验结果也揭示了细胞分裂素、赤霉素和蔗糖对木质部分化的作用(Razdan，2006)。

①植物生长调节物质的影响　有研究表明，生长素和蔗糖对微管组织分化过程具有显著的影响，它们能从质和壁两个方面影响微管组织的分化。Camus(1949)把营养芽嫁接于一种菊莴属植物根的组织培养物的上表面，几天之后，在芽下的薄壁组织中分化出维管束。这些维管束将芽的微管组织与外植体中的微管组织连接在一起，表明芽对微管组织分化的刺激作用必然是由一种或几种扩散性的化学物质引起的。Wetrmore等(1955)也证实，含有生长素的琼脂和蔗糖能有效地取代芽的作用，同样能够诱导微管组织的分化，这说明生长素对微管束的发育有十分重要的作用。细胞分裂素也可能与木质部发生有关。在百日菊叶肉细胞、大豆愈伤组织和根皮层外植体中，细胞分裂素是维管束分化的必要条件。在其他大多数外植体(如洋姜块茎、胡萝卜根)中，细胞分裂素似乎只对生长素诱导的管状分子起刺激作用，培养基中配比较高细胞分裂素将有助于木质部和韧皮部分化，不同植物生长调节物质种类及其配比可能是引起培养物中木质部形成模式变化的主要原因。

②蔗糖的影响　蔗糖除起能源的作用之外，可能还起着调节培养组织木质部分化的作用(Geffs et al.，1967)。在加有生长素的培养基中，愈伤组织分化形成的木质部和韧皮部组织的相对含量随蔗糖浓度的变化而变化，可见，生长素对维管束分化的作用似乎密切依赖于培养基中蔗糖的含量。

③其他因素影响　在研究乙烯控制细胞分化中，Miller(1984)发现低浓度乙烯前体物甲硫氨酸(Met)、S-腺苷甲硫氨酸(SAM)和1-氨基环丙烷-1-羧酸(ACC)在木质部发生中起促进作用。据Basile(1973)、Mizuno(1978)等研究报道，在莴苣外植体中，只要培养基中有生长素存在，添加8-溴基环腺苷酸(cAMP)就能起到抑制细胞生长、促进木质部分化的明显效果，也还能提高胡萝卜外植体中内源细胞分裂素的活性，起到细胞分裂素诱导的增效作用而促进维管束的分化。也有研究表明，培养基中低浓度的 $NH_4^+$ 和适宜浓度的 $Ca^{2+}$ 有利于愈伤组织维管束分化(Bobertson et al.，1990)。另外，光照、温度和pH也对向日葵中愈伤组织维管束分化具有一定作用。温度若低于17℃，向日葵愈伤组织不能分化导管分子，在17~31℃范围内，木质部的形成速度随温度的升高而加快。光对洋紫苏愈伤组织导管的分化有刺激作用，pH的变化对延缓微管分子的形成和减少其数量都有作用(Razdan，2006)。

(2)不定芽和根的分化

芽和根分化是细胞脱分化和细胞再分化的结果。Skoog等(1957)提出器官形成物质成根素(rhizocaline)和成茎素(caulocaline)的概念，指出生长发育中物质分量(指比例而不是绝对浓度)的交互作用控制器官的形成，即在植物器官离体发生过程中可通过调节培养基中生长素与细胞分类素的比值而得到不同植物器官，浓度比高时易于诱导根的形成，浓度比低时易于促进芽的分化。如果离体培养条件适宜，其中大多数分生组织可以再分化成芽和根。植物器官再生的种类受内外两种因素的控制，即外植体的来源以及激素的种类和浓度。外植体的来源即植物个体发育所处的分化时期分离的器官。分化时期越早，来源于这种器官的外植体在培养时形成的细胞再分化潜能越低，再生器官的种类越少；反之则越多。这表明，外植体来源的器官在植株个体发育中形成的时期决定了其细胞中离体培养中能再生器官的种类(关春梅等，2006)。植物生长调节物质的种类和浓度，尤其是生长素的浓度，对离体器官的再生有重要作用。植株花芽分化前形成的各种器官，分化时期越早，再生这种器官需要的生长素浓度越低；反之，花芽分化后形成的花器官，分化时期越晚，则再生这种器官所需的生长素浓度越高。

①发生方式　愈伤组织再分化途径中，单极性结构的分化器官，它的维管束与愈伤组织或外植体中的维管束是相连接的。不定芽和根的发生，可分为4种情况：一是先芽后根，在芽伸长后，再在茎的基部长出根，形成小植株，多数植物属于这种情况；二是先根后芽，从根的基部分化出芽，形成小植株，此种情况在双子叶植物中较普遍；三是同时形成芽和根，这种情况是发生在愈伤组织的邻近部位，两者必须通过微管组织的联系形成完整小植株，如一些芽、叶类似结构的分化培养物；四是仅形成无根的芽或无芽的根。

②影响不定芽和根分化的因素

基因型　不同基因型的植物器官再生频率有显著差异。Yuji等(1994)研究了100个甘蓝型油菜品种子叶外植体对芽再生的影响，发现其再生频率与基因型密切相关，不同基因型子叶外植体不定芽再生频率为0~97%。Zhang等(1998)对123个大白菜品种进行了比较，除8个品种未能得到再生植株外，其余115个品种都能以不定芽发生的方式再生植株，再生频率为2.5%~95%。

*外植体* 其状态和类型对于器官再生频率有直接影响。卫志明等(1998)发现甘蓝的苗龄对下胚轴芽分化频率影响显著，苗龄为5d时，再生频率仅18.07%；6d时则为64.52%。采用低龄幼苗的带柄子叶可在一定程度上提高再生频率(王艳等，2004)。王昌涛等(2005)以取自玉米自交系的幼胚、茎尖、成熟胚和下胚轴为外植体，4种外植体均可诱导出愈伤组织，但仅从幼胚和茎尖诱导出胚性愈伤组织，转入分化培养基后获得了再生植株，而成熟胚和下胚轴不能获得再生植株。

*外源激素* 愈伤组织在器官发生过程中芽和根的分化主要受培养基中的生长素与细胞分裂素的比值所调控。相对高浓度的生长素有利于细胞增殖和根的分化，而较高水平的细胞分裂素促进芽的分化。焦海华等(2006)用一品红幼苗诱导出的愈伤组织进行分化培养，最有利于芽分化的植物生长调节物质是ZT与6-BAP的组合，且整体效果较好。若单独使用6-BAP，丛生芽生长缓慢，不易形成健壮的苗。

*培养基及其他因子* 培养基的物理因素和外界条件对器官建成有一定影响。固体培养基有利于愈伤组织诱导，而液体培养基有利于细胞和胚状体增殖。据Razdan(2006)报道，培养基中增加磷酸盐($PO_4^{3-}$)水平可以抵消生长素的抑制作用，在无细胞分裂素的培养基上促进芽的形成。试验表明，天竺葵愈伤组织培养在连续光照或高光照度下，颜色呈白色，没有器官发生。高光照度也抑制烟草愈伤组织不定芽的形成。石刁柏、虎耳草属、凤梨科植物分化前期需要低光照度(1000 lx)，后期要求高光照度(3000~10 000 lx)。光质也影响器官分化，蓝光促进烟草愈伤组织茎芽分化，而红光促进生根。温度也影响愈伤组织的生长和分化。温度升高到33℃，可以促进烟草愈伤组织生长，但低温(18℃)可能最适宜茎芽分化(Razdan，2006)。

### 6.2.4 愈伤组织培养的应用

**(1)诱发和筛选突变体**

对培养的愈伤组织细胞进行诱变处理，由于是以单细胞或小细胞团为对象，可以使这些单细胞或小细胞团成为胚性状态，经体细胞胚发生途径再生植株，因此可以得到单细胞起源的遗传上稳定的突变体，这样就有效解决了嵌合体的问题。用培养细胞可以在很小的空间内处理大量的细胞，大大提高突变频率和选择效率。细胞水平的诱变周期短，不受季节限制，可大大缩短育种年限。目前，通过这种方法在作物中已经成功地进行了耐盐、抗除草剂、抗病等突变体的选择。

**(2)为原生质体分离或遗传转化提供优质材料**

分裂旺盛、再分化能力强的愈伤组织，尤其是胚性愈伤组织是最理想的原生质体分离材料。载体法转基因已被证明是比较有效的植物转基因方法。由于植物体细胞胚发生是由单细胞起源，所以不会出现嵌合体问题，而且胚性愈伤组织高密度、高质量、遗传上稳定，可一次性获得大量植株，这为载体法转基因技术提供了良好的条件(Shoyama，1997)。目前常用的基因枪技术，一般也采用胚性愈伤组织，如果能得到转基因胚性愈伤组织，也可避免出现嵌合体而得到大量植株。在大麦(Mireille，1996)、鸭茅草(Denchev，1997)、水稻(刘选明，1994)上都通过体细胞胚进行遗传转化而获得成功。

(3)愈伤组织培养脱病毒

通过脱分化途径诱导产生愈伤组织，再分化形成再生植株，可以得到无病毒苗。据研究，感染烟草花叶病毒的愈伤组织经机械分离后，仅有40%的单个细胞含有病毒。愈伤组织的某些细胞之所以不带病毒，其原因是病毒的复制速度小于细胞的增殖速度，或有些细胞通过突变获得了抗病毒的特性。

(4)快速繁殖

植物在产生胚性愈伤组织时，每一个细胞都可以发育形成一个完整植株。而且胚状体具有两极性，可直接形成小植株，避免多次继代培养，造成感染。在胡萝卜、芹菜和苜蓿等作物中已有良好的体细胞胚发生体系。因此，建立体细胞胚培养体系必须满足的条件是体细胞胚很容易诱导和控制，体细胞胚能很好地维持或快速繁殖，并且遗传上稳定。

(5)种质保存

胚性愈伤组织可在适宜的条件下保存，而其他愈伤组织不能长期保存。Barbara对唐菖蒲的胚性愈伤组织培养2年，仍保存再生能力。Laine等利用蔗糖和二甲基亚砜(DMSO)作为低温保存剂，将加勒比松的胚性细胞保存在液氮中4个月，融化后的细胞经短期停滞阶段继续生长，而且重新建立的培养与非冷冻保存材料具有相似的体细胞胚发生能力。Gupta的研究表明，可以在液氮中保存挪威云杉及火炬松的体细胞胚，并且保存的体细胞胚可在短时间内恢复活力；对于一些多年生木本植物，用此种方法来保存种质是相当有效的。

## 6.3 植物营养器官培养

由于可以在短期内培育出大量再生小植株，植物的营养器官培养在植物繁殖中占有重要的地位。如花卉、果树、林木等大多可通过茎芽、茎段来诱导产生丛生芽或者不定芽，从而获得大量再生植株。

### 6.3.1 植物根段培养

植物根段培养是指以植物的根切段为外植体进行离体培养的技术。离体根培养是研究根系生理代谢、器官分化及形态建成的良好实验体系。对生产药物也有重要作用，因为有些化合物只能在根中合成。离体根的培养多见于草本植物，木本植物相对较少。

#### 6.3.1.1 根无性系的建立

对来自于无菌种子发芽产生的幼根切段，或植株根系经消毒处理后的切段进行离体培养，建立根的无性系。

(1)根的直接增殖

将无菌根切段接种于适宜根生长的无机离子含量较低的培养基(如White或1/2 MS)中，在25~27℃黑暗条件下培养，形成主根和侧根。切取主根继代，每隔7~10d

继代一次，建立根的无性系。侧根可用作其他实验，也可用于继代培养。根切段培养方式有3种：

①固体培养法　将根段平放在固体培养基上。

②液体培养法　将根段放入液体培养基中，置于摇床上连续振荡，以保证根段获得充足的氧气。

③固—液双层培养法　将根段的形态学下方(根尖)朝上，浸于液体培养基中，根段形态学上方插入固体培养基中。

(2)根的间接增殖

将无菌根切段接种在适宜愈伤组织诱导的培养基(如MS)中，诱导愈伤组织形成，再由愈伤组织诱导芽或根，以及进一步诱导无根芽形成根，无芽根形成芽，或根、芽同时产生的完整植株。不同植物离体根的继代繁殖能力是不同的，如番茄、烟草、马铃薯、黑麦、小麦等的离体根，可进行继代培养，且能无限生长；萝卜、向日葵、豌豆、荞麦等能较长时间培养，但不能无限生长，久之则失去生长能力；一些木本植物的根则很难进行离体生长。

(3)根的形成过程

离体根的发生是以不定根方式进行的。不定根的形成可分为两个阶段，即根原基的形成和根原基的伸长及生长。根原基的启动和形成约历时48h，包括3次细胞分裂，即第一次和第二次的细胞横分裂及第三次的细胞纵分裂，然后是细胞快速伸长阶段，需24~48h。生长素可以促进细胞横分裂。因此，根原基的形成与生长素有关，根原基的伸长和生长则可在无外源激素下实现。

#### 6.3.1.2　影响离体根发生和生长的因素

(1)基本培养基种类

离体根发生和生长所需的无机盐，一般MS(或1/2 MS、1/3 MS)、$B_5$、White等培养基完全具备这些营养的需求。如水仙的小鳞茎在1/2 MS培养基上能生根。大量元素中硝态氮和钙、微量元素中硼和铁均有利于根的发生。生根也需磷和钾，但量不宜多。维生素中硫胺素以辅基(辅羧化酶)形式参与羧化酶的组成，催化丙酮酸和其他α-酮酸的脱羧反应；吡哆素以辅脱羧酶的形式参与新陈代谢。培养基中缺少硫胺素和吡哆素时，则根生长受阻，使用浓度范围在0.1~1mg/L。

(2)植物生长调节物质

培养基中添加适当的生长素有利于根的形成和生长，但对不同植物种类的反应是不同的。如生长素对欧洲赤松、白羽扇豆、矮豌豆、玉米、小麦等植物离体根的生长具有促进作用，而对樱桃、番茄、红花槭等植物离体根的生长具有抑制作用。在毛白杨不定根继代培养中，添加0.1mg/L NAA或0.5mg/L IBA，7d后平均根长为58.3mm或40.3mm；浓度大于0.1mg/L NAA或0.5mg/L IBA时，根生长减慢；浓度至5mg/L NAA或10mg/L IBA时，则根生长停止。

(3)植物材料

植物种类、基因型、植物的部位和年龄对根的发生都有影响。一般情况下，木本植物比草本植物难，成年树比幼年树难。

(4)培养方式

离体根的培养方式对发根率有一定影响，如毛白杨只能在固—液培养基上获得再生根。

(5)光照和温度

光照时间和强度对离体根发生和生长有一定影响。一般认为，黑暗条件有利于根的形成，如将苹果根诱导的愈伤组织置于生根培养基中进行暗培养，就可再生不定根；生根所需温度一般在16~25℃，但不同植物生根的最适温度不同，如草莓继代培养时，芽再生温度为32℃，而生根温度为28℃。

(6)pH

根发生和生长所需的pH范围一般为5.0~6.0，但离体根培养的pH适宜范围因培养材料和培养基组成而异。如番茄根的培养用$Fe_2(SO_4)_3$和$FeCl_3$时，pH超过5.2时根的生长就很差，但用螯合铁，pH为7.2时根的生长也不受影响。这是因为以$Fe_2(SO_4)_3$和$FeCl_3$为铁源，当pH为中性时，铁成为不溶性的氧化物而沉淀，造成铁供应不足而影响根的生长，而螯合铁为有机盐，不会产生沉淀现象。

## 6.3.2 植物茎段培养

植物茎段培养是指对植物带或不带芽的茎切段外植体进行离体培养的技术。茎段培养的主要目的是快繁，应以带芽的茎段为外植体，还包括块茎、球茎在内的幼茎节段；其次也可以研究茎细胞的生理特点以及分裂潜力、全能性、诱导变异和突变体的筛选等培养过程。

(1)茎段培养的发育方向

带芽茎段经消毒处理后，经过适当培养可能获得单苗(芽)、丛生苗(芽)、完整植株、愈伤组织。如桉树从成年树的萌芽、徒长枝和生长旺盛的顶芽等都成功地建立无菌培养物，新生芽不断从茎段芽部(顶部或腋部)长出，但不伸长，形成丛生状，并且这个过程常伴随着接触培养基的外植体基部形成愈伤组织并发育成为瘤状愈伤组织，瘤状愈伤组织增大增多，导致更多的芽从瘤状组织上长出。但也有单芽或丛生芽从顶芽或腋芽直接萌发或进行增殖的，无愈伤组织的产生。可见，茎段增殖时，不同植物及茎段组织的细胞对培养环境的反应是不相同的。为了诱导植物变异、研究细胞全能性、分析茎细胞分裂和再生能力、建立转基因受体，常需进行茎段分化途径和再生植株的研究。

(2)影响茎段培养的因素

茎段能否进行芽增殖也受到多种因素的影响，但主要影响因素是生长素和细胞分裂素的比值。大量研究证实，多数植物的茎段培养能够促进腋芽增殖的细胞分裂素用6-BA效果最好，其次是KT、ZT、TDZ等，生长素虽不能促进腋芽增殖，但能改善芽的生长状态。

## 6.3.3 植物叶培养

植物叶培养是指以植物的叶器官为外植体进行离体培养的技术。叶器官包括叶原基、叶柄、叶鞘、叶片、子叶。离体叶培养的特殊用途是研究叶形态发生过程以及光合作用、叶绿素形成、遗传转化等。自 1953 年 Steeves 和 Susex 首先进行蕨类植物紫箕叶原基再生成熟叶研究以来，叶器官离体培养再生植株已在许多植物中获得成功，尤以羊齿类植物最多，双子叶植物次之，单子叶植物最少。

叶器官经过消毒和切割后，在适宜条件下培养，可能形成不定芽或胚状体、愈伤组织和成熟叶(由叶原基发育成)。叶器官的许多部位几乎都能以前两种方式再生植株。如山新杨可从一个叶柄基部形成 20~30 个不定芽；虎眼万年青则可从叶片伤口处直接形成不定芽；花生离体培养幼叶可产生体细胞胚；甘薯叶原基可诱导胚性愈伤组织形成。许多植物可从叶柄或叶脉切口处形成愈伤组织，再进一步分化成小植株。但有的植物具有“条件化效应”现象，即来源于培养植物体上取得的外植体已具有了形态发生能力。如水晶掌的叶外植体在培养基中不能产生再生植株，而花茎切段培养可再生小植株。

影响叶器官离体培养的主要因素是植物生长调节物质的种类及其组合浓度。在蝴蝶兰无菌苗叶片离体培养中，添加 TDZ 时，不定芽诱导率显著高于 6-BA，单独添加 TDZ 或 6-BA 显著高于 NAA 与 TDZ 或 6-BA 组合，但 TDZ 对不定芽的伸长具有抑制作用。番茄叶片培养时，IAA 与 6-BA 组合可诱导不定芽的产生，而 NAA 与 6-BA 或 KT 组合则不能诱导芽的形成。叶培养常用的培养基是 MS、Heller 等，有时附加一定浓度的水解酪蛋白(500~1000mg/L)和椰乳(15%)，可增强培养效果。

## 6.4 植物生殖器官培养

植物生殖器官离体培养不仅可以进行植物的离体快速繁殖研究，还可以改变植株的染色体倍性、挽救远缘杂种的胚、诱导三倍体植株等。因此，植物生殖器官培养在植物育种和繁殖中起着重要作用。

### 6.4.1 植物花器官培养

花器官培养是指对植物的整朵花或花的某一组成部分(包括花茎、花托、花柄、花瓣、花丝、子房、花药、胚珠等)进行离体培养的技术。花器官培养技术是由 Nitsch(1949)建立的，可将烟草、番茄、蚕豆、人参、葡萄等植物的离体花器官培养成与天然果实结构相似的成熟状态，也可以诱导形成不定芽或丛生芽和愈伤组织。如花椰菜的花托可直接再生不定芽；蝴蝶兰的花梗腋芽可直接萌发形成丛生芽；菊花的花托、花瓣以及诸葛菜的花托和花序轴可先形成愈伤组织，再形成不定芽。植物花器官培养的特殊用途是进行花性别决定、果实和种子发育、花形态发生等方面的研究。

### 6.4.2 植物幼果培养

幼果培养(immature fruit culture)是指植物不同发育时期的幼小果实进行离体培养的技术。幼果培养的特殊用途是进行果实发育、种子形成和发育等方面的研究。不同发育时期的幼果经适当消毒处理后，在适宜培养条件下可获得成熟果实以及愈伤组织和不定芽等。陆文樑等(1994)用番茄幼果(直径 8mm)作外植体，培养在添加 0.1mg/L

NAA + 2mg/L 6-BAP 的培养基上时，可以诱导果实状结构的再生，并能培养成熟至红色。苹果、梨、草莓、葡萄、柑橘、柠檬、越橘等幼果都可以在适宜条件下培养成熟。

### 6.4.3 植物种子培养

种子培养是指对受精后发育不全的未成熟种子或发育完全的种子进行离体培养的技术。将成熟或未成熟种子经过适当消毒处理后，在适宜培养条件下，种子可形成小植株、愈伤组织和不定芽或丛生芽。种子是一种植物的植株雏形，有胚乳或子叶提供营养，培养的难易与培养基的成分和种子的发育程度密切相关。种子培养是以促进种子萌发、形成种子苗为目的，成熟种子所用培养基的成分可简单，对蔗糖浓度要求较低，一般为1%~3%。而未成熟种子所用培养基的成分应适当增加，并需加植物生长调节物质；如果种子培养的目的是形成愈伤组织或丛生芽，进一步再生植株，培养基中应提供营养物质，并添加不同种类和浓度的植物生长调节物质。种子培养的特殊用途是打破种子休眠，缩短生活周期；挽救远缘杂种，提高杂种萌发率等。通过不同发育时期种子的离体培养，可进行种子休眠的发生时期及部位的研究。如向日葵种子的休眠现象发生在胚根及上胚轴部位，而且首先发生在胚根上，上胚轴约延迟 2d，种子整体休眠时期发生在生理成熟之前，即受精后的第 23 天，表现为胚根及上胚轴不萌动，胚胎萌发率从受精后的第 19 天明显下降，至第 23 天萌发率为 0。

## 6.5 花药培养技术及其应用

花药培养(anther culture)是将花粉发育至一定阶段的花药接种到人工培养基上进行培养，以诱导其花粉粒改变发育进程，形成花粉胚或愈伤组织，进而分化成苗的技术。植物的花粉是花粉母细胞经减数分裂形成的，其染色体数目只有体细胞的一半，是单倍体细胞。因此，用离体培养的方法使花粉粒或小孢子发育成一个完整植株，称为花药单倍体植株。花药培养实质上是利用花粉培养技术，将花粉从花药中游离出来，再进行离体培养。

自 1964 年 Guha 和 Meheshwafi 成功培养出毛叶曼陀罗花药植株以来，花药和花粉培养技术已在 200 多种植物中得到应用，如今通过花药和花粉培养进行单倍体育种已成为一种重要的育种手段。我国在单倍体育种上一直处于国际先进水平，在烟草、水稻、小麦、玉米等作物中获得了一批花培品种。

### 6.5.1 花药培养的程序

(1)取材

植物花药培养最适宜的花粉发育时期有减数分裂期、四分孢子期、单核期、双核期等，一般每种植物都分别有与其相对应的外部形态特征，可以利用这些外部标志取材。但作为培养的外植体最好先从每个花中取出一个花药，通过镜检确定花粉发育的准确时期。如烟草处于单核期的花蕾，其花冠筒与花萼等长；水稻处于单核期至双核期时，其叶枕距为5~15cm，颖片淡黄绿色，雄蕊长度接近颖片长度的1/2；芦笋处于单核早中期时，其一级侧枝的花蕾长度为2~2.5mm，发育时期同步。

(2)外植体消毒

选取完整的花蕾或幼穗，表面消毒一般用70%乙醇消毒(十几秒)后，再用饱和漂白粉溶液消毒10~20min，或用0.1%的氯化汞溶液消毒5~8min，最后用无菌水冲洗3~5次。消毒时间一般不宜过长，否则漂白粉溶液会逐渐渗入花蕾内，一旦花粉浸入消毒液，不易冲洗干净，会对培养物产生影响。

(3)花药的分离与接种

花药经表面灭菌后，置于无菌滤纸上吸干残留水，用镊子除去萼片(或稃、内稃)，或切开花蕾一侧，轻轻挤出雄蕊，收集于无菌培养皿中。再轻轻地将每个花药与花分离，不要损伤花药。受损的花药不能接种，因为容易导致产生非花粉愈伤组织，将花药接种于培养基表面，使每个花粉囊都接触到培养基。

(4)培养

花药培养温度一般要求在20~30℃，对于处在诱导愈伤组织阶段的某些植物的花药可不必进行光照。当愈伤组织长到3~5mm时可转移到分化培养基上，转移后置于25~30℃的恒温室内，每日光照9~11h，光强度3000 lx，经一段时间培养后即可分化出芽。根的发生还须再转接到生根培养基上，待长成完整植株后移栽。如人参的花药培养，在25~28℃，散射光或暗培养条件下诱导愈伤组织，接种20d后开始有愈伤组织出现。愈伤组织形成后25~30d，再转移到分化培养基上，40d左右有分化芽出现，并逐渐长成植株。

## 6.5.2 花粉植株的诱导和发育途径

离体培养条件下，花粉是产生花粉细胞的原始细胞，其第一次有丝分裂在本质上与合子的第一次孢子体相似，把花粉形成植株的途径称为孢子体发育途径。

### 6.5.2.1 活体小孢子发育途径

在正常生长的母体植株中，花粉母细胞(pollen mother cells，PMCs)经减数分裂形成的四分体，呈现多种模式，其中以四面体和等二面体最普遍。体细胞组织分泌出胼胝质酶到四分体表面，花粉四分体的胼胝质溶解并释放出4个小孢子。此时，小孢子细胞质浓厚，中央有一细胞核。当液泡发生时，小孢子体积迅速增加，细胞核被挤向一边。在第一次有丝分裂时，小孢子核产生一个大而疏松的营养核和一个小而致密的生殖核。第二次有丝分裂仅限于生殖核，形成2个精子，它们处在花粉或花粉管中。小孢子从里到外被绒毡层、中层、药室内壁和表皮包围着。

### 6.5.2.2 离体小孢子发育途径

在离体条件下，由于改变了花粉原来的生长环境，花粉的正常发育途径受到抑制，由第一次分裂形成的花粉粒不再像正常发育过程中由生殖核再分裂一次形成两个精子核，以及花粉的萌发、花粉管的形成和进行正常的受精过程。1966年，Guha和

Maheshiwari 观察到毛叶曼陀罗小孢子形成胚状体的全过程，由此确定了小植株起源于花粉。随后，由于花药培养在其他物种上陆续取得成功，对小孢子形成花粉植株的形态发生过程进行观察，发现了雄核发育的多种途径，还观察到雄核发育过程中出现的一些异常核行为和有丝分裂，如核融合、核同步分离、核内有丝分裂等。这种细胞学上的变异可以解释花药培养中有时会产生部分多倍体或混倍体植株的原因，同时，也为人们把出现染色体变异的后代植株应用到作物改良上提供了细胞学依据。

花粉培养一般选用雄核发育到四分体时期至双核花粉期的外植体，但最适宜诱导的时期为第一次有丝分裂或之前时期。根据雄核发育起始方式的不同，将小孢子进行第一次有丝分裂的雄核发育途径分为 A 途径(不均等分裂)和 B 途径(均等分裂)，其中 A 途径又因第二次有丝分裂及其以后的情况细分为 A-V 途径、A-G 途径、A-VG 途径(又称 E 途径)及 C 途径。

(1)A 途径

小孢子的第一次有丝分裂按配子体方式进行，为不均等分裂，形成 2 个形态和大小均不同的营养细胞和生殖细胞(即营养核和生殖核)，这种途径又可细分为以下几种。

①A-V 途径　多细胞花粉(或多核花粉)由营养细胞重复分裂衍生而成，生殖细胞以游离核的形式存在，一个周期后退化，或分裂一至数次，存在于多核花粉的一侧，有的甚至到球形胚形成时仍存在。因此，生殖核并不参与花粉孢子体的形成，在花粉中往往可以观察到生殖细胞的存在。

②A-G 途径　生殖细胞进行多次分裂形成胚状体，营养细胞分裂或者仅分裂数次形成胚柄结构。由于生殖细胞形成的细胞群，其核致密，染色后着色较深，容易同营养细胞衍生而来的细胞群区分开来。

③A-VG 途径　花粉内的营养细胞和生殖细胞独立分裂，形成两类细胞群，各群的子细胞都类似其母细胞。

④C 途径　是由 Sunderland(1977)提出 C 途径，此途径中生殖核与营养核共同参与了花粉植株的形成，生殖细胞和营养细胞可通过核融合后共同形成多细胞花粉，产生非单倍体植株。在实际获得的花粉植株群体中，除单倍体外，常有相当比例的二倍体、三倍体、四倍体、非整倍体等非单倍体植株。

(2)B 途径

小孢子第一次有丝分裂为均等分裂，形成 2 个形态和大小相近的细胞(或游离核)。以后由这 2 个细胞连续分裂形成单倍体胚或多倍体胚。

#### 6.5.2.3　花粉植株的形态发生途径

花粉植株的形态发生有两种途径，即胚胎发生途径和愈伤组织发生途径。胚胎发生途径中小孢子的发育行为与合子(受精卵)一样，经历了如同活体条件下胚发生的各个阶段。愈伤组织发生途径中小孢子经过多次分裂，形成一团无序生长的愈伤组织，再从愈伤组织上分化出胚状体或不定芽，该途径产生的植株会出现变异且倍性复杂，所以在花药培养中这种植株再生方式是不希望出现的。通常，花粉培养以愈伤组织发生途径成苗，或兼有胚胎发生途径成苗，可能是复杂的培养基打破了小孢子极性所致。

#### 6.5.2.4 游离小孢子(花粉)培养

在花药培养基础上发展起来的游离小孢子培养技术。把小孢子从花药中分离出来，进行人工培养，称为小孢子培养(microspore culture)，或游离小孢子培养(isolated microspore culture)，有时也称花粉培养(pollen culture)。与植物花药培养相比，小孢子培养排除了花药壁和绒毡层的影响，便于分析研究结果。同时小孢子培养需要的器皿和培养空间较小，大大提高了生产单倍体的效率。此外，小孢子本身也有可能成为基因工程的受体。由此可见，小孢子培养在研究和育种上均具有实际意义。

根据花粉中细胞核的数目，将花粉的发育依次分成单核早期、单核中期、单核晚期、第一次有丝分裂期、双核期、第二次有丝分裂期和花粉成熟期。一般花粉培养的小孢子只包括四分体解离后至第一次有丝分裂时期的细胞，也包括双核期的花粉(朱至清，2003)。花药培养相对于小孢子培养技术要求简单，容易成活，出胚(愈)率高，但其最大的弊端就在于花药培养存在花药壁、花丝、药隔等体细胞组织的干扰，会形成体细胞植株而非单倍体植株。小孢子培养的优点是：小孢子具有单倍体和单细胞两方面的特点，是研究胚胎发生和形态发生机理较为理想的工具，也可为遗传工程研究提供受体；同时，小孢子培养周期短、工作量小。目前，游离小孢子培养技术已应用在多种十字花科作物上，成为单倍体育种的主要途径。

#### 6.5.2.5 花粉的分离与纯化

花粉分离的方法有自然散落法和机械挤压法。

(1)自然散落法

把花药从未开的花中无菌取出，直接插接在培养基上，当花药自动裂开时，花粉散落在培养基上，移走花药，让花粉继续培养生长。如果是液体培养基，可接种大量花药，经1~2d，大量花粉散落入培养基中，经离心浓缩收集，再接种培养。

(2)机械挤压法

①挤压花药　把无菌花药收集在装有无菌液体培养基的玻璃瓶中，然后用平头大玻璃棒轻轻地反复挤压花药。

②过滤收集　为了除去药壁等体细胞组织，用200目的镍丝网过滤，使花粉进入滤液中。

③离心清洗　把滤液放入离心管，在200r/min速度下离心数分钟，使花粉沉淀，吸去上清液(带小片药壁)，再加培养基悬浮，然后离心。如此反复3~4次，就可得到纯净的花粉。

④加入培养基　把洗净的花粉沉淀，加入一定量的培养基，使花粉细胞的密度达到$10^4$~$10^5$个/mL，即可进行培养。

#### 6.5.2.6 花粉培养方式

(1)平板培养法

Nitsch等(1973)先后将曼陀罗和烟草花粉接种在培养基上，诱导形成了胚状体，并进而分化出完整小植株。

(2)看护培养法

先把完整花药接种在培养基表面，然后在花药上覆盖一张滤纸小圆片，置于25~26℃下培养。由于完整花药发育过程中释放出有利于花粉发育的物质，通过滤纸供给花粉，促进了花粉的发育，使其形成细胞团，进而发育成愈伤组织或胚状体，再分化成小植株。

(3)条件培养基培养

在预先培养过花药的液体培养基中，或在加入失活的花药提取物的合成培养基中，接入花粉进行培养。前者的做法是：将发育时期适宜的花药接种于合适的培养基上培养一段时间后，去掉花药并离心清除散落在培养基中的花粉，用所得上清液(条件培养基)培养适宜的花粉。后者的做法是：首先将花药接种在适宜的培养基上培养一段时间(约1周)，然后将这些花药取出浸泡在沸水中杀死细胞，用研钵研碎，倒入离心管离心，上清液即为花药提取物。提取液过滤除菌后，加入培养基中，再接种花粉进行培养。由于条件培养基中含有促进花粉发育的物质，有利于花粉培养。

(4)液体培养

花粉悬浮在液体培养基中进行培养。由于液体培养基容易造成培养物的通气不良，影响细胞分裂和分化，可将培养物置于摇床上振荡，使其处于良好的通气状态。

(5)双层培养

花粉置于固体—液体双层培养基上培养。双层培养基的制作方法为：在培养皿中铺加一层琼脂培养基，待其冷却并保持表面平整，然后在其表面加入少量液体培养基。

(6)微室培养

将花粉培养在很少的培养基中。具体做法有两种：一种是在一块小的盖玻片上滴一滴琼脂培养基，在其周围放一圈花粉，将小盖玻片粘在一块大的盖玻片上，然后翻过来放在一块凹穴载玻片上，用四环素药膏或石蜡-凡士林的混合物密封。另一种是液体培养基，把悬浮花粉的液体培养基用滴管取一滴滴在盖玻片上，然后翻过来放在凹穴载玻片上密封。这种培养方法的优点是便于培养过程中进行活体观察，可以把一个细胞生长、分裂、分化及形成细胞团的全过程记录下来。缺点是培养基太少，水分容易蒸发，培养基中的养分含量和pH都会发生变化，影响花粉细胞的进一步发育。

## 6.5.3 影响花粉培养的因子

花药或花粉培养至今虽已成熟，但要获得良好的效果，还要注意影响花药培养的相关因素。

### 6.5.3.1 基因型

花药培养在不同植物或同种植物不同品种间均有不同的反应。一般茄科植物的花药培养容易成功，而棉花、大豆的花药培养至今尚未成功。同属禾本科的水稻较大麦的培养效果好。水稻中粳亚种又比籼亚种易于成功，前者愈伤组织的诱导率可达40%~80%，而后者仅为2%。基因型的差异给花药培养在育种上带来一定困难，限制了对材料的广泛利用，但这一问题可以通过调整培养条件和其他因素而逐步加以解决。

#### 6.5.3.2　植株生长条件和生理状态

已有研究认为，烟草开花早期时的花药要比后期的更容易产生花粉植株，大约在始花期后 6d 花粉胚的诱导率最高。开花后期的花药不易培养的原因可能是花粉的可育性下降。花粉植株的诱导率还与母体植株的生长条件有关。Sunderland(1978)发现，让植株长期处于氮饥饿状态下可以显著地提高花药培养的成功率，不施氮肥的植株无论是花药培养还是花粉胚产率均高于施氮肥的植株。我国科研工作者曾发现，在高纬度、高海拔地区栽培的小麦花药培养的成功率较高，早春播种的冬小麦比秋播的花粉植株诱导率高。

#### 6.5.3.3　花粉发育时期

不同植物种类诱导花粉愈伤组织形成和胚状体发生，选择适宜的花粉发育时期是花药培养至关重要的条件。花药接种前一般需先用碘液($I_2$-KI)镜捡，以确定花粉的发育时期，并找出花粉的发育时期与花蕾(或幼穗)大小、颜色等形态特征的相关性，便于精确取材。如烟草单核早期花蕾长 1.1~1.2cm，单核晚期花蕾长 1.8~2.0cm，双核早期花蕾长 2.1~3.0cm，双核晚期花蕾长 3.9~4.5cm；茄子的单核早期花蕾长 1.2cm，单核晚期花蕾长 1.5cm。但在花蕾的外部形态指标中，花蕾长度、颜色等因物种、品种、发育状态、气温变化、营养条件、采收时期等差异变化较大，因此，肖建洲等(2002)认为瓣药比(花瓣长/花药长)相对固定，用瓣药比判断芸香属蔬菜花粉粒的发育时期具有较为广泛的实际意义。

#### 6.5.3.4　预处理

接种前(或后)对花药采用适当的方法进行处理，能提高花药培养的诱导效率和绿苗率。

(1)温度处理

温度处理包括低温预处理、低温后处理以及热击(heat shock)后处理。多数物种的花药培养中，经几种变温处理均可不同程度提高花粉愈伤组织或花粉胚状体的诱导率，或者提高花粉植株的再生频率。自 Nitsch(1973)首次报道用低温预处理毛叶曼陀罗的花药能显著提高花粉胚状体诱导频率以来，研究者相继在水稻、小麦、大麦等多种作物的花粉培养中获得了类似的结果。如水稻在 5~10℃下培养 3~12d，小麦在 1~5℃下培养 2~7d，玉米在 4~8℃下培养 7~14d。潘翠萍等(2014)在枇杷花药培养中发现，采用 4℃低温结合饱和 $CaCl_2$ 脱水预处理 7d，比单一用低温处理效果更好，胚状体成苗率高达 76.6%。庄军平(2001)在辣椒花药培养中发现接种后经 32℃处理 12~60h，有利于花药愈伤组织的形成；超过 60h 反而抑制愈伤组织形成。马铃薯花药先在 4℃下预处理 24~48h，接种后用 35℃高温热击处理 48h，然后继续在 25℃条件下暗培养，则有利于胚状体发生(李凤云等，2008)。

(2)化学物质处理

化学物质处理的方法有以下几种。

①高糖　接种前用高浓度糖预处理一段时间，可大幅度提高愈伤组织和胚状体的诱导率。陆朝福等(1993)用 1mol/L 的高渗蔗糖溶液预处理石刁柏花药可以显著抑制花药体细胞分裂和提高花粉愈伤组织诱导率，其中，浸泡 30min 后效果最佳，诱导率 29.5%，显著高于对照 13.1%。玉米在 25%的蔗糖溶液中处理 6～8min，也能显著提高愈伤组织诱导率(徐龙珠等，1979)。

②甘露醇　能造成小孢子短时间内的营养饥饿，也提供一定的渗透压，对促进小孢子对环境营养的摄取和代谢，提高花粉存活率，引起小孢子去分化是有利的。李文泽等(1995)对大麦花药研究发现，经甘露醇预处理后，能抑制淀粉积累，明显提高小孢子的质量，有利于小孢子分裂发育，使发育进度比低温预处理和对照提早 2～3h。

③秋水仙素　应用秋水仙素可以扰乱在不均等分裂中起决定作用的微管细胞骨架，使单核花粉的细胞核移向中央，导致均等分裂。在添加 0.05%的秋水仙素+2%二甲基亚砜(dimethyl sulphoxide，DMSO)的基本培养基中浸泡烟草花药并暗培养 4～12h，单核花粉的数量从 4.5%升至 19%，并且这些单核比正常的小孢子核大。

④乙烯利　用 100mg/L 乙烯利喷施烟草植株花芽，营养细胞几乎不分裂，10d 后取其花药进行培养，雄核发育提高了 25%。花粉处于减数分裂期时，用乙烯利喷小麦‘中国春’，因发生额外有丝分裂，使多核花粉增多。在苜蓿属、紫露草属、矮牵牛属、烟草属和小麦的一些栽培品种中观察到额外核分裂和核群的形成。此外，也有用 EMS、酒精、顺丁烯二酰肼等化学物质进行预处理的报道。

(3)其他方法

通过研究还发现经过射线、离心、磁场等处理可以促进雄核发育。

①γ 射线　Shtereva 等(1998)研究了 2Gy、4Gy 和 8Gy 剂量对番茄花药培养的影响，发现 γ 射线辐射可诱导愈伤组织的形成，其中 4Gy 处理最有效。γ 射线与低温结合更有效，4Gy 和 10℃、9d 处理的效果最好，植株再生频率也最高。

②离心　重力作用可损伤微管，从而影响小孢子的发育。烟草花蕾在花药取出前，于 5℃、500r/min 下冷冻离心 1h，可明显提高单倍体植株的得率。

③磁场　张小玲等(2002)在花椰菜花药培养过程中，采用磁场强度 300mT、500mT 和 700mT 预处理大部分花药处于单核中期和单核靠边期的花蕾，明显提高愈伤组织诱导率。

#### 6.5.3.5　培养基

(1)基本培养基

因植物种类的不同，用于花药和花粉培养较适宜基本培养基主要有：烟草的 H 培养基(Bourgin et al.，1967)，小麦的 $C_{17}$ 培养基(王培等，1986)、$W_{14}$ 培养基(欧阳俊闻，1988)、马铃薯—Ⅱ培养基(Chuang et al.，1978)、Chu 培养基(Chu et al.，1990)和 $BAC_1$ 培养基(Ziauddin et al.，1992)，大麦的 FHG 培养基(Hunter，1988)、Kao 培养基(Kao，1991)，水稻的 $SK_3$ 培养基(陈英等，1978)，玉米的 $W_{14}$ 培养基(母秋华等，1980)。

(2)碳源

在花药培养中，因植物花粉细胞渗透压的差异，则需要的糖浓度不同。一般认为，在蔗糖的使用上，单子叶植物比双子叶植物需要较高的浓度，如双子叶的烟草、甜椒为3%，单子叶的小麦、水稻为6%，玉米为6%~15%，大麦为10%，油菜为13%~17%。不同的糖类对花药培养也有影响，如用麦芽糖代替蔗糖可提高粳稻花粉培养的分裂频率和得苗率。

(3)氨基酸和其他有机物质

氨基酸对花药培养具有明显的效果。Olsen(1987)将培养基中的硝酸铵浓度从20mmol/L减至2mmol/L，补加5.1mmol/L谷氨酰胺，可使大麦花药培养绿苗产量提高到46.4%；Chu等(1988)报道，在培养基中补加丝氨酸、脯氨酸、天冬氨酸、丙氨酸、谷氨酰胺，将明显提高小麦花粉胚状体的数量和质量。

(4)植物生长调节物质

在花药培养中，2,4-D、NAA、KT和6-BA等植物生长调节物质中，2,4-D被认为是禾本科花药培养的适宜激素，其用量直接影响到愈伤组织的质量和发育途径。如在大麦花药培养中，单独使用0.2~2.0mg/L 2,4-D对其花粉愈伤组织的诱导有利，如果浓度过高则对胚状体发生不利。培养基中只加入NAA时，甘蓝花药胚状体发生就会受到抑制，但结合6-BA后将明显提高胚状体的发生率。因此，常见的植物生长调节物质种类组合模式为2,4-D与KT、NAA与6-BA。在适合的浓度配比下，花药培养既有利于愈伤组织的诱导，又利于胚状体发生(Li et al.，1991)。多效唑(CCC)在大麦花药培养中也能明显提高愈伤组织的分化率和绿苗产量，提高绿苗和白苗的比值。Okkels(1988)认为，在离体培养时，外源激素的作用是通过培养物体内乙烯含量的变化来调控DNA的甲基化程度，DNA甲基化是体细胞胚发生所必需的条件。

(5)活性炭

活性炭具有吸附培养基中物质的作用，从一定程度上有利于培养物的生长和发育。吸附的物质可以是植物生长调节物质、维生素、铁盐、琼脂中的不纯抑制物等；还有外植体在生长过程中释放到培养基中的分泌物，如酚类物质等。因此，花药培养不需要外源激素的植物(如烟草)，加入活性炭效果特别显著；而对外源激素有较强依赖性的植物(如水稻)，在培养基中则不宜加或仅加入少量活性炭，否则将会带来不利作用。

(6)pH

目前研究认为，大多数植物的花药培养对pH要求为5.6~6.3。如曼陀罗随着pH的变化，胚状体的形成也发生变化，pH 5.8时效果最好，pH 6.5时花粉不发生细胞分裂。油菜花粉培养采用pH 6.2时效果最好。用甘露醇对小麦花药进行预处理，pH 5.6时愈伤组织诱导率最高，pH 6.1时绿苗分化率最高。水稻花药培养pH 6.3时，愈伤组织诱导和绿苗分化的效果最好。

#### 6.5.3.6 培养条件

(1)温度

细胞生长的最适温度因物种而异，一般植物花粉发育的最适温度比愈伤组织生长的最适温度要高。如烟草在27℃条件下产生的单倍体植株比22℃多。水稻花粉培养的愈伤组织阶段以28℃培养温度为宜，分化培养时提高绿苗发生率和生活力以26℃最好，过高的温度将导致白苗率的发生。

(2)光照

花药培养在光下较黑暗更能获得较多的花粉植株。烟草小孢子培养1个月时，各种类型的光对单倍体小植株平均得率的影响较大。红色荧光或低光强的白光(500 lx)效果最好。试验发现，在培养的最初10d，小孢子对光的敏感性更为重要，而且小孢子在红光条件下比在白光条件下发育更快。在红光条件下，10d就可用肉眼观察到幼小胚，而在低光强的白光下要15d才能观察到。

(3)植板密度

花粉培养中，小孢子的植板密度和分化培养时愈伤组织块或细胞团植板密度对植株再生有较大影响。Davies等(1998)对大麦小孢子植板密度的研究发现：小孢子植板密度低于$5\times10^4$个/mL时，细胞团的分化差；密度为$5\times10^4\sim1\times10^5$个/mL范围时，细胞团的分化效果均较好。Davies等(1998)的实验表明，在固体诱导培养基上愈伤组织块植板密度为12.5~25块/$cm^2$时，其绿苗再生率显著高于植板密度小于5块/$cm^2$或高于50块/$cm^2$。

#### 6.5.3.7 花药壁因素

药壁组织的存在是影响花药培养效果的重要因素。花药内源生长素梯度在花粉粒发育过程中起着重要的作用，Rhavan(1978)研究天仙子的花粉粒胚发生时发现，花粉粒仅局限在花药室的周边并与绒毡层紧密相邻，可能是绒毡层释放物质启动了花药中花粉粒的胚性分裂。花粉对花药壁损伤后释放的有毒物质也较敏感。

### 6.5.4 花粉植株的遗传鉴定与染色体加倍

花药培养产生的花粉植株往往是单倍体、双单倍体及其他倍性植株的混合群体。因此，有效的倍性鉴定是了解其遗传背景和进一步应用的基础，尽早检测出单倍体有利于对其进行加倍处理；另外，倍性鉴定也可用于分析细胞分裂活动等生理和遗传研究。

#### 6.5.4.1 花粉植株的倍性鉴定

单倍体育种中，尽早确定花粉植株的染色体倍性，以便对单倍体植株进行人工加倍和更好地利用不同倍性的育种材料。

(1)气孔大小及保卫细胞叶绿体数目鉴定法

在显微镜下观察气孔保卫细胞的长度，就可以获得单倍体与二倍体植株间存在的显著差异。杜丽璞等(1996)的试验表明，气孔保卫细胞长度受染色体倍性控制，染色体倍性与气孔保卫细胞叶绿体数也呈正相关。单倍体气孔保卫细胞长度一般在60μm以下，二倍体气孔保卫细胞一般在70μm以上。这种鉴定方法准确率在90%以上，且操作方便、快速。

(2)细胞染色体数鉴定法

采用根尖、茎尖压片法或涂抹制片法观察染色体的数目。在检查单倍体根尖细胞染色体数时应注意：由于单倍体植株根尖细胞具有二倍化的倾向(自然加倍现象)，因而不能仅局限于根尖细胞分析，还应对根尖以外细胞如茎尖细胞进行鉴定，结合花粉育性的观察，以排除嵌合体的干扰。

(3)流式细胞分析法

通过流式细胞仪对大量的处于分裂间期的细胞 DNA 含量进行检测，然后经辅助计算机自动分析，DNA 含量与荧光信号强度成正比关系。细胞核的倍性最后以 C 值表示，1C 表示细胞核单倍体，2C 表示细胞核二倍体，依次类推。利用流式细胞分析仪的特点是快速、简便、准确。

(4)植株形态指标鉴定

花药单倍体植株在形态上与二倍体、多倍体植株是有明显区别的。在整体形态上，花粉植株瘦弱、矮小、叶片和花器官小、柱头长；虽然花粉植株能开花但不能结果，花粉粒小，多败育。

#### 6.5.4.2 花粉植株的染色体加倍

单倍体花粉植株不能结实，必须经过染色体加倍才能得到可育的纯合二倍体植株。

(1)自然加倍

在离体培养过程中，可能有的单倍体细胞染色体发生了自然加倍现象，进而再分化得到纯合二倍体植株。自然加倍率与物种关系较大，如水稻可达到70%，小麦为20%~30%，烟草几乎为0。花粉植株自然加倍主要是通过核内有丝分裂进行，与接种花药的发育时期、培养基中激素的种类及组合水平、花粉植株发生的方式以及愈伤组织继代培养时间长短有直接关系。如烟草接种双核期花粉比接种单核期花粉能获得更多的二倍体；在含有细胞分裂素的培养基上产生的愈伤组织较在不加细胞分裂素形成的二倍体比率显著提高；通过胚状体途径产生的花粉植株几乎都是单倍体，而经愈伤组织分化产生的花粉植株有部分是二倍体；愈伤组织继代培养的时间越长，二倍体比例越高。

(2)人工加倍

染色体的人工加倍最早采用热击、γ 射线、冲击等物理方法，而最为有效的加倍方法是采用秋水仙素处理的化学方法。人工加倍可以处理花粉培养脱分化期的单倍体细胞、愈伤组织以及单倍体植株。如用0.2%~0.4%的秋水仙素处理植株生长点或芽(或分蘖节)。烟草单倍体小苗的加倍：将小苗置于无菌的0.2%~0.4%的秋水仙素溶液中浸泡24~48h，用无菌水冲洗3次，然后转接至新鲜培养基上。用这种方法有20%~25%的小苗可成为二倍体。禾本科单倍体植株的加倍：在分蘖期，将植株挖出后洗净，将分蘖节以下部分浸泡在0.05%~0.1%秋水仙碱中48~72h。处理应在较低的温度(水稻为20℃，小麦为10℃)和黑暗或弱光下进行，以免强光照射使秋水仙素分解失效。处理完毕用流水冲洗根部30min，充分洗去药液，移栽于土壤。缓苗期为15~20d，在此期间也应保持较低的温度，并将植株置于散射光下，以免发生由秋水仙素引起的药害。经加倍处理后50%~70%的植株可部分结实。

### 6.5.5 花药培养的应用

在作物育种上，单倍体本身并没有多少可利用价值，但经染色体加倍成为双单倍体后，再与常规育种方法结合，才会显示出巨大的杂种优势。尤其是与分子生物学、基因工程的紧密结合，将使作物育种发生革命性变化。

(1)作物育种

花药培养育种与常规杂交育种、远缘杂交育种、诱变育种以及转基因技术相结合的研究卓有成效，并已在作物栽培中得到了应用。$F_1$代杂交种花粉通过离体培养获得的单倍体，经染色体加倍获得纯合二倍体可缩短育种周期3~4代，同时增加重组型的选择概率。此外，纯合二倍体群体中，所有的基因都已纯合固定，目标性状的等位基因不会在以后的世代中由于分离而丢失，从而提高了对质量性状和数量性状的选择效率。我国把花药培养育种与常规育种有机结合起来，已先后在小麦、水稻、玉米、油菜等作物中选育成功大量的花培品种。

(2)作为转基因受体

高等植物用于遗传转化的受体材料有原生质体、胚性愈伤组织、茎尖、子叶节等，但因再生率低，假阳性较多的问题存在，给筛选鉴定带来较多的影响。因此，单倍体是遗传转化中较为理想的靶受体。单倍体有2个优点：第一，单倍体无同源染色体联会配对的影响，单套基因易于插入外源基因，转化效率较高，染色体加倍后外源基因成等位基因遗传稳定性较好；第二，经转化后获得的植株不存在显隐性问题，加倍后即可获得纯合的二倍体转化植株。

(3)遗传分析

由花粉培养建立的双单倍体群体(doubled-haploid line，DH群体)在现代生物学中有着重要的地位。制作遗传连锁图的基本材料常用的有$F_2$群体、回交群体(BC)、双单倍体群体(DH群体)、重组自交系群体(RIL)等。而且DH群体具有遗传上的纯合基因组，是AFLP、RAPD和SSR等分子标记和基因图谱的理想材料，可避免二倍体中由于不完全自交使得染色体上DNA碱基产生细微差别而造成的干扰，有利于连续性资料积累。

(4)突变体筛选

花药培养中获得突变体的频率较高，因为纯合二倍体群体在表现型中不存在隐性基因被显性基因掩盖的现象，其显性突变或隐性突变都会在当代表现出来，因而较易发现和选择隐性突变体。目前在应用各种选择压进行诱变并筛选抗寒、抗盐碱等变异系方面都有较好进展。如用稻瘟病病原菌粗提毒素作为选择压，将不抗稻瘟病的水稻品种'花寒早''桂农12'等的花药接种在有稻瘟病生理小种$F_1$、$F_3$粗提毒素的培养基上培养，获得了能抗这两个稻瘟病生理小种的花粉植株株系。

(5)基因定位

许多重要农艺性状都是数量性状，它们受到基因控制，同时也受环境因素的影响。传统的数量遗传分析方法不能检出其单个遗传位点、染色体上的位置及与其他基因的连锁关系，高密度饱和分子标记连锁图的建立使解决以上问题成为可能，DH群体因其所含信息量小且无遗传变异，是数量性状位点分析的良好群体。目前，在小麦、水稻、大麦和玉米等作物中都获得了由 DH 群体构建的遗传图谱，已对产量、株高、抗病性和生理生化等复杂数量性状的位点(QTL)定位进行了大量的研究。

## 6.6 胚乳培养技术及其应用

胚乳培养(endosperm culture)是指将胚乳组织从母体上分离出来，通过离体培养，使其发育成完整植株的技术。最早由 Larue 等(1947)对未成熟的玉米胚乳进行培养，得到不断生长的组织，但未得到器官分化。Johri 等(1965)发现，在一种檀香科寄生植物(*Exocarpos cupressiformis*)中，培养成熟胚乳直接分化出三倍体芽。近几十年中，胚乳培养技术被应用于培育三倍体植株，在植物品种改良中发挥着重要的作用。据不完全统计，至今已获得 49 种植物的胚乳愈伤组织，分别属于 18 个科，除了禾本科和百合科单子叶植物外，其余 16 个科都属于双子叶植物，这其中有 25 种植物发生不同程度的器官分化，24 种植物再生成完整三倍体植株，11 种再生植株移栽成活(朱登云等，1996；李守岭等，2006)。

### 6.6.1 胚乳培养的程序

胚乳培养的程序与一般外植体(如叶片、茎、花器官等)离体培养的程序基本相同。

(1)材料选择

选择适宜发育时期的种子或果实备用。

(2)外植体消毒

用常规方法进行消毒，一般是对整个种子进行消毒，对于有果实的种子如槲寄生，可对整个果实进行表面灭菌。

(3)胚乳的分离及接种

在无菌条件下，从无菌的种子或果实中小心解剖和分离出胚乳。对于有较大胚乳组织的种子，如大戟科和檀香科植物，无菌条件下除去种皮即可进行培养；对于胚乳被一些黏性物质层包裹的种子，如桑寄生科的植物，在无菌条件下剥开种皮，去掉黏性物质，取出胚乳组织进行培养。当胚乳愈伤组织启动后剔除胚，直至胚乳完全分化出愈伤组织，然后将愈伤组织接种至分化培养基上，通过胚状体途径或器官发生途径诱导胚乳植株。

### 6.6.2 胚乳愈伤组织的诱导和建立

(1)愈伤组织的诱导

胚乳培养中，除少数寄生或半寄生植物可直接从胚乳中分化出器官，大多数被子植物的胚乳，无论是未成熟的还是成熟的，首先需经历愈伤组织阶段，才能分化出植株。胚乳接种到培养基上 6~7d 后，其体积膨大，然后胚乳的表面细胞或内层细胞分裂，形成原始细胞团。此时，往往在切口处形成乳白色的隆突，成为愈伤组织。多数植物的初生愈伤组织为白色致密型，少数(如枸杞)为白色或淡黄色松散型，或绿色致密型(如猕猴桃)。

(2)形态建成

胚乳愈伤组织诱导器官的形成，可通过器官发生和胚状体发生两种途径来实现。将大戟科的巴豆和麻风树这两种植物的愈伤组织转移到分化培养基上，前者分化出根，后者分化出三倍体的根和芽。桃的胚乳在 MS+0.01mg/L NAA+1mg/L 6-BA+500mg/L CH 培养基上诱导出愈伤组织，以后每隔 30d 继代培养，将获得白色胚状体。枣的胚乳先在 MS+1mg/L $GA_3$ 培养基上形成胚状体并发育成熟，此后，降低培养基中的无机盐浓度，胚状体就可以成苗(彭晓军，2002)。

## 6.6.3 影响胚乳培养的因素

(1)培养基与培养条件

在胚乳培养中，常用是基本培养基有 White、LS、MS、MT 等，其中以 MS 使用最多。此外，培养基中还添加一些有机物，如水解酪蛋白和酵母提取物等。在小麦、变叶木和葡萄胚乳培养中，添加一定量的椰子汁、对愈伤组织诱导和生长是必需的。植物生长调节物质对胚乳愈伤组织的诱导、生长和分化起着决定性的作用。大麦在有 2,4-D 的培养基上才能产生愈伤组织；ZT 对猕猴桃胚乳培养效果最好；枣在单一激素种类或生长素和细胞分裂素的配合条件下，都能有效诱导胚乳愈伤组织的形成。胚乳培养的蔗糖浓度一般为 3%~5%，但在小黑麦杂种胚乳培养中，8%的蔗糖浓度有利于愈伤组织的形成。胚乳愈伤组织生长的适宜温度为 25℃左右。对光照和 pH 的要求则因物种而异。如玉米胚乳适合于暗培养，蓖麻胚乳则在 1500 lx 的连续光照下生长良好，其他物种的胚乳培养多数是在 10~12h/d 光照条件下进行。对 pH 的要求一般为 4.6~6.3。

(2)胚的作用

在进行桃的胚乳培养中发现，接种带胚的胚乳形成愈伤组织的比率高达95%，比单接种胚乳时出愈率高。这说明胚对胚乳的培养有一定影响，即所谓的“胚性因子”影响。大量试验结果证实处于旺盛生长期的未成熟胚乳，在诱导培养基上无胚存在时，可形成愈伤组织；对于成熟的胚乳，特别是干种子的胚乳进行培养时，由于其生理活动十分微弱，在诱导其脱分化前，必须借助于原位胚的萌发使其活化。

(3)胚乳发生类型和发育程度

被子植物胚乳的发生方式分为核型(精核与极核受精后，只以核的分裂方式增殖)、细胞型(精核与极核受精后，以细胞分裂的方式增殖)和沼生目型(精核与极核受精后，有丝分裂和细胞分裂两种方式混生增殖)，其中核型胚乳占 61%。胚乳发生类型直接影响胚乳愈伤组织的产生和诱导频率的高低。胚乳的发育时期可分为早期、旺盛生长期和成熟期。不论胚乳属于核型还是细胞型，处于发育早期的胚乳，其愈伤组织的诱导频率较低。如核型的红江橙，早期的胚乳愈伤组织诱导率较低；细胞型的青果期枸杞胚乳的愈伤组织诱导率低于变色期和红果期。处于游离核或刚转入细胞期的核型胚乳，无论是草本还是木本植物，都难以诱导愈伤组织的形成。处于旺盛生长期的胚乳，在离体条件下最容易诱导产生愈伤组织。如葡萄、苹果和桃的胚乳愈伤组织诱导率均可达 90%~95%。因此，胚乳培养中，旺盛生长期是取材的最佳时期。禾本科植物胚乳培养的最适时期是：水稻为授粉后 4~7d，黑麦草为 7~10d，玉米和小麦为 8~12d，大麦为 10~20d。一般接近成熟和完全成熟的胚乳，愈伤组织的诱导率很低。如种子发育后期的苹果胚乳，愈伤组织诱导率只有 2%~5%。

### 6.6.4 胚乳植株再生方式

胚乳植株的再生方式主要有器官发生途径和胚胎发生途径。其中，器官发生是胚乳培养中常见的植株再生方式。根据李守岭等(2006)统计，迄今通过这种方式产生完整再生植株的植物主要包括苹果、梨、枇杷、柿树、马铃薯、枸杞、大麦、水稻、玉米、小黑麦杂种、猕猴桃和西番莲等。而通过胚胎发生途径获得再生植株的报道较少，目前通过胚胎发生途径只在柑橘、柚、橙、檀香、桃、枣、核桃和硬毛猕猴桃等植物上获得胚乳再生植株。

(1)器官发生途径

1965 年，Johri 等首次报道了檀香科植物的成熟胚乳具有器官形成能力。培养在添加有 IAA、KT 和水解酪蛋白(CH)的培养基上的胚乳愈伤组织发育成芽，经鉴定是三倍体。随后，相继研究了苹果、梨、枣、枇杷、马铃薯、枸杞、大麦、水稻、玉米、小黑麦等植物胚乳培养，在添加适宜浓度的生长素(IAA、NAA、IBA 等)和细胞分裂素(6-BAP、ZT 等)的培养基上都可以诱导出愈伤组织，并经过再分化得到芽、根或完整植株(王莉等，1985)。

胚乳培养对不定芽的诱导和再生植株的生根是一个关键问题。大部分植物只有经过诱导生根才能获得完整的胚乳再生植株。如果胚乳愈伤组织分化频率不高，所分化出来的茎芽又很细弱，则最好先对这些茎芽进行若干次营养繁殖和壮苗培养后再诱导生根(朱登云等，1996)。具体方法是当苗长到 2~5cm 高时，切除其基部的愈伤组织，然后将苗直接置于无激素或含有一定浓度生长素的培养基中，或基部先用较高浓度的 IBA 或 ABT 溶液浸泡一定时间后再插入无激素的培养基中，经过 2~3 周，即可长出不定根。

(2)胚胎发生途径

1978 年，王大元等首次报道了通过胚胎发生途径获得柑橘胚乳再生植株。他们发现，柚的胚乳愈伤组织转到 MT + 1mg/L $GA_3$ 培养基上后，分化出球形胚状体，但球形胚状体不能进一步发育，只有将培养基中的无机盐浓度加倍，并逐步提高 $GA_3$ 浓度，即在 2MT + 2~15mg/L $GA_3$ 的培养基上，球形胚状体才能通过以后各个发育阶段最终形成完整的胚乳再生植株。后来，在同属芸香科的甜橙中也通过类似方法获得胚乳再生植株，并嫁接成活(陈如珠等，1991)。由此可见，为了促进胚状体发育成苗，除需对培养基中的激素水平进行调节外，有时还应适当调节培养基中无机盐的浓度。目前，通过胚胎发生途径在柑橘、柚、橙、檀香、桃、枣、核桃、硬毛猕猴桃和咖啡等植物上获得胚乳再生植株。

### 6.6.5 胚乳培养中的组织学和细胞学特点

(1)组织学特点

胚乳培养愈伤组织的发生或器官的分化，一般情况下是胚乳表皮层细胞分裂的结果。在自养植物中，胚乳的最初增殖是在产生形成层状的细胞层之后，或是由细胞增大后进行细胞分裂(傅润敏，1994)。自授粉后12d的玉米胚乳是由外层分生组织细胞组成，这些细胞进行垂周和平周分裂，使最外层细胞层数增加，直到形成4层细胞。胚乳愈伤组织出现局部生长和分化，最终导致瘤状分生组织形成。这些分生组织直接从外层或紧接最外层的细胞中产生。

(2)细胞学特点

在细胞学中，胚乳组织出现高度的多倍体化，这与有丝分裂异常如染色体桥和落后染色体有关。在染色体数正常的三倍体植株中，常见亚倍体和非整倍体细胞。长期培养的胚乳愈伤组织，细胞染色体数目常常发生变化。苹果($2n=34$)胚乳植株染色体数变化范围是29~56，其中多数是37~56，三倍体细胞只占2%~3%。枇杷胚乳植株根尖细胞染色体是接近三倍体的非整倍体。枸杞、梨等的胚乳植株的染色体数也不稳定，同一植株往往是不同倍性细胞的嵌合体(朱登云等，1996)。研究认为造成胚乳愈伤组织细胞染色体数目不稳定的原因有以下几个方面。

①胚乳的类型　胚乳组织本身是一个多倍性细胞的嵌合体，由这种外植体产生的愈伤组织和再生植株不可能是稳定一致的三倍体。一般来说，核型胚乳在游离核发育时期常常发生无丝分裂、核融合以及异常有丝分裂等现象，因此，由核型胚乳产生的愈伤组织也必然是多种倍性细胞及非整倍体细胞的嵌合体。

②胚乳组织的部位　不同部位的胚乳细胞染色体组成情况可能有所不同，如苹果胚乳发育初期的各种异常有丝分裂现象在合点端比珠孔端更为普遍。

③植物生长调节物质的种类和水平　如猕猴桃在含有0.5mg/L NAA + 3mg/L ZT培养基上产生的再生植株多数不是三倍体，而在1mg/L 2,4-D + 1mg/L ZT培养基上产生的再生植株是三倍体(桂耀林等，1982)。

④继代培养时间的长短　胚乳组织在胚胎发育过程中，是一种高度多倍化的组织，在长期组织培养条件下更易出现不正常的有丝分裂，导致染色体的变异。

## 6.7 胚培养

胚培养是指对植物的胚(种胚)及胚器官(如子房、胚珠)在人工配制培养基的条件下进行离体培养，使其发育成幼苗的技术。离体胚培养可以解决育种中远缘杂种不能正常发育、种子休眠、种子生活力低下和自然不育、育种周期过长、品质改良等方面的问题，对植物界物种的进化和优良品种的培育具有极其重要的意义。

### 6.7.1 胚培养的种类

(1)成熟胚培养

成熟胚培养是指用子叶期至完全发育的胚进行离体培养的技术。成熟胚是一个充分发育的两极结构，即含有根原基和茎原基以及一个或两个次生附属子叶。在培养时，成熟胚进一步发育，产生根和茎。此时的种胚生长不依赖胚乳的贮藏营养，只要提供适宜的温度、湿度等生长条件及打破休眠就可以在较简单的培养基上发芽长成植株。

(2)幼胚培养

幼胚培养是指用子叶期以前具胚结构的幼小胚进行离体培养的技术。胚龄处于原胚期、球形期、心形期、鱼雷形期等不同时期，幼胚从生理到形态均未成熟。当它在胚囊内生长时，不仅依赖周围细胞的代谢，而且依赖周围胚乳提供养料，提供适宜的温度和湿度也不能正常发芽。

### 6.7.2 胚培养的主要技术

(1)成熟胚培养技术

将胚发育成熟的果实或种子(带种皮)，用消毒液进行表面灭菌，然后在无菌条件下剖开种子，剥取种胚进行完整胚、部分胚、胚芽和胚根的分离，接种在培养基上，在适宜的温度和光照条件下，就可以发育成完整植株。

(2)幼胚培养技术

幼胚培养要求比较完全的人工合成培养基，并且要求很高的剥离技术，用成熟胚的培养方法很难成功。原胚(未发育成形的幼胚)和已发育成形的幼胚的培养可以把整个幼果、子房或胚珠进行表面灭菌，然后在无菌条件下用解剖针将胚剥离出。合子胚由于受到珠被和子房壁的双层保护，在剥离之前一直处于天然的无菌环境中，因此不需要再进行表面灭菌，可直接置于培养基上培养。

### 6.7.3 影响胚培养的因素

#### 6.7.3.1 培养基

成熟胚处于自养期，在营养上是相对独立的，只需提供简单的营养条件，在含有大量元素的无机盐和糖的培养基上即能生长。幼胚则完全是异养的，在离体条件下，要求更复杂的培养基。除了一般的无机盐成分外，还要加入有机物质和各种生长辅助物质。培养不同发育时期的幼胚对培养基成分要求不同，胚龄越小，要求的培养基成分就越复杂。

(1)基本培养基

成熟胚的培养用 Tukey、Randolph、White 等培养基即可。幼胚的培养常用 MS、$B_5$、Nitsch 等培养基。培养基中的氮源，一般认为硝酸盐较铵盐好。

(2)糖类

糖类在培养基中主要作为有机碳源提供营养，并调节培养基的渗透压。糖类对于脱离胚乳的幼胚或与子叶分离的成熟胚培养都是必需的。因为它们本身缺少贮藏物质，且不能进行光合作用。培养基中加入的糖类以蔗糖最为适宜，有时也可用葡萄糖或果糖。不同发育时期的胚要求渗透压不同，对培养基中蔗糖浓度的要求也不同。处于发育早期的幼胚需要较高的蔗糖浓度，一般用量在 8%~12%。浓度过低会引起胚过早萌发，较高的蔗糖浓度会抑制离体胚的早期萌发。随着胚的发育，要求逐步降低蔗糖浓度，成熟胚在含有 2%蔗糖的培养基上就能正常生长。

(3)维生素

维生素对于已萌发胚的生长并非必需，而对于发育初期的幼胚培养来说，则必须加入一定种类的维生素，如硫胺素、吡哆醇、烟酸、泛酸钙等。维生素的用量及组成不是一成不变的，可通过胚的生物合成满足于自身需要的维生素。维生素及其衍生物对胚生长的促进作用也不同，硫胺素对胚培养具有促进根伸长的作用，而泛酸钙和烟酸对茎伸长的促进作用较根更为显著。

(4) 氨基酸

在培养基中加入氨基酸或酰胺类，如甘氨酸、丝氨酸、谷氨酰胺、天冬酰胺等，无论是单一的还是复合的，都能刺激胚的生长，用不同的氨基酸并以适当配比加入，往往可获得较好的效果。

(5) 植物生长调节物质

生长素在低浓度时促进胚的发育，尤其是胚根的发育。细胞分裂素在有些作物中，抑制胚的生长，但对有些植物有促进作用。赤霉素较广泛地应用于有后熟作用的种子萌发，它具有打破休眠、促进种子萌发的作用。为了控制胚性生长，促进胚发育成熟，生长素和细胞分裂素要配合使用。如果添加植物生长调节物质不当，就可能改变胚胎发育方向，转向脱分化而形成愈伤组织，或引起早熟萌发。

(6) 天然有机附加物

水解酪蛋白(含 19 种氨基酸)、酵母提取物、椰汁、麦芽提取物以及天然胚乳提取物等物质成分极为复杂，一般对幼胚的生长都有不同程度的促进作用。另外，活性碳可以吸附培养基中抑制胚生长的物质，从而促进胚的生长发育。

(7) pH

在一般情况下，培养基的 pH 可调到 5.2~6.3。但对于不同植物，胚的生长有其最适 pH。例如，大麦为 4.9，番茄为 6.5，水稻为 5.0，柑橘为 5.8，苹果、梨为 5.8~6.2。

(8) 培养基状态

根据幼胚和成熟胚相应发育时期胚乳的状态，液体培养基适合于幼胚培养，而固体培养基适合于成熟胚培养。

### 6.7.3.2 环境条件

光照和温度与种胚的生长发育关系密切。

(1) 温度

对于大多数植物的胚培养，维持 25℃左右的温度较为适宜，有些则需要较低或较高的温度。例如，禾本科植物成熟胚的萌发温度为 15~18℃，马铃薯以 20℃较好。有些植物的胚培养需在变温条件下进行。例如，桃的胚培养，必须将接种于培养基上的胚置于 2~5℃低温下处理 60~70h，然后转入白天 24~26℃、夜间 16~18℃的变温条件下，桃胚才能萌发。

(2) 光照

通常胚培养是在弱光下进行的。幼胚的培养在光照和黑暗条件下均可进行，达到萌发时期则需要光照。一般认为在 12h /12h 的光周期条件，对胚芽的生长有利，但光照不利于胚根的生长。

#### 6.7.3.3　胚柄

胚柄是一个寿命较短的结构，存在于原胚的胚根一端，当胚发育到球形期时，胚柄也发育至最大。据研究，胚柄可能参与幼胚的发育过程。一般胚柄较小，很难与胚一起剥离出来，所以培养的胚都不具备完整的胚柄。在幼胚培养中，胚柄的存在对幼胚的存活较为关键。如红花菜豆较成熟的胚，不论有无胚柄存在，均能在培养基中生长；但幼胚培养时，不带胚柄会显著降低形成小植株的频率。因为在幼胚培养中，胚柄的存在会显著刺激胚的进一步发育，而且这种作用在胚发育的心形期达到高峰。有研究认为，红花菜豆胚的心形期时，胚柄中 $GA_3$ 的活性比胚高 30 倍，子叶形成后，胚柄开始解体，$GA_3$ 水平开始下降，但胚中的 $GA_3$ 水平增高。当没有胚柄存在时，一定浓度范围的 KT 可促进幼胚的生长，但其作用难与赤霉素相比。因此，胚培养使用赤霉素能有效地取代胚柄的作用。

### 6.7.4　早熟萌发

幼胚的离体培养，可能是继续进行正常的胚胎发育，维持胚性生长；也可能是以幼小胚的形态迅速萌发成幼苗，即“早熟萌发”。幼胚因子叶几乎无营养物质积累，早熟萌发的幼苗虽茎叶俱全，但苗极其瘦弱，往往生长不正常而死亡。幼胚培养应避免早熟萌发现象的发生。在培养基中添加 CH、高浓度蔗糖(12%～18%)能促使大麦幼胚和荠菜幼胚按正常的胚胎发育模式发育(Kent et al.，1947；李俊民，1992)。培养在低 $O_2$ 浓度、高温条件下也能起到抑制幼胚的早熟萌发(Norstog，1972)。ABA 及其类似物具有抑制幼胚早熟萌发的作用。据研究，ABA 类似物能通过阻止水的吸收，进而抑制胚早熟萌发(Walbot，1978)。种子中含有大量的 ABA 和微量的 $GA_3$ 类物质，但经低温处理，桃种子内的 ABA 含量将逐渐降低并消失，而 $GA_3$ 类物质的含量将逐渐增加(吉九平等，1987；董晓玲等，1991)。由此认为，可通过在培养基中附加 ABA 或 $GA_3$ 有颉颃作用的植物生长调节物质来代替低温处理调控胚的状态。相反，IAA、IBA、6-BA 对胚培养具有促进萌发的作用。在培养基中附加 10mg/L 6-BA 可以打破桃胚的休眠，但经培养获得的幼胚较经过 70d 低温处理获得的幼苗生长弱。

### 6.7.5　胚培养的成苗途径

(1)直接成苗

胚培养按照正常的胚胎发育途径，一个胚发育形成一个植株。通常成熟胚在离体培养下，可以发育形成小苗；未成熟的幼胚在适宜条件下培养，也可以维持胚性生长，继续进行正常的胚胎发育，完成胚胎发育的全过程形成小苗。不按照正常的胚胎发育途径，培养的胚直接诱导产生体细胞胚而形成完整再生植株。

培养的胚能够直接萌发成苗在生产上具有重要的价值。若物种的种子萌发受抑制，自身发育率低，可从种子中剥取胚进行离体培养，能在短期内获得大量健康植株。苹果种子播种后在土壤中需几个月才能萌发，利用胚培养却能在 48h 内萌发，4 周内形成移植幼苗，5 个月株高可达 1m。有的植物胚培养可以直接诱导产生体细胞胚。张健等(2006)将柑橘幼胚培养在MS+1mg/L IAA+2mg/L 6-BAP+8%蔗糖的培养基中，直接诱导产生体细胞胚，诱导频率高达73.33%。也有一些植物的幼胚培养直接诱导产生丛生芽。Choi等(2003)比较了银杏不同发育阶段的未成熟胚(包括球形胚、心形胚、子叶胚)的培养效果，其中心形胚在MS+0.01mg/L NAA+1mg/L 6-BAP培养基上培养时，平均诱导出8个不定芽，远高于球形胚和子叶胚。

(2)愈伤组织成苗

离体培养的幼胚在人工培养条件下可以脱分化形成愈伤组织，特别是培养基中附加较高浓度的植物生长调节物质时则容易发生。将愈伤组织转入分化培养基，又可分化大量胚状体或不定芽，形成小植株。这种胚性愈伤组织是建立细胞悬浮培养系统或分离原生质的良好材料。同时，通过愈伤组织培养再分化的植株，如果产生变异，还可以加以选择利用。

诱导胚状体发生，先经愈伤组织阶段，再形成体细胞胚是离体胚培养中较为普遍的成苗途径。段乃彬等(2002)研究发现，较早发育的幼胚，培养产物主要是绿色或黄色的愈伤组织及胚状体，但胚状体不能直接发育为小植株。席梦利等(2006)将杉木成熟合子胚培养在DCR + 0.1mg/L NAA + 1mg/L 6-BA + 0.003mg/L TDZ的培养基上，诱导形成了体细胞胚，诱导率7.3%。

通常，幼胚和成熟胚先诱导产生愈伤组织，然后按照器官发生的途径形成再生植株。付志惠等(2004)对紫果猕猴桃的幼胚培养，培养基添加0.5mg/L $GA_3$+ 0.2mg/L ZT + 100mg/L CH + 400mg/L Gln + 7%蔗糖有利于愈伤组织的诱导，在添加0.05mg/L NAA + 0.05mg/L $GA_3$+ 0.5mg/L 6-BAP的MS培养基中，植株再生率达93.3%。王芳等(2004)对小麦不育材料的幼胚培养，$N_6$是最佳基本培养基，愈伤组织诱导率高达95%~100%。愈伤组织转接在附加2,4-D(0.25~0.5mg/L)与KT(0.1~0.2mg/L)配合的MS培养基上，18~30d不定芽开始分化，52d分化率最高可达100%。

## 6.7.6 胚培养的应用

(1)克服远缘杂交不亲和

高等植物的种间和属间进行远缘杂交时，花粉不能在异种植物柱头上萌发或虽能萌发但花粉管不能正常生长伸入到子房，或因胚乳发育不良致使杂种胚的早期败育。杂种胚的早期败育一般是由于胚乳发育不正常或是胚与胚乳之间生理上的不协调而引起的。因此，可在胚败育之前将胚取出进行离体培养就能克服杂交种子的败育，从而获得远缘杂种植株。Goldy等(1989)用真葡萄亚属($n=19$)的5个无籽葡萄品种和8个有籽葡萄品种作母本与圆叶葡萄亚属($n=20$)的圆叶葡萄的品种杂交，在授粉6周后进行胚培养，获得了杂种苗。陈绪中等(2006)对猕猴桃的胚珠进行培养，解决了狗枣猕猴桃在远缘杂交中由于落果而无法获得杂种后代的问题。在MS + 0.2mg/L NAA + 0.2mg/L $GA_3$+ 1mg/L ZT培养基上，胚珠的萌发率可达36.6%；在MS + 0.5mg/L $GA_3$+ 2mg/L 6-BAP培养基上，幼苗长势良好；在1/2MS + 0.7mg/L IBA培养基上，根系发育良好。

(2)打破种子休眠，缩短育种周期

种子胚在形态成熟后，一般都要经历一个自然休眠的过程，即在休眠期内胚在适宜的温度、氧气和湿度条件下不能萌发。因此，应用胚培养就可以克服这一类种子发育上的障碍并促进胚的生长。打破休眠可采用胚培养法，鸢尾种子在自然条件下达到正常开花需要2~3年，胚培养只需2~3个月即可长成具发育良好根、叶的幼苗，从种子至开花的周期缩至不到1年(雷泽勇等，2001)。

(3)提高种子萌发率

一些园艺作物的早熟品种，如桃、油桃、杏、樱桃等，由于果实发育期太短，种胚往往难以发育成熟，从而导致难以直接播种萌发成苗(Lenkov，1990)。对早熟桃‘新端阳’花后48h的胚珠进行挽救，获得60%的成苗率；取果实发育65d的胚进行培养，胚萌发率达87.5%(姚强等，1988；杨增海等，1983)。有些品种类型，其种胚难以从胚珠上剥离，也可将整个胚珠进行离体培养。Chaparro等(1988)将山桃‘Sinlite’在花后53d的胚珠进行早期离体培养，再生出小植株。

## 6.8 离体无性快繁

植物离体无性快繁(rapid asexual propagation in vitro)又称植物克隆(clone)或微繁(micropropagation)。它是以选择特定的植物器官组织，在无菌和人工控制条件下，在培养基上分化、生长，能在短时间内产生大量遗传性一致的完整新植株的繁殖方式。理论上离体快繁可应用于所有植物的繁殖，但在实际应用时，由于繁殖成本较高，主要应用于那些有性繁殖和常规无性繁殖方式不易繁殖的植物种，以及植物基因工程产品和脱病毒苗木的下游开发繁殖。

### 6.8.1 离体无性快繁的优点

(1)生产周期短，繁殖系数高

植物离体无性快繁在珍稀植物种质和育种原始材料的扩大繁殖，经过病毒鉴定的原种苗的繁殖和保存，短时间内繁殖市场需求量大的经济效益高但又难以常规营养繁殖的植物种苗等方面发挥了巨大作用。特别是通过基因工程、体细胞无性系变异、细胞杂交、原生质体培养等手段获得的新品种、优良无性系，通过植物离体快繁，可在生产中迅速推广应用。

(2)使用材料经济，不受季节限制

可在最佳的植株个体上经济取材，从而快速获得大量遗传性高度一致、生长整齐的良种壮苗；由于能人工控制育苗的环境条件，所以可实现苗木的周年生产、工厂化生产。

(3)可获得无病毒苗木无性系

植物栽培中常常感染病毒，造成生产力降低，品种退化，严重时导致植株死亡，往往造成难以估量的损失。利用植物脱毒培养技术可去除植物病毒，从而恢复植物原有种性，这是其他营养繁殖所不能实现的。

(4)在木本植物生产中应用潜力大

木本植物生命周期长，在自然界中其遗传性往往又是高度杂合的，难以进行有性繁殖。利用微体无性繁殖，既可解决木本植物常规营养繁殖生根困难和育苗率低的问题，又能防止繁殖中种性退化问题。目前，植物离体无性快繁仍存在一些问题亟待解决。如外植体材料之间差异较大，外植体易污染，成龄材料分化率较低、难度较大，褐化和试管苗的玻璃化，试管苗的变异等问题。

## 6.8.2 离体无性快繁的途径和方法

根据植物离体快繁中植株再生的途径不同，将植物快繁途径分为5种类型。

(1)短枝发生型

短枝发生型是指以带芽茎段为外植体，使其在适宜的培养环境中萌发，形成完整植株，再将其剪成带腋芽的茎段，继代再成苗的繁殖方法。该方法与大田枝条的扦插方法类似，故又称为微型扦插。能一次成苗，遗传性状稳定，培养过程简单，移栽成活率高。如花卉和葡萄试管苗的繁殖常用此法。具体操作方法是：先将消毒的外植体剪成带1~2个腋芽的茎段接种于适宜的培养基上，一定时间后腋芽萌发形成嫩梢，再将此嫩梢剪成带1~2个腋芽的茎段接种于相同的新鲜培养基上进行增殖培养。如此增殖培养，直至达到一定数量的嫩梢后，再进行生根培养，即可获得大量完整的组培苗。

(2)丛枝发生型

丛枝发生型也叫丛生芽发生型，是指使外植体携带的顶芽或腋芽在适宜培养环境中可以不断发生腋芽而呈丛生状芽，然后将单个芽转入生根培养基中，诱导生根成苗的繁殖方法。采用枝条、顶芽或侧芽作为外植体，在含有细胞分裂素的培养基上进行培养，可促使顶芽或休眠侧芽启动生长，形成一个微型的多枝多芽的小丛生枝状的结构。又可将这种丛生枝分割转接继代增殖，再形成类似的丛生枝，只要基本养分组成适于丛生枝的正常生长，这个重复生长过程就可以长期继续下去。继代增殖到一定数量规模后，将一部分嫩芽转移至生根培养基上，诱导生根形成完整植株。目前，丛枝发生型是应用最广泛的组培快繁方法，理论上，一个外植体枝条经过一年的培养可以增殖几百万到上千万株小苗。

(3)不定芽发生型

不定芽发生型是指外植体在适宜培养基和培养条件下，经过脱分化形成愈伤组织，然后经过再分化诱导愈伤组织产生不定芽，或外植体不形成愈伤组织而直接从其表面形成不定芽，将芽苗转移至生根培养基，经培养获得完整植株的繁殖方法。有时将从愈伤组织途径再生不定芽的途径称为器官发生途径，而将外植体直接再生不定芽的方式称为器官型不定芽途径。经愈伤组织途径或多次继代培养后，易导致细胞分裂不正常，增加变异植株发生频率。如香蕉继代次数控制在8代之内，再生植株的变异率可控制在3%左右。表现嵌合性状的植株通过不定芽方式再生时，往往导致嵌合性状发生分离，而失去原有价值。如观赏植物色彩镶嵌的叶子、带金边或银边的植物，通过不定芽途径再生植株时，可能失去这些具有观赏价值的特征。因此，这类植株快繁时，应通过丛生芽途径进行。

(4)胚状体发生型

胚状体发生型是由体细胞形成的、类似于生殖细胞形成的合子胚发育过程的胚胎发生途径。胚状体可以从愈伤组织表面产生，也可以从外植体表面已分化的细胞或从悬浮培养的细胞产生，它经过球形、心形、鱼雷形和子叶形的胚胎发育时期，最后发育成完整的小植株。胚状体发生途径具有成苗数量大、速度快、结构完整的特点，因而是外植体增殖系数最大的途径。但胚状体发生和发育情况复杂，通过胚状体途径快繁的植物种类，远没有丛生芽和不定芽涉及的广泛。目前，胚状体发生的植物有五针松、侧柏、火炬松、苏铁、泽米、胡萝卜、黑种草、金鱼草、矮牵牛、山茶、百合、一品红、夜来香、花叶芋等近50科100属120种。

(5)原球茎发生型

原球茎发生型常见于兰科等植物的组织培养中。原球茎最初是兰花种子发芽过程中的一种形态学构造的称谓。原球茎是一种缩短的、呈珠粒状的、由胚性细胞组成的、类似嫩茎的器官，在种子萌发初期并不出现胚根，只是胚逐渐膨大，以后种皮的一端破裂，膨大的胚呈现小圆锥状。原球茎是从茎尖或侧芽产生的，本身可以增殖，也可以萌发形成小植株。继代培养一个原球茎可以产生几个到几十个原球茎，培养一段时间后，原球茎逐渐转绿，随后可长出毛状假根，叶原基发育成幼叶，转移到生根培养基中，形成完整的再生植株。

### 6.8.3 离体无性快繁的操作程序

植物离体快繁程序开始于外植体接种到培养基上建立初代培养物，至形成可移栽生根商品苗的全过程。一般可以分为无菌培养物的建立、培养物的稳定增殖、幼芽的壮苗生根和生根小苗的驯化移栽4个时期。

#### 6.8.3.1 无菌培养物的建立

无菌培养物的建立是指经历外植体选择、采集、清洗、消毒、接种的操作过程和茎芽发生的离体培养过程。这个时期是建立无菌的和确定一个适宜培养物生长的微环境条件，直至达到稳定增殖的时期，也就是能够准确预测培养物的质量和繁殖数量。从外植体接种开始至达到稳定化培养，一般需要经历3个阶段。第一个阶段是分离阶段(isolation phase)。这个阶段由于接种茎芽的快速生长，会出现一个生长高峰。由于这个高峰形成的基础是外植体带来的，所以是不稳定的。其后是一个变化大、周期性的缓慢生长的继代培养阶段，称为稳定化阶段(stabilization phase)。当培养物(茎芽)的生长和增殖均达到稳定，也就是数量和质量都可以随意控制的阶段，称为生产阶段(production phase)。只有达到这个阶段的培养物，才能进入商品化培养(commercial culture)。

#### 6.8.3.2 培养物的增殖

在稳定培养体系中，利用稳定状态的培养物进行增殖培养达到所要求的繁殖数量，这是商品化组织培养的主要时期。这个时期包括培养物保存阶段和大量增殖阶段。培养物保存阶段是指当所培养品种在市场暂时不需要或者种质资源珍贵需要保存时，采用低温(1~9℃)或常温进行的中短期保存。培养物大量增殖阶段就是根据市场需求，经过反复继代增殖，扩繁培养物到需要数量。本时期的目标，是要有利于保持遗传的稳定性和需要达到茎芽增殖的数量。因此，应在基本培养基、凝固剂、植物生长调节物质及其他因素等方面进行调节。基本培养基多数情况下相同于第一个时期的培养基，也可通过试验选择系列培养基。植物生长调节物质，一般以细胞分裂素为主，生长素为辅。在适合浓度下，如果生长素的比例大，则不定芽生长健壮；如果只用细胞分类素，则繁殖系数高，但组培苗比较细弱，需要加入生长素以促进茎的生长，亦即需要一个壮苗的过程。在增殖培养中，可通过控制增殖培养的时间来改善外植体的生理生化状态，从而促进芽的增殖。如一般增殖培养一次不超过一个月，或将材料进行液体振荡培养。

#### 6.8.3.3 生根培养

在增殖培养中，大部分培养物是无发达根系或无根系的，该时期就是使增殖培养获得的繁殖苗形成健壮的试管植株(plantlets)，以便经过驯化，培养成商品苗。生根培养有试管(瓶)内生根和试管(瓶)外生根两种途径。试管内生根是传统的组培茎芽生根方法，即在试管内无菌环境下的生根培养基上诱导生根，生根后的小苗再移植到试管外有菌环境下驯化培养的方法。而试管外生根是从20世纪80年代中期开始进行研究的一种先进的生根诱导技术，现已广泛应用于商业化组织培养实践中。

(1)试管内生根

试管内生根培养是将生长到一定长度的微枝(>10mm)转移到生根培养基上继续培养。通常，生根培养基种类一般为1/2MS、1/2ER、H、WH、LS、WPM等较为适宜，且在培养基中仅添加(也可不加)极低浓度的细胞分裂素，主要添加一些利于生根的生长素(如IBA或NAA)，以及结合一些增效剂(如PG)。蔗糖浓度也要降低，以提高试管苗的自养能力，促进产生发达的不定根。不定根可分为皮部根和愈伤根两种。皮部根的维管束一般是与茎的维管束连通的，而由愈伤组织形成的愈伤根与茎的输导组织不连通，是影响试管苗移植成活的主要因子。试管苗生根质量主要体现在根系质量(粗度、长度)和根系数量(条数)两个方面。不仅要求不定根粗壮，还要求有较多的毛细根，以扩大根系的吸收表面积，增强根系的吸收能力，提高移栽成活率。根系长度不宜太长，以不在培养容器绕弯为好；根尖的颜色宜为细胞分裂旺盛时的黄白色，在粗而少与细而多之间，以后者为好。

(2)试管外生根

试管外生根是将组织培养产生的茎芽扦插到试管外有菌环境中，边诱导生根边驯化炼苗的技术。试管外生根的优势表现在：试管外生根苗比试管内生根苗的根系发育好、根毛多、木质化程度高(试管内多形成肉质根)、分生能力强、生长速度快、茎干皮层细胞个体较小、液泡小、叶片角质层发达(试管内生根苗蜡质层仅为试管外生根苗的35%)、气孔内陷(试管内苗外凸)、抗蒸腾能力和适应能力强、叶肉细胞叶绿素含量高、光合能力强(Prfece et al., 2002)；试管内生根的成本占整个微繁成本的

35%~75%(Preece et al., 1991)，试管外生根可大大降低生根成本，可减少总费用的70%(徐振华等，2002)。

试管外生根的方法是：将嫩枝先用50~200mg/L IBA溶液快速浸蘸，或者在含生长素的琼脂培养基或液体培养基上处理嫩枝5~10d，或者不经任何处理，直接扦插于生根基质中诱导生根。扦插时注意保持嫩枝的水分平衡(不断用蒸馏水喷洒已经扦插的嫩枝)。扦插后用消毒剂浇灌生根基质。生根基质可以是腐殖质土(或草炭)及珍珠岩(或细沙)按1∶1或(2~3)∶1混合，也可以是草炭、蛭石和珍珠岩按5∶4∶1混合。有时可用1/2MS加1~5mg/L IAA或IBA所组成的营养液加入基质(如砂质基质)内。可装在盆、瓶或木盆、塑料育苗筐内，也可置于苗床。环境要保持大于80%的湿度，一般达到90%以上至饱和状态。一般采用塑料薄膜密封或间歇喷雾的方式保证湿度。环境温度视植物品种而异，有的要求略低于诱导温度(如20~25℃)，有的要求较高温度(如30~35℃)。

#### 6.8.3.4 炼苗移栽

炼苗移栽是将已生根壮苗培养的完整小植株从培养室移植到室外无土栽培基质中，使小苗继续生长。包括异养阶段过渡到自养阶段(试管内生根方式)，人工环境过渡到室外自然环境两个过程。移栽苗常遇到的问题是：小苗移植后，环境条件突然改变(营养物质、生长调节物质、温度及光照)以致死亡；移植后因失水而死亡；由真菌引起的病害而死亡；移植时正值小苗进入休眠，不易成活。因此，要采取一系列行之有效的方法和技术来提高小苗移栽成活率。

①将苗分级　决定小苗质量的指标主要是苗高和根数，并结合繁殖植物种类的特性而确定。原则上可将小苗划分为3级，1级苗应大于平均苗高及平均根数；2级苗在平均数左右；3级苗低于平均数一半以下。徐明广(1989)对绒毛白蜡试管苗制定的3级标准，1、2级苗每株平均苗高2.6 cm以上，平均根数5.3条以上的可以适时移植，3级苗则继续培养。

②炼苗　由于试管苗是在无菌、恒温、弱光和高糖的培养条件下生长发育的，小苗嫩弱，适应性差，移植后小苗由异养转入自养，对外界环境条件需要经过一段逐渐驯化的适应过程。因此，在炼苗前，先采用降低培养温度(20℃以下)、增大光照强度(3000 lx以上)进行1周左右的适应性培养。也可在生根培养基中加入10~50mg/L的植物生长延缓剂(如$B_9$)，使小苗叶色深绿，根系发育粗壮。具体做法是：在移植前1~2d，把小苗连同培养瓶一起由培养室移至温室并适当遮光，使温度一致，并将瓶塞打开，使光照条件接近自然环境，炼苗1周左右，待小苗茎叶颜色加深，根系颜色由黄白色变为黄褐色即可移栽出瓶。

③确定定(假)植场所　定植场所应是通风良好，灌溉方便。光照充足的温室或塑料大棚。移栽基质通常以蛭石、珍珠岩、河沙、草炭、疏松肥沃土等配成，应疏松、透水、通气。为防病菌危害，基质要进行高温高压蒸汽灭菌，或用0.3%硫酸铜溶液均匀喷洒消毒。

④掌握移栽技术　移栽时，应小心从培养瓶中取出小苗，用清水洗去培养基，切

忌伤根及茎叶。将小苗先在0.1%~0.3%硫酸铜溶液中浸泡几分钟，再移植到温室内的容器中或苗床上，喷水要轻拿轻放，栽植深度适中，不要埋没或弄脏叶片，然后浇透水，同时采取一定的保湿措施。

⑤移栽后管理　移栽初期3~5d内适当遮阴，防止阳光直射。以后逐渐增加日照时间和强度，促进光合作用，提高自养能力。温度控制在20~25℃，同时注意通风，一方面促进叶片的蒸腾作用，加速根系的吸收，增强新陈代谢；另一方面减少菌类污染，提高成活率。保持土壤基质湿度，应适时适量浇水。为防病菌，每天喷洒一次500~800倍的多菌灵溶液。根据幼苗生长发育情况，用1/2MS培养基大量元素(或加微量元素)溶液进行根外喷施追肥。随着移栽苗的不断生长，还应注意适当蹲苗，主要是控制土壤水分，降低温度，增强光照。

## 小　结

植物组织器官培养是在无菌条件下，将离体的植物器官和组织接种于人工配制的培养基上培养，给予其适宜的生长发育条件，使其长成完整植株的过程。本章介绍了植物组织和器官离体培养的途径、方法以及培养物的增殖。简要介绍了植物愈伤组织及形成过程、植物愈伤组织培养的影响因子和应用、植物营养器官(根、茎段、叶)和繁殖器官的培养。详细介绍了植物花药(花粉)、胚乳和胚培养的概念、优点、方法和程序以及影响因素和应用。重点介绍了植物离体快繁的一般程序。

## 复习思考题

1. 简述愈伤组织的形成过程及愈伤组织的特点。
2. 某一种愈伤组织在进行继代与分化培养时，其培养基如何设计？
3. 花药培养产生的再生植株染色体倍性如何？其产生的原因是什么？
4. 胚乳培养再生植株的倍性有何特点？其产生的原因是什么？
5. 为什么幼胚较成熟胚培养要求的培养基成分更复杂？
6. 胚培养技术在育种工作中有哪些应用？
7. 什么是植物离体快繁？有什么意义与作用？
8. 试述植物离体快繁的基本程序。

## 推荐阅读书目

1. 实用植物组织培养技术教程．曹孜义，刘国民．甘肃科学技术出版社，2002.
2. 植物组织培养．王水琦．中国轻工业出版社，2007.
3. 植物组织培养技术．李永文，刘新波．北京大学出版社，2007.
4. 植物组织培养．李胜，杨宁．化学工业出版社，2015.
5. 园艺植物组织培养．王永平，史俊．中国农业出版社，2010.
6. 植物组织培养(第二版)．王蒂，陈劲枫．中国农业出版社，2013.

## 参考文献

白雨，高山林，2003. 半夏组织培养诱导胚状体的正交试验[J]. 植物资源与环境学报(4)：10-14.

曹孜义，刘国民，2002. 实用植物组织培养技术教程[M]. 兰州：甘肃科学技术出版社.

陈振光，1996. 园艺植物离体培养学[M]. 北京：中国农业出版社.

陈正华，1986. 木本植物组织培养及其应用[M]. 北京：高等教育出版社.

陈宗礼，刘建玲，延志莲，等，1999. 植物快繁中有效快繁速度与商品苗总产量的计算与控制[J]. 西北植物学报(3)：422-427.

程家胜，2003. 植物组织培养与工厂化育苗技术[M]. 北京：金盾出版社.

杜丽璞，徐惠君，赵乐莲，等，1996. 用保卫细胞长度鉴别小麦花粉植株倍性研究[J]. 北京农业科学，14(6)：10-12.

高彦萍，杨谋，张武，等，2012. 马铃薯组培快繁数量计算及影响因子分析[J]. 作物杂志(6)：89-94.

关春梅，张宪省，2006. 植物离体器官发生控制机理研究进展[J]. 植物学通报(5)：22-27.

李俊明，2002. 植物组织培养教程[M]. 2 版. 北京：中国农业大学出版社.

李胜，杨宁，2015. 植物组织培养[M]. 北京：化学工业出版社.

李世诚，堀内昭作，望冈亮介，1992. 葡萄未熟胚的胚状体诱导和再生植株[J]. 上海农业学报(2)：1-4.

李守玲，庄南生，2006. 植物花药培养及其影响因素研究进展[J]. 亚热带植物科学(3)：7-12.

李云，2001. 林果花菜组织培养快速育苗技术[M]. 北京：中国林业出版社.

陆文樑，郭仲琛，1984. 小麦小孢子发生和花粉发育的细胞学观察[J]. 植物学报(1)：5-9.

梅家训，丁习武，2003. 组培快繁技术及其应用[M]. 北京：中国农业出版社.

沈海龙，2005. 植物组织培养[M]. 北京：中国林业出版社.

谭文澄，戴策刚，1997. 观赏植物组织培养技术[M]. 北京：中国林业出版社.

王蒂，陈劲枫，2013. 植物组织培养[M]. 2 版. 北京：中国农业出版社.

周瑞金，刘孟军，2006. 枣离体叶片高效再生植株的研究[J]. 园艺学报(3)：25-30.

EDWIN F. GEORGE，MICHAEL A. HALL，GEERT-JAN DE KLERK，2008. Plant propagation by tissue culture[M]. 3rd edition volume 1. Netherlands：Published by Springer.

# 第7章 体细胞杂交

作为常规育种手段的有性杂交在植物育种工作中发挥了巨大的作用，但是远缘杂交的有性不亲和、双亲花期不遇、雌/雄不育等阻碍了这一技术在植物育种中的应用。植物体细胞杂交(somatic hybridization)是以原生质体培养为基础，人工诱导使不同亲本原生质体融合，并通过对异核体的培养产生体细胞杂种的技术。其过程包括原生质体的制备、细胞融合的诱导、杂种细胞的筛选和培养，以及植株的再生与鉴定等环节。发展至今，已从许多种内、种间、属间甚至亚科间的体细胞杂交获得杂种细胞系或杂种植株。随着多种植物原生质体培养的成功及融合方法、方式上的不断改进，体细胞杂交在转移抗逆性状，改良作物，实现远缘重组，创造新型物种，以及定向转移胞质基因控制的性状等方面获得了巨大进展。

## 7.1 概述

体细胞杂交，又叫细胞融合、原生质体融合、超性杂交，主要是指两个亲缘关系较远的材料不经过有性杂交而利用体细胞裸露的原生质体进行融合获得杂种植株的过程。体细胞杂交技术自1960年英国植物生理学家Cocking首次报道，利用酶解细胞壁法由烟草叶片获得大量有活力的裸细胞即原生质体以来，经过半个多世纪的发展已成功地从烟草、马铃薯、兰花、水稻、小麦、玉米、棉花、花生、白菜、甘蓝、油菜、花椰菜、黄瓜、茄、甘薯、苹果、草莓、柑橘、香蕉、葡萄、虎杖、黄芪、柴胡、苜蓿、菊花、杨树等植物中分离原生质体并再生出植株(表7-1)，并从许多种内、种间、属间甚至科间的体细胞杂交中获得杂种细胞系或杂种植株，为植物种质创新和利用原生质体直接进行遗传转化开辟了广阔的发展前景。

有性杂交是目前创造植物新类型最有效的方法，它使植物种间遗传物质发生传递，通过筛选优良性状获得有用的材料，但有性杂交局限于种间遗传物质的传递，不能获得预期的优良性状，转移的性状也具有很强的局限性，主要体现在植物在进化过程中在花器管结构、遗传等方面的差异造成远缘物种间的生殖隔离，该隔离限制了物种间遗传信息的交流和转移，成为通过杂交进行作物改良的严重障碍。而通过原生质体分离与体细胞杂交技术可以打破物种之间的界限，为创造新物种奠定坚实的基础。通过原生质体分离可以在细胞水平上进行突变体的筛选、次生代谢物生产、人工种子生产、种质资源库建立，以进行细胞学基础性学科的研究，并能够作为遗传转化良好的受体系统。在体细胞杂交过程中细胞壁被溶解，有利于细胞间相互融合，克服了常

表 7-1 部分由原生质体培养获得再生植株的植物

| 植物名称 | 原生质体来源 | 参考文献 |
|---|---|---|
| 禾本科(Gramineae) | | |
| ‘日本晴’(*Oryza sativa* spp. *japonica*‘Nipponbare’) | 籽粒胚乳 | 段炼等(2014) |
| 玉米自交系郑58(*Zea mays*) | | 郭艳萍等(2014) |
| 蒺藜科(Zygophyllaceae) | | |
| 霸王(*Zygophyllum xanthoxylum*) | 幼嫩子叶 | 王瑛华(2009) |
| 锦葵科(Malvaceae) | | |
| 陆地棉遗传标准系(*Gossypium hirsutum* acc. TM-1) | 幼嫩子叶 | 李妮娜等(2014) |
| 陆地棉品种ZDM-3(*Gossypium hirsutum*‘ZDM-3’) | 胚性细胞悬浮系 | 汪静儿(2008) |
| 卫矛科(Celastraceae) | | |
| 南蛇藤(*Celastrus orbiculatus*) | 胚性愈伤组织 | 范小峰(2011) |
| 豆科(Leguminosae) | | |
| 大豆‘交大133’ | 成熟叶片 | 苏彤(2017) |
| ‘陇东’紫花苜蓿(*Medicago sativa*‘Longdong’) | 下胚轴愈伤组织 | 陶茸等(2011) |
| 蚕豆(*Vicia faba*) | 叶肉细胞 | 叶露飞(2010) |
| 红豆草(*Onobrychis viciaefolia*) | 下胚轴愈伤组织 | 罗玉鹏(2008) |
| 白花草木犀(*Melilotus alum*) | 叶片愈伤组织 | 贺辉(2008) |
| 蔷薇科(Rosaceae) | | |
| 草莓(*Fragaria ananassa*) | 胚性愈伤组织、悬浮细胞系 | 张学英(2006) |
| 苹果(*Malus pumila*) | 叶片 | 魏国芹(2009) |
| 番木瓜科(Caricaceae) | | |
| 番木瓜(*Caricapa payo*) | 叶肉细胞 | 张建波(2011) |
| 十字花科(Cruciferae) | | |
| 哥伦比亚野生型拟南芥(*Arabidopsis accessions*: *Col*-0) | 叶片悬浮细胞 | 赵严伟等(2011) |
| 结球甘蓝(*Brassica olerace* var. *capitata*) | 下胚轴悬浮细胞 | 李贵等(2012) |
| 播娘蒿(*Descurainia sophia*) | 幼嫩叶片 | 姜淑慧等(2006) |
| 芝麻菜(*Erucasativa mil*) | 下胚轴 | 张传利(2008) |
| 茄科(Solanacece) | | |
| 马铃薯大西洋(*Solanum tuberosum*) | 叶片 | 李晓(2019) |
| 烟草(*Nicotiana tabacum*)*NC89* | 叶片 | 尚飞等(2013) |
| 矮牵牛锦浪系列(*Petunia hybrida*‘Shock Wave’) | 叶片 | 王鹏等(2016) |
| 小花矮牵牛(*Calibrachoa hybrid*‘Lindura Yellow’) | 叶片 | 王鹏等(2016) |
| 大戟科(Euphorbiaceae) | | |
| 木薯(*Manihot esculenta*) | 叶片 | 文峰等(2018) |
| 葡萄科(Vitaceae) | | |
| 葡萄‘鄞红’(*Vitis vinifera*) | 茎段愈伤组织 | 俞超等(2013) |
| 杨柳科(Salicaceae) | | |
| 新疆杨(*Populus alba* var. *pyramidalis*) | 组培苗茎段愈伤组织 | 白珊珊等(2011) |
| 小青杨(*Populous pseudo-simonii*) | 叶肉悬浮细胞新鲜叶片 | 蔡肖(2011) |
| 兰科(Orchidaceae) | | |
| 青天葵(Leaf of Ford Nervilia) | 叶片 | 张晓丽等(2011) |
| 芸香科(Rutaceae) | | |
| 柑橘(*Citrus reticulata* Blanco) | 叶片 | 张亚莎(2016) |
| 菊科(Asteraceae) | | |
| 菊苣(*Cichorium intybus*) | 叶片 | 陈绪清(2017) |
| 睡莲科(Nymphaeaceae) | | |
| 睡莲(*Nelumbo nucifera*‘Gaertn’) | 叶片 | 蔡颖欣(2017) |

规育种中远缘种属间由于生殖隔离而造成的杂交障碍，实现了远缘种属间遗传信息的交流。但是体细胞杂交技术也存在一定的问题，如试验条件难以控制，有些作物技术

体系不完全成熟、试验结果的重演性差，甚至还出现不能达到预期杂交目标性状等问题。

### 7.1.1 植物体细胞杂交的历史与现状

对植物原生质体的研究可追溯到20世纪60年代，英国植物学家Cocking用酶解法降解细胞壁，获得了番茄根尖原生质体，自此原生质体的研究得到迅速发展。1970年Nagata和Takeble首次报道烟草叶肉原生质体经分离、培养获得再生植株。自1972年Carlson等首次成功获得烟草种间体细胞融合杂种再生植株以来，越来越多的物种在体细胞杂交上取得了突破性的进展。在早期的研究中，研究兴趣和重点集中在亲缘关系较远的植物之间的体细胞杂交，在许多系统发育上无关的种间进行了大量的原生质体融合试验，但成效不大。随后，人们将研究兴趣转向近缘植物间的体细胞杂交，近缘种内或种间及较近缘属间的杂交组合具有较强的目的性，已成功用于多个物种的抗逆性状改良或创造新的种质。目前通过原生质体融合成功获得体细胞杂种的作物有番茄、小麦、大麦、马铃薯、茄、水稻、油菜、柑橘、棉花、香蕉和姜等。50年来，研究者对植物原生质体融合技术进行了不断的改进和完善，通过体细胞杂交成功转移有益性状，从而实现品种改良的物种也越来越多。

据不完全统计，目前至少有400多种植物的原生质体成功培养再生植株，并且已通过原生质体融合获得多种植物种间、属间甚至是科间的体细胞杂种。原生质体融合在改良现有品种的抗性、转移胞质不育基因及创造自然界不存在的新种质资源等方面均有成功报道，是一种非常具有前景的生物技术育种方式(表7-2)。

植物体细胞杂交研究经过40多年的发展，表现出如下特点：

(1)研究对象重点的转移

植物原生质体培养的成功是体细胞杂交发展的先决条件。纵观体细胞杂交的发展过程不难看出，其研究重点随着原生质体培养的发展一次次地发生了转移。早期原生质体培养(20世纪70年代)主要在茄科植物上获得成功，包括烟草属、曼陀罗属、矮牵牛属、茄属、番茄属和颠茄属等，所以早期的体细胞杂交工作也主要集中在这些种属植物之间。而后又广泛进行了十字花科芸薹属和拟南芥属、伞形科胡萝卜属和欧芹属等的体细胞杂交。20世纪80年代中期以来，一批有重大经济价值的农作物，如水稻、大豆、小麦等的原生质体培养纷纷获得成功，一些有经济价值的木本植物原生质体培养也相继获得再生植株，如柑橘、猕猴桃、樱桃、杨树、榆树等。目前对重要经济植物的体细胞杂交已成为该研究领域的主流，所得到的体细胞杂种丰富了作物的基因库，为直接应用或者进一步开展有性杂交育种工作提供了宝贵的材料。

(2)杂交组合的转变

植物体细胞杂交最初是从能通过有性杂交得到杂种植株的粉蓝烟草+郎氏烟草的原生质体融合获得突破的。之后，人们在细胞融合工作上开始了丰富的想象，具体表现在融合组合设计上。最有代表性的是Melhcers等(1978)将有性杂交不亲和的番茄和马铃薯进行体细胞杂交，期望得到地上结番茄、地下长土豆的杂种，结果

表 7-2 部分远缘物种间体细胞杂交的研究成果

| 原生质体融合物种 | 培养结果 | 参考文献 |
| --- | --- | --- |
| 玉米 + 大豆 | 再生杂种植株 | Earle 等(1979) |
| 毛叶曼佗罗 + 颠茄 | 再生杂种植株 | Krumbiegel, Schieder(1979) |
| 拟矮牵牛 + 矮牵牛 | 再生杂种植株 | Cocking(1980) |
| 野生白菜(*Brassica campestris*)+ 甘蓝型油菜 | 再生杂种植株 | Beversdorf(1980) |
| 普通烟草 + 金氏烟草 | 再生杂种植株 | Menczel 等(1981) |
| 柑橘 + 柑橘 | 愈伤组织 | Vardi 等(1983) |
| 马铃薯 + 番茄 | 再生杂种植株 | Shepard 等(1983) |
| 欧洲山杨(*Populus tremula*)+ 美洲山杨(*P. tremuloides*) | 愈伤组织 | Ahuja(1984) |
| 龙葵(*Solanum nigrum*)+ 马铃薯 | 再生杂种植株 | Gressel 等(1984) |
| 茄(*Solanum brevidens*)+ 马铃薯 | 再生杂种植株 | Helgeson(1986) |
| 双单倍体马铃薯 + 马铃薯 | 再生杂种植株 | Deimling 等(1988) |
| 双单倍体马铃薯 + 二倍体马铃薯 | 再生杂种植株 | 戴朝曦等(1995) |
| 苜蓿(*Medicago sativa*)+ 野生苜蓿(*Medicago coerulea*) | 杂种细胞 | Puppilli 等(1995) |
| 美洲黑杨(*P. euramericana*)+ 胡杨(*P. euphratica*) | 愈伤组织 | 诸葛强等(2000) |
| 播娘蒿(*Descurainia sophia*)+ 油菜 | 再生杂种植株 | 姜淑慧等(2005) |
| 花椰菜 + ogura CMS 甘蓝型油菜 | 再生植株 | 惠志明(2006) |
| 甘蓝型油菜 + 紫罗兰 | 愈伤组织 | 马占强(2006) |
| 甘蓝型油菜 + 蔊菜(*Rorippo indica*) | 融合杂种 | 姜淑慧(2007) |
| 芹菜(*Apium graveolens*)+ 胡萝卜 | 再生杂种植株 | 谭芳(2009) |
| 马铃薯野生种(*Solanum etuberosum*)+ 二倍体马铃薯(AC142) | 再生杂种植株 | 靳姣姣(2016) |
| 马铃薯野生种(*Solanum etuberosum*)+ 二倍体马铃薯(XD-3) | 再生杂种植株 | 靳姣姣(2016) |
| 徐薯 18 + 近缘野生种(*Lpomoea triloba*) | 再生杂种植株 | 贾礼聪(2016) |
| 高系 14 号 + 近缘野生种(*Lpomoea triloba*) | 再生杂种植株 | 贾礼聪(2016) |
| 徐薯 18 + 近缘野生种(*Lpomoea lacunosa*) | 再生杂种植株 | 贾礼聪(2016) |

并非如预期的那样，仅获得了外形偏向番茄，花、叶、果实具杂种特点的植株。同期和随后的试验中也有一些类似的组合，甚至更远缘的科间杂交。这些组合中得到的融合物大都不能分裂生长或仅开始分裂几次后便不再增殖，有些得到连续增殖的细胞系，如大豆 + 水稻、大豆 + 烟草、大豆 + 粉蓝烟草等，却没有进一步分化。实践证明，体细胞杂交并非如人们想象的那样简单，远缘的体细胞杂交是受系统进化距离限制的，于是人们寻求更切合实际的杂交组合以及克服远缘不亲和的方法。

目前人们较多选用近缘种内或种间以及较近缘属间的杂交组合。和远缘的体细胞杂交相比，它具有更强的目的性。例如，茄子和抗线虫的野生茄经细胞融合产生抗虫的杂种；再如前面所述的将籼稻的雄性不育特性转入粳稻中，用抗大豆花叶病毒的野大豆与栽培大豆细胞融合获得优良抗病大豆株系，在马铃薯、柑橘和油菜等作物上也有类似的报道。这些研究表明，通过体细胞杂交将野生种的有用性状导入栽培种是一条可行且有效的育种途径。

(3)杂交方式的转变

人们在远缘体细胞杂交中发现，那些能连续增殖的杂种细胞系往往会发生一方亲本染色体丢失或削减的现象，并且注意到一定程度的不对称化似乎是分化发生的前提条件之一，人们对这种现象非常感兴趣，并据此发展出了供体—受体式细胞融合。供体—受体式细胞融合已广泛地应用于细胞质基因转移及微量核物质的转移，它可分为不对称融合和细胞质杂交。后者能产生胞质杂种，即具有一方亲本的细胞核和双亲细胞质成分的体细胞杂种。作物的一些重要经济性状，如胞质雄性不育、抗除草剂阿特拉津的抗性基因都是由胞质基因控制的，通过原生质体融合进行细胞质基因重组，是一条可直接用于育种的简便途径。到目前为止，已有很多成功的例子。不对称融合是指一方亲本的全部原生质与另一方亲本的部分核物质及胞质物质重组，产生不对称杂种。不对称杂种是一个广泛的概念，相对于对称杂种来说，至少亲本一方有部分染色体被消除，相对于胞质杂种来说，即使亲本一方染色体全部消除，仍保留着该亲本的某些核基因控制的性状。因为不对称融合只有供体方的少量染色体转入受体方细胞，故更有希望克服远缘杂交的不亲和性，并且得到的杂种植株可能更接近试验所要求的性状，减少回交次数甚至免去这一步骤便能达到改良作物的目的，使育种周期大大缩短。目前人们多用物理粒子，如γ射线、X射线辐照供体原生质体，使其染色体部分破坏后用于体细胞杂交，已有许多成功案例。据统计，自1985年后，不对称融合在体细胞杂交中所占比率逐年升高，现在90%以上的体细胞杂交为不对称融合。

(4)融合方法的改进

原生质体的融合方法也经历了一个逐步改进和完善的过程。早期使用的有$NaNO_3$法、高钙高pH法、PEG法等，后来逐渐发展为PEG与高$Ca^{2+}$、高pH相结合法；20世纪80年代初又开始探索使用电融合法，还发展出一些其他的方法。这些方法各有特点，但目前广泛使用的是PEG法和电融合法。

(5)杂种细胞选择体系的改进

在原生质体融合后的群体中，可形成各种遗传组分的融合体，有融合的、未融合的、多元融合的以及嵌合的。杂种选择就是要控制区分，得到希望的融合重组类型。没有杂种选择技术常不能获得有效的体细胞杂种，而缺乏有效的具普遍意义的选择系统，正是一直制约体细胞杂交发展的瓶颈之一。

杂种选择技术通常以遗传标记、细胞对营养反应差异以及生化特性表现差异为基础建立。它既可利用自然存在的遗传、细胞、生理、生化上的不同作为标记，也可利用人工诱变的突变体，如抗药因子对生态条件下的敏感反应、叶绿体缺失、营养缺陷等巧妙地组成互补选择体系，构成一次性选择或多级性选择的程序。多数方法建立在双亲细胞互补的原则上，包括遗传互补、营养缺陷互补、白化突变体间互补以及生长激素的自主互补等。然而这些方法的局限性在于突变体不易获得，而且有些突变体不易再生。也有人采用机械分离杂种细胞的方法，早年利用显微镜操作分离，挑出融合杂种细胞，近年发展到利用流式细胞仪来分离杂种细胞，具有效率高的优点。随着近年来不对称体细胞杂交的兴起，产生了一种新的选择方法。一般用碘乙酰胺(IOA)或碘乙酸处理受体，使其细胞核失活，单独培养不能生长和分裂；而供体由于受到射线辐照，大部分染色体受到损伤，细胞不能生长；只有融合体发生互补作用才能生长，从而挑选出杂种细胞。

(6)杂种鉴定方法的发展

获得再生植株以后，必须做进一步的鉴定与分析，以证实杂种的真实性并了解其与亲本的区别和联系。除了传统的形态学、细胞学及生物化学方法得到继续发展外，近年来随着分子生物学的发展，对杂种进行分子生物学鉴定已成为强有力的手段。分子生物学鉴定植物细胞杂种的方法有 Southern 杂交、原位杂交等。限制性片段长度多态性分析技术(RFLP) 在分析体细胞杂种时有独特的作用，它通过比较双亲及杂种的 DNA 限制酶切图谱来达到鉴定目的。PCR 技术出现后，又发展起了更为迅速快捷的随机扩增多态性 DNA 分析技术(RAPD)，用这些技术可以分析杂种与亲本叶绿体、线粒体以及核 DNA 的区别及联系。

## 7.1.2 植物体细胞杂交的重要性和局限性

### 7.1.2.1 植物体细胞杂交的重要性

目前，体细胞杂交还没有有效地将野生资源中有益性状转移到栽培种中，仍然存在体细胞杂种再生困难或再生植株寿命短等问题，但是随着植物体细胞杂交技术的不断完善，获得杂种再生完整植株的科属范围不断扩大，植物体细胞杂交技术将得到广泛运用。

(1)克服远缘杂交不亲和问题

原生质体融合技术可以高效地将供体的目标性状基因转移给受体，解决种间杂交不亲和的问题，为品种遗传改良、遗传工程和作物改良提供多种可能。植物原生质体融合技术已成功应用在多种植物中。同时，利用原生质体进行外源基因导入，由于没有细胞壁的障碍，便于进行遗传转化操作。

(2)定向转移胞质基因控制性状的基因

利用细胞融合可以将细胞器的遗传物质进行改良，转移细胞质基因控制的性状。通过非对称融合可以获得胞质杂种。通过不同射线或者化学处理，供体的核物质在融合杂种中可以完全丢失，杂种中仅保留了受体的细胞核，其结果是供体的胞质基因组转移到受体中，从而得到胞质杂种。因此，非对称融合是细胞器基因转移的有效策略。应用最多的是转移细胞质雄性不育(CMS)，由线粒体基因组编码的母系遗传性状。常规育种方法的转移需要多次回交才能去除胞质亲本的核基因组，通过非对称融合的方式可以快速缩短转移该性状的时间。

(3)用于染色体定位或进行染色体排除等机理研究

亲缘关系较远的物种进行融合后，会出现染色体排斥现象，这为此类研究等提供了便利条件。

#### 7.1.2.2 植物体细胞杂交的局限性

(1)原生质体培养再分化难度较大

很多植物分离到的原生质体很难进行正常的细胞分离和分化，有些植物原生质体即便能够形成愈伤组织，但很难再分化出完整个体，导致体细胞杂交难以进行。同时，诱导融合过程中许多因素会直接影响到原生质体的活力、融合率，使得诱导物质的使用、融合方法的选择显得更为重要。

(2)体细胞杂交结果不可预见

通常在导入有用基因的同时，也可能会带入不利基因，而要删除这些基因，必须将其与受体亲本进行反复回交，所耗时间长。同时，体细胞杂种或胞质杂种本身染色体数目不确定，而且染色体结构易发生变异，以及存在异常减数分裂等，造成培养过程不稳定。此外，体细胞杂交育种同样存在杂种不育或育性差等问题。

(3)发生染色体丢失

当两个亲本基因组在体细胞水平上是互不亲和时，会发生染色体随机丢失及细胞器分离或合并，从而形成嵌合体，不利于优良性状稳定遗传。

### 7.1.3 体细胞杂交的步骤

植物体细胞杂交的一般步骤如图 7-1 所示，涉及的全部技术环节包括材料预培养、原生质体分离、原生质体培养、体细胞杂交、杂种细胞筛选、杂种细胞再分化产生愈伤组织及再生植株等基本步骤(图 7-2)。

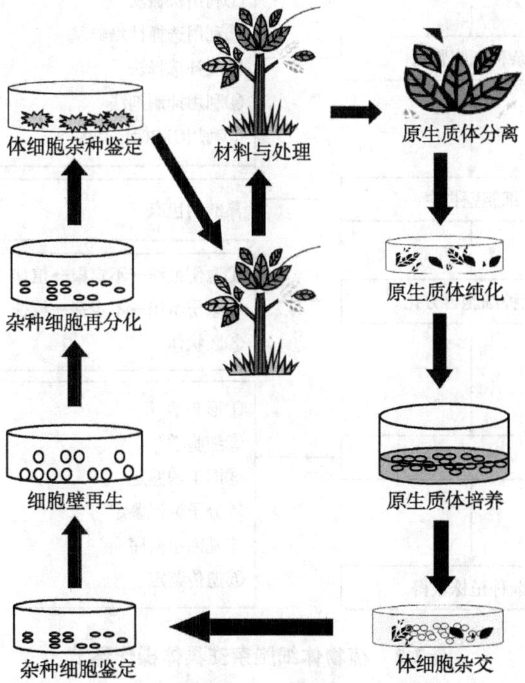


图 7-1 植物体细胞杂交的一般步骤

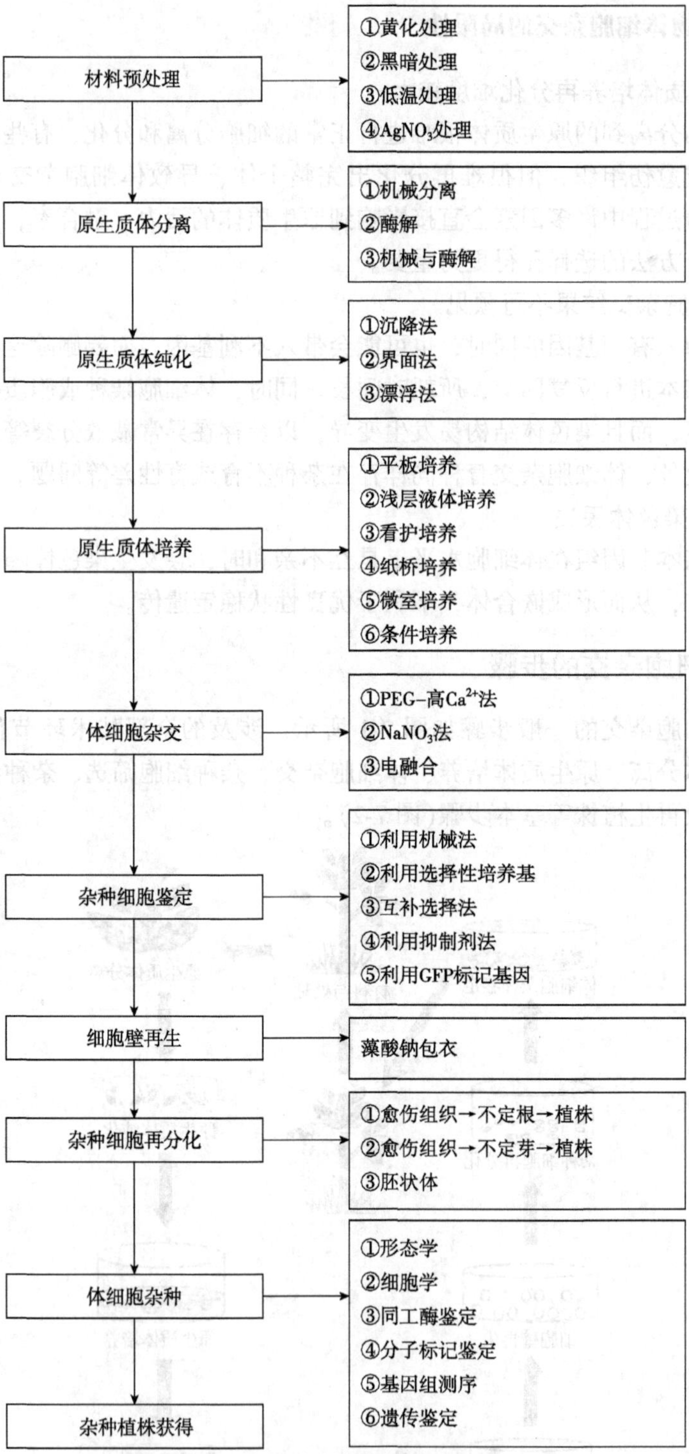


**图7-2 植物体细胞杂交具体操作环节**

体细胞杂交的具体操作步骤可简单概括如下：

①首先选取目标性状适宜的材料，对所选取材料进行黑暗、低温、弱光以及$AgNO_3$等处理，不同基因型选择不同处理方式(有些材料不必进行预处理)；

②进行预处理后的材料再进行原生质体分离，将材料研磨后用适宜的酶进行酶解处理，酶的成分及酶解时间视不同的基因型和类型确定，酶解后进行原生质体纯化与检测；

③原生质体活力检测是分离原生质体非常关键的环节，通过目测法、FDA 荧光染色和伊凡蓝染色法检测原生质体活力及完整性，检测结果可证明其是否分离获得相应原生质体；

④对分离得到的原生质通过平板培养、纸桥培养、微室培养、看护培养、条件培养等培养方式使原生质体在适宜的培养基和培养条件下进行生长；

⑤对分离的两个物种的原生质体通过 PEG 法、电融合法进行融合；

⑥检测融合细胞类型并进行杂种细胞筛选与鉴定；

⑦对获得的异核杂种细胞进行细胞壁再生；

⑧对细胞进行再分化培养，通过不同再分化方式使其分化再生，产生相应的杂种植株；

⑨对获得的杂种植株利用形态学、细胞学、分子生物学、遗传学及基因组学进行鉴定与分析，确证是否是体细胞杂种植株，并对其田间性状进行评价。

## 7.2 原生质体分离

原生质体分离是进行体细胞杂交的前提，也是关键的第一步，目前已从多种植株中分离得到了原生质体，从苹果、水稻、玉米、甘蓝、香蕉、柑橘、大豆、小麦、马铃薯等作物中陆续分离获得了完整原生质体，但对于原生质体分离所采用的材料的类型、生理状态存在较大的差异，如苹果用叶片进行原生质体分离，水稻采用叶肉细胞分离，香蕉采用胚性悬浮细胞进行分离，并且对材料所采取的预处理方法也存在差别，所采用酶浓度和时间也不尽相同。因此，本节将从原生质体分离过程(包括从基因型选择、材料类型、材料生理状态及材料的预处理 4 个方面)阐述原生质体分离材料的准备，详细阐释最常用的酶解法在原生质体分离过程中的具体操作步骤，原生质体纯化的基本操作方法及操作步骤和注意事项，原生质体活力检测方法及特点，原生质体的基本培养方法和特点。

### 7.2.1 材料准备

原生质体(protoplast)是指用特殊方法脱去植物细胞壁之后，裸露的、有生活力的原生质团。就单个细胞而言，原生质体除了没有细胞壁外，具有活细胞的一切特征。选择合理材料是进行原生质体分离的第一步，对于原生质体培养自开始以来，所选材料的基因型、类型、所处生理状态及环境条件均会影响分离效果和分离得到的原生质体活力的高低。

(1)基因型

原生质体分离技术已广泛地应用于植物远缘杂交获得杂种植株和通过原生质体再生作为遗传转化的受体，但不同植物之间原生质体再生能力差异较大。在原生质体培养再生植株中，成功最多的是茄科，随后依次为豆科、禾本科、菊科、十字花科和蔷薇科，而作为植物界三大科之一的兰科，至今还没有原生质体再生植株的报道，甚至连愈伤组织再生也相当困难。在柑橘属植物中，虽然能有效克服柑橘属植物有性杂交不亲和、性器官败育以及珠心胚干扰等问题，是柑橘属植物中除有性杂交外的一条切实可行的杂交途径，但是柑橘属植物原生质体培养的难易程度也存在种间差异，甜橙类、橘柚类、柠檬等再生相对容易，而宽皮橘类较为困难。魏国芹(2009)采用相同的培养基和培养条件对苹果属植物4个不同品种进行原生质体的分离，原生质体的产量和活力在不同品种中表现出很大的差异，‘平邑甜茶’获得的原生质体产量和活力都最高，‘鲁加5号’产量次之，但是活力最差；‘嘎啦’和‘$M_7$’的产量与活力也不尽一致。对目前研究较多的苹果属植株中各品种进行比较后发现，其基因型之间存在差异(表7-3)。

**表7-3　苹果原生质体培养概况**

| 基因型 | 材　料 | 培养结果 | 参考文献 |
|---|---|---|---|
| Orel | 花药愈伤组织 | 形成愈伤组织 | Niizeki 等(1983) |
| 金矮生、旭、陆奥 | 叶片愈伤组织及悬浮细胞系 | 形成4~8个细胞的细胞团 | Hurwitz(1984) |
| 红　玉 | 叶片愈伤组织及悬浮系 | 诱导出拟胚状体及根 | Kouider(1984) |
| 绿　袖 | 胚乳和茎愈伤组织及悬浮细胞系 | 30~40个细胞的微愈伤组织 | Jame 等(1986) |
| 富士、CG80 | 珠心愈伤组织 | 愈伤组织 | Saito(1985) |
| Akero、$M_{26}$ | 叶片 | 分离出原生质体 | Wallin 等(1985) |
| Ottawa、$M_{25}$、Bramely、绿袖 | 叶片 | 分离出原生质体 | Revilla 等(1987) |
| 海棠果 | 叶片 | 分离出原生质体 | Matsuya 等(1987) |
| 绿　袖 | 叶片 | 形成愈伤，有微管分化 | Doughy 等(1987) |
| 苹　果 | 叶片 | 愈伤组织 | Wallin 等(1988) |
| $M_9$、$MM_{106}$ Sparan | 叶片，茎尖愈伤组织及悬浮细胞系 | 叶肉原生质体再生成株，其他材料形成愈伤 | Ochatt 等(1988) |
| A132 | 叶片 | 再生植株 | Wallin 等(1989) |
| $MM_{106}$ | 叶片 | 再生植株 | Ochatt 等(1990) |
| 加拉、金矮生、$M_{26}$、橘苹实生苗、Florina | 叶片 | 再生植株 | Huang 等(1993) |
| 金帅杂种株系 | 叶片、茎段 | 再生植株 | Ochatt 等(1993) |
| 新红星、秋锦、赤阳、辽伏 | 悬浮体系 | 再生植株 | 丁爱萍(1994) |
| 千　秋 | 叶片 | 再生不定芽 | 达克东(1995) |
| 新红星 | 子叶、愈伤组织及悬浮系 | 再生植株 | Ding 等(1995) |
| 赤阳、辽伏、秋锦 | 叶片 | 形成细胞团 | Ding 等(1995) |
| 富　士 | 茎尖愈伤组织及悬浮系 | 再生植株 | Saito (1996) |
| 平邑甜茶、$M_{26}$、嘎啦 | 悬浮细胞系 | 再生植株 | 潘增光(1998) |
| 106苹果 | 茎段 | 不同浓度激素对再生植株的影响 | 李恩忠(1999) |
| 嘎啦、富士、首红 | 叶片愈伤组织 | 融合再生植株 | 何道一(1999) |

（续）

| 基因型 | 材 料 | 培养结果 | 参考文献 |
|---|---|---|---|
| 珠美海棠、北海道9号、山定子 | 悬浮细胞系 | 形成愈伤组织 | 潘增光等(2000) |
| 嘎啦、77-34 | 幼胚子叶、幼叶愈伤组织 | 诱导原生质体的胚状体途径再生植株 | 肖建会(2002) |
| 嘎 啦 | 离体叶片 | 心形胚、球形胚、子叶形胚、原胚、成熟胚类型的胚均能由成熟胚发育成植株 | 达克东(2004) |
| 红 霞 | 顶芽、腋芽 | 再生植株 | 韩焱(2005) |
| 乔纳金 | 无菌苗叶片 | 再生植株 | 臧运祥(2006) |
| 高 酸 | 茎尖和茎段 | 再生植株 | 徐世彦(2006) |
| 特 丽 | 茎段 | 建立快繁体系 | 周厚成(2007) |
| 鲁加5号、$M_7$ | 叶片、茎尖愈伤组织 | 不持续分裂，不形成细胞团或愈伤组织 | 魏国芹等(2009) |
| 红 肉 | 茎段 | 不定芽诱导再生率100% | 李厚华(2011) |
| 来安花红 | 茎段 | 再生植株 | 万莹(2014) |
| 富 士 | 成熟花粉 | 花粉原生质体分离最佳条件 | 张宁(2015) |
| 红富士 | 组培苗茎尖 | 优化快繁体系 | 谢璇(2015) |
| 嘎 啦 | 单芽系组培苗叶片 | 有到愈伤组织的条件 | 高兵(2017) |

(2)材料类型

最早在1897年Klercker用机械法分离原生质体选择的材料为叶肉细胞，1960年英国植物生理学家Cocking首次利用纤维素酶从番茄根细胞中分离原生质体，随后人们陆续从不同类型的植物细胞中分离原生质体，如叶片、上胚轴、子叶、未成熟胚、花、培养细胞、小孢子母细胞以及根等材料。另外，胚性愈伤组织悬浮细胞和处于对数生长期细胞也是分离原生质体的良好材料，在香蕉、水稻、小麦、柑橘等作物育种中均有应用。不仅如此，同一基因型植株生长在不同环境下，它们的生理状态会有所改变，即使生长在相同条件下，用不同类型外植体制备的原生质体，甚至是用同一类型外植体的不同部位制备的原生质体在产量、活力以及离体培养时的反应也会有所不同。目前采用组织培养植株叶片进行原生质体分离的效果要优于大田苗，已在马铃薯和苹果原生质体分离中得以应用。

(3)材料的生理状态

不同生理状态的植物材料分离获得原生质体的产量与质量是不同的，烟草叶肉原生质体培养分别取叶位1、3、5、7、9的叶片，原生质体存活率最高达43.1%，最低仅7.0%。大豆胚轴原生质体培养以取5d苗龄为最好，小麦叶肉原生质体培养以8d苗最好，大麦叶肉原生质体得率也与年龄密切相关。在苜蓿子叶原生质体培养中，绿色子叶培养效率优于黄色子叶。在棉花原生质体分离时保持渗透压和酶解时间一定的前提下，选用不同叶龄棉花幼苗获得原生质体得率存在显著差异。培养8d的棉花子叶，产生极少量原生质体，且细胞比较小；当幼苗培养时间达到10d时，获得的原生质体大小适宜，且产量显著增加。

(4)材料预处理

在大多数植物原生质体分离过程中对材料进行预处理是非常必要的，对材料进行弱光培养、低温处理、不同光质处理及高渗透物质和化学药剂处理对原生质体分离是有益的。

①弱光处理　如番茄叶肉原生质体培养，供体材料25℃，暗培养18h，再在4℃培养6h，原生质体得率最高。甘蔗植株必须先在黑暗下培养12h后分离的原生质体才能分裂。对人心果叶片进行暗处理后，原生质体产量均有所提高，处理36h后其产量较原来提高36.46%。生长旺盛的甘蔗植株暗处理12h，再取茎尖分离原生质体，有利于原生质体的生长。把豌豆的茎段取下后，在分离原生质体前，先将材料在一定湿度的黑暗条件下放置1~2d，这样得到的原生质体存活率高，并能继续分裂。

②低温处理　龙胆试管苗的叶片只有经4℃低温处理后分离得到的原生质体才能分裂。

③药物及添加物处理　如把苹果叶片切块，放入附加5% PVP（聚乙烯吡咯烷酮）的W5盐-糖溶液中处理0.5h，再在添加L-蛋氨酸(0.5mmol/L)的增殖培养基中培养可提高原生质体的分离产量。用13%的甘露醇预处理有效提高了人心果的原生质体产量，其中预处理90min可达较好效果，原生质体产量提高了31.88%。这可能是质壁分离使细胞膜与壁在一定程度上分离，减轻了游离过程对膜的损伤。司家钢等(2002)用紫外线辐射处理胡萝卜雄蕊瓣化型不育材料的原生质体，与经15mmol/L碘乙酰胺预处理原生质体(受体)电融合，获得了33株再生植株。虞秋成等(2001)对野生优质工业用油植物*Lesquereua fendleri*的原生质体进行培养，同时利用其原生质体与普通栽培油菜品种原生质体融合，发现低剂量射线辐照处理更有利于促进原生质体融合。

因此，供试材料最好生长在可控制的光照、温度和湿度条件下，这样才能提高原生质体的细胞分裂率和再生能力，并可提高试验的重复性。试管苗由于不受季节的限制，无需灭菌，生理状态较一致，近年来为更多人所采用，当然，不同基因型及材料类型预处理的方法不同，并且有些材料如柑橘苗幼叶，不需进行预处理。

### 7.2.2　原生质体分离

植物细胞在正常情况下质壁不易分离，细胞壁主要由纤维素(25%~50%)、半纤维素(50%左右)和果胶质(5%~10%)组成，包裹细胞免于受外界伤害，在进行原生质体分离时根据细胞的这些特性主要采用3种不同的方法进行原生质体分离，即机械法、酶解法和机械—酶解法。

机械法主要利用细胞在受到高渗溶液胁迫时发生质壁分离，然后在显微镜下利用利器或机械磨损措施使细胞壁破损，释放出原生质体，虽然在某些贮藏组织，如洋葱鳞片、萝卜根、黄瓜中皮层、甜菜根等中应用此法分离出原生质体。但是由于对细胞进行机械操作具有一定难度，操作技术要求严格，在操作过程中原生质体受损严重，完整性差，因此该技术并没有得到广泛的应用。

酶解法是利用纤维素酶、半纤维素酶以及果胶质酶在适宜条件下降解细胞壁使原生质体分离，这种方法可操作性强，操作过程简单，自1960年发现以来受到很大重视，并在植物原生质体分离中得以充分利用，尤其在多种植物采用胚性愈伤组织悬浮细胞进行原生质体分离时应用较多。

机械-酶解法是指利用叶片、子叶、下胚轴、未成熟胚等器官作为起始培养材料，先通过机械方式使组织和细胞间连丝破碎(剪碎或研磨)，再采用酶解法使细胞壁分离，进一步分离得到原生质体。

下文主要介绍酶解法分离原生质体时，必须了解原生质体分离酶的种类、酶解过程、酶解注意事项(酶解浓度、时间、温度和溶液的渗透压)和影响因素。

(1)常用的酶

在利用酶解法进行原生质体的分离时，首先要考虑的因素是酶的种类、功能及使用方法。目前最常用到的酶有纤维素酶、半纤维素酶、果胶质酶、离析酶R-10和蜗牛消化酶，这5种酶的理化特性和作用原理见表7-4所列。但是在使用过程一般是多种或者其中的两种酶按照一定的比例混合，在市场上原生质体分离的商品酶有单一酶也有混合酶(表7-5)。

**表7-4 用于原生质体分离的酶及作用特性**

| 中文名称 | 英文名称 | 理化特性 | 作 用 | pH | 活动温度(℃) | 来 源 |
|---|---|---|---|---|---|---|
| 纤维素酶 | Cellulase | 固体剂型呈浅灰色或浅黄色粉状或颗粒，液体剂型呈棕色或褐色 | 破坏果肉细胞壁和分离果胶质 | 4.5~5.5 | 50~60 | 黑曲霉、李氏木酶、绿色木酶 |
| 半纤维素酶 | Hemicellulase | 近白色至浅灰色无定形粉末或浅灰至深棕色液体 | 破坏果肉细胞壁和分离果胶质 | 3.0、5.0、5.5 | 50~70 | 黑曲霉 |
| 果胶质酶 | Polygalacturonase | 固体为浅黄色粉末，液体为棕褐色 | 能裂解细胞壁，降解果胶质 | 3.5~5.5 | 45~50 | 黑曲霉、米根酶 |
| 离析酶R-10 | Macerozyme R-10 | 淡黄至类白色粉末 | 裂解细胞壁 | 5.0~6.0 | 40~50 | 麸皮、橘皮粉 |
| 蜗牛消化酶 | Snailase | 用于酵母细胞壁的破碎 | 褐色冻干粉末 | 5.8~7.2 | 37 | 蜗牛的嗉囊和消化道 |

①纤维素酶 用于降解植物细胞壁中纤维素。纤维素酶具有多种独特活性的复合酶特性，如主要含有作用于天然和结晶纤维素的纤维素酶，常用的有Cellulase Onozuka R-10和Cellulase Onozuka RS(表7-6)。Cellulase Onozuka R-10几乎为所有游离原生质体研究所采用，而Cellulase Onozuka RS活性约为Cellulase Onozuka R-10的10倍。一般来说，酶活性越高，对植物细胞伤害也越大，酶液处理时间必须相应缩短。

**表7-5 用于原生质体分离的部分商品酶(M. K. Razdan)**

| 酶 | 来 源 |
|---|---|
| Onozuka R-10 纤维素酶 | 绿色木酶(*Trichoderma viride*) |
| Onozuka RS-10 纤维素酶 | 绿色木酶 |
| 纤维素酶 | 绿色木酶 |
| 崩溃酶 | 白耙齿酶(*Irpex lacteus*) |

（续）

| 酶 | 来 源 |
|---|---|
| Meicelase P-1 | 绿色木酶 |
| 半纤维素酶 | 黑曲霉(*Aspergillus nige*) |
| 半纤维素酶 H-2125 | 根霉菌属(*Rhizopus*) |
| 半纤维素酶 HP150 | 黑曲霉 |
| 解旋酶 | 罗曼蜗牛(*Helix pomatia*) |
| 软化酶 | 根霉菌(*Rhizopus arrhizus*) |
| 软化酶 R-10 | 根霉菌 |
| 果胶酶 | 日本曲霉(*Asnergillus japonicus*) |
| 藤黄节杆菌酶 | 藤黄节杆菌酶(*Arthrobacter luteus*) |

②半纤维素酶 用于降解植物细胞壁中的半纤维素。该酶主要用于细胞壁中具有半纤维素的植物种类。常用的有 Rhozyme HP-150。

③果胶酶 用于降解植物细胞之间的果胶质。常用的有离析软化酶（Pectolyase Y-23）和离析酶（Macerozyme）。Pectolyase Y-23 的活性较高，通常用量为 0.1%~0.5%。Macerozyme 的活性稍低，通常用量为 1%~5%，应用较广泛。

④离析酶 R-10 能裂解纤维素、地衣多糖、大麦葡聚糖和纤维低聚糖纤维三糖至纤维六糖中的内切-1，4-β-D-糖苷键。

⑤蜗牛消化酶 可水解酵母菌的细胞壁制备酵母原生质体；还可用于水解酵母菌的子囊壁，以释放其中的子囊孢子。

（2）酶解步骤

植物材料酶解的一般步骤如图 7-3 所示。

①将配置好的培养基、洗液、需要灭菌的酶混合液及一般实验用品，用纸包好，0.1 大气压灭菌 20min。

②在超净台内将无菌烟草叶片从培养瓶内取出，放在培养皿内萎蔫 1h。如直接取室外培养植物叶片，需进行表面灭菌，70%乙醇浸泡 5s，无菌水冲洗 2 次，再以 2%次氯酸钠浸泡 10min，无菌水冲选 3~4 次。

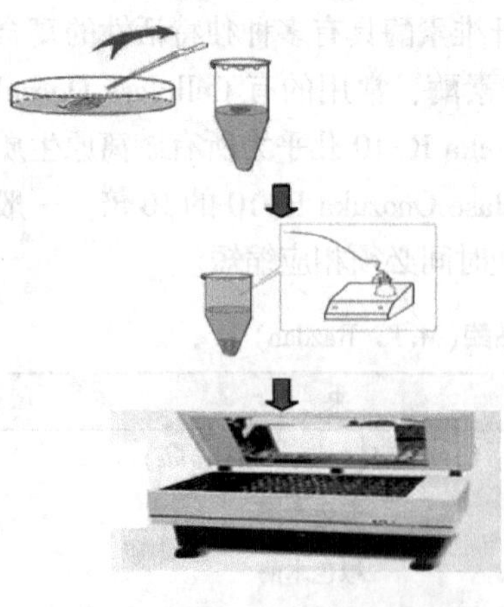

图 7-3 植物细胞的酶解流程图

③在灭过菌的酶混合液中加入纤维素酶、果胶酶，待溶解后放入离心管内，3500r/min 离心 10min，弃沉淀留上清液为酶混合液。

④在超净台内，用注射器抽取酶混合液，转入细菌过滤器（用无菌镊子夹取 0.45μm 滤膜装入），向下缓缓压液过滤，收集于小三角瓶中，封透气膜待用。

⑤黑暗振荡培养，保持 27℃，酶解 12~24h，振速为 50~60r/min，将材料酶解。

(3) 酶解的注意事项

在原生质体酶解过程中，并不是单一的酶就能够降解细胞壁获得原生质体，酶解浓度、温度和时间以及酶液渗透压对酶解效果均有明显影响，必须找到一个恰当的酶解体系，才能获得有生活力的完整原生质体。

①酶液浓度　酶制剂用量随酶活性高低而异，参考浓度值在 5~30g/L，但酶活性很高的果胶酶，用量一般在 0.5~1.0g/L，酶混合液与材料(鲜重)比例可参照 10 : 1 (100mg 鲜重材料用 10mL 酶液)。同种植物，原生质体分离因品种、品系或细胞系不同而不同，因此，应根据各特定的愈伤组织确定适宜酶组合。

②酶解时间　对于原生质体分离效应也极其显著。对于某个特定植物材料来说，建立适宜酶解浓度与时间组合，是获得高产优质原生质体的重要条件。酶解时间对原生质体产量和活力有重要影响。随着酶解时间增加，原生质体产量呈现先增加后降低的趋势，这是因为前期已经解离下来的原生质体长时间浸在酶液中，受到伤害发生破裂从而导致产量降低。原生质体活力随着酶解时间的增加呈现逐渐降低趋势，酶解时间越长，原生质体活力越低，这可能是由于纤维素酶和果胶酶对细胞有一定伤害作用。如枣树细胞悬浮培养体系：10g/L 纤维素酶 + 1g/L 离析酶组成混合酶液，酶解最佳时间为 16h，过长则使原生质体破裂，过短则产量不够。在云锦杜鹃原生质体分离中，采用 2%纤维素酶与 1%果胶酶酶液混合，酶解最佳时间为 14h (静置12h，振荡培养 2h)，能够分离得到 79%的原生质体具有活力(图 7-4)。

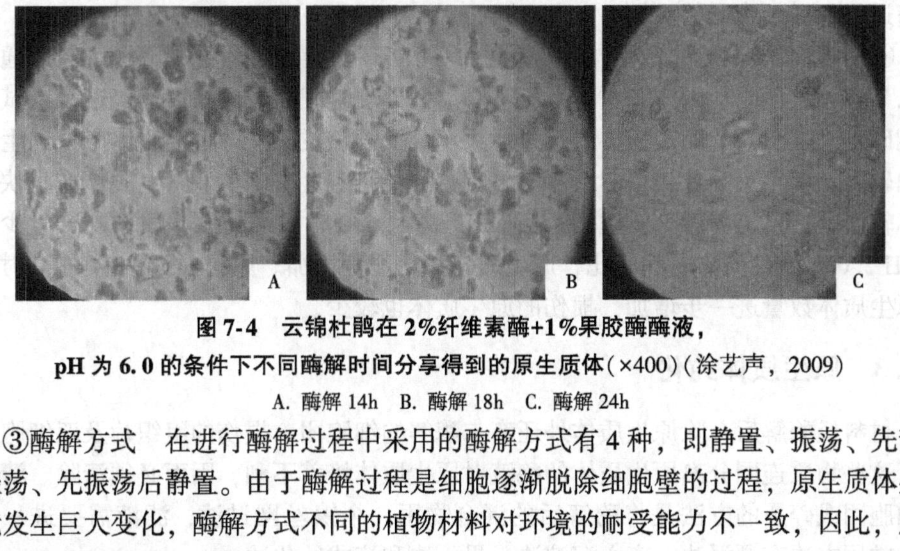


**图 7-4　云锦杜鹃在 2%纤维素酶+1%果胶酶酶液，**
**pH 为 6.0 的条件下不同酶解时间分享得到的原生质体**(×400)(涂艺声，2009)

A. 酶解 14h　B. 酶解 18h　C. 酶解 24h

③酶解方式　在进行酶解过程中采用的酶解方式有 4 种，即静置、振荡、先静置后振荡、先振荡后静置。由于酶解过程是细胞逐渐脱除细胞壁的过程，原生质体生活环境发生巨大变化，酶解方式不同的植物材料对环境的耐受能力不一致，因此，应根据实际培养材料进行选择。

④酶解时间　一般来讲，原生质体分离时酶解温度为 25~30℃，温度过高或过低对原生质体分离都不利。另外，不同酶的适应活性范围也存在一定差异，在实际中应根据酶类型和用量选择恰当的反应温度。

⑤酶液渗透稳定剂　植物细胞壁对细胞有良好保护作用。去除细胞壁之后如果溶液中渗透压和细胞内渗透压不同，原生质体有可能胀破或收缩。因此，在酶液、洗液和培养液中渗透压应和原生质体内大致相同，或者比细胞内渗透压略大些。渗透压大有利于原生质

体稳定，但也有可能阻碍原生质体分裂。酶是分离原生质体的关键成分，不同基因型及外植体材料所采用酶种类有较大差别。酶液中渗透压稳定剂对原生质体具有保护作用。最常用的渗透压稳定剂是甘露醇和山梨醇。另外，在酶液中加入适量的 PVP、MES 能稳定酶解过程中的 pH 变化，加入适量氯化钙具有保护质膜作用。当然，酶解时应根据特定材料通过试验确定最佳酶液组成。因此，在分离原生质体的酶溶液内，需加入一定量渗透稳定剂，其作用是保持原生质体膜的稳定，避免破裂。常用系统有以下两种：

a. 糖溶液系统包括甘露醇、山梨醇、蔗糖和葡萄糖等，浓度在 0.40~0.80mol/L，而芸薹属植物花粉原生质体需要 1.0mol/L 渗透调节剂浓度，尤以甘露醇使用最为广泛。但也有研究证明以蔗糖与山梨醇作为酶解时渗透压调节剂优于甘露醇和葡萄糖+甘露醇。糖溶液系统中酶解材料受材料生理状态影响较大，但得到的原生质体较稳定，可使分离原生质体能再生细胞壁，并使之继续分裂；其缺点是有抑制某些多糖降解酶的作用。

b. 盐溶液系统包括 KCl、$MgSO_4$ 和 $KH_2PO_4$ 等。其优点是获得原生质体不受生理状态影响，因而材料不必在严格控制条件下栽培，不受植株年龄影响，使某些酶有较大活性，使原生质体稳定。

近年来，多采用在盐溶液内进行原生质体分离，然后用糖溶液作渗透稳定剂的培养基中培养。此外，酶溶液里还可加入适量葡聚糖硫酸钾，它可提高原生质体的稳定性。这种物质可使 RNA 酶不活化，并使离子稳定。添加牛血清蛋白可减少或防止降解壁过程中对细胞器的破坏。

⑥酶溶液的 pH　酶活性与 pH 有关，一般来说，植物原生质体的酶液 pH 通常调至 4.7~6.0，不同基因型和材料有所不同。酶处理时间以及酶浓度需经过多次试验后才能确定，配制好的酶液需要进行过滤灭菌。酶溶液的 pH 对原生质体产量和生活力影响较大。用菜豆叶片作培养材料时发现，原始 pH 为 5.0 时，原生质体产生快，但损坏较严重，且培养后大量破裂。当 pH 提高到 6.0 时，最初原生质体却产生少，但与 pH 5.0 时处理同样时间相比，原生质体数量显著增加。原始 pH 提高到 7.0 时生活的原生质体数量进一步增加，损伤的原生质体也较少。

### 7.2.3　原生质体纯化

材料经酶解后，除原生质体外还有未酶解的细胞团、损伤的组织片及亚细胞碎屑等，这些物质连同分离原生质体的酶液对原生质体培养不利，因而必须清除。清除较大细胞团或碎屑的方法是将酶解后的混合物用一个镍丝网过滤，滤液需要进一步纯化。常用方法有漂浮法、离心沉淀法、界面法和流式纯化法。

(1)漂浮法

漂浮法的原理是原生质体和其他组分比重不同，采用比原生质体比重大的高渗溶液，使原生质体漂浮在液体表层的纯化方法。常用的漂浮剂有蔗糖、Percoll 和 Ficoll。常通过密度梯度离心法，得到一个纯净的原生质体带，而碎屑下沉到离心管管底，用吸管小心地将这层原生质体带吸出，转入另一个离心管中备用(图 7-5)。

①用细口吸管吸 20%蔗糖溶液约 3mL，小心插入盛有原生质体悬浮液的离心管底

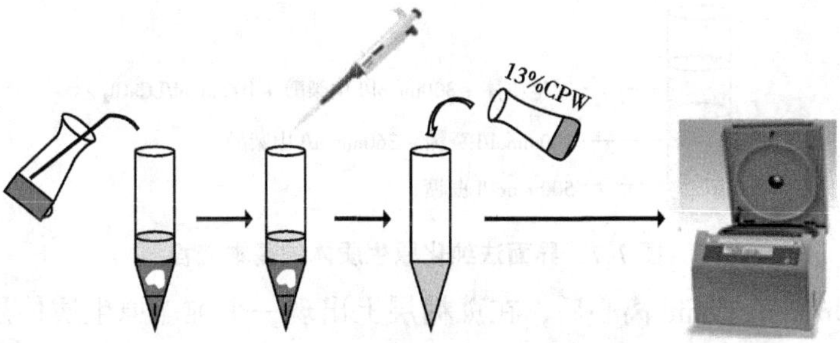


**图 7-5 漂浮法纯化原生质的基本流程**

部，生活力强状态好的原生质体漂浮在 20%的蔗糖与 13% CPW 之间，破碎的细胞残渣沉入管底。

②用 200μL 移液器轻轻将状态好的原生质体吸出(注意尽可能不要吸入下层的蔗糖溶液)，放入另一干净的离心管中，加 4mL 13% CPW 洗液，1000r/min 离心 2~5min，弃上清。

③用血球计数板调整原生质体密度为 $10^5$~$10^6$ 个/mL。

(2)离心沉淀法

离心沉淀法是在比重小、具有一定渗透压溶液中，先对处理好的酶液混合物进行过滤，然后低速离心，使纯净完整的原生质体沉降于试管底部的纯化方法(图 7-6)。

**图 7-6 离心沉淀法纯化原生质体的基本流程**

①将原生质体混合液经筛孔大小为 40~100 目的滤网过滤，以除去未消化细胞团块和筛管、导管等杂质，收集滤液。

②将收集滤液离心，转速以将原生质体沉淀而碎片等仍悬浮在上清液中为准，一般以 500r/min 离心 15min。用吸管小心地吸去上清液。

③将离心获得的原生质体重新悬浮在洗液中(除不含酶外，其他成分和酶液相同)，再次离心，去上清液，如此重复 3 次。

④用培养基清洗 1 次，最后用培养基将原生质调至一定密度进行培养。一般原生质体培养密度为 $10^4$~$10^6$个/mL。

(3)界面法

选取两种不同渗透浓度的溶液，其中一种溶液密度大于原生质体密度；另一种溶液密度小于原生质体密度，原生质体则漂浮在两种溶液的中间(图 7-7)。

①在离心管中先加入溶于培养基中的 500mmol/L 蔗糖，再加入溶于培养基中的 140mmol/L 蔗糖和 360mmol/L 山梨醇。

②最后一层是悬浮在酶液中的原生质，其中含有 300mmol/L 山梨醇和 100mmol/L $CaCl_2$。

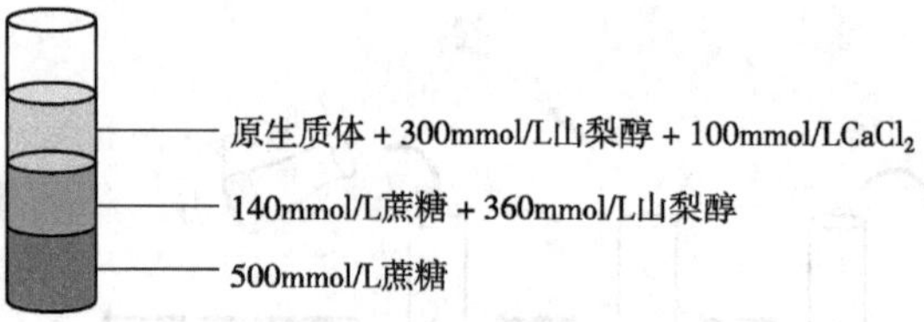


图 7-7 界面法纯化原生质体的基本流程

③经 400r/min、5min 离心后，在蔗糖层上出现一个纯净原生质体层，而碎屑则位于管底。

(4)流式纯化法

对于酶解含有原生质体的溶液用流式细胞仪进行原生质体分选。

## 7.2.4 原生质体活力检测

分离得到的原生质体必须对其活力进行检测，原生质体活力的高低关系到原生质体的融合效率、细胞壁再生、细胞分裂和分化以及再生植株的形成。尤其是运用原生质体进行植物遗传特性的研究和生理生化特性分析时，原生质体活力的鉴定显得更为重要。目前，原生质体活力鉴定的方法主要有目测法、二乙酸荧光素法、氯化三苯基四唑还原法。

(1)目测法

原生质体在一定培养密度范围内易于分裂增殖，超过一定密度，则不易分裂增殖。原生质体本身具有与分裂有关的物质，当原生质体培养密度过低时，这种物质达不到一定浓度而影响分裂，原生质体再生细胞不能持续分裂；原生质体培养密度过高，会由于营养不足，或细胞代谢物过多而影响再生细胞正常生长。因此，原生质体培养密度是培养原生质体成败的关键。目测法在显微镜下，根据细胞质环流、细胞颜色和正常细胞核存在与否即可鉴别出细胞死活。具有细胞质环流的细胞为活细胞，褐色细胞为死细胞(图 7-8)。利用相关显微镜可以获得观察效果好的图像，目前统计原生质体密度一般选择血球板计数法。

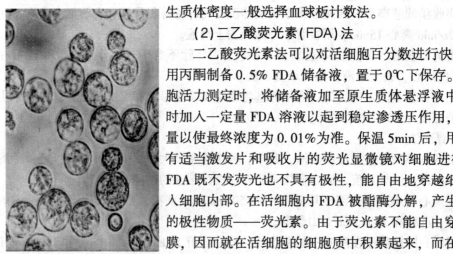

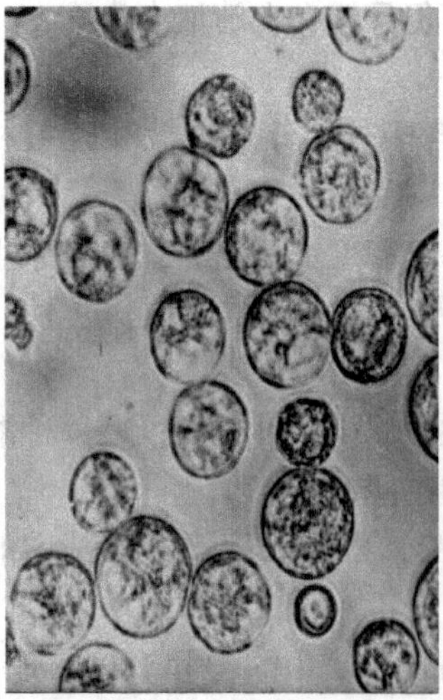

图 7-8 正常原生质体图片

(2)二乙酸荧光素(FDA)法

二乙酸荧光素法可以对活细胞百分数进行快速目测。用丙酮制备 0.5% FDA 储备液，置于 0℃下保存。进行细胞活力测定时，将储备液加至原生质体悬浮液中，需同时加入一定量 FDA 溶液以起到稳定渗透压作用，加入数量以使最终浓度为 0.01%为准。保温 5min 后，用一台带有适当激发片和吸收片的荧光显微镜对细胞进行检查。FDA 既不发荧光也不具有极性，能自由地穿越细胞膜进入细胞内部。在活细胞内 FDA 被酯酶分解，产生有荧光的极性物质——荧光素。由于荧光素不能自由穿越细胞膜，因而就在活细胞的细胞质中积累起来，而在死细胞和破损细胞中则不能积累。所以，在荧光显微镜下观察到产生荧光的细胞是有活力的细胞；相反，不产生荧光的细胞，则是无活力的细胞(图 7-9)。细胞活力以发绿色荧光的活细胞百分数表示。

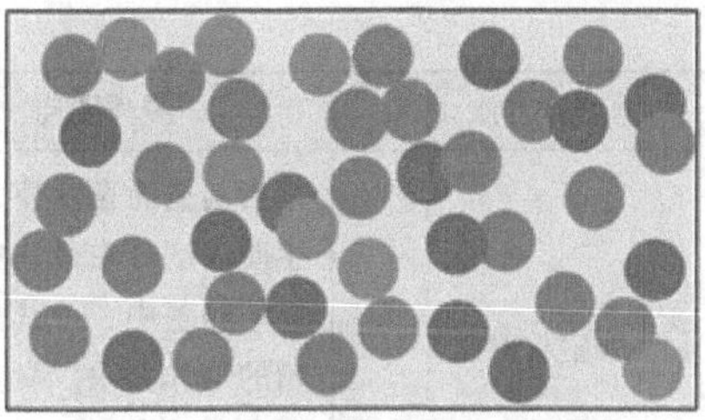

图 7-9 二乙酸荧光素法检测原生质体活力

(3)氯化三苯基四唑(TTC)还原法

活细胞由于呼吸作用可产生还原力，可将氯化三苯基四唑(TTC)还原成红色染料，据此可测定细胞的呼吸效率，反映细胞代谢强度。一般可在显微镜下观察视野中被染色的细胞数目，计算出活细胞百分率。也可将还原的 TTC 红色染料用乙酸乙酯提取出来，用分光光度计进行测定(波长 520nm)，计算出相对活力，这个方法可使观察结果定量化。

## 7.2.5 原生质体培养

原生质体培养所采用的方法和单细胞培养相似，适合于单细胞培养的方法都适合于原生质体培养，根据目前使用情况有以下几种：平板培养法、看护培养法、微室培养法、条件培养法和纸桥培养法(表 7-6)。在实际培养过程，并不是所有方法都适合于一种材料，也不是一种方法适用于所有培养材料，应根据培养材料自身特性选择适宜的培养方法。

表 7-6 常用的原生质体培养方法及比较

| 培养方法 | 操作要点 | 优 点 | 缺 点 |
|---|---|---|---|
| 平板培养——液体浅层培养 | 将含有原生质体的液体培养基在培养皿底部一薄层，封口后进行培养 | 操作简单，对原生质体的损伤小，且易于添加新鲜培养基和转移培养物 | 原生质体分布不均匀，易发生黏连现象，难以跟踪观察某一个细胞的发育情况 |
| 平板培养——琼脂糖包埋培养 | 常用的固化剂是低熔点琼脂糖(LMT agarose)。将原生质体悬浮液与液化冷却到 30℃的琼脂糖培养基均匀混合，然后将混合后的含有原生质体的培养基铺于培养皿底部，封口后进行培养。包埋不宜过厚，否则束缚细胞分裂且影响通气条件 | 跟踪观察单个原生质体的发育情况，易于统计原生质体分裂频率，可提高原生质体分裂频率 | 通气不良，混合时的温度掌握必须合适，温度偏高影响原生质体的活力，温度偏低时琼脂糖凝固太快，原生质体不易混合均匀 |
| 平板培养——固—液体双层培养 | 一般先在培养皿的底部铺一层琼脂糖固体培养基，再将原生质体悬浮滴于固体培养基表面 | 固体培养基中的营养物可以缓慢释放到液体培养基中 | 不易观察细胞的发育过程 |
| 看护培养 | 是指利用活跃生长的愈伤组织看护原生质体，使其持续分裂和增殖的培养方法 | 看护愈伤组织不仅给原生质体提供了培养基的营养成分，而且提供了促进细胞生长的活性物质 | 筛选适宜的看护材料较难 |

（续）

| 培养方法 | 操作要点 | 优 点 | 缺 点 |
| --- | --- | --- | --- |
| 微室培养法 | 是指制造无菌小室，将原生质体培养在微室中的小量培养基中，使其分裂增殖的培养方法。微室培养法采用的培养基可为固体或液体培养基 | 培养基用量小，可以通过显微镜连续观察单个细胞的生长、分裂、分化和发育情况，有利于对细胞特性和单个细胞生长发育的全过程跟踪研究 | 培养成本较高 |
| 条件培养法 | 是在培养基中加入高密度的细胞进行培养，一定时间后这些细胞就会向培养基中分泌一些物质，使培养基条件化 | 可明显提高原生质体培养存活和分裂能力 | 成本较高 |
| 纸桥培养法 | 将滤纸的两端浸入液体培养基中，使滤纸的中央部分露出培养基表面，将所要培养的原生质体放置于滤纸上进行培养 | 培养物不易干燥 | 操作难度大，容易引起污染 |

(1)平板培养法

平板培养是将制备好的单细胞悬浮液按照一定的细胞密度，接种在薄层固体或液体或固液双相培养基上进行培养的方法。根据其培养基质不同可分为液体浅层培养、琼脂糖包埋培养和固—液体双层培养。

①液体浅层培养　将含有原生质体的液体培养基在培养皿底部盛一薄层，封口后进行培养。操作简单，对原生质体的损伤小，且易于添加新鲜培养基和转移培养物。但缺点是原生质体分布不均匀，易发生黏连现象，难以跟踪观察某一个细胞的发育情况。

②琼脂糖包埋培养　常用的固化剂是低熔点琼脂糖。将原生质体悬浮液与液化冷却到30℃的琼脂糖培养基均匀混合，然后将混合后含有原生质体的培养基铺于培养皿底部，封口后进行培养。包埋不宜过厚，否则束缚细胞分裂且影响通气。用培养单细胞液体培养基将细胞密度调至最终培养时植板密度的2倍。将与上述液体培养基成分相同的培养基加入0.6%~1%琼脂后加热，使琼脂熔化，然后冷却至35℃，置于35℃恒温水浴中保温。将这种培养基与上述细胞悬浮培养液等体积混合均匀，迅速注入并使之平展于培养皿中(约1mm厚)。然后用封口膜封闭培养皿，随时将培养皿置于倒置显微镜下观察，在培养皿外相应位置上用细记号笔标记各个单细胞，以保证分离出纯单细胞无性系。将培养皿置于25~27℃条件下进行平板培养。此法的优点是操作简便，细胞在培养基中分布较均匀，便于定点观察和挑选。混合时温度掌握必须适宜，温度偏高影响原生质体活力，温度偏低琼脂糖凝固过快，原生质体不易混合均匀。缺点是通气差。

③固—液体双层培养　一般先在培养皿底部铺一层琼脂糖固体培养基，再将原生质体悬浮滴于固体培养基表面。固体培养基中营养物可以缓慢释放到液体培养基中，但是不易观察细胞发育过程。

(2)看护培养法

看护培养法是指利用活跃生长的愈伤组织看护培养的原生质体，使其持续分裂和增殖的培养方法。具体做法是：向试管、三角瓶或培养皿内加入一定量固体培养基，培养基上放一块几毫米大小的愈伤组织，在接种前一天，把一块灭菌滤纸在无菌条件下放在愈伤组织(也可以是一块早已长成的愈伤组织)上，使其充分吸收组织上渗出的培养基成分和组织块代谢产物，将原生质体放到润湿滤纸表面。看护愈伤组织不仅给单细胞提供了培养基营养成分，而且还提供了促进细胞生长的活性物质。愈伤组织刺激细胞分裂反应，还可通过另一种培养方式来证实，即把两块愈伤组织放在琼脂培养上，在它们周围接种若干单细胞。结果可以看到，首先发生分裂的细胞都是靠近这块愈伤组织周围的细胞，这表明活跃生长的愈伤组织分泌的代谢产物对细胞分裂有利。研究结果表明，香蕉原生质体培养成功除因以胚性悬浮细胞为分离原生质体材料外，采用看护培养方法也是一个重要因素，但是由于所需技术复杂以及培养基试剂昂贵，限制了香蕉原生质体培养的推广应用。

(3)微室培养法

微室培养法是指制造无菌小室，将原生质体培养在微室中的小量培养基中，使其分裂增殖的培养方法。微室培养法采用的培养基可为固体或液体培养基。其优点是培养基用量小，可以通过显微镜连续观察单个细胞生长、分裂、分化和发育情况，有利于对细胞特性和单个细胞生长发育全过程跟踪研究。具体方法是：先在一张无菌载玻片上滴两滴石蜡油，在每滴石蜡油上放一张盖玻片作为微室“支柱”。在两“支柱”之间前后两侧再各加一滴石蜡油，构成微室的“围墙”。然后将一滴含有单细胞的培养基滴入，将第三张盖玻片架在两个支柱之间，构成微室“屋顶”，这样含有细胞的培养液被覆盖于微室之中，构成围墙的石蜡油能阻止微室中水分丢失，而且不妨碍气体交换，最后把有微室的整张载玻片放在培养皿中培养。当原生质体产生的细胞团长到一定大小之后，揭掉盖玻片，将其转到新鲜液体培养基或半固体培养基上培养。

(4)条件培养法

条件培养基是在培养基中加入高密度原生质体进行培养，一定时间后这些原生质体就会向培养基中分泌一些物质，使培养基条件化。其简便方法是把在液体培养基中培养了4~6周的高密度细胞滤掉，而将其培养基制成液体培养或固体培养基来培养单细胞或低细胞群体，这样可明显提高单细胞培养的存活和分裂能力。

在液体培养中，可把高密度细胞悬浮培养物(看护培养物)装在一个透析管内，用线悬挂在三角瓶中，瓶内装有低密度细胞培养基。培养物产生的次生代谢物扩散到低密度细胞培养基中后，提高了后者促进细胞生长活性。这样，就增加了在低密度细胞培养基中原来不存在的一些必需物，于是就可满足低密度细胞群体对生长条件的需求。

(5)纸桥培养法

纸桥培养法是指在三角瓶中将滤纸两端浸入液体培养基中，使滤纸中央部分露出培养基表面，将所要培养的原生质体放置于滤纸上进行培养。这种方法的优点是培养物不易干燥，但是操作有一定难度，并且容易发生培养物污染。

## 7.3 原生质体的融合和融合细胞再生

体细胞杂交(somatic hybridization)即原生质体融合(protoplast fusion)，是指通过某种方法将分离得到的裸露的两个不同物种的原生质体融合，产生杂种细胞，并通过细胞再生方式获得杂种植株的过程。在实际操作中为了容易区分，原生质体融合通常写作"A+B"，其中，A 和 B 表示两个融合亲本，+表示体细胞杂交，以示与有性杂交的区别。表 7-7 所列为体细胞杂交和有性杂交的区别。自 1972 年 Carlson 首次获得粉蓝烟草和郎氏烟草体细胞杂种以来，体细胞杂交已在许多植物种内、种间、属间甚至科间成功地实现。研究发现，体细胞杂交不仅可以获得种间杂种植株，同时对于植株的细胞学研究以及获得由细胞质控制的优良性状植株具有重要意义。体细胞杂交一般包括以下几个步骤：原生质体融合，杂种细胞筛选，融合细胞植株再生，体细胞杂种鉴定。

**表 7-7　体细胞杂交和有性杂交的区别**

| 比较内容 | 体细胞杂交 | 有性杂交 |
|---|---|---|
| 时　间 | 无季节限制 | 花期限制 |
| 亲缘关系 | 可以克服有性不亲和性 | 受亲和性影响 |
| 结　果 | 细胞核、细胞质均可重组，也可以使倍性增加 | 受精，一般倍性不变，无细胞质重组 |

### 7.3.1 原生质体的融合类型

根据原生质体融合时所处状态及融合过程中双亲融合产物类型不同，可将原生质体融合分为对称融合和非对称融合两种类型。

(1)对称融合

对称融合是指融合过程中双亲原生质体均匀地融合，细胞质和细胞质融合，细胞核与细胞核融合，双亲对杂种的贡献率均为50%，能够获得农艺性状与遗传特征互补的体细胞杂种。这种融合方式是原生质体融合的最理想状态，其产物主要也是对称杂种(图 7-10)。郭文武等(2002)成功获得了枳和红橘对称融合体细胞杂种。枳抗柑橘速衰病，但不耐柑橘裂皮病；红橘耐裂皮病，但不抗柑橘速衰病。二者的体细胞杂种可能综合两种抗性，既抗柑橘速衰病，也耐柑橘裂皮病。但是对称融合也有可能产生不对称的杂种或者产生的农艺性状不是所预期的，如番茄与马铃薯体细胞杂种"番茄薯"或"薯番茄"，该体细胞杂种不能实现理想的地上部结番茄、地下长马铃薯的目标，虽然杂种外形偏向番茄，但叶、花与双亲不同，果实畸形，无地下块茎；柑橘与九里香、柑橘与黄皮的族间融

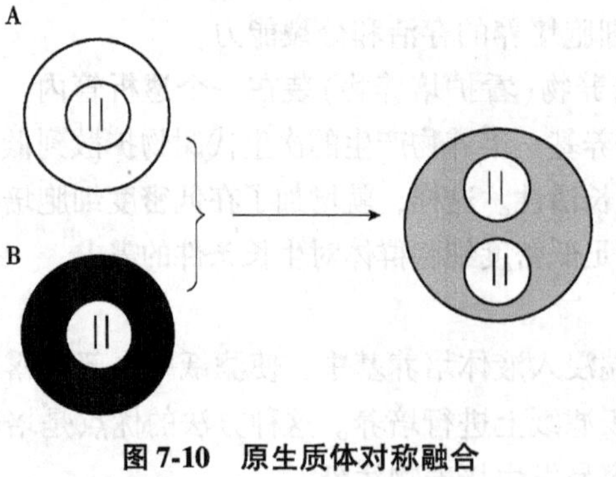

图 7-10　原生质体对称融合

合能再生体细胞杂种植株，但由于体细胞不亲和，移入温室和田间后，植株经常枯黄并最终死亡。对称融合还有可能产生细胞质杂种，如柑橘细胞对称融合获得的 250 余例体细胞杂种中，有 60 余例为胞质杂种。

(2) 非对称融合

利用某种外界因素（常为 γ 射线）辐射某一细胞原生质体，选择性地破坏其细胞核。并用化学试剂如碘乙酰胺、碘乙酸、罗丹明 6-G 等，处理细胞核中含有优良基因的第二种原生质体，选择性地使其细胞质失活，然后融合，从而实现所需胞质和细胞核基因优化组合，或使前者被打碎的细胞核染色体片段中个别基因渗入到后者原生质体染色体内，实现有限基因转移，从而在保留亲本全部优良性状的同时，改良其某个不良性状。该融合方式在转移供体部分遗传物质、创造非对称杂种和胞质杂种方面优势明显。

目前已有许多国家研究非对称融合的应用，并取得了一定成就。在 1989—1991 年的 3 年中，通过非对称细胞融合所创造的杂种植物已近 30 例，近 30 多年来，已在豆科、茄科、十字花科、芸香科、伞形花科和旋花科等植物中得以广泛应用，并获得了一系列胞质杂种或非对称杂种。非对称融合又可分为原生质体—原生质体融合、配子—原生质体融合以及亚原生质体—原生质体融合。

①原生质体—原生质体融合　通过钝化一方细胞核（细胞质）与另一方细胞质（细胞核）融合。这种融合方式是产生细胞质杂种最典型的方法（图 7-11）。此方法特别适用于细胞质雄性不育基因的转移，通过辐照胞质不育的原生质体，破坏其染色体，与具有优良性状品种的原生质体融合，从而获得新的胞质不育系。日本利用非对称细胞融合技术，引入野生稻雄性不育基因，培育优良水稻雄性不育系已获得成功，已发现 100 多种水稻原种带有雄性不育细胞质基因，有几种已用于 $F_1$ 杂交或选育雄性不育系；还有报导利用 γ 射线照射芸薹抗 triazine（三嗪类除草剂，由叶绿体基因控制）的原生质体与线粒体标记雄性不育变异体融合，获得了既表现 triazine 抗性，又具有雄性不育特性的融合杂种，这些都是常规育种无法做到的。

②配子—原生质体融合　在二倍体植株中，配子体原生质体与细胞原生质体融合，是获得三倍体的一种融合方式（图 7-12）。花粉原生质体具备单倍体和原生质体双重优点，可以为植物细胞工程提供新的试验体系。迄今配子—体细胞原生质体融合

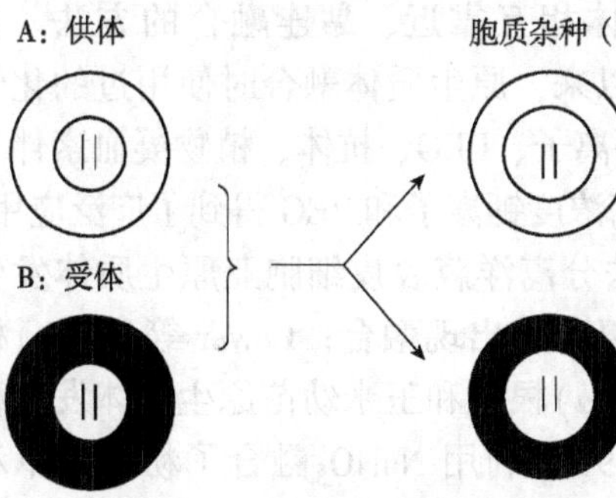


**图 7-11　非对称融合—原生质体与原生质体融合**

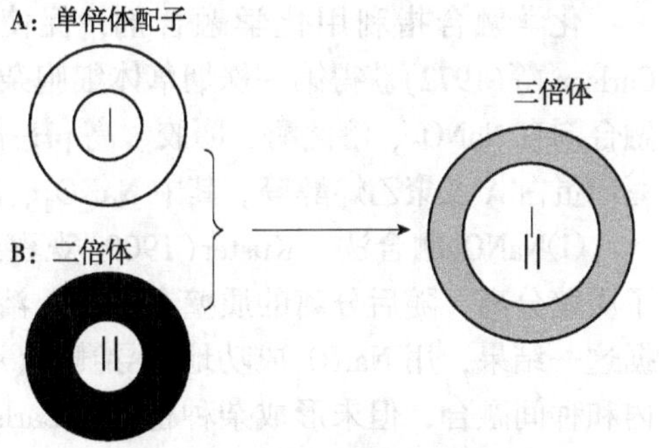


**图 7-12　非对称融合—配子与原生质体融合**

研究已在矮牵牛属、芸薹属、柑橘属等作物中开展，以便获得雄性不育、无籽新种质，如青菜、甘蓝型油菜的三倍体植株果实没有种子。需要指出，配子—体细胞融合对离体操作技术要求较高，有时间限制(只能在花期进行)，再生也困难，在木本植物上更难。日本、法国等科学家在获得柑橘单倍体植株的基础上，将单倍体原生质体与二倍体体细胞原生质体融合，也获得了大量三倍体再生植株，这是柑橘三倍体无核育种的又一条有效途径。

③亚原生质体—原生质体融合　亚原生质体主要包括具备完整细胞核但只含部分细胞质的小原生质体，无细胞核、只有细胞质的胞质体，只有1条或几条染色体的微小原生质体。其中胞质体的微小原生质体应用较多。微小原生质体主要采用化学药剂处理结合高速离心获得，与原生质体融合后能再生高度非对称杂种。该融合方式对转移少量核物质、降低体细胞不亲和性具有一定意义。胞质体即去除细胞核的原生质体，与原生质体融合后可以获得胞质杂种，实现细胞器转移。获得大量胞质体的方法主要是采用细胞松弛素B处理或通过Percoll等渗密度梯度超速离心，通过这两种方法已获得烟草、天仙子、胡萝卜、豌豆、玉米、大麦、小麦、油菜、番茄、柑橘、大豆作物的胞质体。由于胞质体只具有细胞质而不含核物质，因而被认为是最为理想的胞质因子供体。胞质体-原生质体融合也被认为是获得胞质杂种、转移胞质因子最有效的方法之一，在20世纪80年代初研究报道较多。该融合方式难度较大，其中分离获得高质量胞质体以及胞质体—原生质体融合后培养再生是主要限制因素。尽管如此，迄今为止，通过该融合方式已获得烟草+烟草、萝卜+烟草、萝卜+油菜、白菜+花椰菜等细胞质杂种，并有效地实现了胞质因子的转移。

### 7.3.2 原生质体的融合方法

植物体细胞杂交成功与否及效率高低与融合技术有较大关系。自Carlson(1972)采用硝酸钠法获得烟草种间体细胞杂种植株以来，原生质体融合方法经历了一个逐步改进和完善的过程。早期原生质体融合方法有$NaNO_3$法、高pH/高$Ca^{2+}$法、PEG(聚乙二醇)法，后来逐渐发展为PEG与高$Ca^{2+}$、高pH相结合；20世纪80年代初又开始探索使用电融合法，同时也发展出一些其他方法。

(1)化学融合

化学融合指利用化学融合剂，促使原生质体相互靠近、黏连融合的方法。自Carlson等(1972)获得第一株烟草体细胞杂种植株以来，原生质体融合时使用过的化学融合剂有$NaNO_3$、溶菌酶、明胶、高pH-高浓度钙离子、PEG、抗体、植物凝血素伴刀豆球蛋白A及聚乙烯醇等。其中$NaNO_3$、高pH-高浓度钙离子和PEG得到了广泛应用。

①$NaNO_3$融合法　Kuster(1909)观察到机械法分离洋葱表皮细胞亚原生质体发生了质壁分离，随后分离的质壁在$NaNO_3$溶液中恢复，并出现融合；Power等(1970)根据这一结果，用$NaNO_3$成功地诱导燕麦(*Avena sativa*)根尖和玉米幼苗原生质体发生种内和种间融合，但未形成杂种植株；Carlson等(1972)利用$NaNO_3$融合了粉蓝烟草和郎氏烟草原生质体，培育出第一株体细胞种间杂种。原生质体表面带有负电荷，同性质电荷使彼此凝聚的原生质体质膜无法靠近到足以融合的程度。$NaNO_3$能诱导原生质

融合的原因是钠离子能中和原生质体表面的负电荷，使凝聚的原生质体质膜紧密接触，促进细胞融合，融合率为0.1%~4%。

②高pH-高浓度钙离子融合法 Keller和Melchers(1973)报道，用强碱性(pH 10.5)高浓度钙离子(50mmol/L $CaCl_2 \cdot 2H_2O$)溶液在37℃下处理约30min，两个品系的烟草叶肉原生质体很容易彼此融合，融合率为10%左右。利用此法在烟草属中获得了种内和种间体细胞杂种植株。钙离子浓度决定着细胞膜稳定性和可塑性，促使原生质体膜结合；高pH又能改变质膜表面电荷，有利于细胞融合。但钙离子浓度和pH范围因植物种类不同而异。烟草原生质体融合的钙离子浓度和pH分别以50mmol/L和10.5为最好，更高的pH对原生质体有一定毒害。

③PEG融合法 PEG分子式为$HOCH_2(CH_2—O—CH_2)_nCH_2OH$，相对分子量1540，水溶性，pH 4.6~6.8，因多聚程度不同而异。PEG诱导融合无种特异性，可以进行植物之间无亲缘关系物种间原生质体融合、动物细胞间融合、动物细胞与酵母原生质体融合、动物细胞与植物原生质体融合等。

PEG诱导融合机理是PEG分子具有轻微负极性，可与具有正极性基团的水、蛋白质和碳水化合物等形成氢键。当PEG分子链足够长时，它在相邻原生质体表面之间起分子桥作用，引发原生质体黏连。与膜相连的PEG分子被洗掉后，膜上电荷发生紊乱重新分配。当两层膜紧密接触区域的电荷重新分配时，可能使一种原生质体带正电荷基团连到另一种原生质体带负电荷基团上，导致原生质体融合(图7-13)。PEG除分子桥作用外，还具有改变膜物理化学性质及增加类脂膜流动性作用，从而促进细胞融合，但PEG对原生质体有一定毒害作用。

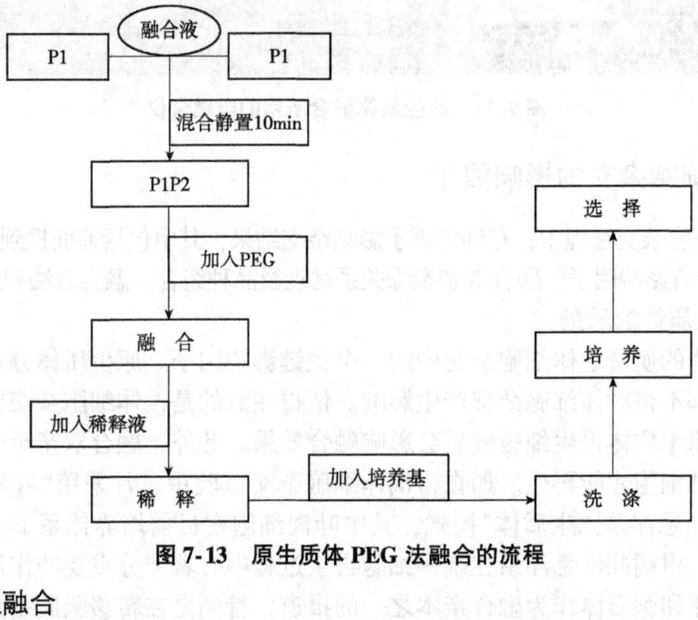


**图7-13 原生质体PEG法融合的流程**

(2)物理融合

物理融合指通过高压电流、激光束以及振动等方式来实现原生质体融合，目前最常用的是电融合技术。

电融合(electrofusion)是利用改变电场来诱导原生质体彼此连接成串，再施以瞬间强脉冲使质膜发生可逆性电击穿，促使原生质体融合的方法(图 7-14)。1979 年，Senda 等首次报道用电刺激可以促使原生质体融合。Zimmermann 和 Scheurich(1981)报道了高频率的正弦波交变电场可促使原生质体融合，融合频率达60%。电融合法主要采用双向电泳(dielectrophoresis)形式，其原理是根据原生质膜带有电荷的特性，将原生质体置于盛有低电导率融合液的融合小室(fusion chamber)中，小室两极加有一定强度交流电场(alternate current，AC)，使原生质膜表面极化，形成偶极子，由于原生质体间电荷相互吸引作用，原生质体在交变电场作用下沿着电场方向形成很多平行而紧密排列的原生质体串珠(pearl chain)。接着施加若干个一定强度的直流脉冲电压(direct curret)，使相互接触的原生质膜发生可逆性电穿孔，由于表面张力作用，原生质体间相互融合，静置一段时间之后，融合子很快形成一个个球体。整个融合过程大致分为以下几个阶段：原生质体接触，质膜融合，圆球化，核融合。与 PEG 融合相比，电融合有三大优点：不存在对细胞毒害问题；融合效率高；融合技术简便。但是电融合技术也存在需要仪器设备、费用昂贵等缺点，限制了它的应用范围。

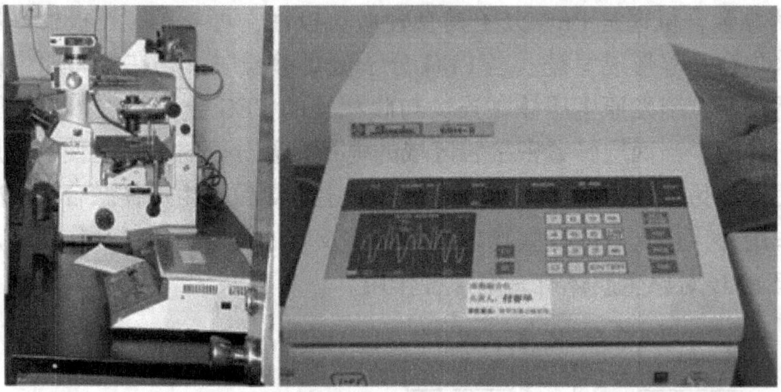

**图 7-14　原生质体融合所用的电融合仪**

### 7.3.3　体细胞杂交的影响因素

植物体细胞杂交过程中，有许多因子影响杂交结果，其中包括前面提到的原生质体分离和培养的所有影响因子、融合双亲亲缘关系远近及品种组合、融合方法和融合参数等。

(1)原生质体的质量

原生质体的质量是体细胞杂交中的一个关键影响因子。原生质体分离和培养的所有影响因子都不得对体细胞杂交产生影响。值得注意的是，体细胞杂交要求新鲜原生质体，因为原生质体再生细胞壁后会影响融合效果。此外，融合双亲至少有一方具有全能性，杂种细胞才能再生。如在柑橘体细胞杂交试验中，常采用“叶肉细胞原生质体 + 胚性愈伤悬浮系原生质体”模式，其中叶肉细胞在目前培养体系下不能分裂。许多试验表明，柑橘胚性悬浮系在杂种细胞再生过程中有着十分重要的作用。近年来也有亚原生质体和胞质体作为融合亲本之一的报道，特别是在转移胞质基因组控制的农艺性状方面，它们有更强的针对性。

(2)融合双亲亲缘关系远近及品种组合

在体细胞杂交试验设计中，人们期望实现植物的某些优良农艺性状，如高产、抗病、抗逆和胞质雄性不育性等成功转移。虽然在植物种内、种间、属间甚至科间均成功实现了原生质体融合，但融合亲本亲缘关系远近以及品种组合对融合的结果均有影响。一般来说，在种间、属间融合组合中，两亲本亲缘关系越近，越易得到体细胞杂种，或者体细胞杂种再生数量越多，并且种间组合较属间组合容易成功。需要指出的是，亲缘关系近，也不一定不利于体细胞杂种植株再生。从柑橘体细胞杂交成功的实例来看，种间融合较为成功，其次是属间融合。另外，在融合双亲亲缘关系远近相同的组合中，亲本组合不同，体细胞杂种再生难易程度不同。

(3)融合方法和融合参数

①融合方法　PEG诱导融合法和电融合法各自的优缺点在前文已阐述，不同融合方法对体细胞杂种植株再生具有较大的影响。在柑橘体细胞杂交研究中，郭文武(1998)发现电融合法再生的植株全为杂种来源，未发现未融合的悬浮亲本再生类型；而采用PEG法融合中，往往有大量的悬浮系亲本植株再生，杂种植株再生比例较低。

②融合参数　包括各种融合液以及电融合参数都应选择适当。在PEG诱导融合中，PEG的分子质量、温度以及$Ca^{2+}$浓度都影响融合效果。在电融合中，交流电压、交变电场的振幅频率、处理时间、直流高频电压、脉冲宽度以及脉冲次数等参数选择对融合的效果都有较大影响。

## 7.3.4　融合细胞再生

原生质体融合细胞再生包括细胞壁的形成和通过细胞再生方式形成杂种植株。一般来说，细胞再生的主要方式有直接分化产生胚状体和先分化产生愈伤组织细胞团，再通过分化不定芽或不定根的形式产生植株。

(1)融合细胞细胞壁的再生

细胞壁再生不是核分裂的先决条件，但细胞壁必须在细胞分裂以前形成。培养体系中原生质体一般在分离后几个小时内就开始了细胞壁再生，在适宜培养条件下可能需要2~5d就能完成这个过程。原生质体丢失其圆球性特征表明了新细胞壁的再生。生长活跃的悬浮培养的原生质体比已经分化的叶肉细胞更快地出现微纤丝沉积，刚形成的细胞壁主要由排列疏松的微纤丝组成，这些微纤丝接着开始有组织地形成典型的细胞壁。研究烟草叶肉组织原生质体再生细胞壁主要成分时发现，原生质体初生细胞壁成分与供试材料细胞壁成分不同，再生细胞壁主要成分为非纤维素多糖，即葡萄糖占65%，纤维素只占5%。而烟草叶肉细胞的细胞壁纤维素含量占60%。检测新壁合成方法为荧光增白剂(calcofluor white，CFW)法和电镜技术。荧光增白剂专一性地与细胞壁纤维素的β-葡萄糖苷键特异性地结合，因而可以用来检测细胞壁的再生，从而确定原生质体活力。有活力的原生质体经染色后，可在细胞质膜周围观察到荧光环。再生完整细胞壁的原生质体进一步进行正常细胞有丝分裂，而细胞壁发育不全的原生质体常会出芽或体积增大。

(2)融合细胞再生植株

原生质体再生植株过程中，会依次经历细胞壁再生、细胞分裂、多细胞团和愈伤组织形成等过程。形成愈伤组织再生植株有两条途径：一是愈伤组织通过器官发生途径，即形成不定芽、不定根，成为完整植株；二是愈伤组织通过胚胎发生途径，即形成胚状体，由胚状体再生成为完整植株。不同基因型原生质体分化出不同组织或器官所需要的时间是不同的，如烟草在3d内可以观察到第一次分裂，而作为木本果树的柑橘需要8~14d。原生质体分化成肉眼可见的细胞团后，可将它们转移到不含渗透剂的培养基上诱导胚状体和植株再生。在木本果树和棉花等植物中，原生质体再生植株若不易生根，则普遍采用试管嫁接形成完整植株。

## 7.4 杂种细胞的选择和体细胞杂种鉴定

### 7.4.1 体细胞融合产物的类型

不管是对称融合还是非对称融合，对于融合后的细胞来说，根据其亲缘关系不同，可分为同核体和异核体杂种，异核体杂种主要是指A和B融合后原生质体或细胞器结合不是单一物种，而是具有双亲特性，根据其特性不同，可分为对称杂种、非对称杂种和细胞质杂种(图7-15)。

(1)同核体

同核体是指在融合过程中产生的AA或BB型的融合，这种融合也有可能产生一些有用的农艺性状，这种融合与自然界中存在的自发融合变异有关。

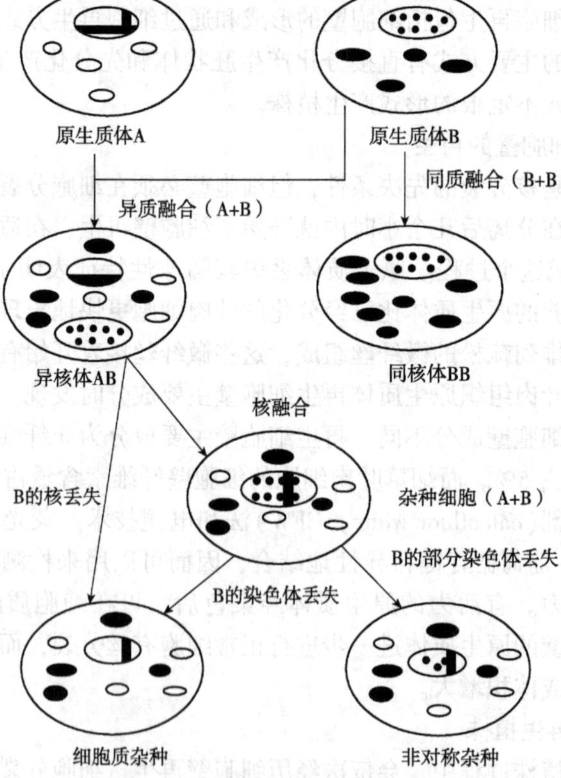


图7-15 体细胞融合产物的类型

(2)对称杂种

对称杂种是指杂种具有融合双亲全部的核融合遗传物质，形成完整的细胞质融合和细胞核融合。

(3)非对称杂种

非对称杂种是指双亲或亲本之一的核遗传物质或细胞质出现了丢失，产生不完整的杂种细胞，有可能是一个亲本的细胞核与另一亲本的核质融合，也有可能是一个亲本的细胞质与另一亲本的核质融合。

(4)细胞质杂种

细胞质杂种是非对称杂种的一种极端类型，是指融合双亲之一的核遗传物质全部丢失，但具有另一亲本或双亲的细胞质遗传成分。其中杂种的细胞核基因组来源于一方，而细胞质基因组来自另一方的胞质杂种，也称为异质杂种。

## 7.4.2 融合产物细胞学

原生质体融合时首先是两个原生质体开始彼此靠近附着，然后膜开始融合并在原生质体间形成胞质桥，随着胞质桥的形成，两个原生质体发生融合，于是形成圆球形异核体或同核体，一般是在膜融合以后数小时内，2个细胞质混合在一起，形成一个双核异核体。原生质体细胞壁存在是进行规则有丝分裂的前提，但再生细胞并不一定都能进行细胞有丝分裂，原生质体分裂频率变化很大，为0.1%~80%。不同类型的原生质体分裂和发育速度不完全一致(表7-8)，因此，在融合后进行细胞壁再生，细胞壁再生后细胞开始正常的有丝分裂，在双亲亲缘关系较近的异核体中，两个核有可能同步进行第一次有丝分裂，而且在这个过程中，二者染色体被一个共同的纺锤体所牵引，在有丝分裂末期形成2个杂种子细胞。最终分化出体细胞杂种，其核内具有双亲染色体组。在双亲亲缘关系比较远的杂种细胞中，2个来源不同的染色体组常常不能完全结合在一起。

**表7-8 几种不同类型的原生质体分裂和发育速度比较**(王蒂，2011)

| 原生质体类型 | 第一次分裂时间(d) | 分裂比例(%) | 植板率(%) | 原生体分裂与发育特点 | 愈伤组织分化速度 | 从原生质体到再生植株形成 | 备注 |
|---|---|---|---|---|---|---|---|
| 烟草叶片 | 4 | 60 | 60 | 培养第二周形成20多个细胞的细胞团，第三周细胞内壁清晰，为淡绿色，第四周细胞团直径达0.3~0.8mm，第六周直径达0.5~1.0mm | 移至分化培养基上1个月左右形成芽 | 3个月左右 | Nagata等(1973) |
| 胡萝卜培养细胞 | 6 | 10~20 | 5~30 | 8~10d形成细胞团；4周后形成胚状体 | 胚状体培养3周后长成3~6mm小苗 | 4个月左右 | Grambow(1972) |

（续）

| 原生质体类型 | 第一次分裂时间(d) | 分裂比例(%) | 植板率(%) | 原生体分裂与发育特点 | 愈伤组织分化速度 | 从原生质体到再生植株形成 | 备注 |
|---|---|---|---|---|---|---|---|
| 矮牵牛愈伤组织 | 4 | | | 2 周后形成 20~25 个细胞的细胞团 | 8~10 周后在分化培养基上出芽，3~4 周后形成根 | 3 个多月 | 瓦西等(1974) |
| 油菜叶片 | 2~3 | 10 | | 15d 后形成细胞团，28d 形成小愈伤组织 | 分化培养基上 10d 分化芽，25d 分化根 | 3 个月左右 | Kartha(1974) |
| 马铃薯子叶和下胚轴 | 2 | 46.1 | | 9~10d 形成 16 个细胞的细胞团，1 个月形成愈伤组织 | 分化培养基上 30~40d 分化苗 | 2 个多月 | 戴朝曦等(1994) |
| 马铃薯花粉 | 1 | | | 15d 形成细胞团 | | | 王蒂等(1999) |

原生质体细胞分裂第一次一般发生在 2~7d 内，分裂活跃的细胞悬浮培养的原生质体与叶片高度分化细胞的原生质体相比，前者进入第一次细胞分裂快。第二次细胞分裂发生在 1 周之内，到第二次细胞分裂结束后，培养体系中开始出现小细胞团。3 周后，体系中可以看见小细胞克隆。6 周后，出现直径约 1mm 的细胞克隆。一旦小细胞克隆开始形成，如果其仍处于原来高渗透压介质中，原生质体进一步生长就会被抑制。需将细胞克隆体系转移到无甘露醇的介质中去。肉眼可见细胞克隆被转移到低渗透压的介质后开始形成愈伤组织或胚状体。

### 7.4.3　杂种细胞的选择系统

融合后的原生质体细胞类型多样，有同核体融合细胞、异核体对称杂种细胞、胞质杂种细胞等，通常在处理的原生质体中实际融合的原生质体比例不超过 1%~10%，因此，融合后必须对其杂种细胞进行鉴定筛选，在作物细胞融合中，目前广泛应用的杂种方式主要包括以下几种。

(1) 机械选择法

机械选择法是利用融合细胞所具有的特征，在显微镜下，双亲原生质体的形态特征可以作为挑选依据，用微管将融合细胞吸取出来进行选择的方法。这种方法适用于融合双亲原生质体形态差异比较大的材料，如叶肉细胞具有绿色，和其他物种的根尖细胞杂交时就容易区分。高国楠(1977)首先利用此法获得了 20 个体细胞杂种细胞系。

(2) 选择性培养基

选择性培养基主要是基于某种特殊培养基能够抑制双方或一方亲本的生长，而只有杂种细胞才能够增殖。Carlson 等(1972)培育的第一株杂种植株就是利用杂种细胞生长激素自主性和双亲细胞需提供外源激素才能生长的特性，利用无生长素培养基筛选了杂种细胞；矮牵牛和爬山虎(*Parthenocissus tricuspidata*)融合体细胞的筛选也是利用此法获得的；在马铃薯杂种细胞筛选过程中发现，融合细胞与未融合细胞、自体融合细胞对培养的反应不同。杂种细胞具有杂种优势，对培养基适应能力较强，未融合细胞或自体融合细胞表现的生活力较弱，分化慢，难以再生植株。这一特性为马铃薯体细胞融合中利用培养基和培养条件筛选杂种细胞和植株提供了十分有利的条件，如利用两亲本均不能分化苗的培养基培养融合愈伤组织，获得了种间体细胞杂种。

(3)互补选择法

①抗性突变体互补选择法　杂种细胞选择是以其对某种逆境具有抗性(必须为显性)的基础上进行的。施加某种逆境条件的培养基为选择培养基。如矮牵牛和拟矮牵牛杂种细胞筛选时，利用两个物种原生质体对培养基及放线菌素 D(actinomycin D)的敏感性差异进行选择，获得了杂种细胞形成愈伤组织及杂种植株；大豆和水稻融合细胞筛选时，利用水稻原生质体耐高温(37℃)的特性，将水稻与大豆原生质体融合细胞培养在适合大豆原生质体生长的培养基上，但培养温度为37℃。用$^3$H 标记胸腺嘧啶，证明杂种细胞能正常合成 DNA。

②叶绿素缺失突变体互补选择法　杂种细胞选择是基于融合细胞具有正常叶绿素并能在特定培养基上生长的基础上进行的。选择培养基为适合白化和杂种细胞增殖培养基。如绿色拟矮牵牛和3个不同种白化矮牵牛杂种细胞筛选时，将融合原生质体培养在MS 培养基上，绿色拟矮牵牛原生质体在很小细胞团阶段就死亡，白化亲本原生质体和杂种原生质体能够形成愈伤组织；在毛叶曼陀罗(*Datura innoxia*)白化苗与异色曼陀罗(*D. discolor*)和曼陀罗2个种正常苗种间杂种细胞筛选时，也获得了杂种愈伤组织。

(4)抑制剂选择法

通常对供体施以一定剂量的 X 射线、γ 射线或者 UV 射线，对受体用碘乙酸进行处理，或者用吲哚乙酸或二乙基焦碳酸盐处理，只有杂种细胞才能发生细胞分裂，进而选择细胞。

(5)标记基因选择法

形态上无法区分的原生质体融合杂种细胞，可采用荧光染料标记后进行机械分离。如用异硫氰酸荧光素(发绿色荧光)和碱性蕊香红荧光素(发红色荧光)分别标记了两亲本烟草叶肉原生质体，杂种细胞内存在两种荧光染料，在荧光显微镜下分离或用流式细胞仪分拣。如果原生质体融合产物失掉可鉴别特征之前不能分离出来单独培养，可在融合处理后把原生质体以低密度植板在琼脂培养基上追踪个别杂种细胞及其后代；对没有上述亲本差异的原生质体融合细胞筛选时，还可以利用愈伤组织差异筛选。如在烟草原生质体杂种细胞筛选时，以两亲本原生质体单独培养为对照，根据亲本愈伤组织与融合杂种细胞愈伤组织在色泽和质地上的差异筛选杂种细胞。在柑橘体细胞融合时，通过引入 GFP 标记，即以"愈伤组织原生质体 + 转 GFP 基因叶肉原生质体"的融合模式，利用柑橘叶肉原生质体不能分裂再生的特点，再生带有 GFP 荧光的仅有杂种类型，在融合产物培养早期即可实现对杂种细胞的筛选(图 7-16)。利用该融合体系，不仅体细胞杂种早期筛选效率大为提高，减轻了后续工作量，而且提示了植物体细胞杂种在培养过程中具有再生优势。

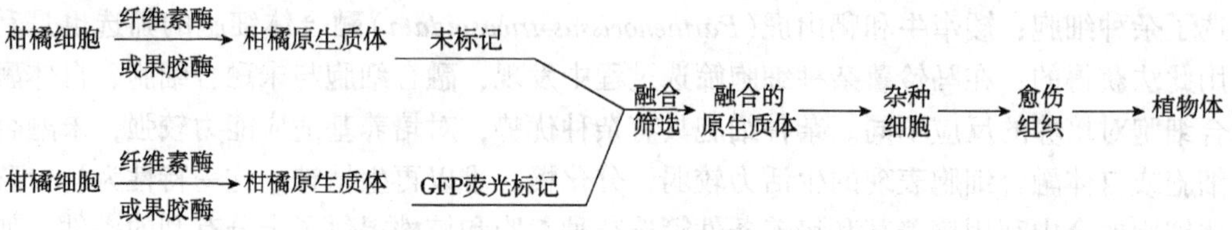


图 7-16 柑橘体细胞融合示意图

### 7.4.4 体细胞杂种的鉴定

对杂种细胞进行筛选后，融合细胞某一亲本染色体丢失和突变、细胞器丢失、分离和培养过程中可能发生体细胞变异等都会影响杂种植株的获得，因此对再生植株必须进一步分析和鉴定，以便明确再生植株杂种性和对其进行遗传重组分析。体细胞杂种鉴定方法主要包括形态学鉴定、细胞学鉴定、同工酶分析以及分子标记鉴定等。

(1)形态学鉴定

当从原生质体融合到完整植株再生时，就产生了广泛的形态学特征可用于杂种植株鉴定。多数情况下，无论是体细胞杂种还是有性杂种的形态特征都介于两亲本之间。根据茎、叶、花等组织的形态、颜色来鉴别杂种。亲缘关系较远时，杂种植株形态倾向于亲本之一，与亲本间存在着细微差异，如茎、叶上毛分布的疏密程度、气孔大小及在叶背表皮上分布密度等。花粉败育也是远缘体细胞杂种的特征，可对其育性进行鉴定。如柑橘异源四倍体体细胞杂种与二倍体亲本相比，往往表现为叶片变厚、变宽，叶形指数变小，若融合亲本之一为具有三出复叶的枳，由于该性状为显性性状，与另一单生复叶亲本原生质体融合后获得的体细胞杂种一般都是三出复叶。

(2)细胞学鉴定

在一个假定的杂种细胞中计算染色体数目是鉴定杂种植株最容易、最可靠的方法，而且还能提供关于细胞倍性状态的信息。原生质体融合亲本材料一般为二倍体，杂种细胞染色体数应为双二倍体。如果亲缘关系较远的属间进行原生质体融合，两亲本染色体差异很大，可从染色体形态、大小和数目上加以区别。如粉蓝烟草 + 大豆、拟南芥 + 油菜、毛叶曼陀罗 + 颠茄、矮牵牛 + 蚕豆等属间融合杂种品系细胞中都可以进行染色体区分；但两亲本亲缘关系较远时，亲本之一的染色体会受到不同程度排斥，产生大量非整倍体。如马铃薯与番茄杂种植株染色体观察时发现，杂种植株有丢失番茄染色体趋向；粉蓝烟草($2n=24$)和矮牵牛($2n=14$)体细胞杂种植株根尖染色体检查发现，染色体数变异范围为 32~38 条。杂种植株为何丢失某一个种的染色体，原因尚不清楚。但染色体这种选择性丢失可能有其好处，因为两个亲本染色体组完全组合到一起时，有时可能并不理想，特别是当两个亲本由于亲缘关系太远而表现有性不亲和时更是如此。

染色体计数是细胞学鉴定常用方法，通过比较再生植株和双亲染色体倍性，可在一定程度上为植株杂种性提供证据。近年来，由于流式细胞技术操作简单、方便，常被用于倍性检测。它是一种对在液流中细胞逐个进行快速定量分析的技术，是在 DNA 水平上对大量染色细胞标记物的荧光强度进行检测，并通过与对照材料“峰”位置比较确定其倍性，具有快速、灵活、量大、灵敏和定量等特点。

(3)同工酶分析

同工酶分析在20世纪80~90年代广泛用于体细胞杂种鉴定。随着新型分子标记出现，同工酶分析已很少应用。同工酶是指催化同一种化学反应，但分子组成不同的同一组酶。在同工酶研究中，淀粉凝胶电泳和聚丙烯酰胺凝胶电泳都被使用，在电泳中，酶蛋白带电性质可分离不同谱带。体细胞杂种同工酶酶谱可能表现出不同于其中一个亲本或同时与两个亲本不同的特征。根据亲本和杂种同工酶谱差异可鉴别杂种。体细胞杂种植株同工酶谱较两亲本表现为酶带颜色加深、宽度加大，酶谱呈双亲酶带总和，有时出现新酶带或丢失部分亲本酶带，有时还出现双亲都不具有新谱带。如种间拟南芥＋油菜、科间粉蓝烟草＋大豆杂种细胞都有明显不同的同工酶重组。目前，鉴定杂种细胞所用同工酶有乙醇脱氢酶、乳酸脱氢酶、过氧化物酶、脂酶、氨肽酶、核酮糖二磷酸羧化酶等。

(4)分子标记鉴定

分子标记鉴定是指在DNA水平上对亲本和杂种植株遗传差异进行鉴定的一项技术。分子标记能准确鉴定出生物个体间核苷酸序列间差异，甚至单个核苷酸变异，是鉴定杂种植株最有效的方法。尤其是叶绿体DNA和线粒体DNA特异性限制性图谱已用于体细胞杂种鉴定。目前已发展出十几种DNA标记技术，如RFLP、RAPD、AFLP等，它们各具特色，为不同的研究目标提供了丰富的技术手段。特别是在分析杂种细胞质基因组来源时，PCR-RFLP(或CAPS)以及cpSSR等新型分子标记，与传统的PFLP技术相比，具有速度快、操作简单、费用低、无需使用同位素等诸多优点，可为体细胞杂乱的胞质遗传重组特点提供确凿证据。其中，RAPD技术已成功地用于鉴定马铃薯体细胞杂种和多种植物种属间的亲缘关系，始用于马铃薯和番茄体细胞杂种鉴定。邓秀新等(2000)研究诱导了温州蜜柑‘系国庆1号’‘国庆5号’‘纽荷尔’‘朋娜’脐橙‘本地早’和‘椪柑’等品种的愈伤组织，开展了10余个组合二倍体间原生质体融合，获得了几个组合二倍体植株，RAPD分析表明为体细胞杂种；采用SSR、PCR-RFLP方法对部分组合二倍体植株核质基因组分析结果表明，再生植株线粒体均来自于悬浮系亲本，核则来源于叶肉亲本，是胞质杂种，采用RFLP标记分析也得出同样结果。采用AFLP对二倍体叶肉亲本型植株分析，植株带型均与叶肉亲本相同。

(5)高通量测序鉴定

杂种植株不论核融合还是细胞质融合都会引起体内基因序列或转录水平mRNA的变化，通过最近几年发展起来的高通量测序技术，对其DNA水平、转录组水平或者表达谱进行测序，分析相应性状变化，其准确率高、性状基因目标明确，是鉴定杂种植株的一种有效方法。

(6)遗传鉴定

体细胞杂种能通过传统遗传学方法进行分析，从多代培养及后代个体分离数据中研究其稳定性与遗传特性，确定被分析植株体细胞特性。

一般而言，在实际使用过程中，结合实际综合评价与使用这些方法，才能对再生植株进行全面鉴定和分析。

### 7.4.5 体细胞杂种的遗传特性

植物原生质体培养和原生质体融合不仅是植物遗传改良的重要手段之一，而且原生质体也是研究植物细胞壁再生、细胞分裂和分化等一系列细胞遗传和生理过程的良好试验材料。体细胞杂种含有双亲全部和部分细胞质或细胞核遗传物质，在杂种细胞群中存在多种组合和互作，异源核—核、异源质—质、同源核—质、异源核—质以及异源核背景中同源核—质之间的互作和协调，后代遗传过程中染色体丢失或重组等遗传学行为，导致后代遗传的复杂性和不可预见性，有别于有性杂交种母体细胞质背景下核—核互作及后代分离规律。

原生质体融合后，在单个细胞中进行核-核并存、互作或重组，细胞器并存或重组，并伴随着体细胞杂种的单个细胞发育和植株再生，同时，体细胞杂种后代伴随着不同来源的遗传物质交流和融合，在部分远亲体细胞杂种中可能由于核分裂不同步或核质不协调，造成部分核遗传物质或细胞质遗传物质丢失、替代或重组，形成一套新的核质遗传物质，并适应自身生长发育。其遗传特性主要表现在以下5个方面。

(1)形态上的趋中性和双亲性状的共显性

从体细胞杂交目的和意义来说，通过体细胞杂交可以获得大量性状稳定遗传、表现亲本优势性状的杂种植株。研究发现大部分体细胞杂种拥有双亲部分性状，表现形态上的趋中性、双亲性状共显性，这也是目前利用体细胞杂交优势之一。胡琼等(2004)利用原生质体融合技术，获得了甘蓝型油菜品种‘中双4号’与新疆野生油菜‘野油18’的对称性体细胞杂种。在茄子育种研究中，连勇等(2004)应用原生质体融合技术，获得了茄子种间体细胞杂种，为茄子抗病育种提供新材料。但是，体细胞杂种共显性和趋中性往往也会表现出一些亲本的缺点，如虽然获得番茄和马铃薯杂交植株，但是性状并不是所期望的。

(2)非整倍性

遗传变异幅度大，产生多个非整倍体，融合后的杂种细胞如果进行细胞分裂且核融合则能获得对称杂种。如果核不发生融合，在以后发育过程中就会有两种结果，一种结果是细胞分裂几次后即停止生长从而导致细胞凋亡；另一种结果是在发育过程中某一亲本细胞核部分或全部丢失，产生大量非整倍体或胞质杂种。

(3)偏亲现象

对于不对称融合，在体细胞杂种及其后代中会出现偏亲现象。由于体细胞杂交后染色体部分丢失，常常使某个亲本部分或个别基因与另一亲本染色体发生整合，实现亲本间基因转移。基因转移通常使后代中某些性状得以表达，有可能产生偏亲现象，也有可能基因重组产生双亲均没有的新性状。

(4)杂种植株不育性

体细胞杂交技术应用于作物育种和基因转移的前提是杂种具有再生能力和可育性。迄今为止，所获得具有可育性体细胞杂种再生植株仅限于种间杂交，远缘杂种再生植株常常不育或育性很差。

(5)杂种植株后代遗传不稳定

体细胞杂种后代在遗传上常常不稳定，这涉及多方面因素，如亲缘关系远近，培养过程中染色体变异，细胞核、细胞质遗传物质重组等，因此，杂种植株后代遗传不稳定是目前体细胞杂种在生产中应用的障碍之一。

## 7.5 体细胞杂交技术的应用

自体细胞杂交技术获得成功以来，在作物新物种创造、胞质杂种获得以及细胞学研究等方面均获得成功，最有代表性的成果主要体现在3个方面：创造新遗传变异、用于CMS性状研究和用于定向转移胞质基因控制性状及核质互作研究。

### 7.5.1 创造新遗传变异

植物离体培养过程存在着广泛的变异，包括适应性变异和遗传性变异。适应性变异为非遗传变异，它随环境条件改变而丧失其变异特征；遗传性变异因涉及染色体和基因变异，能稳定传递给后代。这些变异虽然影响了离体无性繁殖材料的遗传稳定性，但在植物改良中发挥着巨大作用。原生质体由于已从其自身环境中分离出来，细胞比较脆弱和敏感，在原生质体培养时，它必然经历许多复杂的生长发育过程，如细胞壁再生、愈伤组织诱导及芽分化等，因此，与其他体细胞无性系变异相比，原生质体再生植株稳定性差，变异更为广泛。主要表现为形态学和农艺性状变异、染色体数目和结构变异及基因变异，因此也造成原生质体再生植株在形态特征上明显不同于母体植株。

(1)形态特征与农艺性状的变异

原生质体再生植株发生遗传变异必然在植株形态特征上得到表现。原生体再生植株表型变异涉及叶形、叶色、叶片大小、茎叶茸毛、分枝情况、茎蔓长度、株形及生根和生长势等。如马铃薯原生质体在对其再生植株薯块继代时发现了嵌合体分离现象，原来表现正常的植株，其后代分离出变异类型；表现变异的后代又部分恢复为正常植株。

观察马铃薯叶片原生质体再生植株形态特征时发现，许多性状有明显变异。如生长习性变异，表现为再生植株与原始品种相比生长旺盛，植株异常高大等；块茎变异，有不少无性系与原供体品种不同，有些还表现出结薯早或由不结实变为多实，还有些成熟期和对光周期的要求也发生了变化。表现为块茎大而整齐、色泽为白玉色，具有较高的商品价值；发育特性变异，表现为开花所需光照时间较原始品种缩短，结果数量高于原始品种100倍；抗病性变异，某些再生植株具有抗枯萎病、早疫病和晚疫病特性。

(2)染色体变异

原生质体植株再生过程中，细胞进行一系列分裂和分化。染色体复制、细胞核复制和细胞质复制与分裂，任何一步受阻或发生异常都会导致细胞染色体数目和结构变异，其中染色体数目变异比较多见。在马铃薯原生质体再生植株中广泛存在染色体变异，正常四倍体频率较低，即使亲本也不全是正常四倍体；非整倍体频率较高，染色体数目低于或多于48。还发现二倍体、六倍体、八倍体及染色体易位、缺失、断裂和异染色质复制落后现象。在小麦、胡萝卜等植物中观察到双着丝(dicentric)染色

体、无着丝粒(acentric)染色体、染色体易位等。这些现象发生机理主要是:

①有丝分裂过程中异染色质延迟复制 研究证明，常染色质在S期复制，异染色质在S期后期复制。组织和细胞离体培养时异染色质复制可能延迟更严重，细胞进入分裂期时，除异染色质外，整个染色体已复制完毕。细胞分裂后期，染色单体在纺锤丝牵引下移向两极，但着丝粒周围和其他区段的异染色质，由于尚未完成复制彼此不能分开，形成染色体桥，最后引起染色体断裂，形成端着丝粒染色体、无着丝粒染色体、环状染色体、染色体缺失及染色体易位等变异。

②细胞无丝分裂比例增加 多种植物培养细胞早期都观察到细胞缢缩、劈裂和碎裂等无丝分裂。

③转座子被激活 在离体培养条件下，外源激素、理化因子、染色体片段等能够激活转座因子(transposable elements)，引起某些染色体片段转座，造成染色体变异和基因突变。

(3)基因变异

随着分子生物学的发展，特别是RFLP、RAPD技术在体细胞无性系变异方面研究与应用，使人们能够在DNA水平上对遗传变异起源提供最早和最直接证据。Kemble等(1984)对原生质体再生植株的线粒体和质体进行限制性内切酶酶切，发现线粒体基因变异，却未发现质体变异。Singist等(1993)对马铃薯二倍体孤雌生殖诱导的单倍体后代进行RAPD遗传变异分析显示，单倍体后代间存在差异。张延红等(2003)利用RAPD技术对54个原生质体再生株系遗传变异情况进行检测，结果发现，虽然表型、细胞水平变异丰富，但分子水平变异却不十分显著。

### 7.5.2 用于CMS性状研究

据统计，目前已在43科320个种的617种种内和种间杂种发现了雄性不育现象，其中约10%为核不育材料，70%以上细胞质雄性不育是通过种间或属间杂交获得的。利用有性杂交创建或转育细胞质雄性不育可通过回交得到，但有性杂交常受制于种间杂交不亲和性，育种时间长，特别是以转入近缘种细胞质为目的时必须以近缘种为母本，这种杂交组合亲和性极度下降或者根本不亲和，常常不能获得杂交种子，受到杂交亲和障碍限制。通过原生质体融合，除了避开杂交亲和障碍限制外，体细胞杂交转移雄性不育细胞质还具有速度快、耗时短等优点，只需要一次操作即可将此性状转移到一定的品种。利用原生质体融合实现两亲本完全或部分基因重组，避开了杂交亲和障碍限制，不仅可有效置换核基因组，转移近缘种不育细胞质，而且可实现两亲本线粒体基因组重组，从而诱导新细胞质不育，是发掘和创建新型雄性不育细胞质的有效手段。在烟草、水稻和油菜中都有成功报道。结合原生质体融合前细胞核基因组去除技术，利用非对称性融合和筛选鉴定，即可获得期望的核质杂种。这在甘蓝型油菜中一般只需要6~10个月，而常规有性杂交结合回交则需要3~5年。随着植物体外组织培养条件改善和普及，体细胞杂交在改良和创建作物雄性不育细胞质中的应用将会得到更为广阔的发展。

体细胞杂交创建细胞质雄性不育的另一个显著优点是可以同时转移细胞质雄性不育恢复基因。

用常规有性杂交从近缘种中转移雄性不育细胞质，由于杂交亲和性低，很少有雄性可育杂种后代，雄性不育杂种后代需要不断回交才能繁殖。随着回交世代的增多，细胞质来源种核基因组被完全代换，不可能转移和保留恢复基因。这种现象在小麦中最为典型，前人通过常规有性杂交将小麦、山羊草 2 属 3 种 46 个系统细胞质转入普通小麦 5 个种中，已获得雄性不育类型 70 多种，但找到可恢复育性的材料很少。利用有性杂交转入芥菜型油菜 *Diplotaxis catholica* 不育细胞质，其恢复基因也是在芥菜型油菜(+) *D. catholica* 体细胞杂种可育后代中找到。在对引入新疆野芥细胞质获得甘蓝型油菜 Nsa CMS 恢复和保持关系测定时也发现，其恢复材料仅存在于从同一体细胞杂交组合获得雄性可育杂种衍生而来的后代株系中，表明通过体细胞杂交引入野生种细胞质诱导雄性不育的同时，也转入并通过筛选鉴定保留了其恢复基因。

## 7.5.3 用于定向转移胞质基因控制性状及核质互作研究

体细胞杂交用于定向转移胞质基因控制性状及核质互作的研究与常规有性杂交过程不同，原生质体融合涉及了双亲细胞质。它不仅可把细胞质基因转移到全新的核背景中，也可使叶绿体基因组与线粒体基因组重新组合。双亲线粒体基因组之间重组已被很多实验所证实，也有叶绿体在融合产物中重组的报道，这些研究为细胞质变异提供了新源泉。以拟南芥和烟草为材料的试验结果表明，父系叶绿体基因组在母系遗传植物中以较低频率遗传到子代。这一结果为叶绿体基因组基因工程操作环境安全性评估提供了必要信息。在线粒体母系遗传被子植物中，发现精细胞线粒体 DNA 数量下调至不足一个拷贝；而线粒体两系遗传植物精细胞线粒体 DNA 数量则上调至数百个拷贝。该结果显示被子植物线粒体基因组母系遗传很可能受到雄配子线粒体 DNA 数量的决定性调控。

核质互作不育型是质基因与核基因二者共同作用的结果。但是，对于核质互作雄性不育发生机制却所知甚少。目前，仅有一种假说——核质互补控制假说对此作出了一些解释。这个假说认为，细胞质不育基因存在于线粒体上，在一般的情况下，(N)线粒体 DNA 携带着可育遗传信息，能正常转录 mRNA，继而在线粒体核糖体上合成各种蛋白质(包括各种酶)，以保证雄蕊在发育过程中全部代谢活动正常进行，最终形成结构和功能均正常的可育花粉。

如果在(N)线粒体 DNA 某一个或某些节段发生了基因突变，即雄性可育正常细胞质(N)突变为雄性不育细胞质(S)时，在线粒体 DNA 上就携带了不育遗传信息，那么，被转录的 mRNA 上的不育信息就会使某些蛋白质(或酶)不能合成，从而破坏了花粉形成正常代谢过程，最终导致了花粉不育(或败育)。值得注意的是，当质基因突变为 S 状态后所形成花粉是否败育，还要取决于核基因组成。当核基因为 *Rf* 时，由于核基因 *Rf* 能补偿质不育基因 *S* 的不足，因此，可以通过 mRNA 转录，把可育遗传信息转移到细胞质核糖体上去，进而翻译成各种正常蛋白质(或酶)，最终形成可育的正常花粉。由此可知，当核基因有 *Rf* 存在时，不论线粒体正常与否，都能最终形成可育的正常花粉。当核基因为 *rf* 时，由于它不能补偿质不育基因 *S* 的不足，最终只能形成不育花粉。当质基因为 *N* 时，由于它能补偿核基因 *rf* 的不足，因此，不论核基因如何(*Rf* 或 *rf*)，都能形成可育的正常花粉。

## 小 结

体细胞杂交主要是指两个亲缘关系较远的材料不经过有性杂交而利用体细胞裸露的原生质体进行融合获得杂种植株的过程。本章介绍了植物体细胞杂交的历史与目前在植物生产中的发展，从植物细胞原生质体的分离与纯化、原生质体的融合方法与方式、融合后细胞的再生、杂种细胞的选择与体细胞杂种植株的鉴定等方面全面详细地介绍了植物体细胞杂交技术。着重阐述了植物体细胞杂交在创造新的遗传变异、用于CMS性状的研究和定向转移胞质基因控制性状及核质互作方面的研究现状与应用前景。

## 复习思考题

1. 简述植物原生质体培养的意义。
2. 简述植物体细胞杂交的重要性和局限性。
3. 植物原生质体纯化的基本方法有哪些？
4. 植物原生质体培养的方法及其各自的特点有哪些？
5. 影响原生质体培养的因素有哪些？
6. 原生质体培养常出现哪些遗传变异？
7. 体细胞融合有哪几种方法？它们在遗传研究中有何作用？
8. 原生质体融合时，筛选杂种细胞的方法有哪些？
9. 影响体细胞杂交的因素有哪些？
10. 如何鉴定体细胞杂种植株，如何操作？
11. 植物体细胞杂交的应用有哪些方面？
12. 利用已学到的知识，选择任意材料，设计一个可行的原生质体培养的试验方案，并简要说明设计依据。

## 推荐阅读书目

1. 园艺植物生物技术. 林顺权. 中国农业出版社, 2007.
2. 植物组织培养教程. 李浚明. 中国农业出版社, 2007.
3. 细胞工程. 王蒂. 中国农业出版社, 2011.
4. 园艺植物生物技术. 巩振辉. 科学出版社, 2009.

## 参考文献

达克东，李雅志，束怀瑞，1995. 苹果叶片愈伤组织植株再生研究[J]. 核农学报(3)：139-143.

达克东，张松，臧运祥，等，2004. 苹果离体叶片培养直接体细胞胚胎发生的形态学研究[J]. 核农学报(02)：118-120.

戴朝曦，孙顺娣，1994. 马铃薯实生苗子叶及下胚轴原生质体培养研究[J]. 植物学报，36

(9)：671-678.

丁爱萍，王洪范，曹玉芬，1994. 苹果原生质体培养及植株再生[J]. 植物学报(4)：271-277，331.

段炼，钱君，郭小雨，等，2014. 一种快速高效的水稻原生质体制备和转化方法的建立[J]. 植物生理学报，50(3)：351-357.

高兵，孙俊，2017，'嘎啦'苹果叶片愈伤组织的诱导[J]. 北方园艺(9)：88-92.

郭艳萍，任成杰，李志伟，等，2014. 玉米胚乳细胞原生质体的分离与流式纯化[J]. 作物学报，40(3)：424-430.

韩焱，王关林，邢卓，等，2005. 观赏性苹果'红霞'的组织培养和快速繁殖[J]. 植物生理学通讯(2)：188.

李恩中，1999. 苹果茎段的离体培养及快速繁殖[J]. 天中学刊(2)：44-46.

李贵，李必元，王五宏，等，2012. 结球甘蓝下胚轴原生质体培养再生植株体系的优化研究[J]. 西北植物学报，32(12)：2438-2443.

李厚华，阙怡，费昭雪，等，2011. 红肉苹果组织培养及转基因体系的建立与优化[J]. 北方园艺(15)：175-179.

李浚明，2007. 植物组织培养教程[M]. 北京：中国农业出版社.

李妮娜，丁林云，张志远，等，2014. 棉花叶肉原生质体分离及目标基因瞬时表达体系的建立[J]. 作物学报，40(2)：231-239.

林顺权，2007. 园艺植物生物技术[M]. 北京：中国农业出版社.

聂琼，刘仁祥，徐如宏，2012. 烟草原生质体分离纯化条件的优化[J]. 贵州农业科学，40(9)：20-23.

齐向英，陈宗礼，薛皓，等，2013. 狗头枣叶片原生质体分离研究[J]. 中国野生植物资源，32(3)：40-43.

秦婷婷，2012. 利用水稻原生质体瞬时表达体系研究 OsHK3 在 ABA 诱导的抗氧化防护过程中的功能[D]. 南京：南京农业大学.

尚飞，李咪咪，李莉，等，2013. 烟草原生质体的制备和分析[J]. 河南师范大学学报(自然科学版)，41(3)：131-137.

孙鹤，郎志宏，朱莉，等，2013. 玉米、小麦、水稻原生质体制备条件优化[J]. 生物工程学报，29(2)：224-234.

万莹，2014. 来安花红茎段组织培养研究[D]. 南京：南京林业大学.

王蒂，2011. 细胞工程[M]. 北京：中国农业出版社.

王蒂，司怀军，王清，1999. 马铃薯花粉原生质体分离的研究[J]. 园艺学报，26(5)：323-326.

文峰，肖诗鑫，聂扬眉，等，2012. 木薯脆性胚性愈伤组织原生质体培养与植株再生[J]. 中国农业科学，45(19)：4050-4056.

谢璇，许轲，谢闽新，等，2015. 苹果茎尖培养快繁体系的优化[J]. 植物生理学报，51(12)：2152-2156.

徐世彦，白海侠，郭韩玲，等，2006. 高酸苹果的组织培养快繁技术研究[J]. 山西果树(1)：6-8.

姚丽平，2013. 原生质体融合降解木素及小分子酚醛类物质[D]. 广州：华南理工大学.

余叔文，汤章城，1998. 植物生理与分子生物学[M]. 2 版. 北京：科学出版社.

俞超，杨潇，王忠华，等，2013. 葡萄愈伤组织制备原生质体的影响因素研究[J]. 果树学报，30(3)：433-436.

臧运祥，郑伟尉，孙仲序，等，2006. 乔纳金叶片培养胚状体发生体系的建立[J]. 生物技术通报(S1)：525-529.

张宁，李威，顾钊宇，等，2015. ‘富士’苹果花粉原生质体分离初探[J]. 园艺学报，42(6)：1167-1174.

赵苏州，卢运明，张占路，等，2014. 玉米和拟南芥的原生质体制备及瞬时表达体系的研究[J]. 安徽农业科学，42(12)：3479-3482.

周厚成，赵霞，詹玉武，2007. 观赏性小苹果‘特丽’的组织培养及快速繁殖技术[J]. 中国农学通报(12)：267-269.

AGNIESZKA F，JAN JR，2007. The effect of several factors on somatic embryogenesis and plant regeneration in protoplast cultures of *Gentiana kurroo* (royle) [J]. Plant cell tissue and organ culture，91：263-271.

BARBARA D，TOM E，STEFAAN W，et al.，2007. Effect of enzyme on centration on protoplast isolation and protoplast culture of Spathiphyllum and Anthurium[J]. Plant cell tissue and organ culture，91：165-173.

BORGATO L，PISANI F and FURINI A，2007. Plant regeneration from leaf protoplasts of *Solanum virginianum* L. ( Solanaceae ) [J]. Plant cell tissue and organ culture，88(3)：247-252.

ELENA RT，ADRIANA A，SIMONA V，et al.，2007. In vitro morphogenesis of sunflower (*Helianthus annuus*) hypocotyl protoplasts：the effects of protoplast density，haemoglobin and spermidine [J]. Plant cell tissue and organ culture，90：55-62.

GUO J M，LIU QC，ZHAI H.，et al.，2006. Regeneration of plants from *Ipomoea cairica* L. protoplasts and production of somatic hybrids between *I. cairica* and sweetpotato，*I. batatas* Lam[J]. Plant cell tissue and organ culture，87：321-327.

HIDEKI A，2006. Development of a quantitative method for determination of the optimal conditions for protoplast isolation from cultured plant cells[J]. Biotechnology letters，28(20)：1687-1694.

KUMAR P T，TOFFALINI F，WITTERS D，et al.，2014. Digital microfluidic chip technology for water permeability measurements on single isolated plant protoplasts[J]. Sensors and actuators b：chemical，199：479-487.

LIONETTI V，CERVONE F，LORENZO G D，2014. A lower content of de-methylesterified homogalacturonan improves enzymatic cell separation and isolation of mesophyll protoplasts in arabidopsis[J]. Phytochemistry，1-7.

MARIE G，HANA P，HANA V，2008. Electrofusion of protoplasts from *Solanum tuberosum*，*S. bulbocastanum* and *S. pinnatisectum*[J]. Acta physiologiae plantarum，30(6)：787-796.

MASAKI F，MASAYOSHI W，MASAYUKI U，et al.，2007. Introduction of mitochondrial DNA from *Pleurotus ostreatus* into *Pleurotus pulmonarius* by interspecifi protoplast fusion[J]. Journal of wood science，53：339-343.

MASANI M Y A，NOLL G，PARVEEZ G K A，et al.，2013. Regeneration of viable oil palm plants from protoplasts by optimizing media components，growth regulators and cultivation procedures[J]. Plant science，210：118-127.

PAULA C，CONCEICAO S，2006. An efficient protocol for *Ulmus minor* Mill. protoplast isolation and culture in agarose droplets[J]. Plant cell tissue and organ culture，86(3)：359-366.

PIECZYWEK P M，ZDUNEK A，2014. Finite element modeling of the mechanical behaviour of onion epidermis with incorporation of nonlinear properties of cell walls and real tissue geometry[J]. Journal of food engineering, 123: 50-59.

SASAMOTO H, ASHIHARA H, 2014. Effect of nicotinic acid, nicotinamide and trigonelline on the proliferation of lettuce cells derived from protoplasts[J]. Phytochemistry letters, 7: 38-41.

SHI DJ, WANG CL, WANG KM, 2008. Genome shuffling to improve thermo tolerance, ethanol tolerance and ethanol productivity of *Saccharomyces cerevisiae*[J]. Journal of industrial microbiology and biotechnology, 36(1): 139-147.

UTTARA C, SAMIR RS, 2008. Production and characterization of somatic hybrids raised through protoplast fusion between edible mushroom strains volvariella volvacea and pleurotus florida[J]. World journal of microbiology & biotechnology, 24: 1481-1492.

WINKELMANN T, SPECHT J, SEREK M, 2006. Efficient plant regeneration from protoplasts isolated from embryogenic suspension cultures of *Cyclamen persicum* Mill. [J]. Plant cell tissue and organ culture, 86(3): 337-347.

YAKYM A, DJAMILA C, BÄRBEL FW, et al., 2006. An improved protocol for microcallus production and whole plant regeneration from recalcitrant banana protoplasts (*Musa* spp.) [J]. Plant cell tissue and organ culture, 85(3): 257-264.

YU C C, WANG L L, CHEN C, et al., 2014. Protoplast: A more efficient system to study nucleo-cytoplasmic interactions[J]. Biochemical and biophysical research communications, 450: 1575-1580.

ZENG SH, CHEN CW, LIU JH, et al., 2006. In vitro induction, regeneration and analysis of autotetraploids derived from protoplasts and callus treated with colchicine in citrus[J]. Plant cell tissue and organ culture, 86(1): 85-93.

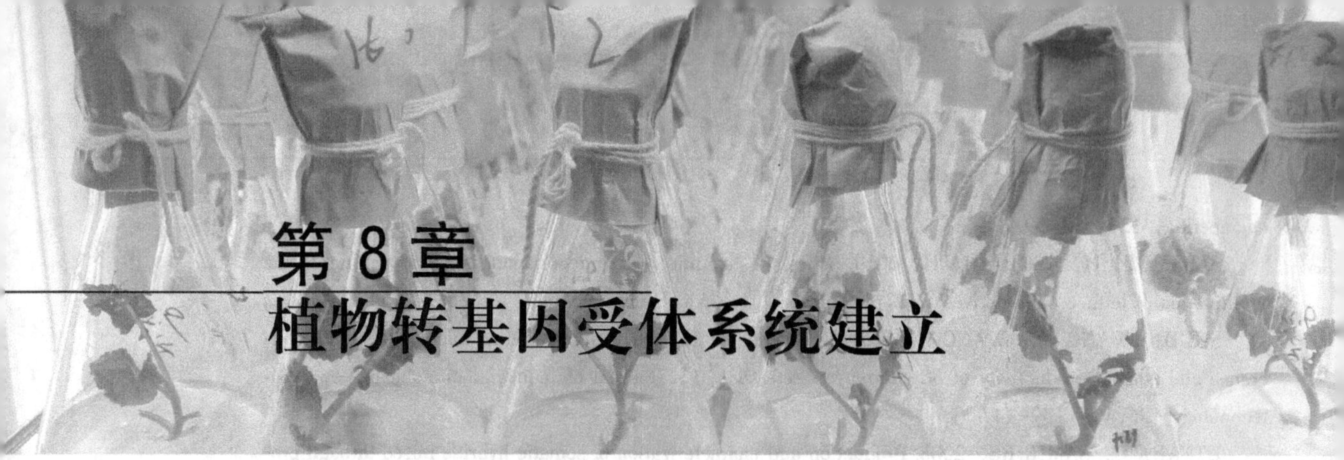

# 第 8 章 植物转基因受体系统建立

植物基因操作的目的是改良生物性状，以提高农产品、轻工产品、医药等产品的质量和数量，更好地为延长人类寿命、提高人类生活质量服务，因而基因操作除了在分子水平进行基因克隆和修饰外，还必须经过细胞、组织、器官和植株的培养，为基因转化建立受体材料，为改良基因调控不同产品的质量和数量发挥重要作用，因此，植物转基因受体系统的建立是基因操作的必需环节，也是决定基因操作能否成功和发挥效应的重要步骤。

## 8.1 植物基因遗传转化概述

植物遗传转化技术是建立在植物组织培养技术、核酸分析技术、DNA 重组转化技术和基因表达调控技术等基础之上的一项定向改变植物遗传背景和性状的技术，是在植物组织培养和现代分子生物学基础上发展起来的一门新技术。其目标是通过将外源基因或功能 DNA 元件导入植物细胞，从而改变细胞基因组成、干预细胞基因表达状态，或以植物细胞作为外源基因表达场所，使细胞表现出新的性状，进而利用植物细胞的全能性，将遗传背景改变了的细胞培育成新的个体，形成新的品种。植物基因转化的一系列技术也称植物基因工程，所形成的新的植物个体或品种叫作转基因植物（transgene plant）。经过 30 多年的实践，植物基因工程技术证明是培育植物新品种的一条全新且有效的途径。同时，植物基因工程技术为植物组织培养开辟了广阔的前景，对植物组织培养技术提出了更高的要求。

### 8.1.1 植物基因工程概述

#### 8.1.1.1 植物基因工程的含义

植物育种是人类生产生活中的一项重要活动，人类祖先通过引种、培育等方式将一系列野生植物驯化成适宜种植的品种。在长期的生产过程中，人们利用植物的自然杂交，使不同品种或个体之间发生遗传物质的交换和重新组合，这样的交换和重新组合会产生大量多种类型的杂交后代，在杂交后代中筛选优良遗传组合或性状的个体，扩大繁殖后形成新的品种。这个过程循环往复，不断改变植物性状，以适应不同的生长环境和人类需求，这种方式是传统育种的主要方式。传统育种的另外一种方式是诱变育种，即利用物理或化学等人工手段对植物材料的遗传物质进行诱导，使其发生改变，致使植物体的性状发生可遗传变异，进而在产生变异的群体中进行选择和培养获得新品种的技术方法。传统育种方式在人类农业生产中发挥了重要的作用，但由于其固有的局限性，使得这种方法在某些方面不能满足人类育种目标的需求。传统育种的局限性首先在于发生杂交的两个个体要属于近缘品种，远缘品种之间的杂交成功率非常低，这就限制了杂交育种的应用；其次，不论是杂交育种还是诱变育种，所获得的突变类型多种多样，具有不确定性，出现优良组合的概率较低，而且给后期的筛选带来一定困难；最后，传统育种还受生长季节的限制，增加了育种年限和周期。

20世纪六七十年代诞生并兴起的现代分子生物学技术和基因工程技术因其可实现定点诱变，并能够将特定外源基因导入植物细胞以培育新个体和新品种而迅速受到人们的青睐。这种基于基因操作的新型育种技术就叫作植物基因转化技术或植物基因工程技术。简单来说，植物基因工程就是先获得特定的目的基因，然后利用载体或其他的物理、化学方法将获得的目的基因导入植物细胞受体，并整合到植物受体细胞的染色体上，从而使目的基因在植物细胞内进行复制和稳定表达，最终达到改变植物性状、快速培育植物新品种的目的。

传统育种是依靠品种间的同源杂交实现基因重组，而转基因育种是通过基因定向转移实现了基因重组，两者本质上都是通过改变基因及其组成以获得优良性状。转基因育种的优势在于可以实现跨物种的基因发掘，拓宽遗传资源的利用范围，实现已知功能基因的定向高效转移，使生物获得人类需要的特定性状，为高产、优质、高抗农业生物新品种培育提供了新的技术途径。

这种基于对基因进行精确定向操作的育种方法，效率更高，针对性更强。例如，抗虫棉花就是将苏云金芽孢杆菌中的杀虫蛋白基因转移到棉花中，从而能够专一性抑制棉铃虫发生，降低棉铃虫危害，减少农药使用，实现稳产增产、提质增效；抗除草剂作物就是将抗除草剂草甘膦的基因转入农作物，从而在使用除草剂（草甘膦）除草时就能够做到只除草而不危及作物，既增加了种植密度，有效去除杂草，又能降低劳动强度和除草成本，从而提高种植效益。

#### 8.1.1.2 基因转化技术简史

1953年，美国科学家J. D. Watson和英国科学家F. Crick根据前人的研究，通过试验提出了DNA分子的双螺旋模型，从此揭开了现代分子生物学的序幕。1969年，Jonathan Beckwith及其同事在哈佛大学用DNA杂交技术成功分离出大肠杆菌的β-半乳糖苷酶基因，这是人类历史上第一次分离得到的一个完整基因，引发了分离基因的热潮。1970年，Smith等人在嗜血杆菌中分离并纯化了限制性核酸内切酶；同年，Temin等人和Baltimore等人发现了逆转录酶，为真核生物基因工程奠定了技术基础。1972年，Paul Berg等人构建了世界上第一个重组DNA分子，标志着基因工程的诞生。1974年，Stanley Cohen将金黄色葡萄球菌质粒上的抗青霉素基因转到大肠杆菌体内，揭开了转基因技术应用的序幕。同年，美国科学家Jaenisch等人把猿猴病毒40（SV40）注入小鼠囊胚腔中，得到部分体组织中含有SV40 DNA的嵌合体小鼠，在1976年他们利用反转录病毒与小鼠卵裂球共培养将莫氏白血病病毒基因插入到小鼠基因组中，建立了世界上第一个转基因小鼠系。这些理论和研究表明，原核生物基因可以被成功地导入真核生物，并且能在真核系统中稳定地表达，利用转基因技术改变现有生物已成为现实。1978年，诺贝尔生理学或医学奖颁给发现DNA限制性核酸内切酶的Daniel Nathans、Werner Arber与Hamilton Smith时，斯吉巴尔斯基在《基因》期刊中写道：限制核酸内切酶将带领我们进入合成生物学的新时代。转基因技术标志着不同种类生物的基因都能通过基因工程技术进行重组，人类可以根据自己的意愿定向地改造生物的遗传特性，创造新的生命类型。

美国Lilly公司于1982年利用重组大肠杆菌生产了世界上第一个基因工程药物——重组胰岛素，开启了基因工程药物工业化生产的大门。1980年，Gordon等人创建了显微注射转基因的方法，并通过此方法将SV40 DNA注射到小鼠受精卵细胞中，获得了两只转基因小鼠。1982年，Palmiter和Brinster利用显微注射技术将大鼠的生长激素基因导入小鼠受精卵，获得了成年体重是对照组小鼠2倍的"超级鼠"，证明外源基因可在受体中表达，并且表达产物具有生物活性。这一结果发表后，哺乳动物的转基因技术引起生物学界的广泛重视并得到迅速发展，转基因家兔、绵羊和猪(Hammer et al.，1985)、牛(Bondioli et al.，1988)和山羊(Ebert et al.，1991)等相继问世。人促红细胞生成素能刺激红细胞生成，是治疗贫血的良药，1992年荷兰培育出植入了人促红细胞生成素基因的转基因牛，并成功表达出了人促红细胞生成素，这一成果标志着动物细胞作为药物有效成分编码基因的转化受体和以动物作为药物生产反应器是可行的。

在植物转基因方面，1983年，一种含有抗除草剂抗体的转基因烟草在美国问世，由于这种转基因烟草具有对除草剂的耐受能力，在田间喷洒除草剂只除杂草而不会对烟草造成伤害，大幅提高了种植烟草的经济效益。1986年，美国农业部的动植物卫生检验检疫局首次批准了4种转基因植物进入田间试验。1994年，美国Calgene公司推出转基因耐贮番茄'Flavr Savrt'并获得了美国农业部的批准，这是人类历史上第一例用于商业化生产的转基因植物。1995年美国农业部批准抗病转基因南瓜品种'Freedom'投入商业应用。1996年，美国转基因农作物全面进入商业化种植阶段。2000年，美国转基因大豆的种植面积首次超过普通大豆。2013年，美国转基因作物的种植面积达到10.5亿亩，占全美农作物种植面积的50%。1993年，中国科学工作者将苏云金杆菌的杀虫毒素基因*Bt*晶体蛋白基因导入棉花细胞中并使其成功表达，获得了高抗棉铃虫的抗虫棉，并于1996年开始迅速推广，有效降低了棉铃虫的危害。1997年，中国批准了第一个商业化生产的转基因番茄'华番一号'。

#### 8.1.1.3 植物基因工程的一般程序

植物基因工程的程序一般包括提取目的基因、目的基因与载体结合、目的基因导入受体细胞、目的基因的筛选和重组细胞的增殖培养及转基因植株个体培育几个步骤(图8-1)。

(1)提取目的基因

目的基因是指从生物有机体(包括动物、植物、微生物)复杂的基因组中分离出

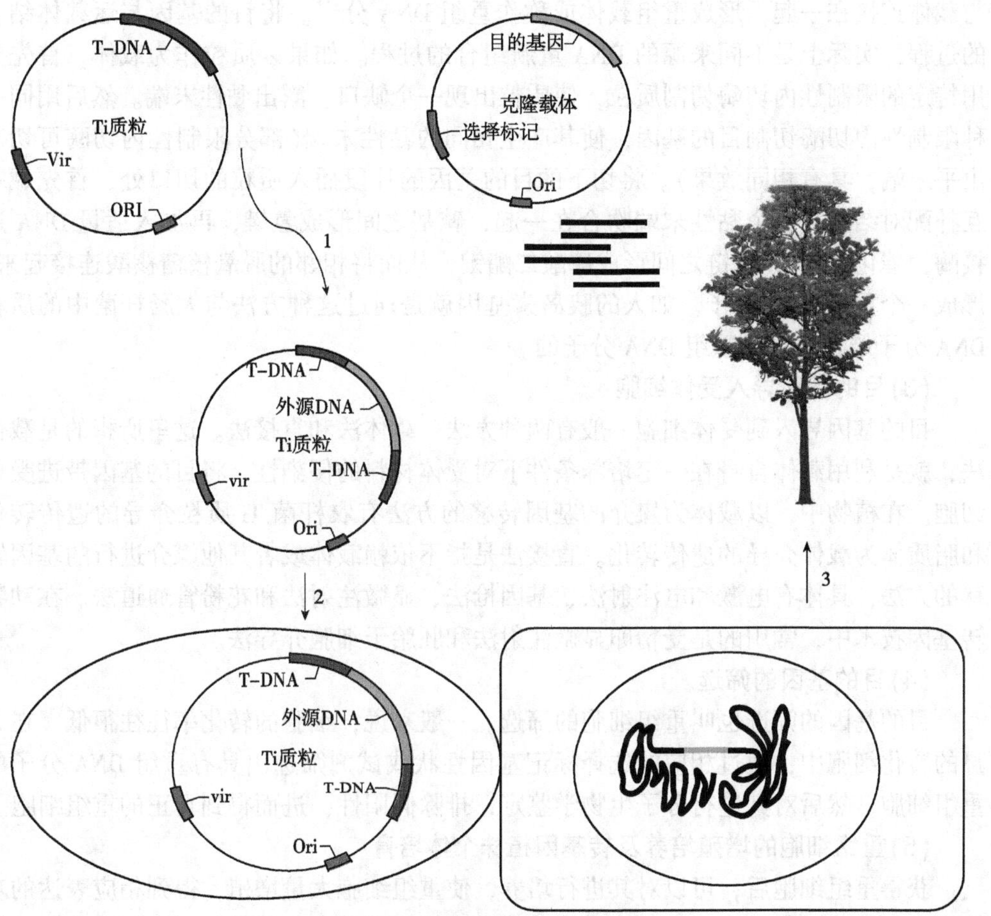


**图 8-1 植物基因工程的一般程序**

1. 位于克隆载体上的目的基因或由 PCR 得到的目的基因克隆到农杆菌 Ti 质粒的 T-DNA 中
2. 农杆菌感染植物细胞后目的基因随 T-DNA 转移进植物细胞核，并整合到植物染色体上
3. 选择转化的细胞培养成转基因植物

的带有目的基因的 DNA 片段，也可以是人工合成的，或从基因文库中提取的相应的基因片段，往往用 PCR 技术进行目的基因的增殖。目的基因可以是某种蛋白质的编码序列，也可以是一个具有特定功能的调控序列，如启动子、移动基因等。目的基因转入受体细胞后，能够在受体细胞中表达产生新的蛋白，或者影响受体细胞原有基因的表达状态，从而使受体细胞产生新的性状。

(2) 目的基因与载体结合

载体是指具有细胞侵染性并可以在细胞中进行复制表达的 DNA，如质粒 DNA、噬菌体和病毒 DNA 等。目的基因与载体结合的目的在于利用载体对受体细胞的侵染性，将目的基因带入受体细胞使其稳定复制并表达。载体一般还具有自我复制的起点和多个选择性标记。目的基因与载体的连接一般是用同一种限制性内切酶切割载体和目的基因，使它们产生相同的黏性末端，然后将具有相同黏性末端的目的基因与载体共培养，通过氢键将目的基因与载体连接在一起，最后利用 DNA 连接酶将目的基因与载体连接在一起，形成重组载体或称作重组 DNA 分子。将目的基因与运载体结合的过程，实际上是不同来源的 DNA 重新组合的过程。如果以质粒作为载体，首先要用特定的限制性内切酶切割质粒，使质粒出现一个缺口，露出黏性末端。然后用同一种限制性内切酶切割目的基因，使其产生相同的黏性末端(部分限制性内切酶可切割出平末端，具有相同效果)。将切下的目的基因的片段插入质粒的切口处，首先碱基互补配对结合，两个黏性末端吻合在一起，碱基之间形成氢键，再加入适量 DNA 连接酶，催化两条 DNA 链之间形成磷酸二酯键，从而将相邻的脱氧核糖核酸连接起来，形成一个重组 DNA 分子。如人的胰岛素基因就是通过这种方法与大肠杆菌中的质粒 DNA 分子结合，形成重组 DNA 分子的。

(3)目的基因导入受体细胞

目的基因导入到受体细胞一般有两种方法：载体法和直接法。这里所指的是载体法，就是利用载体自身在一定培养条件下对受体材料的侵染性，将目的基因带进受体细胞。在植物中，以载体为媒介的基因转移的方法有农杆菌 Ti 质粒介导的遗传转化和脂质体为载体介导的遗传转化。直接法是指不依赖载体或者其他媒介进行的基因转移的方法，具体有电激和电注射法、基因枪法、显微注射法和花粉管通道法。在动物转基因技术中，常用的是受精卵显微注射法和胚胎干细胞介导法。

(4)目的基因的筛选

目的基因的筛选也叫重组细胞的筛选。一般来说，细胞的转化率往往很低，在大量的转化细胞中，通过相应的选择标记基因性状或试剂筛选出具有重组 DNA 分子的重组细胞，然后对其进行分子生物学鉴定，排除假阳性，进而得到真正的重组细胞。

(5)重组细胞的增殖培养及转基因植株个体培育

获得重组细胞后，可以对其进行培养，使重组细胞大量增殖，得到相应表达的功能蛋白。对于植物的重组细胞，依据植物细胞的全能性，使其进行再分化，发育成植株个体，扩大繁殖后，形成新的品种。

#### 8.1.1.4 转基因植物的现状

重组 DNA 技术的发展，已可将动物、植物、微生物的基因相互转移，打破了物种之间难以杂交的天然屏障。迄今为止，已经把具有实用价值的基因如抗病毒、抗虫、抗除草剂、改变蛋白质组分、雄性不育、改变花色和花形、延长保鲜期等的基因分别转入烟草、马铃薯、棉花、番茄、大豆、苜蓿、矮牵牛等。植物基因工程将对未来农业产生不可估量的影响。转基因植物在性状改良方面的作用主要集中在以下几个方面：

(1)抗病毒方面

病毒是农业生产中造成农作物和品质大幅下降的一个重要因素。以马铃薯为例，因马铃薯 X 病毒(PVX)可导致马铃薯减产 10%，马铃薯 Y 病毒(PVY)导致马铃薯减产高达 80%。1986 年，美国科研人员将烟草花叶病毒的外壳蛋白基因转移到番茄体内，培育出抗烟草花叶病毒的番茄植株，已培育出多种抗病毒转基因植物。按照所使用的基因来源不同，植物抗病毒基因工程主要包括两个方面。

第一个方面是直接利用病毒本身的基因或人工改造合成的病毒基因转入受体植

物，获得抗性植株，所获得的抗性也称病源起源的抗性(pathogen-derived resistance)。这一方面的研究较多，已育成了不少抗性品种，在转基因植物的抗病毒机理研究上，也取得了重大突破。这一方面主要是将病毒的各种非结构蛋白基因转入植物体内，这些基因包括病毒外壳蛋白基因(coat protein gene，CP)、病毒复制酶基因(viral replicase gene)、移动蛋白基因(mobile protein gene)、蛋白酶基因(protease gene)、RNA 的结合蛋白(RNA-binding protein)基因等。这些基因的转化植物表现出对同种病毒或相近病毒或病毒 RNA 侵染的高水平抗性。此外，还有其他一些策略也被采用，如致弱卫星 RNA、缺损、干扰病毒序列(defective interfering sequence，DI)、病毒缺损蛋白酶、抗病毒的核酶(ribozymes)、反义 RNA 或抗体基因等。中国科学院微生物研究所的科研人员率先将病毒的 *CP* 基因转入植物，获得了能够稳定遗传的抗病毒烟草、马铃薯、线辣椒、大豆、番木瓜、西瓜等一批转基因植物。其中同时表达 *TMV CP* 基因和黄瓜花叶病毒 *CP* 基因的转基因烟草对 TMV 和黄瓜花叶病毒表现出较高的抗性，这项成果于 1993 年荣获中国科学院科技进步一等奖。转马铃薯 Y 病毒 *CP* 基因的马铃薯在云南表现出抗病和增产的效果。转黄瓜花叶病毒 *CP* 基因的线辣椒经过多年的田间试验，筛选出抗性高、抗性稳定、品质佳的第六代转基因线辣椒。转马铃薯 Y 病毒复制酶基因的烟草后代在辽宁烟草病毒病的高发区表现出高度抗性。进一步研究发现，马铃薯 Y 病毒复制酶基因在转录水平上介导相对广谱抗病性。

第二个方面是利用植物体内自然存在的抗性基因导入受体植物，获得抗病毒工程植株。这一领域使用的基因主要有核糖体失活蛋白(ribosome inactivating proteins，RIPs)基因、病程相关蛋白(pathogenesis related protein，PRP)基因、潜在的自杀基因(latent suicide gene)、植物抗体基因(antibody gene)、植物抗病基因(resistance gene)等。

①核糖体失活蛋白　RIPs 是一类通过 N-糖苷酶或核酸酶的作用使核糖体失活来抑制蛋白质生物合成的蛋白，它在许多植物、细菌、真菌中含量丰富。目前，植物来源的 RIPs 用于植物抗病毒基因工程的研究主要是美洲商陆抗病毒蛋白(pokeweed antiviral protein，PAP)，还有来源于石竹属植物的 Diathin 和天花粉蛋白 TCS(tiichothansin)等。美洲商陆是一种产自北美洲东部的有强烈气味的高大的草本植物，又名美洲商陆果，是商陆科(Phytolaccaceae)商陆属的多年生草本植物，又名垂序商陆、美国商陆。这种植物主要生长于潮湿的地方，常见于新进清理过的土地上。PAP 存在于美洲商陆的细胞壁中，是核糖体失活蛋白的一种，类似于其他的核糖体失活蛋白，它能够攻击真核细胞 28S 和原核细胞 23S 核糖体 RNA，并且从核糖体 RNA 保守的 S/R 区移去特异的一个腺嘌呤碱基而使 EF2 延伸因子无法正常行使功能，蛋白合成受到抑制，对动、植物病毒，包括人类免疫缺损病毒 HIV 也具有广泛的抑制作用，因而在植物病害防治和人类疾病防治等方面有着广阔的应用价值，可以使异源植物不受病毒的侵染。Lodgeetal 把 *PAP* 基因导入到烟草和马铃薯中，转基因烟草和马铃薯都表达出 PAP，并表现出了对多种不同病毒侵染的抗性。有关研究结果表明，PAP 主要存在于细胞间的汁液中，主要在病毒侵染的早期起抗性作用。由于以前使植物获得抗病毒特性的方法都是特异性，因而要使植物获得对多种病毒的抗性，就必须导入多种基因，而现在应用 *PAP* 基因介导的优点就在于不必导入其他多种基因就能使植物获得广谱的抗病毒特性。

②病程相关蛋白　是由植物寄主基因编码，在病程相关情况下诱导生成的一类蛋白质。植物受病毒或其他病原体感染时产生的过敏性反应所诱发的防御反应主要是以植物编码的病程相关蛋白为物质基础。它包括以下 3 个方面：直接对病原体进行攻击(如诱导产生的水解酶类)；调整宿主的代谢以适应过激条件(如过氧化物歧化酶)；将病原体局限于侵染的位点(如木质化酶等酶类)。虽然目前转 PR 基因植物的抗性水平并不理想，但随着植物防御机制的深入研究，这种抗病毒手段应该具有很好的应用前景。

③潜在自杀基因介导的抗性　该策略是将植物来源的毒素蛋白(如抗病毒蛋白)基因克隆到某种病毒的启动子下游，再将这一重组体以反义形式克隆到植物表达载体中并转化植物。该基因的植物体内转录出包含病毒启动子与该病毒蛋白在内的复合物，但不会翻译表达有功能的活性毒素蛋白。然而，一旦该种病毒侵染植物，其体内已经转录出的反义 RNA 会利用病毒酶系统转录出正义链的 mRNA，mRNA 再翻译表达产生有功能的活性毒素蛋白，结果被病毒侵染的细胞死亡，而邻近的细胞不受影响。使用 PVX 亚基因组 RNA 启动子和白喉毒素 mRNA 的转基因烟草显示，在上层叶片中，PVX 的浓度降至 1/20，而且接种 PVX 的叶片变黄并在接种后 6~7d 脱落。瞬时的基因表达甚至在没有病毒触发的情况下也是对原生质体有毒害作用的，可能是由于 35S 启动子反向的低水平转录所致。因此，目前此策略在大田应用的可能性值得进一步研究。

④植物抗体基因的利用　植物抗体是利用基因工程技术将抗体基因导入到植物中使其表达并在植物体内生产抗体，是植物抗病毒研究中的一个新的领域。植物抗体的优点在于其表达量高、低成本、植物获得的病毒抗性持续时间长以及抗性基因来源广泛等。如 Tavladoraki 将抗菊芋花斑皱叶病毒(AMCV)CP 单链抗体(SC)的可变区(FV)基因转入烟草后，发现转基因植株表现出抗 AMCV 的功能。表达 TMV 的全抗体基因的转基因植株，用 TMV 攻毒时，与未转基因的对照相比，其坏死病斑的数量下降了 70%，且下降水平与抗体的分泌水平有关。研究证明，植物体内能生产从小分子抗体到全抗体等各种工程抗体，因此，这种将某一病毒的抗体基因转入植物体内使其充分表达而抵御相关病毒入侵的策略将会有更广阔的发展前景。

(2)抗细菌及真菌方面

细菌和真菌病害都是农业生产上的主要病害。历史上记载了许多因植物病害而改变千百万人生活的残酷事件，最突出的是爱尔兰(1845—1860)因马铃薯晚疫病(真菌病害)绝产而导致 100 万人饥饿，并迫使另外 200 万人移民至北美。据估计，全世界马铃薯每年因细菌性病害减产 25%，损失约计 40 亿美元。常规抗病育种对农业生产作出了卓越的贡献，但在某些情况下，由于作物本身或近缘野生种中缺乏抗原，限制了抗病育种的发展。重组 DNA 技术使不同有机体的基因得以相互转移，从而开辟了一条解决问题的新途径。抗细菌和真菌转基因研究主要从 3 个方面进行：一是在植物与病原识别水平上调控而激活植物的抗病机制；二是导入植物防卫反应基因增强植物抗病性；三是导入降解或抑制病原菌致病因子基因增强植物的抗性。基因对基因理论认为，只有当植物中抗病基因(resistance gene，R-gene)产物与病原菌中无毒基因

(avirulence gene，avr gene)产物相互识别后，才能诱发植物防御机制，发生抗病反应，两者缺一不可，否则就不能诱发抗病反应，病害就会发生。因而，如果在植物病原菌互作的早期，植物抗病基因的产物与病原菌无毒基因的产物能发生识别，就有可能有效地激活植物本身的抗病机制。目前分离到很多植物病原菌的无毒基因，已经从丁香假单胞菌和野油菜黄单胞菌的有关致病型菌株、水稻白叶枯病菌等病原细菌以及番茄叶霉病菌和水稻稻瘟病菌等真菌中克隆到了50多个 *avr* 基因。其中对 *Cladosporium fulvum* 的 *avr* 9 基因的产物及功能比较清楚，Hammond-Koasek 等把合成的 *avr* 9 导入到含 *cf*-9 抗病基因的番茄中表达，转基因植株由于发生过量的细胞坏死而使植株最终死亡。水稻的 *pi-ta* 基因被证明是一种 *avr* 基因，定位在端粒，Marc J. Orbach 分离了水稻的一个 *pi-ta* 基因，修饰后转化植株，结果证明转基因植株表现出明显的对稻瘟病菌的抗性。在增加植物防卫方面，常用的基因主要有抗菌蛋白基因(几丁质酶基因、葡聚糖酶基因、溶菌酶基因、病程相关蛋白基因、核糖体失活蛋白基因、抗菌蛋白基因)、植物保卫素相关基因和增强细胞壁强度的基因。在天蚕、家蚕、柞蚕蛹的血淋巴中发现，经诱导后可产生15种蛋白，可分为天蚕素(cecropins)、抗菌肽(attacin)及溶菌酶(lysozyme)3类不同的杀菌肽，对革兰氏阳性和阴性菌有广谱的抗菌活性。Jaynes 实验室将天蚕素 B 及两种人工合成的杀菌肽基因转入烟草，经青枯菌接种，发现转基因烟草发病延迟，病情指数及死亡率降低。Jaynes 等还用计算机对杀菌肽结构进行比较，体外生物活性检测，发现有些多肽可杀真菌、疟原虫和植物线虫。需要指出的是，植物对病毒、细菌和真菌的抗性往往不是独立存在的，在基因工程策略设计和应用方面，也不应该独立对待。

(3)抗虫害方面

目前，研究的抗虫基因有苏云金杆菌(*Bacillus thurigiensis*，简称 Bt)毒蛋白基因、蛋白酶抑制剂(protease inhibitor)基因、淀粉酶抑制剂(amylase inhibitor)基因、外源凝集素(lectin)基因、几丁质酶(chitinase)基因、核糖体失活蛋白(RIP)等基因。苏云金杆菌制剂长期以来用于多种害虫的生物防治，因其产生大量的伴胞晶体蛋白对昆虫幼虫有很强的毒杀作用。伴胞晶体由具有高度特异性杀虫活性的结晶蛋白组成。首次报道获抗虫基因植株是在1987年，比利时 Mentagn 实验室的 Veack 等人，用 *CryIA*[b] 基因与 *NPTII* 基因融合，转化烟草，结果得到转基因烟草植株，能抗烟草天蛾，其 *CryIA*[b]表达量占水溶性蛋白的0.0001%，已可完全抑制烟草天蛾。同年，美国 MonsantoAgra-cetus 和 Agrige-netic 公司分别获得抗虫转基因番茄和烟草植株。这些植株在实验室条件下用烟草天蛾幼虫检测抗虫性，结果证明虽有一定的抗虫性，但都难以或几乎检测不到晶体蛋白的表达。经分析，主要原因是在杀虫晶体蛋白的基因的编码区内有一些特殊序列存在，使杀虫晶体蛋白基因在植物体内转录后加工的效率不高，mRNA 转运过快造成 mRNA 不稳定，或因含量过低而检测不到全长的 mRNA。在国内，中国农业科学院生物技术研究中心、中国科学院微生物研究所、中国科学院上海植物生理研究所等单位，在20世纪80年代中后期，也将 Bt 杀虫晶体蛋白基因 *CryIA*、*CryIC* 等基因进行了克隆和序列分析，并将3′端缺失基因导入水稻、棉花、烟草和甘蓝等，得到转基因植株。迄今研究最多并取得成效的有两类基因，即苏云金杆菌的杀虫蛋白基因以及从豇豆等作物中分离的蛋白酶抑制剂基因。当害虫在这种转基因植株上取食后会产生厌食，并最终饥饿而死。此后在番茄上也获得了成功，可抗番茄果虫和番茄蠹蛾。根据植物偏爱的密码子将经过改造的杀虫蛋白基因转入棉花后已获得了抗虫蓝花，经田间试验，证明能抗甘蓝尺蠖、甜菜夜蛾和棉铃虫。据估计，棉花杀虫剂每年耗资 6.45 亿美元，抗虫棉的育成对减少杀虫剂的用量、保护环境有巨大的作用。除了 *Bt* 基因，已经从豇豆、马铃薯等作物中分离了蛋白酶抑制剂基因。已知茄科植物中有两类伤诱导的蛋白酶抑制剂，抑制剂Ⅱ可抑制胰凝乳蛋白酶及胰蛋白酶，抑制剂Ⅰ则抑制胰凝乳蛋白酶。表达这些基因的转基因草已证明对不少昆虫有广谱抗性。中国科学院上海生物化学研究所分子生物学国家重点实验室近年来还从慈姑及葫芦科作物中分离出蛋白酶抑制剂基因，并正在用蛋白质工程加以改造，以期获得杀虫力更强、更广谱的抗虫基因(李炯，2002)。昆虫饲喂试验也已证明，苏云金植菌杀虫蛋白加蛋白酶抑制剂，杀虫能力可提高 2~20 倍。可以预见，未来的发展方向是将多种基因同时转入植物，以大幅提高植物抗虫能力。

(4)抗杂草方面

农业上因杂草危害减产由 20 世纪 40 年代的 8%上升为 12%。目前广泛使用的除草剂大部分为非选择性除草剂，因此只能在播种前使用。通过基因工程培育出抗除草剂的作物，不但可以降低化学除草剂的施用量，减少环境污染，而且给轮作或间作中作物的选择以更大的灵活性。草甘膦是目前使用最广泛的一种非选择性除草剂，可杀死世界上 78 种恶性杂草中的 76 种，对人畜无毒，且易被土壤微生物分解。预计抗除草剂的转基因植物将是最早商业化的工程植物之一。但使用之前还需考虑转基因植物的生活力和产量是否会降低，与杂草杂交的潜在可能性，以及作物本身转成杂草的可能性。

(5)抗盐碱、干旱、高温等逆境方面

随着人口增加和耕地减少，地球表面大面积盐碱地资源的开发利用具有极其重要的现实意义。提高植物抗盐碱、耐干旱能力，选育适宜在盐碱地上生长并具有较高经济和生态价值的物种或品系，是利用盐碱地经济、有效的措施。然而绝大多数植物对盐碱、干旱的耐受性差，只能生长在氯化钠含量 0.3%以下的土壤中，这极大地限制了植物在盐碱滩地的广泛分布与生长。植物的抗逆特性是由多基因控制的数量性状，其生理生化过程是基因间相互协调作用的结果，这无疑给研究植物抗盐、耐旱机制、基因表达调控等带来许多不便。现已开展的主要研究包括两大类：一是克隆逆境相关物质基因；二是逆境相关的调控作用。前者研究得较为深入，后者的研究较为落后，但近年来也有了显著的进展。

植物抗逆境相关基因研究主要有渗透调节相关基因(氨基酸类，如脯氨酸；糖醇类化合物，如甘露醇、山梨醇、海藻糖)、季铵类化合物(如甜菜碱、胆碱)、逆境相关功能蛋白基因、信号转导相关基因和转录因子相关基因等。

在耐盐转基因方面，已发现多个基因，其中，*Imtl* 基因全称为肌醇甲基转移酶基因，是从生长于南非沙漠的冰叶午时花 cDNA 文库中分离得到的，该基因在盐碱或干旱胁迫下诱导表达，以肌醇为底物，生成一种多羟基糖醇化合物芒柄醇。芒柄醇因含有多个羟基，亲水能力强，能有效减轻生理性干旱造成的损伤而使植物耐盐。目前已构建了 *Itml* 基因的植物表达载体并将其转化到植物基因组中，获得了可耐 1.2%~1.5%氯化钠的转基因烟草植株。*P5SC* 基因是一个双功能基因，编码 γ-谷氨酰激酶（γ-GK）和谷氨酸-5-半醛脱氢酶（GSA）两种酶，催化从谷氨酸合成脯氨酸的最初两步反应。*P5SC* 基因在积累脯氨酸以降低渗透胁迫、在正常和胁迫条件下反馈调控植物中脯氨酸合成水平等方面均起着重要作用。将该基因转化到烟草中，可使转基因烟草中该酶的表达量提高，脯氨酸的合成量比对照高 8~10 倍。2001 年，河北大学朱宝成教授等成功构建了一种脯氨酸合成酶基因，并将这种基因导入水稻悬浮细胞，从而得到转基因水稻植株。此基因在一种启动子的作用下，不断积累脯氨酸合成酶，水稻依靠这种脯氨酸含量的增加来提高抗旱耐盐碱能力。试验表明，在干旱和盐碱胁迫的条件下，多数转基因水稻能够正常结实。*gutD* 基因（6-磷酸山梨醇脱氢酶基因）和 *mtlD* 基因（1-磷酸甘露醇脱氢酶基因）都是从大肠杆菌中克隆的分别编码甘露醇和山梨醇的关键基因。目前已将 *gutD* 基因和 *mtlD* 基因中单价或双价基因在烟草、水稻、玉米等植物中成功进行了遗传转化，转基因植株的耐盐性得到不同程度的提高。转 *gutD* /*mtlD* 双价基因烟草的耐盐性可达 2.0%氯化钠水平，将这两个基因同时转入水稻中，可使其耐盐能力达到 0.5%氯化钠水平。

在抗旱转基因方面，主要使用海藻糖合成酶基因、甜菜碱合成相关基因和其他抗旱、耐旱功能蛋白相关基因。海藻糖在高等植物的抗旱过程中发挥着重要作用。*TPS*（四海藻糖-6-磷酸合成酶）基因是从酿酒酵母、拟南芥、复苏植物 *Selaginell lepidoghylla* 等真核生物中分离得到的。*otsBA* 基因是从大肠杆菌中克隆的大肠杆菌海藻糖-6-磷酸合成酶基因。大肠杆菌中 *otsA* 基因编码的海藻糖合成酶催化 UDP 葡萄糖和 6-磷酸葡萄糖合成 6-磷酸海藻糖，再经 *otsB* 基因编码的海藻糖磷酸酯酶脱磷酸后生成海藻糖。真核生物海藻糖的合成分别由 *Tps*1 和 *Tps*2 两个基因来完成，其功能分别相当于大肠杆菌的 *otsA* 和 *otsB* 基因。1996 年以来，已有多个研究组将 *TPS* 基因导入到烟草、马铃薯等植物中。植物 *BADH* 基因（植物甜菜合成酶基因）在耐盐、耐旱基因工程中研究得较深入。研究证明，在盐碱或水分胁迫下，植物叶片和耐根系中的 BADH 活性会显著增加，当 NaCl 浓度增加到 500mmol/L，植物叶片和根系中 BADH 的活性增加 2~4 倍，而且 BADH 转录活性也增加。这促使植物细胞中甜菜碱的合成量增加，在非致死浓度下，直到细胞中甜菜碱的浓度足以使渗透膨压保持平衡，并使其他重要酶类保持活性。目前主要研究的是藜科和禾本科植物，已从甜菜、菠菜、山菠菜、大麦、水稻等植物中克隆出 *BADH* 基因。至今，*BADH* 基因已在草莓、烟草、水稻、小麦、豆瓣菜等植物和农作物中进行了遗传转化，转化植株的耐盐性得到了不同程度的提升。

抗旱功能蛋白相关基因是指干旱环境下，植物体通过特定基因表达相应的功能蛋白，增强细胞与环境间的物质交换和信息交流，以提高细胞渗透压，从而增强植物的抗旱、耐盐能力。*LEA* 基因是在种子成熟和发育阶段表达的基因。LEA 蛋白首先是在棉花中发现的，在其他高等植物中也广泛存在，包括大麦、小麦、水稻、玉米、棉花、葡萄种子和大豆。*LEA* 蛋白基因具有很强的亲水性和热稳定性，因此分离、克隆与植物抗逆有关的 *LEA* 基因可以用于植物抗逆性基因工程育种。目前已有多个脱水素基因或相关基因被克隆并定位，如玉米中的 *dhn*2，大麦中的 *dhn*1 和 *dhn*11，以及拟南芥中的 *dhnX*、*cor*47、*rab*18 等。应用这些抗逆基因选育抗逆品种，以适应我国干旱、半干旱区栽培具有重要的意义。

信号转导相关基因的功能是在环境胁迫下，植物体通过逆境胁迫信号调控相关基因的表达，以达到抵抗逆境的目的。SOS 途径(盐过敏信号转导途径/salt overly sensitive，SOS)是经典的胁迫信号调节途径之一。SOS 途径的重要生理功能是植物在盐胁迫下进行离子稳态调节和提高耐钠性。首先，盐胁迫引发细胞中的第二信使——$Ca^{2+}$增多，$Ca^{2+}$随后结合并激活由 *SOS* 基因编码的 $Ca^{2+}$结合蛋白，将信号传导至下游目的基因，从而将细胞中的 Na+排出或区隔化至液泡中以减轻高盐毒害。亚利桑那大学朱健康研究小组成功采用拟南芥突变植株，依据在含 NaCl 的琼脂培养基上植株根部成长弯曲程度的不同，结合定位克隆和等位性检测等方法，获得了 5 组 SOS 突变体，从而鉴定了 5 个耐盐基因：*SOS*1，*SOS*2，*SOS*3，*SOS*4 和 *SOS*5。克隆和分析鉴定这些 *SOS* 基因对于理解植物耐盐机制是必不可少的，对发现更多的突变体和耐盐途径，具有重要的实践意义。除 SOS 途径外，对植物盐胁迫诱导信号转导途径的研究还有钙依赖型蛋白激酶(calcium-dependent protein kinase，CDPK)级联反应途、脱落酸(abscisic acid，ABA)信号通路、磷脂信号通路和丝裂原活化蛋白激酶(mitogen-activated protein kinase，MAPK)级联反应途径等(Colcombet 和 Hirt，2008；Xiong 等，2002；Zhu，2002)。

转录因子是指那些专一结合于 DNA 的特定序列上的、能激活或抑制其他基因转录的蛋白质。植物中的转录因子，有相当一部分与抗逆性相关。逆境条件下，逆境相关的转录因子过量表达能够激活许多抗逆功能基因的表达，从而调节功能基因表达和信号转导来提高植物耐旱性。在提高作物对环境胁迫抗性的分子育种中，与导入或改良个别功能基因来提高某种抗性的传统方法相比，从改良或增强一个关键的转录因子的调节能力着手，是提高作物抗逆性的更为有效的方法和途径。*DREB* 基因即干旱脱水应答元件，是目前研究较多的抗非生物胁迫的转录因子。DREB 转录因子由逆环境胁迫诱导产生后，可激活其他多达 12 个依赖 DREB 顺式作用元件，如 *TATA-box*、*G-box*、*LTRE* 等抗逆功能基因，提高 Pro 以及蔗糖含量，从而增强植株对干旱、冷冻和盐碱等多种逆境的抵抗性。

全世界转基因植物种植的现状如下：

人们对转基因的态度褒贬不一、争议不断，但粮食安全和气候变化等问题仍在困扰着全球的农业生产，转基因作物也在全球范围内不断落地发展。到 2018 年，转基因作物的商业化已经发展了 23 年，除 2015 年的种植面积有所下降外，其他 22 个年份均增长。从全球范围来看，转基因大豆仍是最主要的转基因作物，美国、巴西、阿根廷、加拿大和印度这五大转基因种植大国对转基因作物的平均应用率已接近饱和，其中，美国 93.3%、巴西 93%、阿根廷接近 100%、加拿大 92.5%、印度 95%。亚太地区仍以种植非人类直接食用的棉花为主。

2018 年 8 月，国际农业生物技术应用服务组织(ISAAA)发布的《2018 年全球转基因作物商业化发展态势》指出，2018 年共有 70 个国家种植或进口了转基因作物，26

个国家种植了 1.917×$10^8$hm$^2$ 转基因作物，比 2017 年增加了 190×$10^4$hm$^2$。

根据《2018 年联合国世界粮食安全和营养状况报告》，全球饥饿人口连续 3 年增长，并且增长水平与 10 年前持平。根据《2017 全球粮食危机报告》，饥饿与营养不良现象仍在加剧，全球 48 个国家约 1.08 亿人面临粮食风险或严重的粮食不足。为了解决这些影响全世界众多家庭生活的全球性挑战，必须开发改良性状的转基因作物，如更高产量、抗虫、更丰富的营养等。

国际农业生物技术应用服务组织发布了 2018 年全球转基因/基因改造作物的商业化状况，报告认为，全球农民持续种植转基因作物的情况表明，转基因作物将继续帮助人类应对饥饿、营养不良和气候变化等全球性挑战。从全球单一作物的种植面积来看，2018 年转基因大豆的应用率为 78%，转基因棉花的应用率为 76%，转基因玉米的应用率为 30%，转基因油菜的应用率为 29%。以加拿大为例，2018 年加拿大种植了 6 种转基因作物，种植总面积为 1275×$10^4$hm$^2$，较 2017 年减少了约 3%。虽然主要作物的种植面积有所减少，但包括紫花苜蓿、甜菜和马铃薯等转基因作物的种植面积有所增加，因此平均应用率仍达到了 92.5%，比 2017 年增长了 2%。

2018 年亚太地区的转基因作物种植面积总计为 1913×$10^4$hm$^2$，与 2017 年相同，占全球转基因作物种植总面积的 10%。从各国的种植情况来看，亚太地区种植转基因作物面积最大的国家是印度(1160×$10^4$hm$^2$ 棉花)，其次是中国(290×$10^4$hm$^2$ 棉花和木瓜)、巴基斯坦(280×$10^4$hm$^2$ 棉花)、澳大利亚(79.3×$10^4$hm$^2$ 棉花和油菜)、菲律宾(63×$10^4$hm$^2$ 玉米)、缅甸(31×$10^4$hm$^2$ 棉花)、越南(4.9×$10^4$hm$^2$ 玉米)和孟加拉国(2975hm$^2$ 茄子)。从种植情况来看，印度转基因作物的种植面积增长了 20×$10^4$hm$^2$(2%)、中国增长了 10×$10^4$hm$^2$(4%)、越南增长了 4000hm$^2$(9%)、孟加拉国增长了 2975hm$^2$(24%)。全球棉花价格上扬对印度和中国的转基因棉花应用率产生了积极影响。另一方面，巴基斯坦(减少 20×$10^4$hm$^2$，约 7%)、澳大利亚(减少 10×$10^4$hm$^2$，约 11%)、菲律宾(减少 1.2×$10^4$hm$^2$，约 2%)和缅甸(减少 1×$10^4$hm$^2$，约 3%)的转基因作物面积减少。

在全球范围内，欧盟对待转基因的态度最为保守，但位于伊比利亚半岛的西班牙和葡萄牙仍继续种植唯一一款欧盟批准种植的 MON810 转基因玉米。由于预见到欧洲玉米螟带来的虫害，西班牙和葡萄牙这两个欧盟国家始终在坚持种植转基因抗虫玉米，总种植面积为 120 990hm$^2$，比 2017 年减少了 8%。其中西班牙种植面积为 115 246hm$^2$，占总种植面积的 95%。据了解，这种抗虫玉米含有转化体 MON810，也是欧盟唯一批准商业化种植的转基因转化体。欧盟从阿根廷、巴西和美国进口的原料主要是转基因作物，包括大豆制品 3000×$10^4$t，玉米 1000×$10^4$ ~ 1500×$10^4$t，油菜籽或油菜 250×$10^4$ ~ 450×$10^4$t。欧盟关于转基因作物的监管条例未做修改，目前也仍未签发种植批文。2018 年初，有 6 种转基因作物获准进入欧盟市场用于粮食和饲料加工，其中包括 4 个大豆转化体、1 个油菜转化体和 1 个玉米转化体。2018 年以前，2 个玉米新品种和 3 个现有的玉米及甜菜已经获准用于粮食和饲料用途。

2018 年转基因作物为消费者提供了更加多样化的选择。转基因作物已经扩展到四大作物(玉米、大豆、棉花和油菜)之外，为全球消费者和食品生产商提供了更多选择。这些转基因作物均已上市销售，包括紫花苜蓿、甜菜、木瓜、南瓜、茄子、马铃薯和苹果。先后两代具有防挫伤、防褐变、低丙烯酰胺含量、抗晚疫病等性状的 Innate® 马铃薯，以及防褐变的 Arctic® 苹果已经在美国种植。巴西种植了第1批抗虫甘蔗；印度尼西亚种植了第1批耐旱甘蔗；澳大利亚种植了第1批用于前期研发和育种的高油酸红花。具有多种性状组合的转基因作物也获得批准，包括高油酸油菜、耐异恶唑草酮除草剂棉花、复合耐除草剂高油酸大豆、耐除草剂耐盐大豆、抗虫甘蔗、具有抗虫/耐除草剂复合性状的转基因玉米。另外，公共行业机构进行的转基因作物研究包括具有各种经济重要性状和营养价值性状的水稻、香蕉、马铃薯、小麦、鹰嘴豆、木豆和芥菜，这些作物使发展中国家的粮食生产者和消费者均受益。

### 8.1.2 植物基因遗传转化技术

植物基因遗传转化是指利用一定的方法将目的基因转入受体植物细胞，使其在受体细胞中完成和染色体的整合，从而稳定地复制、遗传和表达。20世纪80年代初，人们用野生型 Ri 和 Ti 质粒转化烟草和马铃薯细胞获得再生植株后，以 Ti 质粒为载体的植物遗传转化技术随之建立。近年来植物的遗传转化技术得到了迅速发展，建立了多种转化系统。植物基因工程中植物基因转化技术按其是否需要通过组织培养再生植株可分成两大类：第一类需要通过组织培养再生植株，常用的方法有农杆菌介导转化法、基因枪法；另一类方法不需要通过组织培养，目前比较成熟的主要有花粉管通道法。按转化方法不同，又可分为两大类：一类是直接基因转移技术，通过物理、化学和生物学方法将外源基因转入受体植物细胞的技术，包括基因枪法、原生质体法、脂质体法、花粉管通道法、电激转化法、PEG 介导转化方法等，其中，基因枪转化法是代表；另一类是生物介导的转化方法，即以载体为媒介的基因转移，就是将目的基因连于某一载体 DNA 上，然后通过寄主感染受体植物等途径将外源基因转入植物细胞的技术，主要有农杆菌介导和病毒介导两种转化方法，其中农杆菌介导的转化方法操作简便、成本低、转化率高，广泛应用于双子叶植物的遗传转化。

#### 8.1.2.1 基因直接转移方法

这是指既不依赖农杆菌，也不依赖其他载体或媒介的一些基因转移方法。

(1)电激和电注射法

电激和电注射法也叫脉冲转化法。电脉冲能改变细胞膜的透性。通过高压电脉冲的电激穿孔作用把外源 DNA 引入植物原生质体的方法称为电激法(electroporation)，也叫电脉冲转化法。这种方法现已较广泛地应用于单子叶和双子叶植物以及动物的基因转移，如20世纪80年代末用此法将新霉素磷酸转移酶(NPT Ⅱ)基因转入玉米自交系的原生质体，已再生成植株。

通过电激技术把基因直接引入完整的植物细胞或组织的方法，称作电注射(electro injection)。这种方法可避免原生质体培养和再生成植株的繁杂操作与困难，因而具有巨大的应用潜力。

(2)基因枪法

基因枪法又称粒子轰击技术(particle bombardment)。这一方法是用粒子枪把表面吸附有外源DNA的金属微粒高速地射进植物细胞或组织从而完成基因转移。由于此法快速简便，不受宿主范围限制，且受体细胞无需去除细胞壁，被转化的细胞或组织易再生成植株，因而颇受关注。1988年以前，重要谷类作物和豆科作物的转化十分困难，最初大豆基因工程的重点是放在原生质体和胚性悬浮细胞的再生上，其进展十分缓慢，获得转基因大豆是一个很大的难题。基因枪技术的出现，使作物转基因成为可能，并且可以做到不依赖品种或基因型，使大豆转基因成为现实。在1988—1990年仅两年时间里，建立了可用于实际工作中的大豆转化体系，这是目前唯一的不依赖于基因型的大豆转化方法。目前，大豆已成为许多难以转化作物的模式作物。基因枪工作过程主要概括为以下几点，开始是通过一个动力系统(压缩气体氦或氮等，可产生一种冷的气体冲击波进入轰击室，由此避免"热"气体冲击波损伤细胞)将大弹射体加速，大弹射体中包含有微粒抛射体(常为细微金粉，对组织或细胞无毒害作用)，而外源DNA分子就在这些微粒抛射体上。大弹射体高速向前运动，突然被一块阻挡板挡住，大弹射体停住，而其上的微粒抛射体带着外源DNA分子继续高速向前运动，打入或者是穿过运动路上的目标组织，微粒携带的外源DNA分子就可能进入细胞，完成基因转移并进行表达(图8-2)。

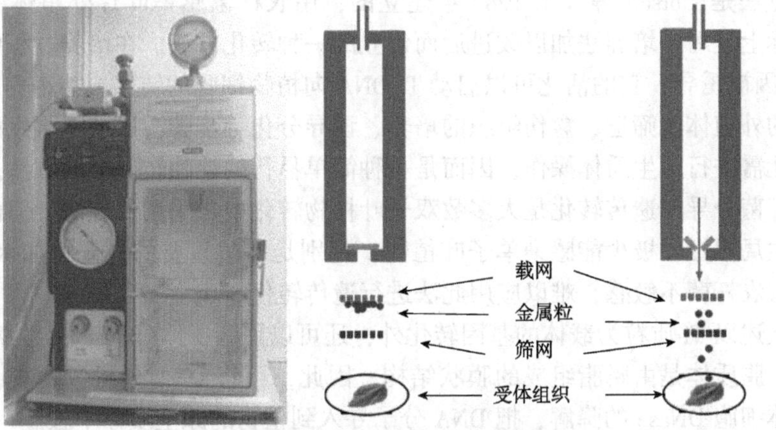


图8-2 基因枪及基因枪转基因方法原理

(3)微注射法

微注射法(micro injection)是Jaenisch和Mintz等发明的借助显微注射仪等，利用管尖极细(0.1~0.5μm)的玻璃微量注射针，将外源基因片段直接注射到原生质体、原核期胚或受精卵，然后由宿主基因组序列可能发生的重组(rearrangement)、缺失(deletion)、复制(duplication)或易位(translocation)等现象而使外源基因嵌入宿主的染色体内。

与其他方法相比，该方法的特点是无需借助载体，可以直接将目的基因导入到细胞中，原则上受体细胞无种类限制，实验周期短，可直接获得纯系。显微注射法的局限在于外源基因的整合位点和整合的拷贝数都无法控制，易造成宿主基因组的插入突变，引起相应的性状改变或致死，导致转化率极低。此外，显微注射法需要相当精密的显微操作设备，成本高，需要长时间的练习，每次只能注射有限的细胞，且制备使用于固定受体细胞的吸管以及显微注射针是关乎转基因操作成功率的另一极其重要的因素。

微注射法除用于植物细胞外，近些年还发展到用于直接注射植物子房，这样更有利于外源遗传物质对幼胚的转化。我国于 20 世纪 70 年代即已对这方面的工作进行了理论与实践的探索，并已获得抗枯萎病的棉花转化植株抗虫棉等。由于动物细胞尤其是性细胞要比植物细胞大，而且没有细胞壁，所以同植物转基因相比，这种显微注射技术方法更适合于动物细胞转基因，已成功运用于包括小鼠、鱼、大鼠、兔子及许多大型家畜，如牛、羊、猪等转基因动物。

#### 8.1.2.2 载体法转化

农杆菌介导转化是最主要的一种载体转化方法。以经过改造的农杆菌 Ti 质粒为载体可以高效地转移外源基因。有两种基本方法，即共培养法和叶盘法。

共培养法是指将农杆菌与植物原生质体共同培养以实现转化的方法。其程序包括农杆菌对初生细胞壁的原生质体的转化、转化细胞的筛选和诱导转化细胞分化并再生植株。

叶盘法是 Horsch 等人于 1985 年建立的，用农杆菌感染叶片外植体并短期共培养，实际上是对共培养法加以改进后而创立的一种转化方法。在培养过程中，农杆菌的 *vir* 基因被诱导，它的活化可以启动 T-DNA 向植物细胞的转移。共培养后，也要进行转化的外植体的筛选、愈伤组织的培养、诱导分化等步骤，以获得再生植株。由于该方法无需进行原生质体操作，因而是一种简单易行的植物转基因的方法。

农杆菌介导的遗传转化是大多数双子叶植物转化中常采用的方法，但由于农杆菌具有宿主局限性，极少能感染单子叶植物，特别是一些重要的农作物如水稻、小麦、玉米等对农杆菌不敏感，难以应用此法进行遗传转化。

除上述以 Ti 质粒为载体的基因转化外，还可以用脂质体(liposome)为载体进行遗传转化。脂质体是由磷脂组成的膜状结构，因此，可将 DNA 分子包装在脂质体内以避免受体细胞 DNase 的降解，把 DNA 分子导入到植物的原生质体中去。

### 8.1.3 农杆菌介导的植物基因转化

农杆菌(Agrobacterium)是普遍存在于土壤中的一种革兰氏阴性细菌，主要有根癌农杆菌(*Agrobacterium tumefaciens*，At.)和发根农杆菌(*Agrobacterium rhizogenes*，Ar.)能在自然条件下趋化性地感染大多数双子叶植物和裸子植物的受伤部位(受伤处的细胞会分泌大量酚类化合物，从而使农杆菌移向这些细胞)，将自身编码激素合成酶的 DNA 片段转移到被侵染的植物细胞中，该基因的表达使激素过量产生，诱导产生冠瘿瘤或发状根。农杆菌这种能将遗传物质转移到植物细胞的特点经改进已成为目前最为完善的植物基因转化方法之一。该转化系统可分为两类：以 At. 的 Ti 质粒介导的基因转移和以 Ar. 的 Ri 质粒介导的基因转移，现已广泛应用于愈伤组织、悬浮细胞、叶圆盘、茎切段、子叶切片、下胚轴切段、大田植株花茎的切段和薄层细胞等离体材料的转化中。虽然大部分单子叶植物基本不受农杆菌感染，但目前已有7科20余种单子叶植物成功地实现了农杆菌的转化，这表明单子叶植物具备农杆菌介导转化的必要条件。但是也必须看到还存在许多问题，如农杆菌对单子叶植物的侵染能力差、转化率低，转基因植株中外源基因表达水平低，缺乏分子生物学证据等，与双子叶植物的农杆菌转化相比还有很大差距，有待进一步深入研究。

### 8.1.3.1 农杆菌介导的植物基因转化机理

(1) Ti 质粒的结构

Ti (tumor inducing) 质粒或 Ri (root inducing) 质粒是农杆菌中的一类大型质粒(图8-3)，其环状DNA序列上有一段DNA能够转移并整合到农杆菌的寄主植物细胞内，这段DNA叫作转移DNA(transferred DNA，T-DNA)。Ti质粒的T-DNA转移并整合到寄主植物染色体，编码表达出促使细胞分裂的生长素和分裂素；Ri质粒，则诱使植物产生大量毛状根。

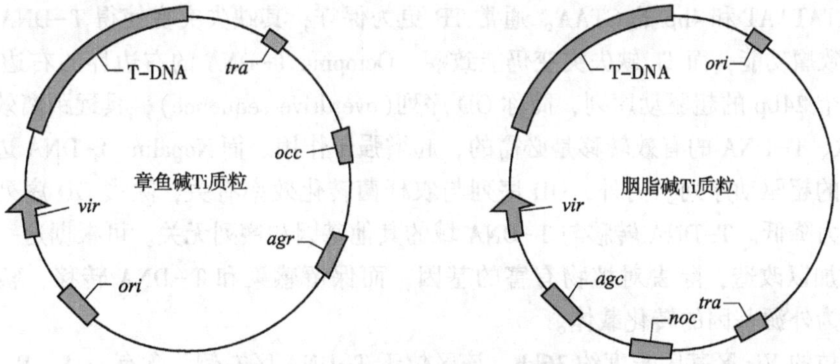


**图 8-3 Ti 质粒的 DNA 分子基因图**

*agc*. 农杆菌素碱分解代谢基因 *agr*. 农杆碱分解代谢基因 *noc*. 胭脂碱分解代谢基因 *occ*. 章鱼碱分解代谢基因 *tra*. 质粒转移基因 *vir*. 毒性基因 *ori*. 复制基因

Ti质粒在160～240kb之间。其中T-DNA在15～30kb。章鱼碱型和胭脂碱型的T-DNA都有8～9kb长的一段保守区(或称核心区)；而且在几乎所有的肿瘤细胞系中都有这一段DNA。章鱼碱型和胭脂碱型的功能区DNA顺序中同源性达90%。T-DNA含有激发和保持肿瘤状态所必需的基因。肿瘤基因 *tmt* 由若干基因构成，合成稀有氨基酸衍生物，称为opines。它有3个成员：octopine——章鱼碱(精氨酸与丙酮酸的缩合物)，napaline——胭脂碱(精氨酸与酮戊二酸的缩合物)，agropine——农杆碱(谷氨酸与二环糖的缩合物)。据此可将Ti质粒分为三大类。感染的植物诱导合成这些有机碱，但植物不能利用它们，其分解酶基因在Ti质粒上，分解产物为氨基酸和糖类，供根癌农杆菌使用作为氮源及碳源。

几乎所有双子叶植物都容易受到土壤农杆菌感染产生根瘤。根瘤的发生是由于农杆菌感染后Ti质粒的T-DNA转移并整合到寄主植物染色体，并编码表达出促使细胞分裂的生长素和分裂素。如果是 Ri 质粒，则诱使植物产生大量毛状根。农杆根瘤菌之所以会感染植物根部是因为当植物根部受到损伤(机械损伤、病虫害损伤)后，损伤部位会分泌酚类物质乙酰丁香酮和羟基乙酰丁香酮，这些酚类物质本来是氧化后对受伤部位形成保护层，使得植物免受病毒病菌感染的。但同时，这些酚类物质可以诱导 Ti 质粒 *Vir* (virulence region)基因的启动表达，*vir* 基因的产物将 Ti 质粒上的一段 T-DNA 单链切下，而位于根瘤染色体上的操纵子基因产物则与单链 T-DNA 结合，形成复合物，转化植物根部细胞。T-DNA 上有 3 套基因，其中两套基因分别控制合成植物生长素与分裂素，促使植物创伤组织无限制地生长与分裂，形成冠瘿瘤。第三套基因合成冠瘿碱，冠瘿碱有 4 种类型：章鱼碱(octopine)、胭脂碱(nopaline)、农杆碱(agropine)、琥珀碱(succinamopine)。冠瘿碱是农杆菌生长必需的唯一的碳源和氮源。

T-DNA 仅存在于植物肿瘤细胞的核 DNA 中。章鱼碱型和胭脂碱型的 T-DNA 都有 8~9kb 长的一段保守区(或称核心区)；而且在几乎所有的肿瘤细胞系中都有这一段 DNA。胭脂碱型肿瘤中的 T-DNA 比较简单。T-DNA 两端为各 25bp 的边界序列，分别为左边界(LB 或 TL)和右边界(RB 或 TR)，完全保守的边界核心部分是序列为 10bp 的 CAGGATATAAT 和 4bp 的 GTAA。通常 TR 更为保守，其缺失突变使得 T-DNA 不再转移，无致瘤功能，而 TL 缺失突变仍能致瘤。Octopine T-DNA 的右边界的右边约 17bp 处有一个 24bp 的超驱动序列，简称 OD 序列(overdrive sequence)，具远距离效应，对 TL、TR、T-DNA 的有效转移是必需的，起增强子作用。而 Nopaline T-DNA 边界处则无类似的超驱动序列。另外，OD 序列与农杆菌转化效率有关，除去 OD 序列，诱导肿瘤能力降低。T-DNA 转移与 T-DNA 域的其他基因和序列无关。可根据这一特点对 Ti 质粒加以改造，除去对植物有害的基因，而保留感染和 T-DNA 转移、整合的序列，作为外源基因的转化载体。

质粒的 Vir 区基因长度约 36kb。该区位于 T-DNA 区左侧，含有 virA、B、C、D、E、G，有些还存在 virF 和 virH 位点共 8 个操纵子，24 个基因，形成一个调控子，起共调控作用。virA 是一种膜镶嵌蛋白，也称感应蛋白，在酚类化合物的诱导下，发生自磷酸化。活化后的 virG 是一种 DNA 结合蛋白，能够以二体或多体形式结合到 vir 启动子的特定区域，进一步激活 Vir 区其他基因的表达。virH 编码的蛋白可催化 NADP 参与芳香族烃类、类固醇的氧化反应，从而对植物产生的某些杀菌或抑菌化合物起解毒作用，使农杆菌的生长不受这些物质的抑制，增强致瘤能力。virF 的功能和 virE 一样，对 T 区具有“转移互补”作用。其中，virA 与 virG 为调节蛋白，呈低水平的组成型表达，当外界存在酚类化合物例如乙酰丁香酮等诱导物时，可以激活由 vir 产生的 virA 和 virG 组成的双重调控系统。在特定单糖存在的情况下，染色体基因表达的蛋白质 ChvE 与 virA 相互作用进一步增强了 *vir* 基因的表达水平。

除此之外，Ti 质粒上还存在 Con 区(region encoding conjugation)和 Ori 区(origin of replication)。Con 区段上存在着与细菌间接合转移的有关基因(*tra*)，调控 Ti 质粒在农杆菌之间的转移。冠碱能激活 *tra* 基因，诱导 Ti 质粒转移，因而称之为接合转移编码区。Ori 区段基因调控 Ti 质粒的自我复制，故称之为复制起始区。

(2)农杆菌T-DNA转化机理

参与该过程的遗传物质基础主要有3个方面：

①被转移的T-DNA　该DNA片断位于农杆菌内的一个大质粒(Ti或Ri)上，其两端25bp的重复序列为转移识别的唯一信号。

②位于同一质粒(Ti或Ri)上，用于编码T-DNA加工、转移及整合等功能蛋白的致毒区(Vir区)　该致毒区至少包括6个位点，分别为virA、virB、virC、virD、virE和virG，每一个位点包括1~11个开放阅读框。此外，有些菌种还有另外的virF和virH位点。

③位于细菌染色体上的与农杆菌吸附植物细胞壁有关的基因(*chv*)　已有研究表明，农杆菌侵染植物细胞时首先是吸附到植物细胞壁(与*chv*有关)，随后virA的蛋白感受植物受伤细胞产生的信号(酚类化合物、糖类等)，自身发生磷酸化。磷酸化的virA蛋白进而将其磷酸基转移到virG蛋白保守的天冬氨酸残基上，使virG蛋白活化，活化的virG蛋白以二体或多体的形式结合到其他*vir*基因启动子的特定区域，从而激活其他*vir*基因的转录，产生T-DNA切割、包装、转移所需的功能蛋白(图8-4)。

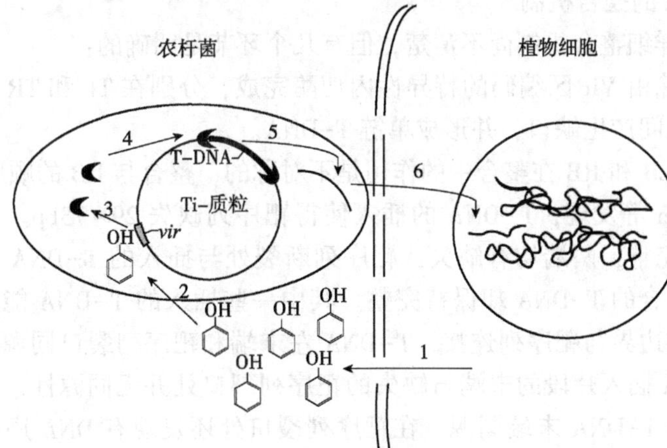


**图8-4　T-DNA转入植物细胞示意图**

1. 植物受伤部位释放大量多酚类物质　2. 多酚类物质分子扩散进入农杆菌
3. 农杆菌Ti质粒在多酚类物质的诱导下，*vir*基因等相继表达，产生系列蛋白质
4. 酶性蛋白质识别T-DNA边界序列　5. 复制T-DNA单链
6. T-DNA单链转入植物细胞

由于农杆菌T-DNA的转移只与其两端25bp的重复序列有关，而T-DNA转移所需的功能蛋白均由Vir区编码，因此，只需以目的基因代替野生型的T-DNA两边界间的序列，即可将目的基因导入植物细胞。实际操作采用的外源基因的载体有两种形式：共整合载体和双元载体。前者是将含有目的基因的片段经同源重组到Ti质粒上业已存在的人工改造过的T-DNA区；后者是将目的基因先克隆到含有人工T-DNA区的小质粒上(该质粒便于体外操作)，这个质粒随后被转入含有完整的Vir区而不含

T-DNA 区的质粒农杆菌，这样一个菌株细胞中就含有两个不同的质粒，在植物细胞转化中各自承担不同的功能。

植物中一般不存在质粒，为利用农杆菌的 Ti 质粒，发展了共整合系统和双元载体系统，避免了在大的 Ti 质粒上进行分子重组操作的困难。共整合系统是 T-DNA 克隆在大肠杆菌小质粒上，含有大肠杆菌的选择标记和植物选择标记 $Km^r$。首先在大肠杆菌中筛选重组分子，然后将重组质粒转化到含有 Ti 质粒的农杆菌中，小质粒与 Ti 质粒上的同源序列发生同源重组，将 T-DNA 和外源基因整合到 Ti 质粒上，由于 Ti 质粒上含有 *Vir* 基因，所以这样的菌株可用于侵染植物细胞。T-DNA 重组分子整合到植物细胞染色体 DNA 上后，用 $Km^r$ 筛选转化细胞。

目前 T-DNA 转化植物细胞的标准方法是双元系统，即穿梭质粒。插入外源基因的重组穿梭质粒直接转化含有 Ti 质粒的根癌农杆菌，两质粒不发生重组，经筛选后直接感染植物细胞。与共整合系统所不同的是，含外源基因的质粒可在农杆菌内自主复制并保留下来。农杆菌侵染植物细胞后，植物的创伤信号启动 Ti 质粒上的 *Vir* 基因，随后将穿梭质粒的 T-DNA 切割下来，转移到植物细胞中。

(3) T-DNA 的整合机制

T-DNA 的详细整合机制尚不清楚，但有几个环节是明确的：

T-DNA 切除由 Vir 区编码的特异性内切酶完成，分别在 TL 和 TR 的第三个碱基和第四个碱基之间产生缺口，并形成单链 T-DNA。

T-DNA 的 LB 和 RB 在整合中的作用是不对称的，整合与 RB 的顺序有关而与 LB 无关。Mayerhofer 等发现，T-DNA 的插入使得靶序列缺失 29～73bp。一部分整合的 T-DNA 片段不完整，两端均有缺失，靶序列断裂处与插入的 T-DNA 两端有部分重叠。另一部分整合的 T-DNA 却保持完整。其中一些插入的 T-DNA 能精确地取代植物靶序列，其右边界与靶序列连接，T-DNA 左末端和靶序列裂口同源。还有一种情形则是，T-DNA 插入片段的末端与缺失的靶序列裂口处并无同源性，而是在其内部有部分短片段与 T-DNA 末端同源。在靶序列裂口处还发现有 DNA 序列的倒位或重复。为了解释所观察到的这些 T-DNA 整合情形，Mayerhofer 等提出了“双链断裂修复模型”(DSBR model)和“单链缺口修复模型”(SSGR model)(图 8-5)。DSBR 首先是植物靶 DNA 产生双链断裂，解旋的靶 DNA 与 T-DNA 退火；单链部分被核酸内切酶去除；然后进行修复连接，并导致整合和缺失。SSGR 是指植物靶 DNA 产生单链断裂，解旋后未断裂的 DNA 与 T-DNA 部分退火，随后以T-DNA为模板进行修复连接。

(4) Ti 质粒的改造

天然的 Ti 质粒由于存在以下几方面的限制，不能直接作为基因转化的载体：

①体外培养的植物转化细胞产生大量的生长素和分裂素阻止了细胞再生，很难发育成为整株植物，因此，必须除去致瘤的生长素和分裂素基因。

②生物碱的合成与 T-DNA 的转化无关，而且可能会影响植物细胞生长，因为生物碱合成大量消耗精氨酸和谷氨酸，因此必须去除有机碱合成基因(*tmt*)。

③Ti 质粒约为 200kb，重组操作非常困难，也很难找到单一的酶切位点。

④Ti 质粒不能在大肠杆菌中复制，为了使重组质粒 DNA 大量扩增，必须添加大

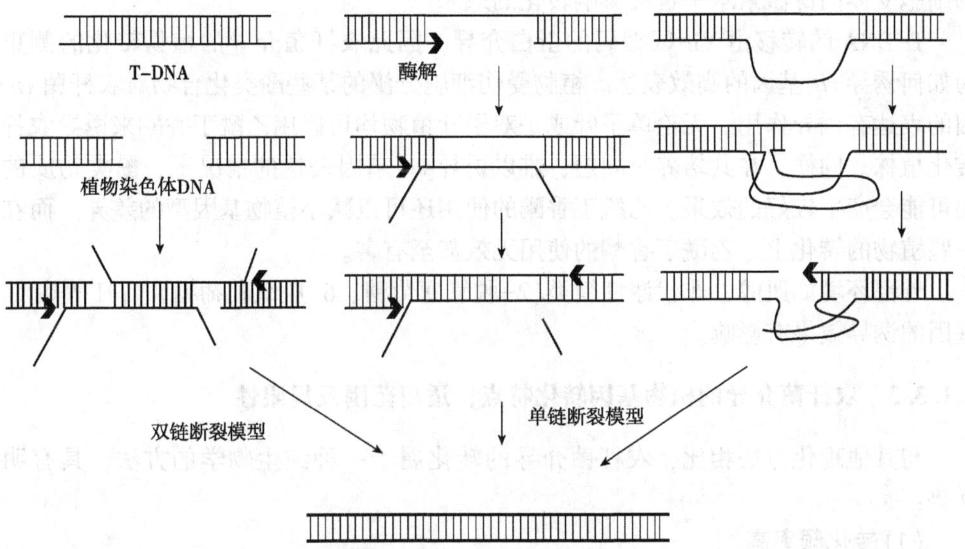


图 8-5 T-DNA 整合到植物染色体的两种模型

肠杆菌复制子。

⑤需要加入植物细胞的筛选标记，如抗生素抗性基因。

#### 8.1.3.2 影响农杆菌介导植物基因转化的因素

(1) 不同属性农杆菌对转化的影响

农杆菌作为植物基因转化的工具，其属性对转化的成功具有决定性的作用，这也是一直以来在转化过程中将研究重点放在选择和处理农杆菌上的原因。

(2) Vir 区影响

由于农杆菌 Ti 质粒上 Vir 区编码产物负责接受外界信号、T-DNA 的加工、转移及整合等功能，所以该区对菌种的侵染力起决定性作用。在蚕豆的转化中，将菌种 C58 和 B6S3 的 Ti 质粒分别置于具 C58 染色体背景的农杆菌中，pTiC58 比 pTiB6S3 的侵染性更强，说明 Vir 区对侵染力具有决定性作用。现在已经培育出侵染力很强的超毒力株。位于超毒力株 A281 中的 pTiB0542 的 Vir 区，能够在其他不同菌种的染色体背景中显示超毒力特性。A281 及其 Ti 质粒失去致瘤性后的 EHA 101 能感染多种植物如三叶苜蓿、蚕豆等。在水稻上，pTiB0542 的侵染力也较胭脂碱型 pTiT37 更有效。这是因为 pTiB05420 的超毒力特性可能与其 virG 和 3′-virB 位点有关。该位点能导致 *vir* 基因的高效表达，促进 T-DNA 的转移。然而在有些植物上，超毒力株反而比其他菌种差。另一影响不同菌种致毒效果的因素可能是 Ti 质粒上存在的编码激素合成酶基因，如胭脂碱型 Ti 质粒上的 *tzs* 基因。该基因能在细菌内表达，其分泌的产物被植物细胞吸收后导致细胞的脱分化。这一点可用来解释一些植物转化中胭脂碱型农杆菌比其他类型更有效的原因。同样，位于发根农杆菌 T-DNA 上编码生长素合成酶的基因(*tms*)也使得该菌种的寄主范围比其他发根农杆菌菌种更广。上述结果还暗示，植物细胞受体内源激素水平也会影响转化的效果。

T-DNA 的转移由 Vir 区编码的蛋白介导，因此农杆菌介导的植物转化的侧重点为如何诱导 *vir* 基因的高效表达。植物受伤细胞分泌的某些酚类化合物对农杆菌 *vir* 基因的表达有诱导作用。无论单子叶或是双子叶植物均可以用乙酰丁香酮来诱导农杆菌转化植株。同样，在共培养时间短、难以诱导 *vir* 基因表达的情况下，酚类物质的使用可能会产生较好的效果。乙酰丁香酮的使用还可以减小植物基因型的差异。而在另一些植物的转化上，乙酰丁香酮的使用无效甚至有害。

外部环境如肌醇、非代谢性糖类(2-脱氧葡萄糖、6-脱氧葡萄糖)、pH 等也对 *vir* 基因的诱导效果有影响。

#### 8.1.3.3 农杆菌介导的植物基因转化特点、适用范围及局限性

与其他理化方法相比，农杆菌介导的转化属于一种纯生物学的方法，具有明显优势：

(1)转化频率高

T-DNA 链在转移过程中受蛋白质(virE2，virD2)的保护及定向作用，使得 T-DNA 免受核酸酶的降解，而完整、准确地进入细胞核，转化效率较高。其他理化方法由于 DNA 以裸露的方式进入植物细胞，易受细胞内核酸酶的破坏，以致转化频率低。

(2)导入植物细胞的片段确切，且能导入大片段的DNA

Ti 质粒上位于两个边界序列间的外源基因片段均会转移到植物细胞，可避免像其他理化方法那样将非目的基因片段(用于在细菌体内复制的 DNA 骨架)导入植物细胞而造成潜在的遗传物质扩散的危险。

(3)导入基因拷贝数低，表达效果好

农杆菌介导的转化向植物细胞导入的外源基因拷贝数大多只有 1~3 个，而其他方法往往几十个拷贝，大量的拷贝数会导致转基因的沉默。

(4)农杆菌转化方法使用的技术、仪器简单

这种方法可避免进行原生质体培养等难度高、周期长的弊端，也不像基因枪法需要昂贵的费用。

前人认为农杆菌介导转化的不足之处是宿主范围较小。这一点以前主要是由农杆菌能否在某种植物上诱瘤决定的。现有研究表明，由于植物的种类不同，构成其细胞的生理状态和诱瘤的条件也不一样，所以能否诱瘤及诱瘤的大小并不能说明农杆菌的寄主特性。事实上，农杆菌能侵染许多包括重要禾本科植物在内的单子叶植物，水稻的高频率转化更使人们认识到农杆菌的寄主范围不只局限于双子叶植物。另一方面，由于农杆菌是一个生物有机体，其功能受环境及其作用对象的影响比其他理化方法复杂得多，以致目前能得到转化株的往往只是某一科的一种或几种植物。农杆菌介导转化的这种现状使得我们有必要进一步探讨影响其转化的因素。从已有转化研究看，农杆菌的菌种、*vir* 基因的诱导、外植体的选择及植株再生频率、转化体的筛选方式均会影响到转化效率。

农杆菌作为一种天然的植物基因转化工具，其应用推动了植物分子生物学及生物技术的发展。随着对农杆菌T-DNA加工、转移及整合进植物基因组的机理的研究以及转化技术方法的提高和改进，农杆菌介导植物基因转化的优越性将得到更充分的表现。但在农杆菌介导转化的实际操作中尚应注意以下几点：①对转化所用菌种类型、被转化对象的基因型及外植体的类型进行选择，其依据应是报告基因的瞬时表达效果；②对农杆菌进行必要的诱导处理，注意培养条件、接菌的浓度、时间和共培的时间等，在提高瞬时表达的同时要防止细菌的过度生长；③采用合适的选择标记基因、合适的抗生素及其浓度进行转化体的筛选；④对植物受体系统的细胞起源需要明确的了解，在培养方法、培养基的设计上要有利于转化细胞的生长、分裂及植株再生。

#### 8.1.3.4 农杆菌介导的植物受体基因转化方法

在转化研究中由于植物的基因型、转化目的及试材条件不同，应采取不同的技术措施。在长期的研究中已建立多种转化方法适用于不同的要求。

(1)整体植株接种共感染法

该途径是模仿农杆菌天然的感染过程，人为地在整体植株上造成创伤部位，然后把农杆菌接种在创伤面上，或用针头把农杆菌注射到植株体内，使农杆菌在植株体内进行侵染实现转化，获得转化的植物细胞，因此也称为体内转化(图8-6A)。为了获得更高的转化频率，一般采用无菌的种子实生苗或试管苗。它是最简便的转化方法。其优点是：试验周期短；充分利用了无菌实生苗的生长潜力，避免在转化过程中其他细菌的污染；菌株接种的伤口与培养基分离，以免农杆菌在培养基上过度生长；允许在无抗生素的培养基上进行；具有较高的转化成功率。该方法最大的问题是转化组织中常有较多未转化的正常细胞，即形成严重的嵌合体；其次是需要大量的无菌苗材料，转化细胞的筛选比较困难。

如果转化的是野生型致瘤农杆菌，则几天后可在创伤接种部位诱导出肿瘤。非致瘤载体的农杆菌进行整株感染时筛选转化细胞较困难，但可将感染部位薄层组织切下来，然后在选择培养基上进行转化体的筛选培养。该方法特别适合于野生型致瘤农杆菌的转化。

(2)叶盘转化法

叶盘转化法操作步骤如图8-6B所示。首先用打孔器从消毒叶片上取得叶圆片，也称叶盘。在过夜培养的对数生长期的农杆菌的菌液中浸数秒钟后，置于培养基中共培养2~3d，待菌株在叶盘周围生长至肉眼可见菌落时再转移到含有抑菌剂的培养基中除去农杆菌，与此同时，在该培养基中加入抗生素进行转化体选择，经过3~4周培养可获得转化的再生植株。其优点是通用性广，对于能被农杆菌感染的，并能从叶片再生植株的各种植物都适用；改良的叶盘法可适用于其他外植体如茎段、叶柄、胚轴、子叶甚至萌发种子等，不仅操作简单，而且有很高的重复性。为此，采用叶盘法可以在实验室内多次重复实验培养大量转化植株。但是应强调的是，该法不是对所有植物都适用，是否采用该方法主要视其叶片的再生能力。从大量的试验中已总结出叶盘法转化的一些技术问题：

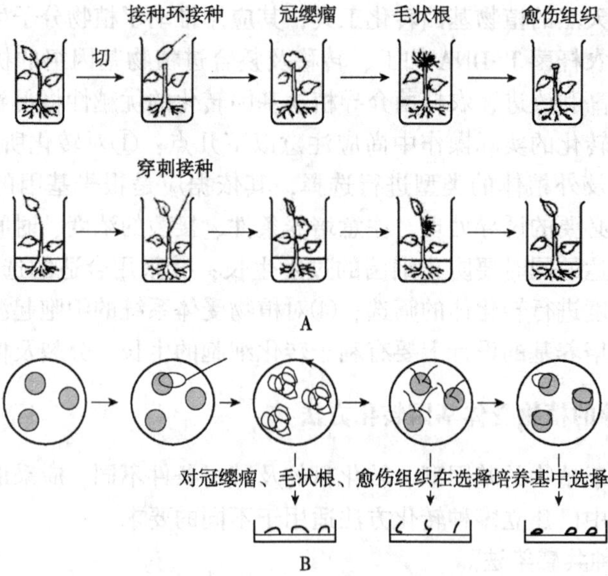


**图 8-6　农杆菌介导的植物基因转化一般程序**(王关林，2002)

A. 整体植株接种共感染法　B. 叶盘转化法

①看护培养可明显提高转化率　例如，在烟草叶盘法转化时，用烟草的悬浮培养细胞制成的滋养板对农杆菌处理过的叶盘进行看护培养，可使烟草的转化效率提高 3 倍左右。其机理可能是滋养细胞补充了叶盘释放信号分子的不足及其生长的调控因子。

②在采用其他组织器官为外植体时，要注意转化敏感细胞在外植体的部位，因为农杆菌难以侵入深层部位　叶片的切口边缘形成的不定芽主要来源于对农杆菌转化敏感的分裂细胞。其他类型的外植体常包含休眠分生组织或存在于外植体内部的分生细胞层，它们不易使农杆菌到达。

③在适合的培养基上培养时，叶盘的切口处转化细胞快速分裂产生愈伤组织　如果培养在分化培养基上时，切口处将产生转化不定芽，并常伴随有少量愈伤组织。这是正常的也是需要的。启动叶盘植株再生的培养基通常含有高比例的激动素/生长素。

④详细地观察、统计叶盘转化细胞形成愈伤组织的位点数量、大小、类型与对照组的比较等是十分重要的　具体应观察统计如下内容：叶盘中功能细胞的位点，愈伤组织或不定芽形成的部位；对照组的叶盘愈伤组织和不定芽的分化能力；抑菌剂和选择抗生素对叶盘愈伤组织诱导及其分化的影响；农杆菌处理不同时间对叶盘生长、分化的影响；外植体的预培养是否有利于转化。

应注意的是：叶组织浸入农杆菌培养液中时间过长会导致植物细胞损伤，应掌握适宜的侵染时间；叶片在培养过程中常膨大而扭曲，使切口边缘不能接触培养基而不利于转化，因此，可以把切口边缘压入埋藏在培养基中；叶脉的功能细胞常常在深层，农杆菌不易侵入，因而不易转化，特别是主脉，在制备叶盘时最好避免叶脉进入。

⑤解决叶盘转化苗生根问题　一般情况下，试管苗对卡那霉素选择压力不如愈伤组织敏感，因此，非转化的试管苗也可能在选择培养基上生长。这就是经常所说的假阳性。但根对抗生素的敏感性很强，因此，在含高浓度卡那霉素选择压力的选择培养

基上非转化苗是难生根的，只有转化的苗才可能生根，所以苗的生根能力是实现转化的一个有力佐证。转化苗生根培养时的一些技术问题简述如下：

a. 切下幼茎常带 2~3 片叶，避免用细长的或白化的节作生根培养，因为生理状态不佳的苗难以长出健壮的根。

b. 用不加卡那霉素选择压力的培养基对照转化苗生根培养是非常必要的。

c. 在 5~20d 应定期检查外植体生根、黄化和新叶形成情况，在一些非转化苗黄化死亡的前几周，也可能长出新叶，但最终还是死亡，只有转化的苗才能在含卡那霉素的培养基上生根和获得旺盛生长。

d. 对有些植物而言，在非选择培养基上再生难，而在含卡那霉素选择压力培养基上再生根可能更有效。

e. 为了使无根试管苗在生根培养时不形成或少形成愈伤组织，在生根培养基中常不含或只含低水平的生长素如 IAA，这样茎尖产生的 IAA 能向茎段运输，使其基部生根。

f. 在生根培养基中保持抑菌抗生素浓度，以防农杆菌在植物组织内存活。

转化苗的保持与繁殖直接关系到生产实践的应用，因此同样是植物基因工程中的一个重要环节。目前主要采用两条途径实现转化苗的保持与繁殖。一条是营养繁殖途径，它包括试管苗的无性快速繁殖及嫁接、扦插等田间的营养繁殖方式。转基因研究中经常发生的情况是，经过许多艰苦工作后只获得一个或几个转化再生植株，特别是一年生植物很快死亡，这种情况下采用营养繁殖方式是非常必要的。另一个原因是试管苗以异养为主，即培养基供应所需的营养，而移栽后的植株是以自养为主，在这个转变过程中会有很多失败，在只有少量转化植株的情况下难以实行，因此，需要通过营养繁殖方式来大量繁殖。该途径保持繁殖转化苗时应注意：正确使用激素浓度，低水平的激动素有助于保持外植体活力，并刺激休眠侧生分生组织的发育及侧枝形成；适当提高分裂素浓度有利于芽的分化，形成原始转化苗的无性系克隆。因此，可根据试验目的选择细胞分裂素的浓度。为消除残留的农杆菌，在繁殖培养基中加入抑菌抗生素是必要的。第二条途径是种子繁殖，该途径的主要操作是将转化试管苗在小花盆中移栽成活，然后定植田间，开花时套袋隔离防止杂交授粉及向环境中释放转化的花粉。结种后注意收集种子，保存。该途径对于转基因植株正常表达、遗传特性及向生产应用过渡具有重要作用。

转化苗保持与繁殖中的技术措施包括：转化植株首次转入小花盆时，去掉一些下层的叶片有利于成活，并要将茎埋入营养土中几厘米，使苗保持直立状态；保持叶片和顶尖清洁，当植株生根前出现枯萎现象时，要注意防止真菌感染；对有些植物而言，也可采用容器上打孔来逐渐降低温度，逐步进行耐寒锻炼以增强适应性；移栽转化的再生植株经常表现出无性系变异，这些变异来源于两种原因，即生理性变异和遗传性变异，在得出结论以前要检查遗传物质后才能确定；转化植株中 $F_1$ 代的基因分离及其遗传规律是值得深入研究的问题，如何保持转基因植株的遗传稳定性是人们所关心的问题。

(3) 原生质体共培养转化法

在大多数植物转化研究中，都是以组织、器官及原生质体为外植体，与农杆菌共培养来获得转化植株。这条转化途径的缺陷是所产生的转化体数量相对较少，嵌合体比较多，从而发展出原生质体共培养法。该法是将农杆菌同刚刚再生出新细胞壁的原生质体做短暂的共培养，以便使农杆菌与细胞之间发生遗传物质的转化。因此，原生质体共培养法也可看作是一种在人工条件下诱发农杆菌对单个细胞侵染的一种体外转化法。

原生质体共培养转化的操作如下：

①从叶片分离原生质体，在26℃下暗培养24h，然后转移到2000 lx光下继续培养48h；

②在新的细胞壁已经形成时，加入活化的农杆菌悬浮液。农杆菌与原生质体的比例以1∶1000为宜，共培养2~3d；

③再加入选择标记的抗生素对转化体进行选择培养，约3~4周后可产生肉眼可见的小块转化愈伤组织；

④将小块愈伤组织转移到固体培养基上再生愈伤组织，此时继续保持选择压力，以便保证只有转化愈伤组织才能不断生长；

⑤将转化愈伤组织转入固体分化培养基，获得转化再生植株。

与前述两种方法相比，原生质体共培养转化法最大的优点是获得的转化植株来自一个转化的细胞，减少了嵌合体的发生，并且可获得大量克隆。该方面的研究具有重要的应用价值，已在许多植物上获得了成功，如烟草、矮牵牛、向日葵、胡萝卜、龙葵等。

原生质体再生困难，操作复杂，获得转化植株的成功率低，只有在一定条件下才能获得成功的转化：①原生质体的密度一般以$10^5$~$10^6$/mL为宜。②原生质体出现新形成的细胞壁是农杆菌转化的前提条件。③在农杆菌和原生质体共培养过程中，某些二价阳离子($Mg^{2+}$)为农杆菌的附着和转化所必需；二价离子的螯合物EDTA可以抑制农杆菌对植物细胞壁的吸附及转化作用。④共培养期间，农杆菌对原生质体的转化需要一定的附着时间，32h之后才可除菌洗涤。⑤共培养转化似乎是在单细胞或二细胞阶段发生。

## 8.2　植物转基因受体系统的条件

植物基因的成功首先依赖于建立良好的植物受体系统。所谓受体系统(以下简称转化外植体)即用于转化的外植体通过组织培养途径或其他非组织培养途径，能高效、稳定地再生无性系，并能接受外源DNA整合，对转化筛选试剂敏感的再生系统。目前，常用的植物受体系统有核转化受体系统及质体转化受体系统。但无论哪种受体系统几乎都离不开离体培养过程。

成功的植物转基因对受体系统具有一定的要求，如受体具有高效稳定的繁殖和再生能力及基因型不依赖性，具有较高的遗传稳定性并对选择性压力敏感，以合理的频率恢复成可育的转基因植株的能力，培养过程中可以避免体细胞克隆变异和可能的不育情况，来源广泛且经济。

### 8.2.1　高效稳定的再生能力

全能性的充分发挥是实现高效稳定的再生能力的前提。用于植物基因转化的外植体必须易于再生，有较高的再生频率，并且具有良好的稳定性和重复性。从理论上讲，植物的任何体细胞都具有再生完整植株的潜能，即具有全能性(totipotency)。全能性最早用于动物胚胎学，是指分裂球发育成为完整胚的能力。现在所谓的全能性指与合子具有相同遗传内容的体细胞、胚胎细胞或它们的细胞核同合子一样具有相同的发育潜能，即细胞发育全能性和细胞核发育全能性。

全能性是转化外植体能发育成个体的先决条件。但是在组织培养的实践中并不是所有的体细胞都能再生出完整植株，不同分化程度的细胞，其脱分化的能力不同。一个细胞向分生状态回复过程所能进行的程度，取决于它在原来所处的自然部位上已经达到的细胞分化程度和生理状态。

一个已分化细胞全能性的实现必须经历两个过程：一是脱分化，即把具有较强全能性的细胞从植物组织抑制性影响下解脱出来，使其处于独立发育的离体条件下；二是再分化，即给予脱分化细胞一定的刺激，即营养物质、激素等调控物质，使其再次分化，从而发育成个体。有些细胞发挥全能性的培养条件易于掌握，如马铃薯、葡萄、辣椒等，而另一些细胞的不易掌握，或因培养技术不成熟、深度分化而难以逆转，结果不能在离体条件下表现其全能性。所以，只有具备成熟的组织培养条件，保证经外源基因转化的细胞能继续分化成完整植株，才能作为基因转化的受体系统。

同时，受体系统的再生频率对外源基因的转化频率有着直接的影响。由于植物基因转化的频率较低，一般情况下只有0.1%的转化率，而且在植物基因转化操作中的一些处理，如农杆菌的侵染、使用抗生素对转化体进行筛选和继代培养等都会使转化外植体较非转化外植体的再生频率不同程度地降低，有的甚至不能分化或只能分化形成芽，但难以形成正常植株。若建立的受体系统再生频率较低，如只有10%，则实际的转化频率可能是10%×0.1%=0.01%，即1万个转化外植体中可能有1个转化成功。因此，基因转化受体系统必须具有高频的转化率及较强的再生能力，只有这样，转化的外植体才能进一步脱分化和再分化，包括愈伤组织的诱导、芽的分化和生根。一般认为，用于基因转化的受体系统应具有80%~90%以上的再生频率，并且每块外植体上必须能再生出丛生芽，其芽数量越多越好，这样才能有获得高频转化的可能性。若受体系统的外植体的芽再生频率是100%，每块外植体产生10个不定芽(1块外植体至少有10个细胞被再生)，则其获得的可能转化率是100%×10×0.1%=1%，即处理1万个转化外植体可能获得100个转化植抹。

此外，这种再生频率必须具有良好的稳定性和重复性，以便在大量的多次的转化试验中都能获得成功，并且从获得的较多的转基因植株中选育出预期的基因工程株，加快育种进程。

### 8.2.2 稳定的遗传特性

植物基因转化是有目的地将外源基因导入细胞，形成遗传物质的新组合，使外源基因在受体细胞中整合、遗传和表达，从而达到修饰原有植物遗传物质、改造不良农艺性状的目的。这就要求植物受体系统接受外源DNA后不影响其分裂和分化，并能稳定地将外源基因遗传给后代，保持遗传的稳定性。

如果外植体本身遗传不稳定，接受外源基因后，自身遗传特性发生改变，虽然导入了优良性状的目的基因，却使其原有的优良性状在后代中发生了变异，则前功尽弃。

这一直是人们研究的热点问题之一。外源基因随受体细胞在无性繁殖中必须经过愈伤组织诱导、不定芽分化、不定根形成等培养过程；在有性阶段中须经历萌芽、生长、开花、减数分裂、授粉受精、合子形成及胚的发育等一系列复杂过程，这些对外源基因的遗传稳定性提出了挑战。外源基因的丢失、基因失活、基因重排等均影响外源基因的稳定性。外源基因的遗传稳定性，一方面是在受体细胞培养、分化、增殖过程中的稳定性，也就是转化细胞在无性繁殖中的稳定性；另一方面是外源基因在植物有性繁殖过程中遗传的稳定性。转化细胞在无性繁殖中必须经过一系列的培养过程，同时也要经过多次扩繁和继代，这些过程会出现变异，特别是在愈伤组织诱导阶段。此过程对于提高转基因的效率十分重要。

在组织培养的研究中已经发现体细胞无性系变异具有普遍性，并且无性系的变异与组织培养的方法、再生途径及外植体的基因型等都有密切关系。因此，在建立基因转化受体系统时应充分考虑到这些因素，确保转基因植物的遗传稳定性。

### 8.2.3 稳定的外植体来源

由于基因转化的频率很低，需要多次反复试验，所以就需要大量的外植体材料。转化的外殖体一般采用无菌实生苗的子叶、胚轴、幼叶等，或采用可进行快速繁殖的材料。

实生苗是指通过果实(种子)繁殖的幼苗。利用无菌实生苗的优点在于：①培育无菌实生苗无需复杂的培养基和繁殖操作过程，实生苗的数量取决于种子的活力；②接种前的无菌处理简便易行；③有些植物可由无菌幼苗形成愈伤组织和再生植株；④无需保持无菌苗无性系，只要有种子，随时都可以培育大量的无菌苗。使用实生苗时有一个很重要的问题应当予以重视：如果植物是异花授粉，则对种子的纯度和品质必须予以检验，种子及其实生苗要经过生理生化和农艺性状等检验，确保实生苗植株符合生产需要，否则，即便培育出转基因植株，也不能应用于生产实践。

采用快速繁殖的试管苗材料作为外植体也有其优点：①快速繁殖材料已适应了组织培养条件，有利于外植体在转化过程中的生长；②在取其任何一部分为外植体时，无需经过复杂的消毒过程，可直接取用；③快速繁殖材料能保证稳定、大量的外植体来源，适应植物基因转化对外植体材料的要求。

另外，作为基因转化的外植体材料，获得过程必须经济。

### 8.2.4 对选择压力的敏感性

植物细胞经载体法间接或物化法直接转化后，大部分细胞是没有转化的，这就需要将这些未转化的细胞与极少数转化细胞区别开来，淘汰未转化细胞，然后利用植物细胞的全能性在适宜的环境条件下，使转化细胞再生成可育的转基因植株。这一过程通常采用筛选标记基因(screenable marker gene)，如抗菌素抗性基因、抗除草剂基因等来进行筛选。一般的策略是把一个或几个选择性标记基因与目的基因克隆到一个质粒载体上，用土壤农杆菌介导或其他的转化方法转化植物外植体，由于选择性标记基因具有对选择性物质(如抗生素、除草剂或其他物质)特殊的抗性，转化的细胞能够在选择性培养基上继续存活生长，而未转化的细胞被培养基中的选择性物质抑制或杀死，从而达到筛选的目的。

这类在基因转化中用于筛选转化体的抗生素称为选择性抗生素，其使用要求植物受体材料对所选用的抗生素具有一定的敏感性，即当添加在选择培养基中的该抗生素达到一定浓度时，能够抑制非转化植物细胞的生长、发育和分化；而转化的植物细胞由于携带该抗生素的抗性基因能正常生长、分裂和分化，最后获得完整的转化植株。但也要求该抗生素对受体植物没有严重的毒性，不会很快杀死植物细胞，否则转化细胞也难以生活。常用的选择性抗生素及其使用浓度和相应的标记基团见表 8-1 所列。

**表 8-1　常用的选择性抗生素及其使用浓度**

| 抗生素 | 配置方法 | 贮存浓度(mg/mL) | 贮存条件 | 使用浓度(mg/L) |
|---|---|---|---|---|
| 氨苄青霉素(Ap，Amp) | 溶于无菌蒸馏水，0.22μm 滤膜过滤 | 50 | 4℃保存 1 周<br>-20℃长期保存 | 细菌培养：50<br>植物脱菌培养：250~500 |
| 羧苄青霉素(Cb) | 溶于无菌蒸馏水，0.22μm 滤膜过滤 | 50 | 4℃保存 1 周<br>-20℃长期保存 | 细菌培养：50<br>植物脱菌培养：250~500 |
| 头孢霉素(Cef) | 溶于无菌蒸馏水，0.22μm 滤膜过滤 | 250 | 4℃保存 1 周<br>-20℃长期保存 | 植物脱菌培养：250~500 |
| 卡那霉素(Km) | 溶于无菌蒸馏水，0.22μm 滤膜过滤 | 50 | 4℃保存 1 周<br>-20℃长期保存 | 细菌培养：25~50<br>植物选择培养：10~100 |
| 新霉素(Nm) | 溶于无菌蒸馏水，0.22μm 滤膜过滤 | 50 | 4℃保存 1 周<br>-20℃长期保存 | 细菌培养：25~50<br>植物选择培养：10~100 |
| 氯霉素(Cm) | 溶于乙醇 | 34 | -20℃保存 | 细菌培养：25~170<br>植物选择培养：10~100 |
| 四环素(Tc) | 溶于乙醇 | 10 | -20℃保存 | 细菌培养：10~50 |
| 链霉素(Sp) | 溶于无菌蒸馏水，0.22μm 滤膜过滤 | 50 | -20℃保存 | 细菌培养：10~50 |
| 利福平(Rif) | 溶于甲醇或 NaOH 溶解后无菌水定容 | 20 | -20℃保存 3 个月 | 细菌培养：50~100 |

基因转化中使用的另一类抗生素属抑菌性抗生素。在共培养转化中的一个重要环节是除菌处理，即受体材料与农杆菌共培养一定时间后要抑制农杆菌生长，防止细菌过度生长而产生污染。为达此目的，常在培养基中添加对植物细胞无毒害作用或毒性较小的抑菌性抗生素。适当的抑菌性抗生素既能有效地抑制细菌生长，又不影响植物细胞的正常生长。曾有人以烟草为材料，测定了 14 种抗生素对原生质体植板率(细胞团数/植板原生质体数)的影响并确定了 9 种抗生素比较安全的浓度范围。结果表明，毒害作用最小的抗生素是β-内酰胺类，即氨苄青霉素(ampicillin)和羧苄青霉素(carbenillin)。头孢霉素类抗生素可赋予广谱抗性，而且对植物细胞无明显毒性，利福平与三甲氧苄二氨嘧啶配合使用可获得类似的广谱抗性。

氨基葡萄糖苷类抗生素如新霉素和卡那霉素则对植物细胞有明显毒性而不宜作抑菌剂，但可用作选择性抗生素。目前所用的抑菌性抗生素主要是羧苄青霉素和头孢霉素，也有人将几种抗生素合并使用，效果也较好。

### 8.2.5 对农杆菌侵染的敏感性

农杆菌介导法起初只用于双子叶植物中，近年来，农杆菌介导转化在一些单子叶植物中也得到了广泛应用。农杆菌介导法转化单子叶植物效率低的原因较复杂，但最关键的有两个方面，一是单子叶植物薄壁细胞在发育旺盛期就失去了分化能力，其受伤区周围细胞发生不同程度的木质化，缺乏感受态细胞，加之不同基因型植物形成胚性愈伤的能力相差甚远，造成单子叶植物感受态系统建立困难；二是许多试验证明，大多数单子叶植物酚类诱导物在数量和种类上不足以诱导 *Vir* 基因的活化，甚至会有抑制物的存在，而 *Vir* 基因的活化是启动 T-DNA 转移的关键。

利用农杆菌 Ti 或 Ri 质粒为载体介导的植物基因转化，需要植物受体材料对农杆菌敏感，这样才能接受外源基因。在建立农杆菌转化系统、提高系统对农杆菌侵染的敏感性工作中，应该从以下几方面进行：

(1) 感受态细胞的选择与调节

基因型对感受态细胞具有决定性作用，其特异性表现在细胞内源激素水平、细胞壁结构、细胞创伤反应、农杆菌识别和附着位点以及外植体再生能力等方面。如在相同条件下，玉米‘A188’的再生能力显著高于其他品系，以其为亲本的杂交后代也表现出较高的体细胞再生能力。研究者可选择处于适宜生理状态基因型的相应器官作为外植体，通过激素和培养基的合理组配来获得和维持受体细胞的最佳感受态状态。

(2) 质粒和菌株的组合

由于单子叶植物不是农杆菌的天然寄主，农杆菌菌株和质粒的适当组合对于转化的成功非常重要。Ishida 等选择感染性强的菌株 EHA101 获得了玉米高效转化系统，菌株 LBA4404 与超双元载体 pSB131 或 pTOK133 的组合也能有效转化玉米。Hiei 等用两种菌株(LBA4404、EHA101)和两个双元载体(pIG121Hm、pTOK233)的不同组合转化水稻，结果显示，组合 LBA4404/pTOK233 的转化率明显高于其他组合。对水稻愈伤组织的转化频率，EHA105 最好，LBA4404 次之，AGL-1 最差。在小麦的转化中，组合 EHA101/pIG121Hm 相对于 LBA4404/pTOK233 和 GV3101/pPCV6NFHGusInt 是最有效的。

(3) 信号分子与 Vir 基因的活化

影响 *vir* 基因活化的因素包括酚类化合物、单糖分子和 pH 等。常用的酚类物质有乙酰丁香酮(AS)和羟基乙酰丁香酮(OH-AS)，其中 AS 的效果最好。有研究表明，多种酚类复合物的诱导活性比单一酚类物质更高，也有实验发现各种酚类物质间没有叠加作用。不同的受体材料，需要的 AS 浓度不同，在水稻的转化中，AS 的最佳浓度为 100μmol/L，而在玉米和高粱转化的共培养阶段都使用了 100～200μmol/L 的 AS。较低的 pH 值、低于 28℃ 的温度、较高的渗透压、适当浓度的冠瘿碱以及一些糖类(如 D-半乳糖酸、D-葡萄糖醛酸、L-阿拉伯糖醛酸)都能有效增强 *Vir* 基因的表达。

(4)感染时间及浓度

有研究发现长时间的菌液浸泡对初始愈伤组织有较大的伤害，感染时间为15min时，产生抗性愈伤组织且抗性频率较高。而将愈伤组织的浸泡时间延长至30min时，可提高抗性愈伤的频率。在玉米转化中，将农杆菌感染液的$OD_{600}$由0.5调至0.9时，抗性愈伤频率呈下降趋势，而在$OD_{600}$达到0.5以前，农杆菌生长一直较缓慢，达不到对数生长期，因而宜采用感染液浓度$OD_{600}$为0.5，浸泡时间为5min。林拥军等分别以农杆菌浓度($OD_{600}$)为0.5、1.0、1.5和2.0共4种浓度处理水稻愈伤组织，结果以1.0 $OD_{600}$处理获得的抗性愈伤率最高。

(5)pH对转化率的影响

不同菌种*Vir*基因的诱导效果还与诱导培养基的pH有关，培养基的pH是影响T-DNA转移效率的关键因素之一。pH在植物细胞中往往可作为一种信号分子起作用，它可能参与了T-DNA的转移过程。研究发现pH改变0.3对多种植物的转化率有明显影响，通常农杆菌培养时的pH为7.2，这时生长旺盛的菌株*Vir*基因处于不活化状态，而植物组织培养基中pH常为5.8，有利于基因活化。大多数研究认为感染时的pH以5.2为宜。在小麦转化中，对pH 5.2、6.0和6.8这3种pH的研究表明，T-DNA转移效率没有明显区别，说明pH在5.2~6.8的范围内，T-DNA都可以高效率地转移到受体细胞中。

(6)共培养温度对转化的影响

植物细胞可能存在着最易接受农杆菌转化的最适温度，这可能与细胞的有丝分裂活动有关。一般认为农杆菌具有最强侵染力的生长温度并不是其最适生长温度。研究表明，在32℃下，农杆菌不能诱导植物形成肿瘤。有研究者认为在25℃条件下，外源基因更易插入、整合进植物细胞，转化更有效。在玉米中也发现共培养温度为22℃时抗性筛选频率显著高于25℃时。还有报道指出，温度不仅影响*virA*基因，也影响*virD*和*virB*基因的表达，在高温条件下，T-DNA复合物的成分不会受到影响，但复合物的正确组装和稳定性可能是热敏感的。

## 8.3 植物基因转化受体系统的类型及其特性

20世纪70年代以来，对植物基因转化受体系统的研究已进行了大量的工作，先后建立了多种有效的受体系统，适应于不同转化方法以及不同的转化目的。这些受体系统类型各有所长，下面分别予以介绍。

### 8.3.1 愈伤组织再生系统

愈伤组织是植物离体培养中植物组织的主要存在形式，来源于多种有分裂能力并实现脱分化的器官或组织。愈伤组织由于具有生长状态旺盛、培养操作方便、培养系容易维持和具有高的分化全能性能力等优点，成为近年来开展遗传转化的最常用受体材料。它具有如下特点：

①转化率较高　外植体细胞经历脱分化，所有细胞回复到分生细胞状态，易于接

受外源基因。

②扩增量大，获得的转化愈伤组织通过继代扩增培养，能够分化出更多的转化植株。

③外植体试材广泛，多种组织、器官均可诱导愈伤组织，甚至分化程度较深的组织、器官也能诱导出愈伤组织。

④适用范围广，该再生系统几乎适用于每一种通过离体培养途径能再生植株的植物。

愈伤组织再生系统虽然具有许多优点，但作为基因转化受体系统，也存在一定的局限性：①愈伤组织再生系统获得的再生植株无性系变异较大，转化的外源基因遗传稳定性较差。②嵌合体多，这是由于从外植体诱导的愈伤组织是由多细胞形成，从愈伤组织分化的不定芽也常是多细胞起源，因此获得的愈伤组织本身是嵌合体，分化的不定芽嵌合体比例更高，而且随着愈伤组织继代培养的延长，嵌合体比例增加。③有些植株材料虽经诱导能产生愈伤组织，但这些愈伤组织再发育成苗的能力较差，因此不宜作为转基因育种的基因受体材料。

在愈伤组织的诱导中，不同外植体或同一外植体的不同部位、不同发育时期的细胞，由于起始细胞生理生化状态不同，所以不同来源的外植体诱导产生愈伤组织的效率和分化成株的能力存在差异。在用于诱导愈伤组织的各种外植体中，应用最为广泛的是幼胚，包括水稻、小麦、玉米、高粱、大麦、燕麦、黑麦等各种重要的禾谷类作物，在进行高粱、小麦和大麦培养时，幼穗也是适宜的外植体来源。在小麦、高粱和黑麦上，以幼叶为外植体也成功地诱导产生了愈伤组织。此外，也有以根尖、茎尖、叶鞘、花药或花粉为外植体的。无论使用哪种外植体，最初的细胞分裂总是始于靠近形成层和维管束的幼嫩部位。

## 8.3.2 直接分化再生系统

直接分化再生系统是指外植体细胞越过脱分化产生愈伤组织阶段而直接分化出不定芽获得再生植株。以叶片、幼茎、子叶、胚轴等为外植体，直接分化芽的研究已取得很多成功的事例，尤其是通过茎尖培养途径。从茎尖剥取的分生组织实际上只是刚分化的大细胞团，培养过程中需要精心看护。要给予最适的培养基和培养环境。在选用茎尖培养基时，无论选择哪种培养基，首先应注意的是植物激素以及有机成分的搭配使用。茎尖脱毒时剥取的分生组织是已完成分化的组织，已具备继续发育和生长成植株的基础，在对培养基进行激素搭配时应以不使茎尖愈伤化为基本原则，使茎尖直接发育生长成植株，而不能经愈伤组织再分化发育成植株。

直接分化再生系统具有以下优点：

①对茎尖培养困难的粮食作物有一定局限性，更适合于无性繁殖的园艺植物，如果树、花卉及某些草本植物；

②相较于愈伤组织，诱导外植体细胞直接分化为芽困难得多，分化成植株更为困难，因此其转化频率低于愈伤组织再生系统；

③由于不定芽的再生常起源于多细胞，因此同愈伤组织再生系统一样，直接再生

系统也出现较多的嵌合体。

不同外植体直接分化芽的诱导率是不同的，早在1978年，Srinivnasm在花芽诱导研究中认为外植体是否能分化出花芽与本身的发育、营养组分及激素的种类和用量有密切的关系，在条件相同的情况下，激素的种类和用量起着决定性的作用。合理的培养条件可以得到较高的诱导率，李铁松在对番茄子叶、下胚轴、叶片和茎段进行离体培养时发现4种外植体的诱导率都达到95%以上，并建立了再生频率高达98%以上稳定的番茄高频再生系统。近年来利用茎尖分生组织直接再生系统进行基因转化的研究日益增多，并取得重要进展。早在1988年McCabe等就用基因枪转化大豆茎尖获得了转基因植株。随后Veluthambi等(1989)在棉花、Schrammeijer等(1990)在向日葵上也获得了类似结果。1991年Gonld等用玉米茎尖与农杆菌共培养获得了转化植株及子代。姬妍茹等(2005)在亚麻愈伤分化再生系统基础上对诱导培养基和生根培养基加以改良，创立了亚麻直接分化再生系统。该系统使外植体不经过愈伤组织阶段直接获得分化芽，且在个别品种上绿苗诱导率高达242.11%，移栽成活率达60%以上，这为纤维亚麻遗传转化提供了良好的受体系统。因此，许多研究表明，茎尖分生组织直接分化的再生系统是理想的基因转化受体系统。

### 8.3.3 原生质体再生系统

原生质体(protoplast)是“裸露”的植物细胞，它同样具有全能性，能在适当的培养条件下诱导出再生植株。因此，原生质体再生系统同样是理想的基因转化受体系统。自20世纪70年代首次从烟草原生质体成功地培养出再生植株以来，至今已有很多种高等植物的原生质体培养获得成功，其中包括一些重要的禾谷类作物如水稻、小麦、玉米等，这为基因工程利用该受体系统打下了基础。其具有以下特点：

①实验体系理想　原生质体没有细胞壁的阻碍，能直接高效的摄取外源基因甚至细胞核，易于在细胞水平和分子水平上操作；

②嵌合体少　由原生质体诱导形成的愈伤组织细胞基因型一致，获得的转基因植株嵌合体少；

③适用于各种转化系统　例如花粉管导入法也是利用卵细胞的原生质体原理。

局限性如下：

①遗传稳定性差，由原生质体培养成植株经历的生长发育过程复杂，细胞无性系变异更为强烈；

②原生质体转化受体系统只有在相对均匀和稳定的同等控制条件下才容易进行准确的转化和鉴定；

③原生质体培养周期长、难度大、再生频率低。

原生质体转化再生系统虽然转化率高，但再生率低，因此，用作转基因植物受到一定限制，但近年来发展起来的功能基因组学，使得该系统有了用武之地，即瞬时表达系统。这个系统由哈佛大学Jen Sheen教授于2007年在拟南芥组织培养系统上建立，在蛋白定位、启动子研究以及蛋白相互作用方面都是很有效的研究工具，最大的优点就是快，因为材料仅仅是生长14~28d的拟南芥植株，不需要复杂的转基因及筛选。这一系统的提出，能够极方便地应用于功能基因组学研究。我国学者也先后使用原生质体瞬时表达系统进行玉米(武鹏，2007)、杨树(曹友智，2012)、芜菁(周波，2008)、拟南芥(孙琳琳，2009)、番木瓜(张建波，2011)、棉花(李妮娜，2014)以及小麦、水稻等植物转基因功能的研究。

### 8.3.4　胚状体再生系统

离体培养条件下，二倍体或单倍体细胞未经性细胞融合，但经过了胚胎发育过程而形成在形态结构和功能上类似于有性胚的结构称为体细胞胚或胚状体(embryoid)。在自然条件下有些植物的珠心组织或助细胞也可自发产生体细胞胚。这些胚状体发育过程与合子胚类似，经过原胚、球形胚、心形胚、鱼雷形胚及子叶胚等几个阶段。在其发生的最早阶段就具有两极性，即根端(胚根)和茎端(胚芽)，并且与母体细胞或外植体的维管束无直接连系，这与器官发生不同。由此说明胚状体一开始就是一个完整植物的雏形，可通过根端或类似胚柄结构从外植体或愈伤组织中取得营养。也很容易从愈伤组织的表面脱离下来，在适宜条件下长成一株植物。人们利用胚状体发生这一快速繁殖方式，在其表面包一层特制的有机物质等，即所谓“人工种子”，为快速生产种苗提供了新的途径，已在芹菜、苜蓿、胡萝卜等作物上获得成功。该再生系统是理想的基因转化受体系统，其特点如下：

①胚状体是由具有卵细胞特性的胚性细胞发育而来，这些胚性细胞具有很强的接受外源DNA的能力，是理想的基因转化感受态细胞，而且胚性细胞繁殖量大，同步性好。转化后的胚性细胞即可发育成转基因的胚状体及完整的植株。因此该受体系统的重要特点是转化率和转化效率都高。

②许多研究表明胚状体的发生多数是单细胞起源，因此转化获得的转基因植株嵌合体少。

③胚状体具有两极性，即在发育过程中同时可分化出芽和根形成完整植株，这样减少了不定芽发育途径中比较困难的环节——生根培养。

④利用转基因的胚状体可以生产人工种子。

⑤体细胞胚具有个体间遗传背景一致、无性系变异小、胚的结构完整、成苗快、数量大等优点，有利于转基因植株的生产和推广。

此外，胚状体的诱导和发育是植物细胞全能性的最可信的证明，也是研究体细胞胚胎发生及转化基因表达调控的最佳实验系统，因此在理论研究方面也是十分有意义的。近年来，我国研究者已在葡萄(张克忠，1997)、苹果(魏海霞，2007)、棉花(谢德意，2007；陈翠娜，2013)、桉树(沙月娥，2012)等植物上成功通过胚状体实现转基因再生植株。

### 8.3.5　生殖细胞受体系统

近年来发展较快的生殖细胞受体系统是以植物生殖细胞如花粉粒、卵细胞为受体，利用植物自身的生殖过程进行基因转化，也称为种质系统。目前利用生殖细胞进行基因转化有两条途径：一是利用组织培养技术进行小孢子或卵细胞的单倍体培养，诱导出胚性细胞或愈伤组织，进一步分化发育成单倍体植株，以此为受体建立基因转化受体系统；二是直接利用花粉和卵细胞受精过程，以花粉管导入法或花粉粒浸泡法或子房微针注射法等方法进行基因转化。与上述其他受体系统相比该受体系统具有如下优点：

①接受外源基因的能力更强；

②以单倍体细胞为受体得到的转基因植株不受基因显隐性的影响，转基因表达更充分，有利于目标性状的选育，加倍后即可成为纯合二倍体新品种，缩短了选育纯化过程；

③利用植物自身的授粉过程，操作更简便。

但该受体系统在实际操作中还受到季节的限制，只能在短暂的开花期内进行，不适用于无性繁殖植物。

## 8.4 植物基因转化受体系统的建立程序

植物转基因受体系统的建立主要依赖于植物组织培养技术，但比一般的植物组织培养要求更高，内容也更复杂，包括外植体的选择制备、高频再生系统的建立、抗菌素的敏感性试验及农杆菌的敏感性试验(以农杆菌介导转化的植物)等，下面分别叙述。

### 8.4.1 高频再生系统的建立

正如在受体系统中所述，所谓高频再生系统必须具有4个条件：①外植体的组织细胞具有再生愈伤组织和完整植株的能力，而且最好是外植体能直接分化芽；②芽的分化率达90%以上；③易于离体培养，具有高度可重复性；④体细胞无性系变异小。为了建立这样一个高额的再生系统应进行以下研究工作。

#### 8.4.1.1 外植体的选择

外植体的选择是建立再生系统的第一环节。尽管目前认为植物体的任何组织和器官都可以作为建立再生系统的外植体，甚至作为植物基因转化的外植体，但是这些外植体的脱分化和再分化能力、细胞全能性潜在趋势及感受态程度等都有很大差别。这种差别不仅表现在同一植株的不同部位、不同器官和不同组织上，而且还表现在植物种类、植株年龄、生长季节和生理状态上。即使是同一组织器官的不同部位也有明显差异。因此，不同种类的外植体对离体培养的反应是不同的，培养的效果也不同。因此，在决定选用一个合适的外植体材料时，必须考虑以下因素：①最适于作组织培养材料的器官；②器官的生理状态和发育年龄；③取材的季节；④离体材料(外植体)的大小；⑤取得离体材料的植株质量。

例如，许多兰科植物、石刁柏(*Asparagus officinalis*)和非洲菊(*Gerbera jamesonii*)用茎尖作材料最合适，而旋花科植物用根比较合适，秋海棠和茄科的一些植物适于用叶等。一般来说，处于生长季节的较幼嫩的材料容易培养，接种时较大的外植体则有较高的再生能力。对于仅仅诱导愈伤组织的外植体，材料大小并无严格限制，只要将茎的切段、叶、根、花、果实或种子等的组织切成片状或块状，接种在培养基上即可。切块的具体大小一般在0.5cm左右，太小时产生愈伤组织的能力弱；太大时又会在培养瓶中占地方太多。至于茎尖、胚、胚乳的培养，则按器官或组织单位切离即可。

外植体选择中应该遵循以下原则：

(1)选择幼年型的外植体

任何植物的发育过程都要经过幼年型及成年型两个阶段，同一个植株有些组织器官是幼年型，有些是成年型；同一组织器官的不同部位也分别处于幼年型或成年型。幼年型和成年型的外植体在形态解剖结构及细胞生物学等方面均存在着很大差别。成年型的细胞在自然条件下不会返回到幼年型，在离体人工培养下也是十分困难，有的甚至完全失去再生潜力。其机理可能是随着植物组织器官的发育，细胞的组织特异性更明显、突出，细胞中失活的基因越来越多。

关于基因失活、细胞老化的机理，许多研究者认为有以下几个原因：①分化细胞各染色体DNA的甲基化；②常染色质的异染色质化；③某些特定基因的扩增和超表达抑制；④细胞器DNA(决定细胞成熟水平，即幼年型与成年型的关键因子)；⑤细胞质的内在因子(对细胞的成熟水平起重要作用)。如将一个成年型的细胞核移到幼年型的细胞质中，则该核可以向幼年型逆转，整个细胞变为幼年型；反之，幼年型细胞的核移入成年型细胞质中则核渐渐失去分生能力。由此可见，在外植体取材时要以幼年型的组织器官为外植体。茎尖区、生长点区的组织器官一般为幼年型。

(2)选择增殖能力强的外植体

外植体必须具有良好的增殖能力，应在培养中继续筛选增殖能力最强的细胞系。胚是受精后发育而成的合子，胚细胞具有很强的分生能力。因此目前认为有性繁殖是一个复壮过程，主要发生在减数分裂的前期，这时胞质核糖体及质体大大减少，DNA复制活跃，又可称为脱分化(dedifferentiation)。这种通过有性过程所带来的完全复壮的胚细胞极容易培养成功，而且胚所产生的小植株均是幼年型。花粉管的二倍体细胞与复壮的性细胞十分接近，因为分生细胞的复壮发生在花形成之前或稍靠后，所以用减数分裂前的幼嫩花序和减数分裂后的株心组织作为外植体是建立高频再生系统极其理想的材料。

(3)选择萌动期的外植体

外植体的生理状态与其分生能力有着直接的关系，代谢活跃、休眠萌动的细胞具有很强的生长潜能，有利于培养成功。有人做了一个有趣的研究，即离体培养条件下芽的休眠时间，结果发现，在离体培养条件下芽休眠期长短和萌动的时间与田间自然条件下十分相似，即离体培养下的芽同样也要经过休眠期。因此，取将要萌动的外植体作为试材显然最为适宜。

(4)选择具有强再生能力基因型的外植体

大量的组织培养试验证明，外植体的再生能力与其基因型有着直接的关系。现已明确，外植体的再生能力受染色体上的基因调控，例如，小麦的B5染色体上有调控外植体再生能力的基因。王关林等(1996)在利用小冰麦异附加系为材料研究天蓝冰草再生能力基因的染色体定位中，观察到天蓝冰草的再生能力受多基因控制，并被定位到3个不同的染色体上。在选择外植体时要对同一种植物的不同基因型的外植体进行再生能力的筛选，从而选择再生能力强的基因型为外植体。但在筛选时要注意不能用一种培养基比较几种不同基因型的外植体再生能力，因为不同基因型的外植体最佳培养基是不同的。

(5)选择遗传稳定性好的外植体

再生系统的遗传稳定性是基因转化的特殊要求，如果获得的转基因植株丧失了原有的优良性状，则转基因植株就失去了生产价值。再生系统的遗传稳定性与再生方式、培养条件等均有关，不同来源的外植体遗传稳定性也不同(表 8-2)。

**表 8-2 部分植物离体培养再生植株的表型变异频率**(李宝健、曾庆平，1990)

| 植物种类 | 再生植株来源 | 变异频率(%) |
|---|---|---|
| 烟 草 | 体细胞愈伤组织 | 10 |
| 水 稻 | 胚愈伤组织 | 71.9 |
| 甘 蔗 | 幼叶愈伤组织 | >18 |
| 玉 米 | 体细胞愈伤组织 | 14 |
| 芜 菁 | 花粉植株 | 12.7 |
| 大 麦 | 花粉植株 | 10~15 |
| 番 茄 | 幼叶愈伤组织 | >5.8 |
| 马铃薯 | 叶肉原生质体 | 100 |
| 菠 萝 | 冠芽愈伤组织 | 7 |
| | 腋芽愈伤组织 | 34 |
| | 裔芽愈伤组织 | 98 |
| | 幼果愈伤组织 | 100 |

为什么有些植物长期生长在复杂的环境条件下能保持遗传性不变，有些植物经过无数次的繁殖继代还能保持其遗传的稳定性呢？研究表明，这种遗传的稳定性是由植物分生组织中不同区域细胞的成熟速度的不同造成的。

分生组织中有一部分分生细胞的有丝分裂活性很低。周围快速分裂的成熟的分生细胞与中央分裂活性低、成熟慢的分生细胞一起结合成一个分生区。快速分裂的细胞使植物长大、成熟，而有丝分裂活性低的细胞则有利于保持其遗传稳定性。这些细胞十分类似于胚性细胞，受外界的影响小，病菌的侵染也少。显然植物在生长过程中，其遗传的稳定性与这些类似的胚性细胞有着密切关系。这些细胞之所以具有很好的遗传稳定性，是由于它们一直处于器官组织的深部，环境因子十分稳定，遗传物质变异少，分裂速度慢，发生变异的机会更少，而产生有性后代(性细胞的形成)及无性后代正是靠这些潜在的细胞。

利用这些细胞作为外植体十分有利于无性系的遗传稳定性。顶端分生组织和形成层中的初生形成层细胞、胚细胞等是这些细胞的主要分布处。

综上所述，以胚、幼穗、顶端分生组织、幼穗、幼茎等作为外植体更为适宜。

#### 8.4.1.2 最佳培养基的确立

一个好的再生系统需具备的另一个主要条件是有最佳培养基，要确立一个好的培养基首先要了解已有基本培养基类型及特点。

(1)基本培养基类型及其特点

迄今世界上已研制出许多基本培养基的配方，这些配方既有共性又有特异性。依据培养基的成分、元素的浓度含量等可把它们分为富集元素平衡培养基、硝酸钾含量较高的培养基、中等无机盐含量的培养基和低无机盐培养基4类，具体每一类型培养基的物质组成及特点参见第3章相关内容的介绍。

(2)基本培养基的选择

培养基的正确选择是植物材料培养获得成功的基础。正确选择培养基需要做好如下几个方面的工作。

①背景调查　要确定一个试用培养基时，首先要对该供试植物分类地位、生理特性、繁殖条件、栽培条件及品种类型等进行充分的了解，这些资料可作为确定培养基的依据之一。例如，有的植物易吸收硝态氮，而对铵态氮有抑制作用，则培养基应选择硝态氮的类型。同时，应详细查阅前人对该植物进行的研究工作，并总结分析前人工作的成功和不足之处，从而在此基础上确定基本培养基类型。

②选择原则

a. 植物组织培养时所需营养成分与田间栽培有相似性；

b. 同一物种的培养具有雷同性，即同一物种的不同亚种、品种间的基本培养基类型基本相同；

c. 同一植物的不同组织器官的基本培养基类型基本相同；

d. 大多数植物的通用培养基是MS培养基；

e. 无机盐的浓度应该作为培养基选择的重要参数；

f. 有机成分主要是种类的变化，每种成分含量的变化不大；

g. 蔗糖浓度不可忽视，应该在确定基本培养基类型后研究最适的蔗糖浓度；

h. 提高磷酸根的水平可以抵消IAA对芽的抑制作用，促进芽的分化；

i. 水解酪蛋白能加强激动素诱导分化作用，特别当有高水平的IAA时更为显著，酪氨酸可以相当有效地代替水解酪蛋白的作用。

③培养基中激素的选择原则

a. 在植物中，生长素主要影响茎和节间伸长、向性、顶端优势、叶片脱落和生根等。在组织培养中主要功能是促进细胞分裂、诱导愈伤组织和生根等，各种生长素作用强度按以下排列依次减弱：2,4-D、2,4,5-T(三氯苯氧乙酸)、NAA、NOA、IBA和IAA。其中IBA和NAA广泛用于生根，并能与细胞分裂素互作促进茎的增殖。2,4-D、2,4,5-T对愈伤组织诱导和生长非常有效。

b. 细胞分裂素主要促进细胞分裂，改变顶端优势，促进芽分化。常用的几种细胞分裂素的作用强度按以下排列依次减弱：ZT、BAP、6-BA、2iP和KT。

c. 细胞分裂素与生长素的比例是激素使用的关键，应根据培养目的进行调节。原则是生长素浓度明显高于细胞分裂素则促进细胞脱分化诱导愈伤组织，反之促进细胞分化。

d. 细胞分裂素与生长素的种类对不同植物的敏感性不同，因此激素种类的选择应以植物种类而异。同一植物的不同组织在愈伤组织诱导和芽分化过程中对激素的要求不同，所要求的水平取决于其内源激素的水平。

e. 有些植物不能或难以得到芽的分化，这可能是由于未满足其分化的条件。有时使用一些不常用的激素或激素抑制物，如脱落酸、2,3,5-三碘苯甲酸、7-氮-吲哚硝基苯酰溴等，也可能启动其芽的分化。

### 8.4.2 抗生素的敏感性试验

在植物基因转化过程中，进行转化操作之前，对受体材料进行抗生素敏感性测定是十分必要的。在其培养转化过程中，一个很重要的环节是抑制农杆菌生长，防止细菌过度生长而产生污染。为此，常在培养基中添加对植物细胞无毒害作用的抑菌性抗生素，对这类抗生素的要求是：既能有效地抑制细菌的生长，又不影响植物细胞或组织的正常生长。

如前所述，转化细胞由于转入了嵌合抗生素的抗性标记基因，所以能表达出抗生素的抗性物质，这种基因转化的细胞或植株能够对某些抗生素表现抗性的标志性状，在附加一定浓度抗生素的选择培养基上生长、发育、分化而获得的再生植株可判断为转化植株，非转化细胞无抗生素标记基因，不能在附加抗生素的培养基上生长。选择性抗生素的使用要求植物受体材料对所选用的抗生素有一定的敏感性，因此使用的浓度是关键因素。这类抗生素为选择性抗生素，用于初选转化体。一般认为能在附加抗生素的选择培养基中存活下来的细胞可初步断定为转化细胞，而不能存活生长的则为非转化细胞。这里对抗生素浓度的要求是：①要根据侵染时采用的菌株所携带的抗生素抗性标记基因不同，而使用不同种类的抗生素。②所用的抗生素既能有效地抑制非转化细胞的生长，使之缓慢地死亡，又不影响转化细胞的正常生长。如果浓度太低，不能有效地抑制非转化细胞的生长；如果浓度太高，则对转化细胞造成毒害。在转化试验中毒性较低的抗生素比毒性高的抗生素好，因为一种抗生素毒性太强，就能迅速杀死植物细胞，死细胞对邻近活细胞往往有很强的抑制作用，不利于转化细胞生长。而为了适当运用抗生素，就需对抗生素种类及对不同植物受体类型的适用浓度进行敏感性测定。目前一般采取的方法是：先设计出愈伤组织诱导或分化再生培养基，高压灭菌后加入不同种类不同浓度梯度的无菌抗生素。将未经转化的受体材料置于选择培养基上培养并观察分化再生状况。以未附加抗生素的培养基接种同样的受体材料为对照。

### 8.4.3 农杆菌的敏感性试验及菌种的选择

农杆菌载体转化是目前最成功的转化系统，其缺点是宿主有局限性，即使是同一植物，不同菌株的敏感性也不同。因此，选择受体植物敏感的菌株是成功转化的重要因素。一般在进行转化前首先需进行菌株的接瘤(或发根)试验，选择侵染敏感的农杆菌种类。

农杆菌敏感性试验的原理是野生型农杆菌能在外植体组织中形成肿瘤(或发根)。根据肿瘤(或发根)的诱导率、发生时间及生长状态可确定其敏感程度。其操作程序是把常用的菌株接种在固体琼脂平板或液体培养基中。用牙签挑取菌体，穿刺于受体植物组织中。可在同一植株的不同部位——叶片及其中脉，花、茎和幼茎的节间多次接种，比较其敏感性。

一般来说幼嫩的节间较为敏感，极易诱发肿瘤。然后将植株放在阳光下(不直射)

几周观察肿瘤(或发根)的诱发情况。能形成肿瘤(或发根),则说明该植物材料可作为农杆菌的一个宿主，可用带有标记基因、报告基因或目的基因的农杆菌介导转化。

## 小 结

植物遗传转化通过将外源基因或功能 DNA 元件导入植物细胞，并利用植物细胞的全能性，将改变了遗传背景的细胞培育成新个体，形成新品种，表现新性状。作为培育植物新品种的有效途径，成功的植物遗传转化的前提是建立良好的植物受体系统。一个好的受体系统是实现基因转化的先决条件，关系到基因转化的成败。本章从植物基因遗传转化的概念、发展简史、遗传转化技术的一般程序，以及植物转基因受体系统等方面进行了概述，重点阐述了农杆菌介导的植物基因转化、植物转基因受体系统需要具备的条件、受体系统的类型及特性，以及如何建立良好的植物转基因受体系统。

## 复习思考题

### 一、名词解释

转基因植物，病程相关蛋白，转录因子，植物基因遗传转化，受体系统，生殖细胞受体系统，植物基因工程，载体转化法，基因直接转移法，整体植株接种共感染法，叶盘转化法。

### 二、回答题

1. 简述传统育种和转基因育种的区别。
2. 简述植物基因工程的程序。
3. 简述转基因植物性状改良的主要方面。
4. 简述植物基因转化的方法。
5. 简述农杆菌转化系统的原理。
6. 简述以原生质体为受体的基因转移系统的特点。
7. 试述农杆菌介导的植物基因转化的特点及局限性。
8. 试述一个优良的植物转基因受体系统应具备的条件。
9. 简述植物基因转化受体系统的类型及特点。
10. 简述高频再生系统必须具备的条件。
11. 试述外植体选择中应该遵循的原则。
12. 简述胚状体和愈伤组织的区别。
13. 试述在植物基因转化操作之前，对受体材料进行抗生素敏感性测定的必要性。
14. 简述在植物基因转化过程中，进行农杆菌的敏感性试验及菌种选择的必要性。

## 推荐阅读书目

1. 植物基因工程原理与技术．王关林，方宏筠．科学出版社，1998.
2. 基因工程原理(上、下)．吴乃虎．科学出版社，2002.
3. 植物组织培养原理与技术．李胜，李唯．化学工业出版社，2007.

# 参考文献

窦茜，余桂容，徐利远，2010. 玉米幼胚转基因受体系统的建立[J]. 西南农业学报，23(2)：326-330.

胡凤荣，张睿婧，施季森，等，2010. 东方百合转基因受体系统的建立[J]. 分子植物育种，8(5)：991-996.

金万梅，潘青华，尹淑萍，2005. 外源基因在转基因植物中的遗传稳定性及其转育研究进展[J]. 分子植物育种(3)：864-868.

李胜，李唯，2007. 植物组织培养原理与技术[M]. 北京：化学工业出版社.

刘香玲，王玉珍，罗景兰，2005. 水稻成熟胚愈伤组织的诱导和分化因素的研究[J]. 山东农业科学(5)：7-9.

史庆玲，2011. 玉米转基因方法研究进展[J]. 生物技术进展，1(3)：178-183.

王关林，方宏筠，1998. 植物基因工程原理与技术[M]. 北京：科学出版社.

吴乃虎，2002. 基因工程原理(上、下)[M]. 北京：科学出版社.

ANATH DAS，YONG-HONG XIE，2000. The agrobacterium T-DNA transport pore proteins VirB8，VirB9，and VirB10 interact with one another [J]. Journal of bacteriology，182：758-763.

BRUNAUD V，BALZERGUE S，DUBREUCQ B，et al.，2002. T-DNA integration into the arabidopsis genome depends on sequences of preinsertion sites [J]. EMBO reports，3(12)：1152-1157.

CHRISTIAN BARON，NATALIE DOMKE，MICHAEL BEINHLFER，et al.，2001. Elevated temperature differentially affects virulence，VirB protein accumulation and T-Pilus formation in different agrobacterium tumefaciens and agrobacterium vitis strains[J]. Journal of bacteriology，183(23)：6852-6861.

DUMAS F，DUCKELY M，PELCZAR P，et al.，2001. An agrobacterium VirE2 channel for transferred-DNA transport into plant cells [C]. Proc-Natl-A-cad-Sci-U-S-A. Washington，D. C.：National Academyof Sciences，98(2)：485-490.

LAI EM，EISENBRANDT，KALKUM M，et al.，2002. Biogenesis of T Pili in agrobacterium tumefaciens requires precise VirB2 propilin cleavage and cyclization [J]. Journal of bacteriology，184：327-330.

LAI EM，CHESNOKOVA O，BANTA LM，et al.，2000. Genetic and environmental factors affecting T-pilin export and T-pilus biogenesis in relation toflagellation of *Agrobacterium tumefaciens*[J]. Journal of bacteriology，182：3705-3716.

MARTIN ROMANTSCHUK，ELINA ROINE，SUVI TAIRA，2001. Hrp pilus-reaching through the plant cell wall [J]. European journal of plant pathology，107：153-160.

MYSORE K S，NAM J，GELVIN S B，2000. An arabidopsis histone H2A mutant is deficient in agrobacterium T-DNA integration[C]. Proc-Natl-A-cad-Sci-U-S-A，97 (2)：948-953.

RENU B KUMAR，ANATH DAS，2001. Functional analysis of the agrobacterium tumefaciens T-DNA transport pore protein VirB8 [J]. Journal of bacteriology，183：3636-3641.

TZVI TZFIRA，YOON RHEE，MIN-HUEI CHEN，et al.，2000. Nucleic acid transport in plant-microbe interactions：the molecules that walk through the walls [J]. Annual review of microbiology，54：187-219.

VITALIYA SAGULENKO，EVGENIY SAGULENKO，SIMON JAKUBOWSKI，et al.，2001. VirB7 lipoprotein is exocellular and associates with the *Agrobacterium tumefaciens* T-pilus[J]. Journal of bacteriology，183：3642-3651.

YIN Z, WANG G L, 2000. Evidence of multiple complex patterns of T-DNA integration into the rice genome[J]. Theoretical and applied genetics, 100(3-4): 461-470.

ZHENMING ZHAO, EVGENIY SAGULENKO, ZHIYONG DING, et al., 2001. Activities of VirE1 and the VirE1 secretion chaperone in export of the multifunctional VirE2 effector via an agrobacterium type IV secretion pathway[J]. Journal of bacteriology, 183: 3855-3865.

ZIEMIENOWICZ A, MERKLE T, SCHOUMACHER F, et al., 2001. Import of agrobacterium T-DNA into plant nuclei: two distinct functions of VirD2 and VirE2 proteins[J]. Plant cell, 13(2): 369-384.

# 第 9 章 植物离体资源的种质保存

种质(germplasm)是亲代通过性细胞或体细胞传递给子代的遗传物质，它在生物进化过程中得到发展，同时又是控制生物本身遗传和变异的内在因素。在遗传育种领域内，把一切具有种质或基因的生物类型统称为种质资源(germplasm resources)，又称遗传资源（genetic resources)、基因资源（gene resources)和基因库(gene pool or gene bank)，其包括品种、类型、近缘种和野生种的植株、种子、无性繁殖器官、花粉，甚至单个细胞。在种质资源保存中，离体种质保存因其较种植和贮藏室保存具有占用空间小、保存成本低、操作简单、种质杂合化概率低等优点，已越来越受到科研工作者的重视。

## 9.1 种质保存体系与材料类型

根据植物自身特性与环境条件，植物种质资源保存的主要途径分原生境保存(又称为原地保存，*in situ* conservation)和非原生境保存(又称为异地保存，*ex situ* conservation)两种。原生境保存是在植物原来所处的自然生态系统中不断繁衍保存种质；非原生境保存是把整个植株迁出其自然生长地，保存在生态环境相同或相近的种植园中，对无性繁殖物种，也可采用试管苗进行离体保存或超低温保存，从而使物种能够繁衍生存。

### 9.1.1 种质保存体系

(1)原生境保存

原生境保存适宜范围广阔，基本上所有的物种都可以采用原生境保存的方式进行种质资源的保存，是保存森林物种、作物近缘野生种的最有效方式。其优点主要体现在两个方面：一是保证了物种的正常发育、生存能力和种内遗传变异度，保护了物种个体、种群和群落；二是减少物种传播带来的自然性环境破坏与检疫性疾病的传播。但是原生境保存也有一定的局限性，比如，物种资源丰富的地区一般都是原生态保存较好的地区，人力和财力投入过少会影响种质资源保存的数量；而投入过多会破坏生态系统自身的调节能力。另外，原生境保存条件下种质资源自身会发生遗传变异。

原生境保存的方式主要有两种：一是建立植物群落的自然保护区，这种保存方式也是目前最常用的。到目前为止，我国共有各类自然保护区 2500 多处，包括国家级自然保护区 300 多处，其中长白山、武夷山、神农架、西双版纳、九寨沟等多个自然保护区已被联合国教科文组织列入“国际人与生物圈保护区网”；鄂阳湖、东洞庭湖、青海湖等自然保护区被列入“国际重要湿地名录”；九寨沟、武夷山、张家界、庐山等自然保护区被联合国教科文组织列为“世界自然遗产或自然与文化遗产”。原生境保存的另一方式是农田种植保存，即将原生境保存的植株种质资源种植在农田中进行保护与利用，如水稻、玉米、小麦、马铃薯、苹果和香蕉等。

(2)非原生境保存

非原生境保存的目的在于保持植物种质资源不发生遗传结构的变化，采用的方法要最大限度地减少突变、选择、随机遗传漂变或遗传混杂的可能性。若植物种质资源的生存环境受到威胁，或对其进行研究、开发与利用，非生境保存就格外重要。很多稀有的或濒危的植物种质资源都采用这种方式保存。这种保存方式的主要特点为：①保存材料不受限制，只要生态环境适宜都可进行非原生境保存；②保存的数量庞大，不仅仅局限于濒危植物，具有广泛的选择性。

非原生境保存的方式有迁地保存、常温离体保存、低温保存和超低温保存等。迁地保存方式主要是建立植物园。尽管普遍认为最有效的保护方式是原位保护，但迁地保护更有助于对保护物种实施资源恢复、复壮和引种。目前，世界各国都建立了相应的植物园来进行植物种质资源的保存，如英国皇家植物园邱园保存的植物种质资源逾5万种，莫斯科总植物园逾2万种。我国已建立了逾120个植物园，据不完全统计，目前已收集、保存逾2万种植物种质资源，其中包括重要的农作物、特色经济作物、观赏植物、药用植物等。对于非原生境保存方式中的常温离体保存、低温保存和超低温保存等的特点和方法，将在下文中进行详细介绍。

### 9.1.2 种质资源保存的材料类型

(1)繁殖器官

正常种子因为在种子发育后期存在成熟脱水过程，种子脱落后还可以进一步脱水，不含或只含有很少的可冻结水，是最早也是最易成功实现超低温保存的生物材料。对于正常性种子的超低温保存，很多植物已取得成功，如农作物、蔬菜、观赏植物和林木种子的超低温保存研究。

(2)营养器官

植物的一些幼嫩组织，如分生组织、茎尖、根尖、节间等，主要由分化程度低、分裂能力强的分生细胞组成，这些细胞具有体积小、形状规则、细胞质浓、液泡少等特点，因而具有比较高的超低温耐性，常用作超低温保存的材料，解冻后可以作为外植体，通过组织培养恢复成植株。生产上，有性繁殖常常导致果树的品质退化，因此，优良的果树品种都需要以营养体进行无性繁殖以保持果树的品质，超低温保存就可以用来保存这些植株的营养繁殖体，如甘蔗的茎尖、苹果体茎尖、柿休眠芽茎尖、柑橘茎尖、猕猴桃的茎段等。

(3)组织培养物

植物外植体，无论来自营养器官还是生殖器官，经过一定的组织培养后，脱分化为各种超低温耐性较高的组织，再用于超低温保存，将有更高的成功概率，解冻后可以继续进行组织培养恢复成完整的植株。可用于组织培养的外植体是具有较高脱分化能力的植物组织和器官，如分生组织、茎尖、根尖、节间、子房、胚珠、花药等。用于超低温保存的组织培养物有悬浮培养细胞、原生质体、胚性愈伤组织、体细胞胚、小孢子胚等。如毛地黄悬浮细胞系、新疆紫草愈伤组织、玉米愈伤组织、柑橘原生质体、油菜小孢子胚、油棕体细胞胚、咖啡体细胞胚等。

(4)顽拗性、中间型种子

顽拗性种子对低温和脱水都敏感，而且在种子的发育和萌发之间没有明显的静止期，认为是萌发中的"正常性种子"。部分吸胀的正常性种子被用来模拟顽拗性种子对超低温处理的反应，如土豆、莴苣、玉米。顽拗性种子的超低温保存一般都是以离体胚或胚轴为材料，成功保存完整的顽拗性种子的报道很少见到。中间型种子既有保存完整种子的，也有保存离体胚或胚轴的，如番木瓜、柑橘类的种子可以完整保存，咖啡和油棕既可以保存离体胚也可以保存完整的种子，但离体胚超低温处理后的存活率远高于整粒种子。

## 9.2 常温保存技术

常温保存是指在室温条件下对组织培养物通过不断继代培养的方法来保存种质资源的方式，适合于短期保存。组织培养技术保存种质有许多优点：①增殖率很高；②环境无菌、无病虫，不受自然灾害的影响；③材料体积小，占用空间不大；④人力花费较少；⑤不存在田间活体保存存在的诸如异花授粉、嫁接繁殖而导致的遗传侵蚀现象；⑥有利于国际间的种质交流及濒危物种抢救和快繁。运用组织培养技术保存种质已在1000多种植物种和品种上得到了应用，并取得了很好的效果，但是也产生了新的问题。比如，频繁继代容易导致体细胞无性系变异，从而使保存的原始种质丢失。常温离体保存的方法主要有：降低培养基中的营养水平、培养基中添加植物生长调节物质、提高渗透压、降低培养环境中氧气浓度或培养基中氧分压、胶囊化或脱水处理等。

### 9.2.1 降低培养基中的营养水平

植物细胞的生长发育依赖于外界养分的供给，养分供应不足，则细胞生长缓慢。如果在培养过程中调整培养基的养分、水分，可有效限制细胞的生长，使细胞处于最小生长阶段，该方法通常称为饥饿法。比如，将菠萝试管苗置于MS、1/4MS和无菌水培养基中分别进行离体保存，结果发现在无菌水中保存1年后81%的试管苗仍具有活力，比保存在MS培养基中的试管苗活力强，在1/4MS培养基中试管苗保存效果最好，存活率及再生率都达到100%。铁皮石斛试管苗在MS、1/2MS和1/4MS培养基上保存1年后，MS培养基保存效果最差，存活率仅有41.67%，1/4MS和1/2MS培养基上的存活率分别为91.67%和100%。可见，适度降低培养基中的营养水平可有效延长种质离体保存时间，提高存活率。

## 9.2.2 培养基中添加植物生长调节物质

常规组织培养是在培养基中添加生长素或细胞分裂素以促进外植体的生长和发育。在试管苗的种质保存中添加的则是生长延缓剂或生长抑制剂，目的就是抑制保存材料的生长，延缓其继代周期。离体保存常用的生长调节物质有脱落酸、矮壮素、多效唑、丁酰肼、马来酰肼和三碘苯甲酸。

(1)脱落酸(ABA)

ABA 是一种良好的植物生长抑制剂，具有抗赤霉素的作用，抑制 RNA 聚合酶的活性，阻碍 DNA 的合成，从而抑制细胞的生长活动。植物离体保存过程中，在培养基中添加适宜浓度的 ABA 可减缓细胞的生长速度，从而延长种质在离体状态下的保存时间。比如，在中草药红根草离体保存过程中，培养基内添加 0.5～4.0mg/L 的 ABA，可减缓试管苗的生长速度，保存 2 年后，存活率仍达 90%，有效延长了保存时间。猕猴桃试管苗在室温(10～30℃)条件下，在 MS 培养基中添加 0.1mg/L 的 ABA，可以有效地减少试管苗继代培养的次数，延长保存时间。

(2)矮壮素(CCC)

CCC 也是一种赤霉素合成的抑制剂，在一定浓度范围内起矮化植株的作用，被广泛用作生长延缓剂，能显著地抑制试管苗的生长。比如，几种葡萄试管苗常温离体保存过程中，在改良的 $B_5$ 培养基内添加 0.01～0.02mg/L 的 CCC，常温保存 1 年后，未加 CCC 处理的存活率均在 40% 以下，而经 CCC 处理的存活率多在 60% 以上，说明 CCC 可用于葡萄试管苗的常温保存，并能有效地降低生长速度，延长转接时间。

(3)多效唑($PP_{333}$)

$PP_{333}$ 为三唑类植物生长调节剂，又名氯丁唑，它能破坏微粒体中细胞色素 P450 的催化作用，抑制赤霉素的生成，对植物的营养生长有较强的抑制作用，是植物常温保存较常用的一种生长延缓剂。比如，在常温下，中草药野葛试管苗在添加 5mg/L $PP_{333}$ 的培养基中，保存 180d 后，成活率仍可达 80% 以上，并且离体保存后的试管苗转入继代培养基中进行恢复培养，其生长情况与正常继代试管苗无显著差异。对 36 个品种葡萄种质进行常温长期保存，发现在培养基中添加 2.0mg/L 的 $PP_{333}$ 可使多数基因型的葡萄试管苗保存时间达到 2 年。

(4)烯效唑(S3307)

S3307 也为三唑类植物生长延缓剂，又名高效唑，对植物生长发育具有显著影响。其能抑制植物体内贝三烯氧化成贝三烯酸，阻抑内源赤雷素的生物合成与水平，同时也影响吲哚乙酸氧化酶的活性，降低内源 IAA 水平，从而减弱植株顶端优势，降低生长速度，使茎秆增粗，并促进根系发育，提高叶绿素含量。比如，在改良的 $B_5$ 培养基中添加 0.5～2.5mg/L 的 S3307，可使试管中扦插的葡萄茎段产生茎叶极度缩小的微型枝条，有益于试管苗在试管中长期保存。在罗汉果离体培养过程中，添加适宜浓度(0.01～0.1mg/L)的 S3307 能有效延缓试管苗的伸长，使苗矮化增粗，同时促进不定根发生与生长，有益于延长试管苗的离体保存。与 CCC、$PP_{333}$和丁酰肼($B_9$)等其他生长抑制剂相比，S3307 具有所需浓度低、效果显著等特点。

(5)丁酰肼($B_9$)

$B_9$也是一种植物生长延缓剂，处理植物后，通常由植物叶和茎吸收进体内，然后运输与分配到植物各个部位，抑制生长素的合成与运输及赤霉素的生物合成，从而抑制植物新梢生长，缩短节间长度等。例如，进行猕猴桃离体保存时，在 MS 培养基中加入 50mg/L $B_9$能够有效地抑制试管苗的生长，在室温(8~34℃)下能保存 9 个月后，存活率达 85%。

当然，不同的植物生长调节物质对不同的植物材料在离体保存过程中产生的效果不尽相同。表 9-1 为不同生长调节物质对甜菜三倍体和二倍体离体保存的效果，将两种不同倍性的甜菜试管苗，分别转接在含有 4.0mg/L 和 6.0mg/L $PP_{333}$、2.0mg/L TIBA、100mg/L CCC 和$B_9$的培养基上进行常温保存，5 个月后，不加任何生长调节物质的培养基(对照)试管苗全部死亡，而含有 4.0mg/L $PP_{333}$的培养基上的试管苗却保持平均 70.0%的存活率，说明 TIBA、CCC 和$B_9$的保存效果不及$PP_{333}$，其保存成活率平均分别为 45.0%、50.0%和 43.4%；同时，高浓度$PP_{333}$由于抑制作用强，试管苗生长过弱，不利于长期保存，平均成活率仅为 24.5%。因此，在利用生长调节物质离体保存种质资源时，要全面考虑生长调节物质的种类、浓度以及植物材料的种类等多方面因素。

**表 9-1　不同生长调节物质对不同材料甜菜离体保存 5 个月后试管苗的存活率**

| 生长调节物质 | 浓度(mg/L) | 存活率 | | | | | | 平均存活率(%) |
|---|---|---|---|---|---|---|---|---|
| | | 三倍体 | | | 二倍体 | | | |
| | | 保存瓶数 | 存活数 | 存活率(%) | 保存瓶数 | 存活数 | 存活率(%) | |
| 对照 | 0 | 20 | 0 | 0 | 14 | 0 | 0 | 0 |
| $PP_{333}$ | 4.0 | 20 | 12 | 60.0 | 10 | 8 | 80.0 | 70.0 |
| | 6.0 | 11 | 4 | 36.4 | 8 | 1 | 12.5 | 24.5 |
| TIBA | 2.0 | 8 | 4 | 50.0 | 10 | 4 | 40.0 | 45.0 |
| CCC | 100.0 | 10 | 6 | 60.0 | 10 | 4 | 40.0 | 50.0 |
| $B_9$ | 100.0 | 6 | 4 | 66.7 | 10 | 2 | 20.0 | 43.4 |

### 9.2.3　提高渗透压

甘露醇、蔗糖等渗透物质能增加培养基的渗透强度，通过抑制外植体的生长而达到保存种质的目的。如在生姜试管苗离体保存过程中，培养基中加入蔗糖和甘露醇，均可有效抑制试管苗生长，在一定范围内，蔗糖浓度越高，保存效果越好；甘露醇对试管苗生长的抑制效果更明显；当蔗糖浓度为 3%、甘露醇浓度为 2%时保存效果最好。蒙自凤仙花茎尖的离体保存过程中，在 MS 培养基内添加 3%的甘露醇，对茎尖的生长具有显著的抑制作用，保存1年后存活率可达100%。在MS培养基中添加2%甘露醇，可使百合离体种质存活率在1年后仍达到92.9%。

### 9.2.4 降低培养环境中氧气浓度或培养基中氧分压

该方法可抑制外植体的细胞生理活动，减慢培养材料的生长速度，从而达到种质保存的目的。最简单的方法是在保存材料上覆盖一层矿物油，如液态石油、石蜡、硅酮油等，使供给培养材料的氧气量降低。例如，烟草和菊花植株培养的氧分压降低，当氧的分压低于6666Pa时(正常大气中氧分压为20 265Pa)，随着氧分压的降低，植株生长量降低，而且对植株的进一步生长没有影响。

### 9.2.5 胶囊化或脱水

胶囊化就是在种质保存中将保存材料用海藻酸胶包埋形成胶囊。例如，将巨尾桉组培苗的节段用海藻酸钠包成胶丸，在无营养的琼脂培养基内培养室条件下保存10个月，再生率可达52%。脱水则是将种质保存于高浓度蔗糖培养基中，或者利用硅胶或空气流进行干燥。该方法可使紫苜蓿体细胞胚含水量脱水至15%左右，使之在室温下保存8个月后仍具有较高的存活率。

## 9.3 低温保存技术

### 9.3.1 低温保存的基本原理

低温保存(low temperature conservation)是植物种质资源保存中较为常用的一种缓慢生长保存方法。由于在适度的低温环境中，植物细胞吸收水分、矿质等营养元素，光合与呼吸等代谢作用相对减弱，从而限制了快速的生长和发育，进而达到较长时间保存的目的。植物离体保存的温度范围一般为0~20℃，根据植物材料的不同而异。植物对低温的耐受力与它们的起源和最适生长的生态条件有关，热带生长的植物对低温的耐受力较温带植物差。温带植物一般采用4℃左右的温度进行保存，如马铃薯、苹果、草莓等；热带植物采用15~20℃温度保存，如菠萝、香蕉、火龙果等。

### 9.3.2 低温保存的基本程序

通常情况下，植物低温离体保存的基本程序包括以下6个方面：

(1)材料的选取

选取生长势一致、健壮的试管苗或组织器官(花粉、愈伤组织、茎尖等)作为保存材料。

(2)接种

将材料接种于适宜的培养基中，该培养基需要根据前期试验进行筛选。

(3)室温培养

将接种好的材料置于适度的室温下进行预培养，以利于材料对营养物质的吸收和细胞的生长。

(4) 相对低温预培养

待材料在室温条件下适应一定时期后，开始表现出一定生长势时(如生根、发芽、细胞变大等)，将材料置于相对低的温度下再进行预培养，即低温驯化。

(5) 低温保存

将低温驯化一定时期的材料置于适度的低温下进行长期保存。

(6) 恢复增殖与植株再生

材料保存数月后，于常规条件下培养一定时期，然后转接到恢复增殖培养基中培养，以利于植株再生。

冬凤兰低温离体保存的基本步骤和过程中的植株形态如图 9-1、图 9-2 所示。

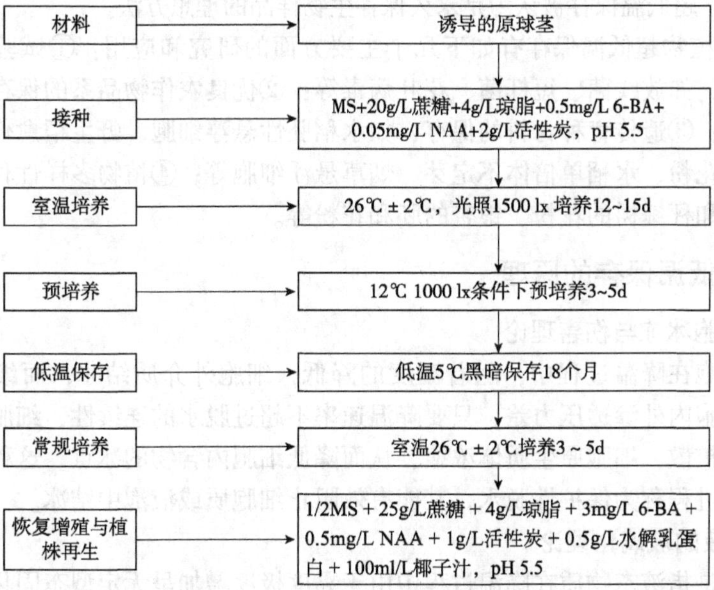


**图 9-1　兰科兰属植物冬凤兰低温离体保存的基本步骤**(Luo Yuanhua 等，2008)

**图 9-2　冬凤兰低温离体保存过程中的植株形态**(Luo Yuanhua 等，2008)

注：图中 A、B 和 C 分别表示 5℃黑暗保存后的原球茎，恢复增殖的原球茎和生根苗

## 9.4　超低温保存技术

超低温保存(cryopreservation)是指将生物材料活体，采取一定技术，存入-80℃以下低温保存(通常为液氮-196℃)，需要时采取一定的方法使之回到常温并正常生

长的一整套生物技术。由于其在医学、农业、畜牧业及食品等相关领域有着广泛应用前景，成为近 30 年来低温生物学的研究热点之一。虽然-80℃保存能够保持材料的冻结状态，短期内对细胞的活力没有太大影响，但细胞内会发生水分转移和重结晶现象，最终导致细胞结构的破坏和死亡。超低温冷源有干冰(-79℃)、超低温冰箱(-150~-80℃)、液氮蒸汽相(-130℃)和液氮(-196℃)等。液态氮化学性质稳定而价格又比较便宜，使得液态氮成为超低温保存中最常用的冷冻介质。通常情况下，当材料悬挂在液氮上方气相介质中时温度约为-130℃，而当材料浸没在液氮中时温度为-196℃。因为在超低温下，活细胞内的物质代谢和生命活动几乎完全停止，生命物质处于非常稳定的生物学状态，贮藏期间不可能发生遗传状态的改变或形态潜能的丧失，因此，超低温保存被认为是永久保存生物样品的理想方法。

目前，植物超低温保存有如下几个主要方面的研究和应用：①试验中重要细胞株系的保存，如放线菌、短杆菌、花叶病毒等；②优良农作物品系的保存，如柿、葡萄、樱桃等；③遗传育种材料的保存，如水稻胚性悬浮细胞、野生稻愈伤组织、杂交水稻恢复系花粉、水稻单倍体不定芽、烟草悬浮细胞等；④植物多样性种质资源的保存，如杜仲和秤锤树的花粉、银杏的胚和花粉等。

### 9.4.1　超低温保存的原理

(1) 细胞冰冻与伤害理论

生物细胞在降温过程中，随着温度的降低，细胞外介质结冰，而细胞内尚未结冰，造成细胞内外渗透压力差，只要降温速率不超过脱水的连续性，细胞内的水分不断向细胞外扩散，细胞原生质体浓缩，从而降低细胞内含物的冰点。这种逐渐除去细胞内水分的过程称为保护性脱水，其能有效阻止细胞质或液泡中结冰。

(2) 溶液的玻璃化理论

玻璃化是指液态物质在降温过程中由于黏度极度增加呈无定型态固化，而非结晶态固化。溶液经晶核形成和晶核生长过程而固化。溶液在降温时，如果没有均一晶核或晶核生长缺乏足够的时间，就首先形成过冷的溶液，它是低于冰点而不结冰的液态。继续降温，均一晶核开始形成，这时候的温度称为均一晶核形成温度，也称为过冷点。如果降温速度不够快，就形成尖锐的冰晶；若降温速度足够快，均一晶核很少或几乎没有形成，或均一晶核生长缺乏足够的时间，溶液就进入无定形的玻璃化状，称为玻璃态，此时的温度叫作玻璃化形成温度。在玻璃化形成过程中，既没有溶液效应对细胞的损伤，也没有因冰晶的形成对细胞造成的机械伤害。

基于以上两种理论，目前常用的超低温保存法可以分为两类：基于保护性脱水结合慢速降温或逐级降温的经典的超低温保存法和基于玻璃化处理结合快速降温的玻璃化超低温保存法。

### 9.4.2　植物适应低温与低温伤害

(1) 植物对低温的耐性

在长期进化过程中，植物形成了许多适应低温环境的习性，如冬季落叶、休眠、含水量降低、糖分积累以及相关抗冻基因和蛋白质的超表达。研究发现，植物组织内水分含量和水的状态变化直接关系到植物能否经得起低温的考验。

自然界的水因为含有丰富的结晶核，因此在降温过程中水分子首先在结晶核周围结成冰晶，然后逐渐向外围扩展，最后整个水体结冰，此过程称为异核结冰。因为植物细胞内缺少结晶核，胞内水分不会在0℃附近结冰，但当温度降低至-30℃附近时，水分子可以以自身为结晶核结成冰晶，这一过程称为同核结冰。植物细胞同核结冰的温度因细胞胞质的浓度而异，胞质浓度越大，过冷却温度就越低，当添加低温保护剂时会发生过冷却，温度更低。

严冬季节活植物体内会发生结冰现象，但冰晶只出现在细胞间质，细胞质内并没有冰晶。这是因为细胞质内溶解了许多可溶性物质，导致细胞质的结冰温度远低于细胞间质的结冰温度，因此在降温过程中，细胞间质先结冰，胞间质结冰后细胞间的水汽压降低，于是细胞内的水分向细胞间质移动，细胞质的可溶性物质浓度逐渐增高，进一步降低细胞质的过冷却点，细胞质继续保持过冷却状态，这一过程称为冷冻脱水。细胞外结冰虽然可能通过冰压、冰冻窒息和冰冻脱水等胁迫对植物产生间接伤害，但常常是非致命的，其伤害程度远不及因细胞内结冰造成的伤害严重。

(2)冷冻伤害的二因素假说

Mazur等根据中国仓鼠组织培养细胞的超低温保存研究首次提出了冷冻伤害的二因素假说。该学说认为，冷冻伤害来自两个独立的因素：一是胞内冰伤害，即降温速度过快导致细胞内冰晶生成，破坏了细胞的膜系统。因此，冷冻速度越快，此种伤害越大。二是溶质伤害(或称溶液伤害)，是由于降温速度太慢造成的。降温会引起细胞冷冻脱水和过冷却，细胞质内的水分向细胞间质移动，细胞质的可溶性物质浓度逐渐增高。但细胞质浓度过高对细胞有是害的，特别是盐浓度过高会导致蛋白凝聚、变性。降温速度越慢，细胞在高浓度盐溶液中暴露的时间就越长，这种伤害也就越大。受这两种因素的共同作用，必然存在一个最佳冷冻速度，降温速度与超低温保存细胞的存活率之间是一种曲线形关系。

(3)可溶性糖和蛋白质对抵抗低温的作用

植物为了适应低温还普遍表现出细胞内可溶性糖浓度上升的现象，而且可溶性糖浓度的变化与植物的低温耐性呈显著的正相关，这说明可溶性糖是植物体内的保护性物质。海藻糖被认为是可溶性糖中保护效果最好的植物体内保护性物质，对植物抗御低温和脱水胁迫都有益处，在低等植物中广泛存在，但在高等植物体内通常缺少海藻糖。而具有类似功能的、在高等植物体内广泛存在的可溶性糖类是蔗糖。在超低温保存过程中使用蔗糖预培养也可以提高材料的超低温耐性。关于可溶性糖保护作用的机理，存在水分替代假说和玻璃化假说两种解释。糖替代假说认为，糖类可以替代膜磷脂和蛋白极性基团周围的水分，通过与这些极性基团发生氢键键合保持这些大分子在无水状态下结构完整，保持膜和蛋白具有类似水合状态下的物理结构。而玻璃化假说认为，糖类能够提高溶液的黏滞度，促进玻璃态的形成，并由此保持膜和蛋白的结构稳定。实际上，这两方面的作用并不是互相排斥的，在冷冻和脱水的材料中这两方面的作用都可能存在。

耐寒植物的抗冻行为研究给了低温生物学灵感。受此启发在超低温保存过程中通过添加高浓度的低温保护物质，提高细胞质的溶液浓度，可以改变水分的结合状态，防止其在低温条件下形成冰晶。玻璃化法正是基于这个原理。

(4)超低温对植物的伤害

Mazur 等的二因素假说很好地解释了冷冻过程中超低温伤害的发生。然而，一个完整的超低温保存方案通常包括植株的调理、材料的预处理、降温、贮藏、解冻、融后处理和恢复生长等几个阶段，在任何一个阶段由于选用的方法不适或操作不当都可能伤害试验样品并导致死亡。在超低温保存过程中，植物材料经常遭受的胁迫和伤害主要有如下几种类型：

①代谢胁迫　冷冻前的脱水处理和玻璃化溶液处理，都需要把待保存材料置于亚适宜生长条件下，这可能会导致对低温和/或脱水敏感的材料代谢不平衡，积累有害的代谢产物，造成代谢胁迫。

②脱水胁迫　冷冻前的脱水处理、玻璃化处理和慢速冷冻过程中的冷冻脱水，都有可能会造成材料过度脱水，从而引起细胞收缩、变形，细胞内外液溶质浓度升高，pH 值发生变化，胞内生化环境恶化。

③结冰伤害　在冷冻过程中因为降温速度太快，或者解冻过程中因为升温太慢而出现脱玻璃化，会导致细胞内冰晶形成，原生质各组分之间发生分割，并伤害质膜和细胞器。

④化学毒害　长时间高浓度玻璃化溶液处理和因失水导致的细胞内盐浓度升高，可能会引起蛋白质凝聚、变性，对细胞产生化学毒害。

⑤机械损伤　冷冻前的材料脱水和解冻后的细胞吸水可能会导致细胞体积剧烈变化和质壁分离，对细胞产生机械损害，胞外结冰产生的大块冰晶对细胞的挤压，还有大块材料在冻融过程中受热不均衡也可能产生机械伤害。

⑥油体损伤　油料植物的种子在超低温保存过程中容易因为油体破裂导致生命力丧失。

这些胁迫和伤害过程并不是相互割裂的，常常互为因果，伴随出现。

### 9.4.3　超低温保存植物种质的常用方法

#### 9.4.3.1　传统的二步冷冻法

超低温保存的传统方法(二步法)保存植物材料的基本步骤是添加低温保护物质，采用慢速降温，诱导细胞外结冰，通过冰冻脱水降低原生质的含水量，原生质经过冷却，然后迅速转入液氮中，为此，超低温保存过程中降温的速度是个关键。二步冷冻法是在 Polge 等成功保存动物精子的基础上发展起来的。先使用低温保护剂对保存材料进行预处理，再用程序降温仪以 0.1~1.0℃/min 的速度把待保存材料降温至-40~-30℃，有时需要人工诱导胞外结冰，并在此温度下保持一段时间，然后投入液氮。第一步降温是慢速降温，降温的速度很重要，各种植物材料的最佳降温速度很不相同，在细胞水平上，这主要是由细胞膜的透水性能所决定，而在器官水平上则取决于植物完成低温驯化的程度。该方法的主要原理是，通过第一步慢速降温促进细胞冷冻脱水和过冷却，脱除细胞内的可冻结水，以防止第二步快速降温时造成伤害。低温保护剂具有一定的渗透调节作用，可以引起细胞脱水，还可能具有保护细胞膜和酶结合位点免受冻害的作用。常用的低温保护剂有甘油、甘露醇、二甲亚砜等。

#### 9.4.3.2 简化的二步冷冻法

传统的二步冷冻法因为需要使用程序降温仪等昂贵设备，其广泛应用受到了严重的限制。实践中，有时可以使用家用冰箱的冷冻室(-20℃)，把添加了低温保护剂的待保存材料放入冷冻室降温到-20℃并保持一段时间，然后投入液氮中。有些材料可以通过这种方法降温，并取得了不错的保存效果。

#### 9.4.3.3 微滴法

该方法是在超低温保存木薯的分生组织过程中首先报道。其方法是先把低温保护剂滴到铝箔条上形成2~3μL的微滴，然后把待保存材料放置到微滴之中，把铝箔连同微滴一起送入程序降温仪的冷冻室，按一定的速度降温到-40~-20℃，然后投入液氮中。该方法的主要优点是使用极少量的低温保护剂，并利用铝箔良好的导热性能，以提高待保存材料降温、升温的均匀一致，减少因为材料降温速度不均匀而造成的伤害。

#### 9.4.3.4 脱水法

脱水法的原理是在冷冻前先用人工方法把待保存材料中自由水脱除，以防止冷冻过程中结冰对细胞造成伤害。耐脱水的种子对脱水速率没有要求，但顽拗性种子则需要快速脱水，而且常常是用胚或胚轴作超低温保存的目标材料。快速脱水可以通过活化硅胶吸除水分或通过无菌气流带走水分来实现。

#### 9.4.3.5 包埋法和包埋脱水法

包埋法是借用人工种子的技术发展起来的，其主要步骤是在冷冻前先把待保存材料悬浮在含有高浓度的甘油、蔗糖的海藻酸钠溶液中，然后用滴管把待保存材料滴到含有相同浓度的甘油、蔗糖的氯化钙溶液中，静置一段时间让海藻酸钙螯合和固化，在待保存材料表面形成一个包裹层，成为包埋珠。在包埋处理的过程中，因为渗透脱水等原因，待保存材料的低温耐性有一定的提高，同时材料外的包裹层又具有一定的保护作用，可以减轻接下来的脱水、玻璃化及冷冻处理对材料的伤害。包埋珠经吸干表面水分后，可以直接用于冷冻保存。图9-3为用钙藻酸盐包埋的番石榴体细胞胚的形态特征。图9-4为利用包埋法进行番石榴体细胞胚的保存和再生过程。

**图9-3 用钙藻酸盐包埋的番石榴体细胞胚**(Rai 等, 2009)

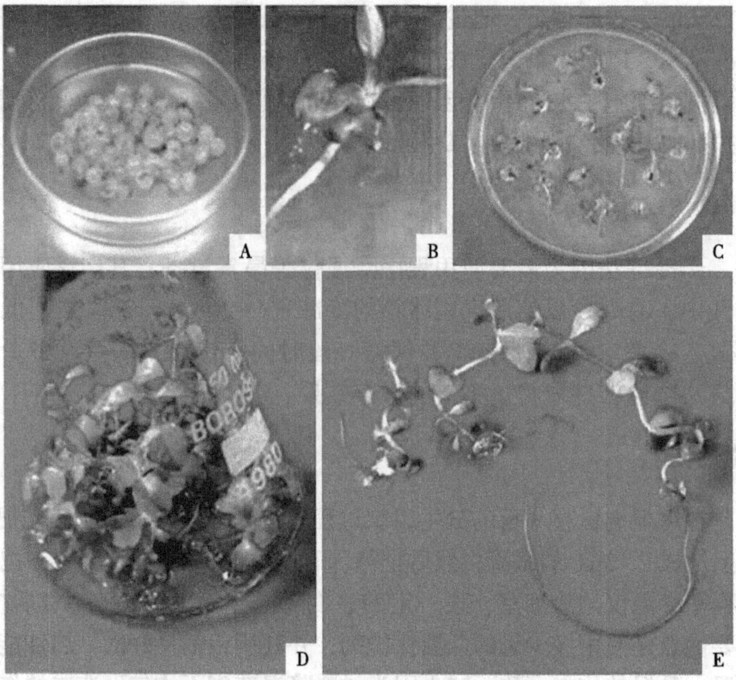


**图 9-4　利用包埋法进行番石榴体细胞胚的保存和再生**(Rai 等，2009)

A. 用钙藻酸盐包埋的茎尖包埋珠　B. 从钙藻酸盐包埋珠中萌发的根与茎尖

C. 在添加琼脂固体培养基上生长良好的再生植株　D. 在液体培养基上生长良好的再生植株

E. 从钙藻酸盐包埋珠中再生的生长健壮的番石榴植株

### 9.4.3.6　玻璃化法

玻璃化法的原理是利用高浓度的玻璃化溶液处理待保存材料，玻璃化溶液中有些成分可以引起细胞脱水，有些成分可以渗透进入原生质，从而极大地提高了原生质的黏滞程度，因此，在接下来的快速降温过程中细胞内的水分子来不及按冰晶方式排列而呈玻璃态，或只能形成极微小的冰晶，避免对细胞造成伤害。技术程序主要是在材料冻存前，通过高浓度保护性溶液或空气干燥法使保存材料脱水，然后连同保护剂一起快速转移到液氮中保存，在玻璃化法超低温保存中，保存成功的关键步骤仍然是脱水。

种质保存的关键之一是保证保存后植物材料不发生遗传变异。在传统超低温保存过程中，冻存后植物材料常常有一个去分化和再生过程或形成愈伤组织，这种再生模式增加了遗传变异的几率，对种质保存不利。而玻璃化法超低温保存成功的植物材料，其再生模式基本都是直接恢复生长，未发生脱分化，成苗正常。

玻璃化法超低温保存植物种质的程序包括：选择材料，预培养(preculture)或冷锻炼(cold acclimation)，装载(loading)，脱水(dehydration)或玻璃化(vitrification)，冷冻和化冻(freezing-thawing)，去装载(unloading)，活性检验和再培养(reculture)。

(1)选择材料

材料选择是超低温保存成功的第一步，它影响此后各程序适宜条件的选择。材料特性是决定细胞冷冻成活率的重要因素，主要包括植物的基因型、抗冻性及细胞、组织和器官的年龄、生理状态等。

不同基因型的植物材料对超低温冻存的反应不同，冻后存活率的显著差异不仅存在于种间，而且存在于同种的不同品系间。对5个怀山药品种以及37个灯心草品种进行玻璃化超低温保存时均发现，不同品种的保存效果存在显著差异。

植物组织、细胞培养物的生理状态和生长年龄也是影响冻后存活率的因素之一。在进行雀麦草悬浮细胞的玻璃化超低温保存时发现，指数生长末期或静止期前期的细胞进行超低温保存时效果最佳，而利用生长延滞后期或指数生长初期细胞进行保存的成活率则较低。在芋头的保存中发现，随着组培苗年龄的增长，茎尖经玻璃化法保存的成活率提高。而对离体培养不同天数(10~18d)木薯的茎尖进行玻璃化法保存时发现，12d苗龄的茎尖经保存再生率最高。

此外，材料的大小、取材部位等也对超低温保存效果存在一定影响。在对于柑橘茎尖保存时发现，柑橘茎尖长度在2~2.5mm范围内均得到较高的成活率，平均达96.25%；而茎尖长度在1~1.5mm时，成活率平均为41.89%，3~3.5mm时平均成活率为51.25%。在进行欧洲板栗茎尖的超低温保存时发现，顶芽茎尖的保存效果优于侧芽。图9-5为不同尺寸超低温保存后芍药不同组织诱导的体细胞胚的成活率，在子叶诱导的体细胞胚超低温保存后，1~2mm的成活率最高，显著高于2~3mm和大于3mm的成活率；而花粉诱导的体细胞胚超低温保存后，2~3mm的成活率最高。

(2)预培养或冷锻炼

该步骤是指将待冻存的样品在添加一定浓度糖、低温保护剂或激素的培养基上培

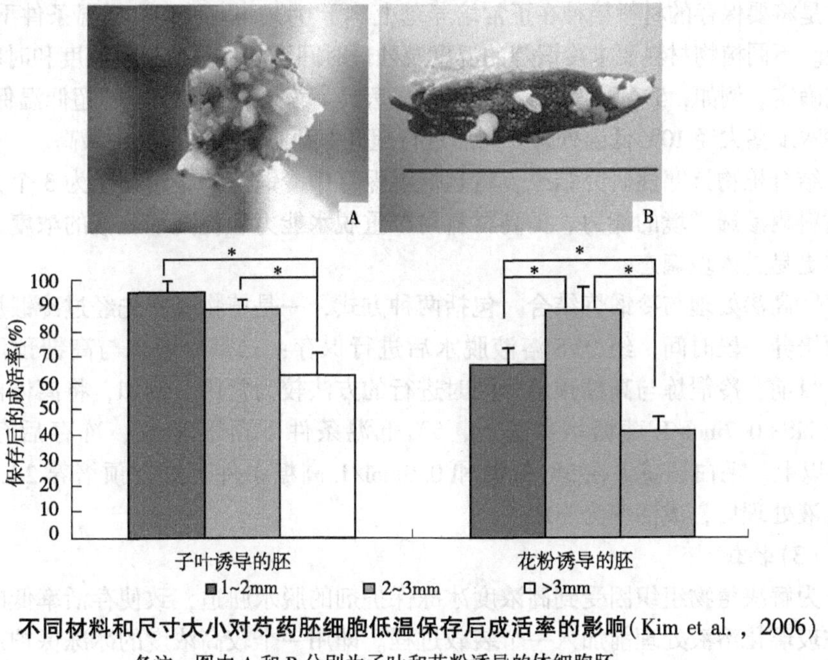


**图9-5 不同材料和尺寸大小对芍药胚细胞低温保存后成活率的影响**(Kim et al., 2006)

备注：图中A和B分别为子叶和花粉诱导的体细胞胚，

*表示$P \leq 0.05$水平下差异性显著

养一段时间，或将欲保存的植物材料进行冷锻炼后，从其上取外植体或细胞作为冻存材料，然后进行下一步操作。进行预培养或冷锻炼的目的是对细胞进行适当脱水或增强细胞的抗寒力，使材料在经受冷冻后保持较高的生活力。研究表明，预培养对一些植物材料成功实现超低温保存是必要的。在玻璃化法超低温保存研究中，常用的预培养方法有3种：高渗处理、冷锻炼以及高渗处理与冷锻炼结合。

①高渗处理　通常是在培养基中添加糖、甘露醇、DMSO等，提高培养基的渗透压，通过预培养减少细胞内自由水含量，从而提高细胞的耐冻力。其中以添加高浓度蔗糖(0.3~0.7mol/L)预培养对提高超低温保存成活率最有效。比如，山箭莱茎尖在含0.3 mol蔗糖的培养基上预培养16~24h可以显著提高超低温保存成活率。黄独茎尖则在含0.75mol/L蔗糖的培养基上预培养4d后进行超低温保存效果最佳。

经高糖预培养，细胞经历较温和的渗透胁迫，诱导ABA产生，甘露醇积累，脯氨酸、糖和可溶性蛋白质含量增加。其中蛋白质含量增加被认为是细胞受渗透压作用表现出的生理反应，可能与抗冻力的提高有关。而糖的积累不仅有利于玻璃化的形成，而且在极度脱水的情况下还可以保护膜和蛋白质结构和功能的完整性，从而提高超低温保存成活率。除在预培养基中添加糖外，也可以添加诱导抗寒力的物质或冰冻保护剂，如山梨醇、甘露醇、甘油、DMSO、脯氨酸、脱落酸(ABA)等。此外，还可以采用多种保护剂组合。已有研究表明，采用多种保护剂组合进行预培养比采用单一蔗糖预培养效果更佳。

②冷锻炼　可以使植物材料达到超低温保存所需的最佳生理状态，提高保存后的存活率并稳定保存效果，在植物茎尖和悬浮细胞的超低温保存中已得到广泛应用。冷锻炼通常是将要保存的材料接种在正常培养基上，于0℃、4℃、10℃低温条件下处理1d至数周。不同植物材料要求冷锻炼的温度及处理时间不同，最适处理温度和时间需要通过研究确定。例如，5℃低温锻炼3周可以显著提高苹果、梨及桑树的超低温保存成活率，而番木瓜茎尖经10℃低温处理3周后进行超低保存温，成活率达到最高。

结合植物抗寒性研究结果，将超低温保存中冷锻炼的作用归纳为3个方面，即提高材料耐渗透逆境的能力、提高材料耐严重脱水能力和提高细胞液的浓度，从而使细胞质更易进入玻璃态。

③高渗处理与冷锻炼结合　包括两种方式，一是植物材料先经过冷锻炼，再经高糖预培养一段时间，经PVS溶液脱水后进行保存；二是冷锻炼与高糖预培养同时进行。目前，冷锻炼与高糖预培养同时进行的方法较为常用。例如，将离体樱桃茎尖接种至MS+0.7mol/L蔗糖培养基上，5℃低温条件下预培养1d，冻存后存活率高达80%以上。毛白杨茎尖在5℃低温和0.9mol/L高糖条件下进行预培养2d，再经玻璃化溶液处理后，成活率为90%。

(3)装载

为解决植物组织因受到高浓度冰冻保护剂的脱水胁迫，致使存活率低的问题，人们在玻璃化溶液处理前加入一个装载过程。即用一个较高浓度的冰冻保护剂混合液于室温下处理一段时间，以降低组织含水量，避免由于渗透压变化剧烈对材料造成伤害，同时增加材料体内保护物质的含量。

目前，最常用的装载液由 2mol/L 甘油+0.4mol/L 蔗糖组成，对于提高多种植物组织和细胞的脱水、冰冻耐受力效果显著。也有的采用稀释不同浓度的玻璃化溶液或采用乙二醇等单一成分作装载液。处理时间，在室温较高时多以 20min 较为适宜，但在天仙子的保存中仅需要 10min，在大花蕙兰原球茎的保存中则需要 40min。因此，在进行玻璃化法保存时，应根据植物种类选择最适用的保存程序。

(4)脱水或玻璃化

玻璃化的目的是利用高浓度的玻璃化溶液使细胞质浓缩至可形成玻璃态的水平，是玻璃化超低温保存中获得高再生率的关键步骤。超低温保存中常用的植物玻璃化溶液(plant vitrification solution，PVS)包括 PVSI(MS 盐溶液中添加 0.5mol 山梨醇、22%甘油、15%聚乙二醇、15%乙二醇和 7%DMSO)、PVS2(MS 盐溶液中添加 30%甘油、15%DMSO、15%乙二醇和 0.4mol/L 蔗糖)、PVS3(MS 盐溶液中添加 50%甘油和 50%蔗糖)、PVS4(MS 盐溶液中添加 35%甘油、20%乙二醇和 0.6mol/L 蔗糖)和 PVS 改良配方(MS 盐溶液中添加 25%甘油、15%乙二醇、15%蔗糖、13%DMSO 和 2%聚乙二醇)。其中，PVS2 应用最为广泛，已在多种植物的茎尖、体细胞胚、合子胚、悬浮细胞等的玻璃化超低温保存中取得良好的效果。

玻璃化溶液的浓度一般高于 8mol/L，其主要作用就是使细胞脱水，同时加大细胞内渗透物质和细胞质的浓度。由于其中的一些成分如 DMSO 是有毒性的，其对材料的化学毒害及渗透损伤程度取决于玻璃化溶液的浓度、脱水时间、温度以及植物细胞膜特性、细胞大小、细胞的耐脱水性等。因此，要成功应用玻璃化法，首先必须严格控制玻璃化溶液脱水的时间，使植物组织在充分脱水的同时尽量避免冰冻保护剂的化学毒性或过分胁迫所造成的细胞伤害。

在一定温度下，植物组织在玻璃化溶液中的脱水时间与组织的大小和植物的种类有关。材料体积大，不易脱水，但容易再生；体积小，易脱水，但不易再生且冷冻保护剂对于材料的毒害也较大，从而会影响成活率。图 9-6 为脱水时间对芍药胚细胞低温保存后成活率的影响结果，当含水量约为 60%时，成活率最低；当含水量约为 26%时，脱水 1h 成活率达到最大，含水量约为 66%，随着脱水时间的增加，成活率又显著下降。

对于不同的植物材料，玻璃化溶液的最佳脱水时间从 10~60min 不等。玻璃化溶液脱水过程中，为降低玻璃化溶液化学毒性对细胞的伤害，通常在低温(0℃)下进行，由于低温条件下细胞的渗透性降低，因此处理时间要相应延长。采用在 0℃低温下进行玻璃化溶液处理使多种植物超低温保存获得较高的成活率，如柿、石楠、月季等。但是有些材料在 25℃下处理也能取得较好的效果。此外，不同的植物应选择不同渗透势的玻璃化液及处理时间。例如，土豆、香蕉的茎尖对 PVS2 非常敏感，即使处理 5 min 也会导致茎尖的死亡或成活率极低。对于这些植物材料，PVS3 是较好的替代保存溶液。在马哈利樱桃离体茎尖研究中，使用 PVS1、PVS2、PVS3、PVS4 这 4 种不同的玻璃化保护液处理效果差异显著，其中以 PVS3 效果最好，冻存后茎尖的存活率为 73.3%，而 PVS4、PVS2 和 PVS1 分别为 10%、6.7%和 0。

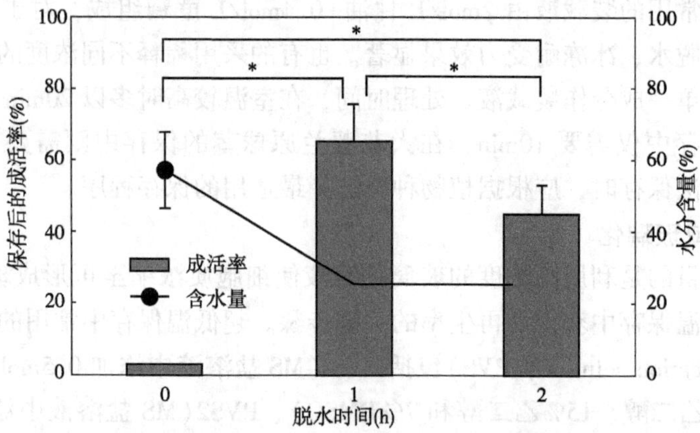


**图 9-6 脱水时间对芍药胚细胞低温保存后成活率的影响**(Kim et al., 2006)

(体细胞胚大小为 3~5mm; * 表示在 $P \leqslant 0.05$ 水平下差异显著)

(5)冷冻和化冻

冷冻指样品经浓度较高的玻璃化溶液处理后，与包装材料一起快速投入液氮的过程。较高的冷冻速度可以使细胞内的水还未来得及形成冰核就降到-1℃的安全温度，从而可以避免细胞内结冰的危险，使细胞进入玻璃化状态。该过程中，包装方法和包装材料对保存材料的降温速率影响较大，从而影响保存后的存活率。此外，细胞内物质玻璃化所需速率与玻璃化溶液装载的程度和细胞内溶液的浓度有关。同时，植物材料的大小也影响着热传导速率。

处于玻璃化状态的细胞质常有微小冰核存在，化冻时随着温度升高，可能因热容改变而发生去玻璃化。因此，成功的超低温保存除了在降温冷却过程中要避免结冰，还要在化冻过程中避免去玻璃化。由于冰晶形成受多个因素影响，特别是玻璃化溶液的浓度、成分和升温速度，因此，足够高的升温速率可使细胞内来不及形成冰晶即实现化冻，从而保证化冻后细胞存活。目前，常用的化冻方法是将包装的植物材料直接投入 25~40℃水浴或其他培养液中快速化冻，使细胞迅速通过冰晶生长区(-60~-40℃)，避免再次结冰造成伤害。

(6)去装载

超低温保存后残留于细胞内的冰冻保护剂会影响冻存后组织细胞的恢复和继续生长，因此，化冻后的材料要立即除去冰冻保护剂。目前，应用最广泛的方法是在含 1.2mol/L 蔗糖的 MS 培养基中，于 25~35℃条件下处理 10~30min。此外，也有使用含 1.2mol/L 山梨醇的培养液或 1.2mol 山梨醇+8%乙二醇、0.8mol/L 山梨醇、0.5mol/L 山梨醇的 MS 盐溶液逐步去除冰冻保护剂。

(7)活性检验和再培养

液氮冻融后植物材料生活力的测定方法主要有 FDA 法(二醋酸酯荧光染色法)、TTC 法(氯化三苯四氮唑还原法)、同工酶电泳法、花粉的离体萌发法、种子萌发率法、嫁接成活率法及再培养法等。

TTC 法和 FDA 法适用于各种材料活力的检测，但由于其检测的只是细胞内某种酶的活性，而真正的细胞活性，除了各种酶的综合作用外，还需要保持细胞结构的完整性，因而这两种方法检测出的成活率偏高。如大花蕙兰茎尖超低温保存中，TTC 法检测出的成活率很高，但接种到恢复培养基上，根本不能恢复生长。对于冻存的花粉，经 TTC 法或 FAD 法测出的相对成活率很高，而离体萌发率很低，TTC 法对超低温保存种子活力的检测结果也同样偏高。

花粉和种子主要采用萌发率法进行活力检测。其中花粉萌发率检测主要有离体萌发法和活体萌发法两种方法。离体萌发法包括悬滴法和琼脂盘法，是目前应用最为广泛的快速测定花粉生活力的方法。活体萌发法则是根据花粉在柱头上的萌发率来判断其生活力。各种冬芽和枝条的超低温保存效果主要采用嫁接成活率法来进行检测。

组培物的超低温保存效果检测则主要采用再培养法，即化冻后直接将植物材料接种于再生培养基上，先在黑暗或弱光下培养 1~2 周，再转入正常光照条件下培养，观察分化、生长及最后成苗状况并进行统计。

再生培养基的种类及培养基中所含的组分对冻存材料的再生有着重要的影响，因此，选择冻后合适的培养基关系到超低温保存的存活再生率。总体来看，多数植物再生培养所用的培养基与保存前的相同，但有时需要将大量元素或琼脂含量减半，或在培养基中添加一定量的聚乙烯吡咯烷酮或水解酪蛋白，或改变培养基中激素的种类或浓度。

#### 9.4.3.7 包埋—玻璃化法和微滴—玻璃化法

超低温保存技术的研究主要围绕两个目标：一是用最简单的方法实现超低温保存；二是如何实现更多生物材料的超低温保存。基于这两个目标，在遇到上述技术不能解决的问题时，对玻璃化法进行了改良，发展出包埋—玻璃化法(encapsulation-vitrification)和微滴—玻璃化法(droplet-vitrification)。

包埋—玻璃化法是先把材料包埋成海藻酸钙的小珠，然后按玻璃化法的程序处理，将玻璃化法和包埋法结合起来的一种方法，这种方法可以克服两种方法的缺点，而结合两者的优点。其保存程序为：材料的预培养和包埋→玻璃化溶液脱水→液氮保存→化冻→恢复培养。图 9-7 为黄连木体细胞胚在利用包埋—玻璃化法进行超低温保存中的形态与变化。

微滴—玻璃化法是结合了玻璃化法和微滴法的技术，其保存本质也是玻璃化法，预培养、装载及玻璃化处理步骤均同玻璃化法，只是在进行超低温保存时，将玻璃化处理好的材料单个放入滴于铝箔上的玻璃化溶液小滴(含 5~10μL 玻璃化液)，然后迅速投入液氮，化冻、去装载步骤均同玻璃化法。这样，由于液滴较小，降温比较均匀，可以得到较高的成活率。例如，用滴冻法已成功保存所有芭蕉科植物的顶端分生组织，所保存的 56 份种质化冻后的再生率较玻璃化法增加了 23%~46%，证明以前认为很难进行超低温保存的样品可用滴冻法进行有效的保存。

近年来，木瓜、李属、山药、菊花以及白及幼苗等也通过滴冻法成功实现了超低温保存。尽管这种新近发展起来的技术应用有限，但多数研究结果表明滴冻法在种质资源保存领域的应用前景广阔。虽然植物种质资源超低温保存的方法多种多样，但经

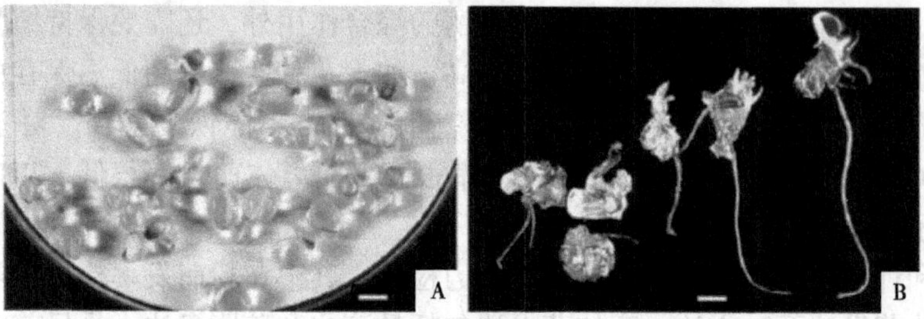

图 9-7 利用包埋—玻璃化法对黄连木进行保存(Ozden-Tokatli et al., 2010)
备注：图中 A 为钙藻酸盐包埋-玻璃化脱水的黄连木体细胞胚，
B 为化冻后培养生长的体细胞胚(“—”长度为 4.7mm)

验告诉我们，这些方法并不是对每一种材料都适用。对一个具体的植物样品而言，采用哪一种方法能够实现超低温保存，通过怎样的预处理和融后处理能够提高超低温保存后的存活率，不能一概而论，需要根据材料的具体情况而定。实际上，任何一种材料都只能通过试验才有可能摸索出适合的超低温保存方案。超低温保存的总体方向是，在追求更好的超低温保存结果的同时，力争使超低温保存试验重复性好、操作简单、省时省事省钱。

## 9.5 种质保存过程中的遗传变异及其检测技术

### 9.5.1 离体保存中变异产生的因素

离体保存中产生变异的原因按照来源可分为内在因素和外在因素。内在因素主要包括材料的基因型、取材部位和材料的均一性。离体保存过程中的稳定性与离体培养物的遗传背景有关，基因型决定着变异产生的频率；不同基因型的物种经过离体保存后的稳定性不同，一般认为腋芽、茎尖和分生组织保存要比叶、根和原生质体培养保存产生的变异少；材料本身均一时变异的频率也较低。

外在因素主要指离体保存的时间和培养的条件。离体保存时间的长短是影响变异产生的重要因素之一。研究表明，随着培养时间的延长，变异频率会逐渐增加，多数材料在继代 1 年后形态发生能力和遗传稳定性等都将会有较大的变化。培养条件如培养基成分，选择压力物质如生长抑制剂、渗透调节物质和生长调节剂等的添加对保存中变异的频率也有十分明显的影响；培养温度的降低一般不导致变异；通常认为总激素浓度越高，正常细胞数目越少，保存中产生变异频率越高。

### 9.5.2 离体保存中遗传变异的检测技术

种质资源保存最根本的目的是保持遗传基因的稳定，控制遗传性状不发生变化，因此，保存技术的可靠性至关重要。所以，对不同保存技术和方法下材料的遗传变异特性的检测是十分必要的。目前，使用较为广泛的遗传变异鉴定方法有形态学标记、细胞学标记、生化标记、DNA 分子标记、DNA 甲基化、次生代谢物标记。

(1)形态学标记

形态标记主要是鉴定再生植株的外部特征，是最简单最直观的方法。形态变异主要包括株高、叶形、枝刺和叶面绒毛的有无等。对超低温保存后的花束月季茎尖组织的再生植株株形、分枝等20多个形态指标进行比较，发现与对照没有显著差异。但是大多数离体保存中的变异并不能通过形态学特征来进行判断。

(2)细胞学标记

细胞学标记是指染色体数目以及核型、带型的标记。染色体变异是在离体保存中最常见的一种变异，主要源自有丝分裂过程中纺锤体的异常，在玉米、棉花、小麦、水稻等农作物离体培养中均有报道。对四合木愈伤组织继代培养1~2年的愈伤组织染色体数目进行鉴定，发现其变异显著，有亚倍体、多倍体和超倍体出现。研究长期继代培养的龙眼胚性愈伤组织，发现有三倍体细胞出现，而且在染色体异常细胞所占比例较大。由于细胞学标记只能检测染色体倍性和结构，只能反映出染色体水平的变异，不能检测出基因突变，因此具有一定的局限性。

(3)生化标记

生化标记是指同工酶和蛋白质的标记。蛋白质是基因表达的直接产物，蛋白质成分的变化可以反应遗传物质以及表达的变化。研究甘蔗顶端分生组织和甜橙体细胞胚的再生植株中同工酶的变化发现，同工酶条带与保存前没有差异；报道苹果茎尖超低温保存后再生苗与普通苗的过氧化物同工酶条带保持一致。

(4)DNA分子标记

分子标记是直接标记DNA分子水平上检测生物个体间差异的一种标记。常用的分子标记有RAPD(randomly amplified polymorphism DNA)、RFLP(restriction fragment length polymorphism)、AFLP(amplified fragment length polymorphism)和MSAP(methylation-sensitive amplified polymorphism)。其中由于RAPD技术易操作、花费低，成为最常用的分子标记技术之一，并已成功地用于多种植物组织培养中体细胞无性系变异的检测。

(5)DNA甲基化

植物组织离体保存中广泛出现了基因组甲基化变化。DNA甲基化是一种表观遗传现象，它是在DNA复制后，由DNA甲基转移酶催化S-腺苷甲硫氨酸作为甲基供体，将胞嘧啶转变为5-甲基胞嘧啶。植物的甲基化水平较高，约有30%的位于CpG二核苷酸或CpNpG三核苷酸对中胞嘧啶残基发生甲基化，而且不同植物的甲基化水平有很大的不同。DNA甲基化水平的检测方法包括DNA甲基化非特异性分析和特异性分析。

(6)次生代谢物标记

植物愈伤组织在长期离体培养过程中出现次生代谢物含量下降的现象非常普遍。对红豆杉细胞合成紫杉醇的能力进行了6个月连续观察，发现红豆杉细胞中紫杉醇的含量逐渐下降。除虫菊细胞系在超低温保存恢复培养后，发现叶绿素含量比未保存的低，合成除虫菊素的能力却较高，继代培养以后已经不具叶绿素合成能力，但是除虫菊素的积累却达到最高。

离体保存过程中的遗传变异可以体现在形态学到DNA的各层次水平上，形态标记简单易行，分子标记检测的位点多且结果可靠，但成本过高。因此，目前任何一种检测遗传变异的方法，在理论上和实际研究中都有各自的优点和局限性，因此，需要根据实际情况选择最适合的变异检测方法。

## 小　结

保护植物多样性和可持续利用植物种质资源对于世界范围内经济和社会的可持续发展具有重要的意义。植物种质资源保存的方式分为原生境保存和非原生境保存两种。由于非原生境保存具有保存材料不受限制、数量庞大、选择性广泛以及有效减少突变、遗传混杂等方面的优点，因而在植物种质资源保存中得到广泛应用。本章简要介绍了植物种质资源保存的重要性、保存的类型、方法和特点。主要介绍了常温离体保存、低温离体保存和超低温离体保存的原理、方法和步骤，以及在离体保存过程中对遗传变异检测的方法进行了概述。

## 复习思考题

### 一、名词解释

种质，种质资源，原生境保存，非原生境保存，常温保存，低温保存，超低温保存，包埋法，玻璃化法，DNA 甲基化。

### 二、回答题

1. 常温离体保存的方法主要有哪些？各自的特点是什么？
2. 简述低温保存的基本程序。
3. 超低温保存在农业生产上的应用有哪些？请举例说明。
4. 概述超低温保存的基本原理。
5. 简述冷冻伤害的二因素假说。
6. 超低温保存对植物胁迫和伤害有哪些类型？
7. 超低温保存植物种质的常用方法有哪些？各自的特点是什么？
8. 玻璃化法超低温保存植物种质的基本步骤有哪些？
9. 植物离体保存中遗传变异的鉴定方法有哪些？

## 推荐阅读书目

1. 实用植物组织培养教程．曹孜义，刘国民．甘肃科学技术出版社，2002.
2. 植物组织培养(第二版)．王蒂．中国农业出版社，2013.

## 参考文献

艾鹏飞，罗正荣，2004. 柿和君迁子试管苗茎尖玻璃化法超低温保存及再生植株遗传稳定性研究[J]. 中国农业科学，37(12)：2023-2027.

卞福花，龚雪琴，由翠荣，等，2008. 仙客来愈伤组织的超低温保存[J]. 生物工程学报，24(3)：504-508.

陈芳，王子成，何艳霞，等，2009. 超低温保存小麦种子和幼苗的遗传变异分析[J]. 核农学报，23(4)：548-554.

韩丽，张秀新，王新建，等，2008. 牡丹花粉活力测定方法的研究[J]. 中国农学通报，24(5)：379-382.

贾文庆，刘宇，李占明，等，2006. 牡丹花粉生活力的测定[J]. 安徽农业科学，34(17)：4294-4296.

兰芹英，殷寿华，何惠英，等，2004. 蒙自凤仙花的离体保存[J]. 西北植物学报，24(1)：146-148.

李秉玲，2010. 芍药属植物超低温保存花粉的差异表达蛋白质研究及花粉库的建立[D]. 北京：北京林业大学.

李明军，洪森荣，徐鑫，等，2006. 怀山药种质资源的玻璃化法超低温保存[J]. 作物学报，32(2)：288-292.

梁宏，王起华，2005. 植物种质的玻璃化超低温保存[J]. 细胞生物学杂志，27：43-45.

刘剑锋，阎秀峰，程云清，2007. 高山红景天愈伤组织的玻璃化法保存及植株再生[J]. 北京林业大学学报，29(2)：147-151.

刘亚军，高丽萍，夏涛，等，2009. 茶悬浮培养细胞玻璃化超低温保存研究[J]. 茶叶科学，2：120-126.

刘艳霞，刘灶长，林田，等，2009. 菊花茎尖的玻璃化超低温保存研究[J]. 植物遗传资源学报，10(2)：249-254.

刘燕，2000. 拟南芥幼苗玻璃化超低温保存研究[D]. 北京：北京林业大学.

卢新雄，陈晓玲，2003. 我国作物种质资源保存与研究进展[J]. 中国农业科学，6(10)：1125-1132.

罗远华，冷青云，莫饶，等，2008. 冬凤兰非共生萌发和低温离体保存[J]. 安徽农业科学，36(19)：8068-8069，8119.

邱静，汤浩茹，曹会娟，等，2014. 园艺植物茎尖冷冻疗法脱毒的技术研究[J]. 植物生理学报，50(1)：1-6.

王秋竹，林丽华，董文轩，2009. 月季茎尖玻璃化法超低温保存技术研究[J]. 沈阳农业大学学报，40(2)：156-159.

王越，刘燕，2006. 玻璃化法超低温保存石楠茎尖的初步研究[J]. 林业科学，42(12)：134-136.

文彬，2011. 植物种质资源超低温保存概述[J]. 植物分类与资源学报，33(3)：311-329.

吴雪梅，汤浩茹，2005. 包埋玻璃化法超低温保存植物种质的研究进展[J]. 植物学通报，22(2)：238-245.

薛建平，张爱民，柳俊，等，2003. 玻璃化法超低温保存地黄茎尖[J]. 农业生物技术学报，11(4)：430-431.

闫爱玲，张国军，徐海英，2008. 园艺植物种质常温离体保存研究进展[J]. 安徽农业科学，36(11)：4496-4497，4499.

赵艳华，吴雅琴，2006. 桃离体茎尖的超低温保存及植株再生[J]. 园艺学报，5：1042-1044.

周逊，李锡香，向长萍，等，2006. 生姜种质资源的常温离体保存[J]. 遵义师范学院学报，8(4)：50-52.

HAMMER K, ARROWSMITH N, GLADIS T, 2003. Agrobiodiversity with emphasis on plant genetic resources[J]. Naturwissenschaften, 90(6): 241-250.

HUANG H, 2011. Plant diversity and conservation in China: Planning a strategic bioresource for a sustainable future[J]. Botanical journal of the linnean society, 166(3): 282-300.

KIM H M, SHIN J H, SOHN J K, 2006. Cryopreservation of somatic embryos of the herbaceouspeony (*Paeonia lactiflora* Pall.) by air drying[J]. Cryobiology, 53 (1): 69-74.

OZDEN-TOKATLI Y, AKDEMIR H, TILKAT E, et al., 2010. Current status and conservation of pistacia germplasm[J]. Biotechnology advances, 1: 130-141.

RAI M K, ASTHANA P, SINGH S K, et al., 2009. The encapsulation technology in fruit plantsa review[J]. Biotechnology advances(27): 671-679.

# 第 10 章 植物细胞器官培养与次生代谢物生产

随着经济社会的发展，生活水平的提高，人们追求高品质生活的愿望越来越强，天然、绿色、健康、环保等已成为时代的主旋律，人们对各种天然的染料、食品添加剂、药物等的需求不断增加。目前有超过 60% 的抗癌药和 75% 治疗感染性疾病的药物都来源于天然产物，这些天然产物绝大部分属于植物的次生代谢物。直接从植物中获取不仅占用大量的耕地，而且还造成一些珍稀物种灭绝。这种需求量增加与生物多样性减少的矛盾，推动人们去探索替代传统方法的途径来获取具有重要价值的植物次生代谢物。植物细胞培养作为一种有重要价值次生代谢物的有效生产技术，近年来受到广泛关注。

## 10.1 概述

### 10.1.1 次生代谢物

化合物在生物体内的一系列代谢过程可分为初生代谢(primary metabolism)和次生代谢(secondary metabolism)。其中，初生代谢合成生物体生存所必需的化合物，即初生代谢物(primary metabolites)，如糖类、脂肪酸类和核酸类等，它们是维持细胞生命活动所必需的。植物次生代谢的概念是在 1891 年由 Kossei 首先提出，是指有些生物体以某些初生代谢产物为原料，在一系列酶的催化下，形成一些特殊的化学物质的过程，这些特殊的化学物质即为次生代谢物(secondary metabolites)，如生物碱、黄酮体、萜类、有机酸、木质素等，它们是植物体中一大类并非生长所必需的小分子有机化合物，其产生和分布通常有种属、器官组织和生长发育期的特异性。

植物次生代谢是植物在长期进化中对生态环境适应的结果。其代谢产物具有多种复杂的生物学功能，在提高植物对物理环境的适应性和种间竞争能力、抵御天敌的侵袭、增强抗病性等方面起着重要作用。植物次生代谢物也是人类生活、生产中不可缺少的重要物质，为医药、轻工、化工、食品及农药等工业提供了宝贵的原料(表 10-1)。尤其是在医药生产中，作为天然活性物质的植物次生代谢物，是解决目前世界面临的医药毒副作用大，一些疑难疾病(如癌症、艾滋病等)无法医治等难题的一条重要途径。植物次生代谢物具有一定的生理活性及药理作用，如生物碱具有抗炎、抗菌、扩张血管、强心、平喘、抗癌等作用；黄酮类化合物具有抗氧化、抗癌、抗艾滋病、抗菌、抗过敏、抗炎等多种生理活性及药理作用，且无毒副作用，对人类的肿瘤、衰老、

表 10-1　部分重要次生代谢物的应用

| 用　途 | 次生代谢物 | 来　源 |
| --- | --- | --- |
| 抗癌剂 | 喜树碱 | 喜树(*Camptotheca acuminata*) |
| | 长春碱 | 长春花(*Catharanthus roseus*) |
| | 长春新碱 | 长春花(*Catharanthus roseus*) |
| | 小檗碱 | 日本黄连(*Coptis japonica*)<br>亚欧唐松草(*Thalictrum minus*) |
| | 紫杉醇 | 红豆杉类(*Taxus* spp.) |
| | 鬼臼毒素 | 鬼臼属(*Dysosma*) |
| 镇痛剂 | 吗啡碱 | 罂粟(*Papaver somniferum*) |
| 治疟疾 | 青蒿素 | 青蒿(*Artemisia annua*) |
| 抗炎药 | 小檗碱 | 日本黄连(*Coptis japonica*) |
| | | 亚欧唐松草(*Thalictrum minus*) |
| | 迷迭香酸 | 彩叶菜(*Coleus blumei*) |
| 杀虫剂 | 除虫菊酯 | 艾菊(*Tanacetum cinerariifolium*) |
| | 印楝素 | 印楝(*Azadirachta indica*) |
| 食用色素 | 花青素 | 虎刺梅(*Euphorbia milii*) |
| | | 龙牙鱼腥草(*Aralia cordata*) |
| | 甜菜红素 | 甜菜(*Beta vulgaris*) |
| | 红花苷 | 红花(*Carthamus tinctorius*) |

心血管疾病的防治具有重要意义。几个世纪以来，人类一直从植物中获得大量的次生代谢物用于医药卫生。目前，世界 75% 的人口依赖从植物中获取药物，除化学合成之外，人类大量依赖植物次生代谢物作为药物。

植物细胞培养已于第 7 章植物体细胞杂交部分进行了较为详细的阐述，因此本章不再赘述。

### 10. 1. 2　利用植物组织培养技术生产次生代谢物的历史与现状

1956 年 Routior 和 Nikzell 首次提出应用植物细胞培养技术商业化生产植物化合物的设想，1967 年 Kaul 和 Staba 采用多升发酵罐对阿米芹(*Ammi visnaga*) 进行了细胞大量培养的研究，并首次用此方法得到了药用成分呋喃色酮，使这一设想变为现实。但是，由于植物细胞培养体系中细胞生长缓慢、目标代谢产物极低(通常不到细胞干重的 1%)等特点，再加上植物细胞所特有的生理生化特性还未被人们所认识，人们单纯地模拟培养微生物的条件来培养植物细胞及当时有效成分的分析手段落后等原因，使人们并没有意识到该技术在生产天然产物方面的潜能。

20世纪70年代以后，该技术有所发展，利用植物细胞工程技术生产一些药用有效成分在工业上获得成功。据20世纪80年代末的统计，当时全世界有40多种植物的细胞培养工程研究获得成功，部分悬浮细胞培养体系中次生物质的产量达到或超过整株植物的产量，有些药用植物的研究达到中试水平，其中利用紫草悬浮细胞培养生产紫草宁的成功令人瞩目。1984年日本的Mitsui公司利用紫草悬浮培养细胞生产紫草宁规模达到750L，产物最终浓度达到1400mg/L。20世纪90年代至今，利用植物细胞进行天然产物的生产进入了一个崭新的发展阶段，它与基因工程、快速繁殖形成了新世纪生物技术领域的三大主流。迄今为止，全世界已经有1000多种植物进行过细胞培养的研究。利用植物细胞培养技术生产的次生代谢物被人类广泛应用，一些天然成分如紫杉醇、紫草宁、迷迭香酸和人参皂甙等已进入工业化生产阶段。同时探索出了悬浮培养、两相培养、固定化培养、毛状根培养、冠瘿培养、反义技术等先进的培养方法。如紫杉醇的生产，自从1991年Christen等人申请有关红豆杉组织培养的专利以来，在培养体系紫杉醇含量已提高100多倍，达153mg/L，美国的Phytoncatalytic公司已在德国进行了75t发酵罐的试验。另如日本三井石油公司的紫草宁和小檗碱生产(750L)、日本日东电工公司的人参皂甙和花色素生产(500L)、英国的辣椒素生产、美国的香子兰代谢物生产、加拿大的血根碱生产等。

植物细胞培养进行有效成分的生产发展到现在，已经取得令人瞩目的成就。然而在植物细胞培养过程中普遍存在的细胞系不稳定、细胞生长缓慢、不耐剪切力及代谢物产量低等问题又成为其实现规模化生产的瓶颈。在目前已经研究过的植物中，仅有约1/5种类的培养物中目的产物的含量接近或超过原植物，多数情况下培养细胞合成某些次生代谢物的能力下降甚至消失。因此充分利用基因工程的手段，筛选高产细胞系，深入研究特定代谢产物的生物合成途径，对培养条件进行优化，研究和开发适合植物细胞培养的生物反应器，是解决这些问题的根本途径。

## 10.2 植物细胞的大规模培养

在选出高产细胞系后，需进行细胞大量培养的研究，以达到代谢物规模化生产的目的。在大量细胞培养中，存在一些生物学和工艺学上的障碍。生物障碍主要有培养细胞生长率低和遗传不稳定的问题。技术障碍则是细胞对剪切力的敏感性，这是由于细胞流变学的特性，即细胞黏连对氧气传递、细胞聚合和细胞壁生长的影响。同时应考虑植物细胞的一些基本性质，如植物细胞(直径为20~150μm)比细菌、真菌细胞大10~100倍；培养细胞显示出各种形态变化；细胞壁抗拉强度较高，但抗剪强度低。

### 10.2.1 植物细胞悬浮培养

植物细胞悬浮培养(cell suspension culture)是一种在受到不断搅动或摇动的液体培养基中培养单细胞及小细胞团的培养系统，是植物细胞生长的微生物化。它是从愈伤组织液体培养技术基础上发展起来的一种新的培养技术。这些单细胞和小细胞团可来源于愈伤组织，也可来自幼嫩植株、花粉或其他组织、器官。悬浮培养能大量提供较为均匀一致的植物细胞，并且培养基简单，细胞增殖速度较愈伤组织快、成本低，适合于大规模的细胞培养，因此在植物产品工业化生产中有较大的应用潜力。

(1)细胞悬浮培养技术

①分批培养　这是指细胞分散于一定容积的培养基中进行培养，目的是建立单细胞培养物。在培养过程中除了气体和挥发性代谢物可以同外界空气交换外，一切都处于密闭环境。分批培养的特点是细胞生长在固定体积的培养基中，当培养基中的养分耗尽时，细胞的分裂和生长就停止。在整个培养过程中，细胞数量的变化呈"S"形曲线。培养初期细胞很少分裂，增殖缓慢，这一时期称为延缓期；培养中期细胞增殖快，增长速率保持不变，这一时期称为对数增长期；随后由于养分供应差和代谢物积累，环境恶化，细胞分裂生长减慢，称为减慢期；最后养分消耗殆尽，有害代谢物积累，导致细胞分裂停止，直至死亡，称为静止期。

分批培养所用的容器通常为 100~500mL 三角瓶，每瓶装有 50~250mL 培养基。为了使分批培养的细胞不断增殖，必须进行继代培养，取出培养瓶中的一小部分(通常为总体积的 1/5~1/3)悬浮液，转接到含有相同成分的新鲜培养基中。对悬浮培养细胞进行继代培养时可使用吸管或者注射器，但其进液口的孔径必须小到只能通过单细胞和小细胞团(2~4 个细胞)，而不能通过大的细胞聚集体。继代培养前应先使三角瓶静置数秒，以便使大的细胞团沉降，然后吸取上层悬浮液。如果每次继代培养都依此法操作，就可建立起理想的细胞悬浮培养系。由于在分批培养中细胞生长和代谢方式以及培养基的成分不断改变，细胞没有一个稳定生长期，细胞目标代谢物和酶的浓度也不能保持恒定，所以分批培养对于研究细胞的生长和代谢来说，并不是一种理想的培养方式。

②半连续培养　这是一种具有定时进出装置的开放型的分批培养系统，每天或每隔一段时间收获一部分培养物，然后加入新鲜的培养基。通过调节收获的数量和次数来保持细胞的恒定。由于不时加入新鲜培养基，因此可以在较长时间内使培养细胞处于对数增长期，但不能达到平衡生长。

③连续培养　这是利用特制的培养容器进行大规模细胞培养的一种培养方式。是在培养过程中，不断抽取悬浮培养物并注入新鲜培养基，使培养物不断得到养分补充，并保持其体积恒定的培养方法。其特点是培养过程中不断加入新鲜培养基，保证了养分的充分供应，培养期间不会发生营养不足的现象，使细胞保持在对数生长期，细胞增殖速度快，适用于大规模工业化生产。

连续培养有封闭型、开放型以及连续变相培养 3 种类型。在封闭型连续培养中，排出的旧培养基由加入的新培养基进行补充，进出数量保持平衡，悬浮在排出液中的细胞经机械方法收集，又被放回到培养系统中继续培养，所以培养系统中的细胞数目不断增加。在开放型连续培养中，新鲜培养液的注入速度等于旧培养液的排出速度，细胞也随悬浮液一起排出，不再收集流出的细胞，流出的细胞数相当于培养系统中新增加的细胞数，因此，培养系统中的细胞密度保持恒定。连续变相培养是近年来发展起来的一种新的培养系统，是利用通入氮气或乙烯形成的厌氧状态使培养细胞处于相同的发育阶段，而在一般的连续培养细胞群体中，稳定状态是培养细胞不同分裂时期的平均表现，所以，这种培养系统的建立对于研究细胞某一时期形成的酶或代谢产物有重要意义。

连续培养中，对于植物细胞代谢调节的研究，主要是限制生长因子对细胞生长调节和次生代谢物合成调控因子对目标产物合成的调控，该培养方法对于细胞的规模化培养和次生代谢物的大量生产等都具有重要的意义。但该培养方法需要的设备较复杂，投入费用高，目前还未广泛应用。

(2)悬浮细胞培养的同步化方法

细胞分裂周期由分裂间期和分裂期组成，细胞分裂的发生并不是人们设想的那样从某一点同时开始，步调一致地完成分裂周期的各个时期，而是随机的。因此，一个培养体系中的细胞由处于不同分裂时期的细胞所组成，即是不同步的。这对于细胞分裂和代谢机制的研究、大规模生产次生代谢物都是不利的。以下各种方法可使培养细胞同步化。

①物理方法　通过对细胞的物理特性即细胞或细胞团的大小和生长环境条件如光照、温度等进行控制，实现细胞的同步化。如按细胞团大小进行选择并分别培养及低温休克的方法培养细胞都可使细胞的生长达到同步化。

②化学方法　使细胞受到某种营养饥饿或是用某种因素抑制细胞分裂而达到细胞生长的同步化，即饥饿法和抑制法。

*饥饿法*　是在培养过程中，先停止供应细胞分裂所必需的一种营养物质或激素，使细胞停止在G1或G2期，经一段时间饥饿后，向培养基重新加入这种限制因子，静止的细胞就会同步进入分裂。如在长春花细胞悬浮培养中，先使细胞受到磷酸盐饥饿4d，然后转移到含磷酸盐的培养基中，获得细胞生长的同步化。

*抑制法*　是利用DNA合成抑制剂，如5-氨基尿嘧啶、羟基脲、胸腺嘧啶脱氧核苷，使细胞内DNA合成受到抑制，细胞分裂只能停滞在G1和S期，当去掉这些抑制剂后，细胞即进入同步化分裂。但用这种方法获得的同步性只能保持一个细胞周期。

(3)悬浮培养中细胞生长量的计算

①细胞计数法　利用5%铬酸或0.25%果胶酶使悬浮细胞团分散。然后用血球计数板进行计数。也可以取悬浮细胞液用中性红染色，然后置于细胞计数器上，用显微镜观察计数。

②细胞密实体积(PCV)　将体积已知、均匀分散的悬浮液放入一个15mL的离心管中，2000r/min离心，用每毫升培养液中细胞总体积的毫升数表示细胞的密实体积。

③细胞鲜重　细胞培养物经过滤，洗去培养基后真空抽滤称得的重量。

④细胞干重　将细胞于60℃干燥12h后称重，以每毫升培养物或$10^6$个细胞的重量表示。

⑤有丝分裂指数　指在一个细胞群体中，处于有丝分裂的细胞占总细胞的百分数。指数越高，细胞分裂进行得越快。如果有丝分裂指数随时间出现波动，则说明所研究组织的细胞分裂是同步的，该指数是同步分裂的最好指标。测定愈伤组织的细胞分裂指数主要按照孚尔根染色法进行，现将组织用1mol/L盐酸在60℃水解染色后，

在载玻片上按常规操作进行镜检，随机检查 500 个细胞，统计其处于分裂间期及有丝分裂各时期的细胞数目，从而计算出分裂指数。

⑥悬浮细胞增殖倍数与继代指数　悬浮细胞在生长过程中，可以利用公式来计算细胞的增殖倍数与继代指数，即：

$$继代指数=增殖倍数\times稀释倍数$$

$$增殖倍数=\frac{继代后悬浮细胞密度}{接种时悬浮细胞密度}$$

$$继代指数=\frac{继代后悬浮细胞密度}{起始悬浮细胞(母液)密度}$$

在悬浮细胞制备与保持时，要维持悬浮细胞正常稳定生长，应使每个继代周期的继代指数达到或接近 1，细胞密度以单位体积悬浮细胞生物量(鲜重)表示，稀释倍数以接种量(体积)/继代培养悬浮细胞总体积来表示。

(4)细胞活力测定

①TTC(氯化三苯基四氮唑)法　该法利用活细胞呼吸所产生的 $NADH_2$ 和 $NADPH_2$ 催化渗透到细胞内的 TTC，使其还原生成红色的 TTF(三苯基甲腙)，通过观察其显色反应和提取 TTF 分别定性和定量测定细胞活性。

②相差显微术法　在显微镜下，观察细胞质环流和细胞核存在与否判断细胞的活力。具有活力的细胞往往有细胞核和正常的环流。

③FDA(荧光素双醋酸酯)法　FDA 本身不具有极性，不能发出荧光，可以自由出入细胞膜。在活细胞中，FDA 被酯酶裂解，释放出有极性的荧光素。荧光素不能自由穿越质膜，只能在活细胞中积累。当以紫外光照射时，活细胞中的荧光素可以发出绿色荧光，以此可以区别活细胞和死细胞。

④伊凡蓝法　当以伊凡蓝(Evan's blue)的稀薄溶液(0.025%)对细胞进行处理时，只有受损的细胞能够摄取伊凡蓝，因此，凡染蓝色的细胞往往是不具有活力的细胞。此外在某些特定的情况下，还需要对悬浮细胞进行细胞悬浮液 pH 值的测定以及 SOD(超氧化物歧化酶)和 CAT(过氧化氢酶)的活性测定等。

### 10.2.2　植物细胞固定化培养

经过植物组织培养研究者的努力，已有多种植物细胞培养物已进入中试阶段，实现了工业化生产。当然植物细胞培养也存在一些问题，例如，培养中的细胞遗传和生理的高度不稳定性，目标物的产量低，放大培养困难，植物细胞的生长速度慢等，使得作为商业目的的植物细胞培养成本过高，为此寻找一条植物细胞固定化培养技术显得十分必要。与液体悬浮培养相比，固定化培养具有较多优点：①固相细胞接触紧密，生长缓慢，细胞拟组织化，有利于次生代谢物的积累。②细胞包埋在聚合物中得到保护，可以减少剪切力的损伤作用。③固相培养更有利连续培养及生物转化过程的实现。④高密度的细胞群体，可建立细胞间的物理、化学联系，细胞位置的相对固定有利于物化梯度的建立，更有利于产物的合成。⑤环境条件易于控制，次生代谢物易于释放。

植物细胞固定化是将植物细胞包裹于一些多糖或多聚化合物上进行培养，并生产有用代谢物的技术。其研究比较晚，起步于1979年，当时生物催化剂(酶、微生物)的固定化已经得到了较广泛的应用，植物细胞的固定化就可借鉴酶和微生物的固定化方法。然而，植物细胞毕竟具有其自身的特点，使得可用于植物细胞固定化的方法大为减少，而且对固定化技术的要求也更高。

细胞固定化培养技术主要利用包埋法来固定植物细胞，将植物细胞固定在各种不同的凝胶、薄膜以及多聚物的网孔内。海藻酸钙由于其毒性相对低，操作简单，是使用最多的包埋物。除此之外，其他的胶类如琼脂、琼脂糖、凝胶、角叉藻胶和聚丙烯酰胺等也有应用。其他的包埋物如聚氨酯泡沫和中空纤维膜也可选用。用包埋法固定植物细胞，方法简单，活性回收率比高，固定化的植物细胞活性保持时间长。

### 10.2.3 植物细胞生物反应器

植物细胞培养生产次生代谢物的最终目标是实现工业化生产，从而获得预期巨大商业利润。显然，仅靠摇瓶实验装置或中试装置是无法实现上述目标的，必须设计工业化规模的生产装置，即设计工业化反应器。反应器的应用是大规模细胞培养生产天然产物的必由之路。

目前用于植物细胞培养的反应器主要有搅拌式(STR)、气升式(air-lift)、鼓泡式(bubble calum)、转鼓式(RDR)及其他改进型反应器，此外还有植物细胞固定化反应器和膜反应器等。表10-2列出了用于不同植物细胞培养的各种反应器类型。

**表10-2 不同植物细胞培养的各种反应器类型**

| 类　型 | 体积(L) | 适用植物种类 |
|---|---|---|
| 搅拌式(STR) | 20 | 烟草(*Nicotiana tabacum*) |
| 搅拌式(STR) | 5000 | 长春花(*Catharanthus roseus*) |
| 搅拌式(STR) | 15 500 | 烟草(*Nicotiana tabacum*) |
| 螺旋搅拌式(STR with spiral impeller) | 20 | 紫苏(*Perilla frutescens*) |
| 提升搅拌式(STR with cell lift impeller) | 2.5 | 湿地松(*Pinus elliottii*) |
| 鼓泡式(bubble column) | 20，30，130 | 银杏(*Ginkgo biloba*)、黑麦草(*Lolium perenne*) |
| 鼓泡式(bubble column) | 62，1500 | 烟草(*Nicotiana tabacum*) |
| 导筒气升式(draught-tube airlift) | 20，210 | 绵毛优若藜(*Ceratoides lanata*) |
| 胶粒固定反应器(gel-entrapped cell reactor) | 30，200 | 胡萝卜(*Daucus carota* var. *sative*)、矮牵牛(*Petunia hybrida*) |

#### 10.2.3.1 植物细胞悬浮培养生物反应器

生物反应器具有工作体积大、单位体积生产能力高、物理和化学条件控制方便等诸多优点。植物细胞容易聚集、细胞分化、细胞脆弱以及代谢途径和代谢产物形成与细胞生长关系复杂，选择适宜的反应器类型及操作方法进行植物悬浮细胞培养，关系到植物代谢产物的合成量。选择悬浮细胞培养的生物反应器要符合以下要求：适宜的氧传递；良好的流动性；低的剪切力。

(1)机械搅拌式生物反应器

此类反应器操作简单，能提供良好的搅拌作用，容器内培养体系混合程度高，容氧量好，适用性广，在大规模生产中被广泛采用。其缺点在于搅拌带来的剪切力易损伤细胞，进而影响细胞的生长与代谢，尤其对次生代谢产物生成影响大。Tanaka 对比了不同搅拌器的类型，发现桨形板搅拌器适合植物细胞生长，是因为较大的搅拌桨通常能在相对低的旋转速度下进行良好的搅拌。烟草、葡萄、长春花、三角叶薯蓣(*Dioscorea deltoidea*)都已在改进的搅拌式反应器中进行培养，可很好地适应植物细胞生长，有较大的应用潜力。

(2)气升式生物反应器

此类反应器能提供低剪切力环境且构造简单，非常适合植物细胞培养。气升式反应器通过上升液体和下降液体的静压差实现气体的循环。这种反应器搅拌速度和混合程度由通气速率，容器的高度与直径比，升降速度比，培养液的黏度和流变性等因素决定。目前紫草、三角叶薯蓣、长春花等细胞已用气升式反应器进行了培养。此类反应器在工业化生产方面应用较广。

(3)鼓泡式生物反应器

鼓泡式反应器结构最为简单，气体从底部通过喷嘴或孔盘穿过液池实现气体交换和物质传递，整个系统密闭，易于无菌操作，培养过程中无需机械能损耗，适合培养对剪切力敏感的植物细胞。对于黏度大及高密度的培养体系，此类反应器的混合效率较低。

(4)转鼓式生物反应器

一种新型生物反应器，已用于烟草、长春花、紫草的培养。其转子的转动促进了液体中溶解的气体与营养物质的混合，所以转鼓式生物反应器具有悬浮系统均一、低剪切环境、防止细胞黏附等优点，尤其适合于高密度植物悬浮细胞培养。

(5)光生物反应器

植物具有光合作用能力，其体细胞的多种酶只有在光的刺激下才能表现出较高的生理活性。在许多植物细胞的培养过程中需要光照，因此，在普通反应器的基础上需增加光照系统。小规模试验往往采用外部光照，但大规模生产时需设置光质，光强和光周期的调控系统和要求光照均匀。目前人们研发的光合生物反应形式较多，其中以用于大规模培养光合细胞的新型内部光照搅拌式生物反应器最具代表性。

#### 10.2.3.2　植物细胞固定化生物反应器

采用固定化细胞作为催化剂的反应器即为固定化细胞生物反应器。固定化细胞生物反应器具有如下优点：①可实现连续化、大型化和高度自动化生产。固定化细胞生物反应器集中了生物细胞与固定化颗粒，增大了细胞浓度，可提高反应速度，缩短生产周期。当将其用于连续化大生产时，可减少占地面积，节约成本。②可实现产物的及时分离，简化下游提纯工作，适合脆弱细胞的培养，解决产物对底物的反馈抑制作用，从而提高产物的得率。③可在一定程度上避免游离细胞连续反应器中杂菌污染。以下是几种常见的固定化细胞生物反应器。

(1)填充床反应器

在此反应器中，细胞固定于支持物表面或内部，支持物颗粒堆叠成床，培养基在床层间流动。填充床反应器比气升式反应器和流化床反应器更易实现高密度培养，但填充床中单位体积细胞较多，混合效果较差，常使床内氧的传递、气体的排出、温度与 pH 的控制较困难。床层易被小颗粒或已破碎的颗粒堵塞，流体流动困难。

(2)流化床反应器

为了解决填充床反应器存在的问题，可采用流化床反应器。典型的流化床是利用流体(液体或气体)的能量使支持物颗粒处于悬浮流化状态。流体可在高速下操作，有较长的停留时间，使反应混合均匀，但流体的切变力和固体化颗粒的碰撞常使支持物颗粒破损，另外，流体的切变力学更为复杂。

(3)膜生物反应器

膜生物反应器是采用具有一定孔径和选择透性的膜固定植物细胞，营养物质通过膜渗透到细胞中，细胞产生的次生代谢物通过膜释放到培养液中的一种反应器。该反应器通过膜的作用，使反应和产物分离同时进行，这种反应器也称为反应分离偶联反应器，主要包括中空纤维反应器和螺旋卷绕反应器。中空纤维反应器是一种可供细胞固定化的载体，细胞并不黏附于膜上，而是保留在装有中空纤维的管中。Jose 等进一步用该反应器培养胡萝卜和矮牵牛生产代谢物酚类物质。螺旋卷绕反应器是将固定有细胞的膜卷绕成圆柱状。与凝胶固定化相比，膜反应器的操作压下降较低，流体动力学易于控制，易于放大，不受操作规模的限制，而且能提供更均匀的环境条件，同时还可以进行产物的及时分离以解除产物的反馈抑制，但构建膜反应器的成本较高。

#### 10.2.3.3 植物组织及器官培养用反应器

植物组织培养中反复证明次级代谢物的产生与形态分化有较大关系，次级代谢物产物在愈伤组织和悬浮细胞中含量微弱。然而，当器官分化形成后，次级代谢物合成能力得到明显提高，器官形成也减少了许多植物组织分化的不稳定。目前，应用于生产次级代谢物的植物器官主要包括体细胞胚、毛状根、不定芽、幼苗等，针对这些不同体系，开发适宜的商业化生物反应器系统具有重要的实际意义，但该类反应器尚无普遍化设计放大利用。毛状根大规模培养的生物反应器至今还未见有商业化产品报道，主要工作仍然是尝试用细胞培养用反应器完成组织或器官的大规模培养，研究者正试图针对毛状根的生长特性研制适宜的反应器系统。目前，应用于毛状根培养的生物反应器主要有修饰的搅拌式反应器、转鼓式反应器、改进的气升式反应器以及带有内部支撑介质的雾化和喷淋式反应器。不同的器官如毛状根、芽、苗等所需的培养条件不同，应选择使用不同的生物反应器。

近些年来，韩国已经成功研制了适宜于高丽参器官培养的生物反应器。

## 10.3　植物细胞培养的次生代谢物生产

### 10.3.1　植物细胞大规模培养生产次生代谢物的基本程序

不同植物建立离体细胞培养体系的技术细节不尽相同，但一般包括以下步骤。

(1)优良细胞系(株)的建立和筛选

此步骤包括从植物材料诱导愈伤组织单细胞分离，筛选优良单细胞无性系，细胞株诱变和保存等。首先确定材料。通常从以下 3 个方面确定材料：选择易于分散的花粉为材料；选择分散性好的愈伤组织为材料；直接从叶片、叶肉、胚和髓等组织取材。其次，进行悬浮细胞液的制备。悬浮细胞液的制备分两个步骤：①将分散性好的或者经酶处理过的组织置于液体培养基中，在摇床上以 80~90 次/min 的速度进行振荡，经过一段时间培养，液体培养基中则会出现游离的单细胞和几个或十几个细胞的聚集体以及大的细胞团和组织块；②用孔径为 200~300 目的不锈钢网过滤，除去大的细胞团和组织块，再以 4000r/min 的速度离心沉降，除去比单细胞体积小的残渣碎片，获得纯的细胞悬浮液。最后，进行高产细胞株的选择。高产细胞株的选择分两步进行：①将所得的纯细胞群以一定的密度接种于 1mm 厚的薄层固体培养基上，进行平板培养，使之形成细胞团，尽可能使每个细胞团均来自于一个单细胞，这种细胞团称为细胞株。②根据不同培养目的对细胞株进行初步鉴定，筛选出高产细胞株。

(2)扩大培养

将优良的细胞株，经过多次扩大繁殖，以便得到大量培养细胞，作为大型生物反应器培养时的接种材料。

(3)大型生物反应器培养

将优良的细胞株扩大繁殖后，接种至大型生物反应器进行半连续或连续培养，生成所需的植物次生代谢物。

(4)次生代谢物的提取、纯化和测定

对所需目的产物进行提取、纯化和测定。

### 10.3.2　影响植物组织和细胞培养中次生代谢物积累的因素

(1)生物因素

在培养的不同时期，细胞的生理、生长状况与物质合成能力差异显著。且使用不同细胞龄的种株细胞，其后代的生长与物质生产会有较大差异。通常，用处于对数生长后期或稳定期前期的细胞作为接种细胞较为适宜。

在植物细胞培养中，接种量也是一个影响因素。再次培养时，常取前次培养液 5%~20%为种液，以接种细胞湿重为基准，其接种浓度为 15~50g(湿细胞)/L。由于接种量对细胞产率及次生代谢物生产有一定的影响，故应根据不同的培养对象通过试验，确定其最大的接种量。

(2)化学因素

植物细胞培养过程中的一些化学因素，如培养基组成、其他添加物等对细胞的生长也有显著的影响。合理的培养基组分以及适宜的诱导子和前体物等物质的有效调控，能够在较大程度上促进细胞的生长及次生代谢物的合成。

培养基中的碳源、氮源、微量无机离子以及某些有机物质不仅是细胞生长以及合成的物质基础，而且很多都能够促进细胞生长或者有利于目的产物的形成。

①碳源 蔗糖是植物离体培养中应用最多的碳源，但在不同的培养体系中，糖类的使用种类、浓度、加入时间又各不相同。

②氮源 培养基中的氮源主要以 $NH_4^+$-N/$NO_3^-$-N 的比值对细胞的生长代谢及目标产物的合成产生影响。

③无机离子 某些无机离子对特定目的次生代谢物的合成有重要作用。

④植物激素 激素通常作为诱导和调节愈伤组织生长的重要因素，在次生代谢物的生产中同样必不可少，但不同的植物所需的激素种类及浓度不同。

诱导剂是一类可以引起代谢途径或代谢强度改变的物质，其主要作用是可以调节代谢进程的某些酶活性，并能对某些关键酶在转录水平上进行调节。包括一些无机离子、真菌提取液、葡聚糖等。

除诱导剂外，加入已知的或假定的前体化合物，可以消除关键酶的阻碍或阻断内源性中间体的分隔和有效贮存，大大提高次生代谢物的产量。

(3)物理因素

影响植物组织与细胞培养中次生代谢物积累的物理因子主要包括温度、光照、pH 等。对这些因子研究较多，基本规律也比较清楚，条件易于控制。

①温度 植物细胞的生长、繁殖和次生代谢物的生产需要一定的温度条件，在一定的温度范围内，细胞才能正常生长、繁殖和维持正常的新陈代谢。植物细胞培养的最适温度一般为 25℃，但不同的植物种类略有差异，而且植物细胞生长和次生代谢物的合成所需的温度并不一致，不同次生代谢物的积累对温度的依赖性不同，因此，选择适宜的培养温度并进行相应的调控对于细胞生长以及产物合成十分关键。

②光照 主要是通过光质、光强以及光周期对次生代谢物的积累产生影响。光对细胞内的许多酶具有诱导和抑制作用。Tabata 等研究了光照对紫草细胞培养的影响，结果表明，白光照射对培养细胞产生萘醌色素不利。李树敏等在人参色素自养型细胞培养研究中发现，白光对培养细胞中花青苷的积累具有较好的促进作用，蓝光的促进作用次之，而红光、黄光则抑制细胞内花青苷的形成。Anna B. Ohlsson 等研究了不同光质对洋地黄组织培养中强心甾形成与积累的影响，蓝光照射下，强心甾的含量最高，而黄光、红光、绿光及黑暗条件下，叶绿素及强心甾的含量都较低。

③pH 培养基的酸度对植物细胞代谢物的分泌具有显著影响，一些次级代谢物是与 $H^+$ 通过对运方式跨膜传递的。由于细胞膜两侧的 pH 差控制对运的方向，因此，当培养基中的 pH 降低时，即培养基中的 $H^+$ 离子浓度升高时，就会促使次生代谢物向胞外运输，而 $H^+$ 会向胞内运输。如降低培养基的 pH，可有效提高大麦细胞释放七叶氰；高山红景天细胞红景天氰的释放试验也得到同样的效果。因此，在植物细胞培养过程中，通常将 pH 作为一个重要的参数被控制在一定的范围内，植物细胞培养的适宜 pH 一般为 5~6。

(4)工程技术问题

①剪切力　植物细胞的体积大，细胞壁僵脆且具有大的液泡，这些特性决定了其对剪切力十分敏感。适当的剪切力可改善通气，使植物细胞具有良好的混合状态和分散性，甚至提高细胞密度和增加代谢物产量。但过高的剪切力可使细胞受到机械损伤，细胞体积变小，细胞形态和聚集状态改变；或影响细胞代谢，降低产率；或使细胞自溶，胞内化合物释放；也可能导致细胞的活性丧失。而且，不同细胞系对剪切力敏感性不同。

②植物细胞的聚集与黏附　植物细胞为直径 10~100μm 的球状或圆柱体，它不像动物细胞以单个细胞存在，而是有成团的倾向。在植物细胞悬浮培养中，植物细胞易于黏附成团，形成聚集体。过大的细胞团容易下沉，造成混合困难，而且还影响传质，使中心的营养和供氧不足，影响产物的合成能力，给植物细胞培养带来不利影响。

③溶氧与气体成分　植物细胞在悬浮培养过程中对氧的需求量较微生物低。但由于植物细胞培养的高密度及高黏度特性，氧的传输会受到阻碍。溶氧量通常与搅拌强度、气体分散程度、培养基的溶氧度、容器内的水压有关。由于植物生长代谢速度慢，因此对氧气的需求量很小。一般在植物细胞悬浮培养中采用15%~20%的氧饱和度。

此外，$CO_2$、乙烯等气体成分对植物细胞悬浮培养，尤其是次生代谢物的产生和积累有着重要的影响。

### 10.3.3　提高次生代谢物量的途径

(1)起始材料的选择

植物组织培养技术在化工产业中能脱颖而出，在于它可生产只能由高等植物产生(或转化)或难以由化工手段合成的、价格昂贵又具有较大市场前景的商品化合物。因此，原始材料的选择十分重要。

大量研究表明，不同的外植体在愈伤组织诱导及后期的细胞培养中表现出较大的差异。一般认为，次生代谢物高的外植体诱导出的愈伤组织，其次生代谢物的含量也高，比如在长春花细胞培养中，来自高含量植物的液体培养系统，每毫升培养基内吲哚生物碱的产量比来自含量植物系统的平均高 4~5 倍。但也有例外，在骆驼蓬的细胞培养中，培养细胞生物的含量与母体植物来源之间未观察到明显的相关性，母体植物与其诱导愈伤组织之间次生代谢物的含量似乎并不相关，可见，从某代谢物含量低的物种寻找并建立其高产细胞系是有可能的。由于对次生代谢物合成和积累的遗传学基础并不十分清楚，最好采用遗传来源不同的材料建立细胞培养物，然后从中筛选出高产细胞系。

(2)前体物的应用

植物细胞产生次生代谢物通常都需要一定的前体物，这些前体物在一系列酶的催化下合成植物次生代谢物，调节生命活动。因此，在植物细胞中添加次生代谢物生物合成的前体物也是促进植物次生代谢物合成和积累的重要途径。目前应用较多的前体物主要有苯丙氨酸、酪氨酸、肉桂酸等。在次生代谢过程中，苯丙氨酸是一个代谢中间体，它是合成黄酮类化合物、生物碱、木质素等次生代谢物质的前体，苯丙氨酸经苯丙氨酸裂解酶催化生成肉桂酸，最终催化合成次生代谢物黄酮类。酪氨酸可以经过酪氨酸代谢途径转化为对香豆酸，最终参与黄酮的合成。前体物在次生代谢中可能通过作为底物，或催化代谢途径中某些关键酶而发挥作用。不同类型的次生代谢物的代谢途径不同，因此，前体物的添加应该以目标代谢物为依据。

此外，植物代谢是一个连续的过程，次生代谢物的合成存在时间和空间上的变化，因此，前体物的添加也必将存在一个最适时间和最适浓度的问题。通常情况下，前体物在培养开始时加入，并且添加浓度与接种细胞的量存在一定比例。近年来，通过添加前体物调节植物次生代谢物的生物合成和积累受到学者们的广泛关注。具体实例见表 10-3 所列。

**表 10-3　不同前体物对植物次生代谢物生物合成与积累的影响**

| 来　源 | 前体物 | 添加时间 | 添加浓度(mg/L) | 次生代谢物 | 文　献 |
|---|---|---|---|---|---|
| 水木雪莲悬浮细胞系 TUP-8 | 肉桂酸<br>乙酸钠<br>苯丙氨酸 | 接种时 | 7.14<br>3.57<br>3.57 | 黄酮 | 高丽华等（2007） |
| 茅苍术 | 木糖醇<br>四氢呋喃 | 起始培养 | 6.0<br>0.07 | 苍术酮<br>β-桉油醇<br>苍术酮<br>苍术醇<br>苍术素 | Chen 等（2012） |
| 高山红景天 | 苯丙氨酸<br>肉桂酸<br>酪氨酸 | 起始培养 | 20<br>10<br>10 | 红景天苷 | 魏欣芳等（2010） |
| 人　参 | 提取物Ⅱ* | 继代 5d | 0.024 | 人参皂苷 Rb1<br>Rg1<br>Re | 岳才军等（2012） |
| 西洋参 | Mg（Ac）$_2$<br>L-亮氨酸 | 开始培养 | 0.5<br>1.0 | 西洋参皂苷 | Mills 和 Werner（1955） |
| 胀果甘草 | 苯丙氨酸<br>酪氨酸<br>肉桂酸<br>乙酸钠 | 培养 10d | 20<br>5.0 | 黄酮 | 杨英等（2007） |
| 虎　杖 | 苯丙氨酸 | 第三次继代 | 30 | 白藜芦醇 | 文涛（2009） |
| 肉苁蓉 | 苯丙氨酸<br>酪氨酸 | 开始培养 | 0.330<br>0.362 | 苯乙醇苷<br>松果菊苷 | 吕建军（2008） |

注：*达玛树脂中的三萜类化合物，有人参皂苷生物合成前体物达玛烯二醇-Ⅱ及其类似物（赵寿经等，2010）。

(3) 诱导子的应用

诱导子（elicitor）是指植物抗病生理过程中诱发植物产生植物抗毒素和引起植物过敏反应的因子。在活细胞系中加入低浓度的诱导子能够诱导或刺激特定化合物的生物合成。根据其来源可分为生物诱导子（biotic elicitors）和非生物诱导子（abiotic elicitors）。生物诱导子主要包括病毒类诱导子、细菌类诱导子、酵母提取物、真菌类诱导子等。非生物诱导子主要可分为化学因子和物理因子两大类，常用的化学因子有水杨酸（salicylic acid,

SA)、茉莉酸甲酯（methyl jasmonate，MJ）、茉莉酸（jasmonic acid，JA）、稀土元素以及重金属盐类等；物理因子一般为高温、高压、电击、紫外线、损伤等一些能诱导植物产生抗病性的环境因素。利用诱导子刺激次生代谢物的产生，不仅是植物细胞培养生产次生代谢物的重要手段，而且对缩短工艺时间、提高容器最大利用也非常显著。

利用诱导子来提高次生代谢物是目前在植物细胞培养中最常用的方法之一，在调控植物次生代谢物的合成与积累方面已取得了较多成果。Cai 等研究了诱导子（链霉素、活性炭、乙烯）及高流体静压（high hydrostatic pressure，HP）对葡萄悬浮培养次生代谢物的影响。结果表明，在 HP 和化学诱导子的作用下，酚类物质在培养基中含量明显增加，并且当 HP 和乙烯同时处理时，胞外酚类和 3-O-糖基-白藜芦醇的水平明显增加。近年来国内外利用生物与非生物诱导子进行次生代谢物合成调控的研究实例见表 10-4 和表 10-5 所列。

**表 10-4　生物诱导子对植物次生代谢物积累的影响**

| 来　源 | 诱导子 | 诱导浓度 | 诱导时间（d） | 次生代谢物 | 文　献 |
|---|---|---|---|---|---|
| 白　桦 | 拟茎点霉菌（phomopsis） | 40μg/mL | 1 | 三萜 | 翟俏丽（2011） |
| 虎　杖 | 黑曲霉 | 100μg/mL | 6 | 白藜芦醇 | 文涛（2009） |
| 东北红豆杉 | 美丽镰刀菌（fusarium） | 4mg/mL | 2 | 紫杉醇 | 李永成等（2008） |
| 茅苍术 | 小克银汉霉属 AL4 | 30mg/mL | 9 | 挥发性油 | 方芳等（2009） |
| 茅苍术 | 立枯丝核菌 SP1 | 40mg/mL | 9 | 苍术素 | 陶金华等（2011） |
| 灵　芝 | 顶头孢 | 120μg/mL | 7 | 三萜 | 高兴喜等（2009） |
| 丹　参 | 酵母提取液 | 100mg/mL | 22 | 丹参醌 | Yan et al.（2011） |

**表 10-5　非生物诱导子对植物次生代谢物积累的影响**

| 来　源 | 诱导子 | 诱导浓度 | 诱导时间（d） | 次生代谢物 | 文　献 |
|---|---|---|---|---|---|
| 丹　参 | SA | 6.25mg/L | 6 | 丹酚酸 B | 刘元柏（2010） |
| | | | 7 | 咖啡酸 | |
| 雷公藤 | SA | 0.1mg/L | 8 | 雷公藤甲素 | 朱留刚（2012） |
| | $LaCl_3$ | 20mg/L | 12 | | |
| 水母雪莲花 | MJ | 0.02mmol/L | 6 | 黄酮类化合物 | 杨睿（2005） |
| | SA | 0.03mmol/L | 6 | | |
| | SA+MJ | 0.02mmol/L + 0.03mmol/L | 9 | | |
| 红豆杉 | SA | 0.1% | 10 | 紫杉醇 | 苗奇志等（2000） |
| 高山红景天 | AIP | 10μmol/L | 12 | 红景天苷 | 王逸文等（2012） |
| | MJ | 200μmol/L | 12 | | |
| 西洋参 | MJ | 10μmol/L | 28 | 总皂苷 | 赵寿经等（2010） |
| 喜　树 | SA | 100μmol/L | 10 | 10-羟基喜树碱 | Yan et al.（2011） |
| | UV-B | 5μmol/($m^2$·s) | 3 | 喜树碱 | |
| 对雨生红球藻 | 花生四烯酸 | 312.5mg/L | 30 | 虾青素 | 王丽丽等（2010） |
| 肉苁蓉 | 苯丙氨酸 | 0.3mmol/L | 9 | 苯乙醇苷 | 沈慧慧等（2010） |
| | 酪氨酸 | 0.03mmol/L | 9 | | |

（续）

| 来 源 | 诱导子 | 诱导浓度 | 诱导时间（d） | 次生代谢物 | 文 献 |
|---|---|---|---|---|---|
| 丹 参 | $Ca^{2+}$ | 10mmol/L | 6 | 迷迭香酸 | 刘连成等（2012） |
| 长春花 | $Ce^{4+}$ | 0.5~1.0mmol/L | 1 | 长春质碱 | 范寰（2006） |

很多次生代谢物的产生与植物抵御病原体以及天敌有关，在物理或化学胁迫下，细胞次生代谢增强。诱导子的作用相当于外界胁迫，刺激植物细胞内的防御机制，促进次生代谢物的产生。

(4) 两相培养技术

植物经培养产生的次生代谢物一般储存于胞内，分泌量较小，如何将胞内产物运输到胞外并加以回收，是提高产量、降低成本和进行连续培养的关键，而且细胞分泌的代谢物或由于生物转化的外源物的毒性将会对组织的生长产生抑制作用，解决这一问题的方法之一是采用两相培养技术。

两相培养技术是在培养体系中加入水溶性或脂溶性有机物，或具有吸附作用的多聚物，使培养体系分为上下两相，组织在水相中生长并合成次生代谢物，次生代谢物分泌出后再转移到有机相中，这样不仅减少了产物的反馈抑制，同时提高了产物含量，而且有机相可以循环使用，有可能实现植物组织的连续培养。

建立植物细胞两相培养系统一般来说必须满足以下几个条件：

①添加的有机物质或多聚吸附物对植物细胞无毒害作用，不影响细胞的生长与产物的合成。

②产物能较易被有机物质吸附或者溶解于有机相中。

③两相较易分离。这一点对于大规模培养尤其重要，因为这不仅影响到两相的循环效果，而且有利于产物的回收，使有机相损失少，降低回收成本。

④有机物或多聚吸附物不能吸收培养基中的有效成分，如激素、有机物等，以免使细胞的生长受到影响。

目前，两相培养技术的应用已取得了较大的成功，用得较多的吸附剂主要是 XAD-4 和 XAD-7，萃取剂主要是十六烷。Kim 和 Butii 报道紫草悬浮系培养中在适宜时间添加十六烷提取紫草素，可使产量提高 7 倍以上。Payne 等在长春花细胞培养中加入 XAD-7 大孔吸附树脂，可使吲哚生物碱含量明显提高。孔雀草发根培养中添加十六烷，可使噻吩的分泌量由原来的 1% 提高至 30%~70%。这说明两相培养不仅可使分泌的次生代谢物被吸附，同时可使贮于胞内的次生物分泌出来。

(5) 两步培养法

培养基的组成是细胞生长和次级代谢物形成最直接、最重要的影响因素。大量试验表明，用同一种培养基同时达到细胞的最佳生长和最佳次生代谢物的积累是不现实的。因此，人们提出了两步培养法：第一步主要使用适合细胞生长的培养基即生长培养基；第二步使用适合次生代谢物合成的培养基，即合成培养基。

两步培养法较好地解决了细胞生物量增长与次生代谢物积累之间的矛盾，大大提高了目的产物的产率，是一种较好的方法。早期进入工业化生产的植物细胞培养大多采用两步培养系统。

# 10.4 植物器官培养的次生代谢物生产

## 10.4.1 毛状根培养

自 1907 年 Smith 和 Townsend 发现发根农杆菌（*Agrobacterium rhizogenes*）能诱导植物形成毛状根（hairy root）之后，Riker 等再次阐述了该现象。植物被发根农杆菌感染后在伤口处形成不定根，该不定根除菌后能迅速生长，并产生多个分支，呈毛发状，植物的这种病害称为毛根病。植物毛状根的诱导和形成是一个自然发生的基因工程例子，其为微生物学、生物化学、植物生理学以及分子生物学等领域的研究提供了大量新的知识和概念。20 世纪 80 年代以来，随着植物生物技术的发展，有关毛状根的研究进展十分迅速，除外源基因导入植物细胞的机制、植物激素的生理效应外，应用毛状根生物技术诱导植物次生代谢物的形成与生物转化等均有长足的发展，这一生物技术为植物有用成分的大量生产提供了新的途径，引起了人们的关注。表 10-6 所列为近年来利用该技术的研究实例。

**表 10-6 毛状根培养实例**

| 植物名称 | 产 物 |
|---|---|
| 鬼针草属（*Bidens*） | 多炔（Polyacetylenes） |
| 金鸡纳树（*Cinchona ledgeriana*） | 喹啉生物碱（Quinoline alkaloid） |
| 菊苣（*Cinchorium intybus*） | 七叶苷元（Esculetin） |
| 曼陀罗属（*Datura*） | 莨菪烷（Tropane） |
| 澳洲毒茄（*Duboisia leichhardtii*） | 莨菪烷生物碱（Tropane alkaloid） |
| 紫锥菊（*Echinacea purpurea*） | 生物碱（Alkaloid） |
| 甘草（*Glycyrrhiza uralensis*） | 甘草酸苷（Glycyrrhizin） |
| 人参（*Panax ginseng*） | 皂角苷（Saponin） |
| 丹参（*Salvia miltiorrhiza*） | 二萜（Diterpene） |
| 紫草（*Lithospermum erythrorhizon*） | 紫草素（Shikonin） |
| 蛇根木（*Rauvolfia serpentina*） | 阿吗啉，蛇根碱（Ajmaline，serpentine） |
| 茜草（*Rubia cordifolia*） | 蒽醌（Anthroquinone） |
| 光果甘草（*Glycyrrhiza glabra*） | 异戊二烯黄酮（Isoprenylated flavonoid） |
| 人参（*Panax ginseng*） | 人参皂苷（Gensenoside） |
| 埃及莨菪（*Hyoscyamus muticus*） | 莨菪碱（Hyoscyamine） |

(1) 诱导毛状根的方法

一般有茎秆（或叶柄）涂抹法、原生质体共培养法等。

①茎秆涂抹法　茎秆涂抹整株感染植物（通常感染无菌苗），是最简便的获得毛状根的方法，而且试验周期短。用于 Ri 质粒转化的外植体几乎可以是植株的任何部分，如叶片、茎段、叶柄、胚轴、块根、块茎以及由任何外植体来源的原生质

体。酚类物质如丁香酮、乙酰丁香酮可以使菌的感染力加强。感染时，先在外植体或植株上造成伤口，然后在受伤部位接种发根农杆菌，培养2~4周后，接种部位即有丛生毛状根的出现。

②原生质体共培养法　是通过无壁或处于壁再生阶段的原生质体对农杆菌敏感而实现转化，该法须借助于转化细胞的激素自主型生长或T-DNA上的抗菌素标记基因筛选出细胞，转化细胞分裂形成愈伤组织，这种愈伤组织在无激素培养基上培养即可产生毛状根。将毛状根剪下经过除菌培养后，即可在不添加任何激素的培养基上培养。常用的抗菌素有羧苄青霉素（carbenicillin）和头孢霉素（cefotaxime）等。离体培养的毛状根可以在很长时间内保持其快速生长和合成次生代谢物的能力。

(2) 毛状根的特性

①激素自主性　插入到植物细胞核基因组内的Ri质粒T-DNA，具有编码激素合成的基因，激素基因的表达打破了植物细胞生长代谢平衡，并导致细胞分化形成毛状根，毛状根在无激素的培养基上生长，这种激素的自主性也免去了外源激素对毛状根生长和代谢的影响。

②生长速度快　毛状根有大量的分支和根毛，生长快，可用于大量培养。镰田报道毛状根1个月可增殖60~200倍，有的植物在适宜的培养条件下可增殖2000~5000倍。

③稳定性　非器官化的愈伤组织细胞常常出现染色体异常，形成大量的多倍体和非整倍体，次生代谢物的合成不稳定且含量低。毛状根是细胞分化而来的根组织，属于单克隆，具有遗传稳定性，它不仅染色体数目与亲本保持一致，而且合成能力、合成模型及生长速度也很稳定，这对工业化生产十分重要。毛状根的这种遗传稳定性及其次生代谢物的合成与母体植株的相似性，也为进一步进行生理生化研究奠定了基础。

④高产性　毛状根的次生代谢物的含量一般比愈伤组织和悬浮培养的细胞高，并且能够合成某些愈伤组织和悬浮细胞不能合成的次生代谢物。大多数植物次生代谢物的形成和积累与细胞的分化有关。如未分化的长春花细胞中，其生物碱含量非常低，而毛状根中生物碱含量却很高。正是由于毛状根的以上特性，为其产业化生产提供了基础。

⑤向培养液释放代谢产物　毛状根可将部分次生代谢物分泌释放到培养液中，有利于次生代谢物回收提取和工业化生产。

⑥繁殖潜能强　可以制成人工种子长期保存。

此外，毛状根还能够通过生物转化的方法来生产活性化合物（表10-7）。将颠茄（*Atropa belladonna*）的毛状根和富含东莨菪碱的澳茄苗状冠瘿瘤共培养，由毛状根产生的莨菪碱（hyoscyamine）被冠瘿瘤转化为东莨菪碱。然而，这些培养系统需要深入研究其吸收机理、培养组织的生物合成潜力以及目的产物的细胞外分泌等。因此，毛状根的培养技术不仅可以用来生产活性次生代谢物，还可以用来作为生物转化的手段生产新的化合物。

表 10-7　利用毛状根培养生物转化生产药物

| 植物名称 | 酶底物（substrate） | 产　物 |
|---|---|---|
| 莨菪（*Hyoscyamus nighe*） | 莨菪碱（hyoscyamine） | 东莨菪碱（scopolamine） |
| 金鸡纳（*Cinchoma ledgeriana*） | 色氨酸（trypophan） | 奎宁（quinine） |
| 烟草属（*Nicotiana*） | 赖氨酸（lysine），尸胺（cadaverine） | 烟碱（nicotine） |
| | 胍丁胺（agmatine） | 新烟碱（anabasine） |
| 澳茄（*Dubosia nyoporoides*） | 腐胺（putrescine） | 东莨菪碱（scopolamine） |
| | 亚精胺（spermidine） | 天仙子胺（hyoscyamine） |
| | 尸胺（cadaverine） | |
| 人参（*Panax ginseng*） | 2-苯基丙酸（2-phenyl propinoic acid） | 糖脂（sugar esters） |
| | 洋地黄毒甙元（digitoxigenin） | 洋地黄毒苷（digitoxin） |
| | β-甘草次酸（18β-glycyrrhetinic acid） | 糖苷（glucosides） |
| | 二叔丁基对甲酚（butylated hydroxytoluene） | 1，2二苯乙烯奎宁（stilbene quinines） |
| | 酚酸（phenolic acid） | 糖基化酚类化合物（glycosylated phenolic compounds） |
| 颠茄（*Atropa belladonna*） | 莨菪碱（hyoscyamine） | 东莨菪碱（scopolamine） |
| 雷氏澳茄（*Dubo beichhardtti*） | 莨菪碱（hyoscyamine） | 东莨菪碱（scopolamine） |

### 10.4.2　冠瘿组织培养

根癌农杆菌 Ti 质粒的 T-DNA 片段（含 *tms* 基因、*tmr* 基因），通过根癌农杆菌感染植物可以被整合进入植物细胞的基因组，诱导冠瘿组织的发生。冠瘿瘤具有植物激素非依赖性生长能力、冠瘿碱合成能力，其遗传性状稳定、生长迅速；冠瘿组织离体培养时也具有激素自主性，增殖速率较常规细胞培养快等特点，其次生代谢物合成能力强与稳定性好，该技术在次生代谢物的生产中有着良好的开发前景。

## 10.5　规模化培养植物细胞的次生代谢物生产实例

### 10.5.1　人参细胞悬浮培养及工业化生产人参皂苷

人参皂苷系五加科植物人参（*Panax ginseng*）的根、茎、叶中提取出的三萜皂苷类，其中以四环三萜的达玛烷系皂苷为主要活性成分，具有大补元气、强心固脱、安神生津等作用。

(1)材料

人工栽培的 4~5 年生人参植株的根、茎、叶。

(2)营养设备

自选式培养架，固定 10L 或 20L 玻璃瓶，转速为 90~110r/min。

(3)培养基及培养条件

基本培养液组成为 MS 培养基，每升附加蔗糖 40g、KT 0.1mg、IBA 2.0mg，培养温度为 20~25℃。

按下面公式计算细胞生长速度和产量：

$$\text{生长速度}\left[g/(d\cdot L)\right]=\frac{\text{最终干重（g）}-\text{接种干重（g）}}{\text{培养时间（d）}\times\text{培养液体积（L）}}$$

$$\text{细胞产量（g/L）}=\frac{\text{最终干重（g）}-\text{接种干重（g）}}{\text{培养液体积（L）}}$$

（4）培养步骤

①愈伤组织的诱导　采用 4~5 年生人参植株的根、嫩茎和叶柄等作为外植体，采用 MS + 0.5mg/L 2,4-D 固体培养基，置于 25℃下进行暗培养，诱导产生愈伤组织。

②建立细胞株　愈伤组织转入液体培养基上进行增殖培养，每 5 周继代 1 次。其培养条件为：培养基 MS + 0.2mg/L 2,4-D，转速 80~90r/min，28℃光下培养。

③选择高产细胞系　将所得到的纯净细胞群以一定的密度接种在 1mm 厚度的薄层固体培养基上，进行平板培养，使之形成细胞团，尽可能地使每个细胞团均来自一个单细胞，采用化学方法测定培养物中人参皂苷的含量，初步筛选出人参皂苷含量高的细胞系。

④高产细胞系的扩大培养　采用液体培养基在 28℃下进行光照培养，转速为 80~90r/min，对培养物中的人参皂苷含量进行测定。多次重复鉴定确定细胞的稳定性。

⑤进行大规模培养　采用自旋式摇床对高产细胞系进行大规模的培养。

⑥提取培养物中的人参皂苷　具体步骤如图 10-1 所示。

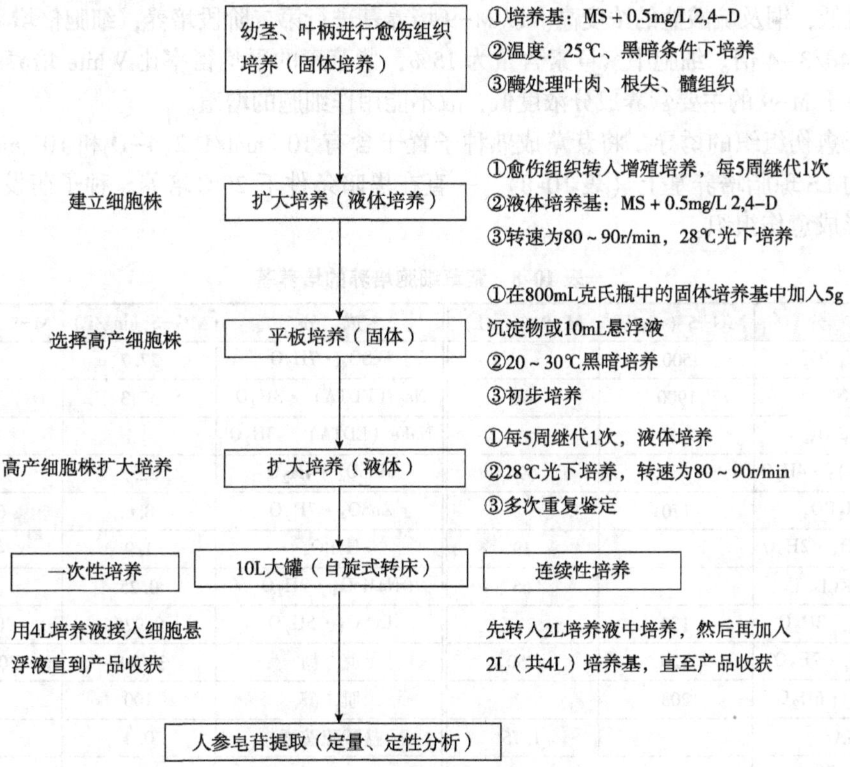


图 10-1　人参细胞悬浮培养步骤

### 10.5.2 紫草的细胞培养与工业化生产紫草素

紫草素（shikonin）系紫草科植物紫草（*Lithospermum erytrorihizon*）、新疆紫草（*Arnebia euchroma*）或内蒙古紫草（*Arnebia guttata*）等根中所含的 α-萘醌系列的化合物，可用作治疗外伤与痔疮的药物或高级染料。在紫草的根与紫草培养细胞中常见的化合物是紫草素及其各种低级脂肪酸酯。

(1) 材料

用紫草幼苗诱导愈伤组织，用细胞筛选的方法从亲本植物中获得优良细胞株，采用此种优良细胞株作为液体悬浮培养的材料。

(2) 实验设备

转鼓式反应器。

(3) 培养方法及步骤

分阶段地使用性质完全不同培养基的“二级培养法”，可有效地生产紫草素。第一阶段培养以增殖细胞为目的，将获得的种细胞在第二阶段进行以生产紫草素为目的的培养。第一阶段山田康之等采用自己设计的 MG-5 培养基，这是一种改良的 LS 培养基，其组成见表 10-8 所列。在第一阶段中只求细胞能迅速增殖，而不急于生产紫草素。第二阶段采用 M-9 培养基（山田等设计）作为生产紫草素的培养基，其组成见表 10-8。M-9 培养基系将 White 培养基予以大幅改良，其特点是以硝酸盐为唯一的氮源，磷酸盐的浓度低，铜及硫酸盐的浓度高。以 M-9 培养基进行第二阶段培养，细胞倍增率较低，为每 14d/3~4 倍。细胞中紫草素含量为 15%，紫草素的平均得率比 White 培养基高 10 倍。由于 M-9 的主要营养成分浓度低，故不能用作细胞的增殖。

①愈伤组织的诱导　将紫草成熟种子置于含有 $10^{-6}$mol/L 2,4-D 和 $10^{-6}$mol/L 激动素的 LS 琼脂培养基上（表 10-8），一直在黑暗条件下 25℃ 培养。种子萌发后于幼根部形成愈伤组织。

**表 10-8　紫草细胞培养的培养基**

| 成　分 | MG-5（mg/L） | M-9（mg/L） | 成　分 | MG-5（mg/L） | M-9（mg/L） |
|---|---|---|---|---|---|
| $NH_4NO_3$ | 500 | | $FeSO_4 \cdot 7H_2O$ | 27.7 | |
| $KNO_3$ | 1900 | 80 | $Na_2$（EDTA）$\cdot 3H_2O$ | 37.3 | |
| $NaNO_3$ | 2480 | | NaFe（EDTA）$\cdot 3H_2O$ | | 1.8 |
| $Ca(NO_3)_2 \cdot 4H_2O$ | | 694 | $MnSO_4 \cdot 4H_2O$ | 22.3 | |
| $KH_2PO_4$ | 170 | | $ZnSO_4 \cdot 7H_2O$ | 8.6 | 3.0 |
| $NaH_2PO_4 \cdot 2H_2O$ | | 19 | $H_3BO_3$ | 1.9 | 4.5 |
| KCl | | 65 | $NaMoO_4 \cdot 2H_2O$ | 0.25 | |
| $CaCl_2 \cdot 2H_2O$ | 150 | | $CuSO_4 \cdot 5H_2O$ | 0.025 | 0.3 |
| $MgSO_4 \cdot 7H_2O$ | 120 | 750 | 蔗　糖 | 30 000 | 30 000 |
| $MgCl_2 \cdot 6H_2O$ | 203 | | 肌　醇 | 100 | |
| IAA | | 1.75 | 盐酸硫胺素 | 0.4 | |
| $Na_2SO_4$ | | 1480 | | | |

②细胞系的建立　将所得到的纯净细胞群以一定的密度接种在 1mm 厚度的薄层固体培养基上，进行平板培养，使之形成细胞团，尽可能地使每个细胞团均来自一个单细胞，采用显微镜观察细胞的颜色，初步筛选出色素含量高的细胞系。

③高产细胞系的扩大培养　采用含有 $10^{-6}$mol/L IAA 和 $10^{-5}$mol/L 激动素 LS 液体培养基（表 10-8）在 25℃下进行暗培养，转速为 100r/min，对培养物进行色素鉴定，多次重复鉴定确定细胞的稳定性。

④继代培养　将高产细胞系装入 80mL 含有 $10^{-6}$mol/L IAA 和 $10^{-5}$mol/L 激动素 LS 液体培养基的 300mL 三角瓶中，在 100r/min 转速下振荡培养，使细胞增殖。瓶塞用市售通气很好的不锈钢盖。培养初期由于固体培养细胞产生紫草素易变质，细胞外观极不均一，但经 14d 培养的细胞转入新鲜培养基后，迅速产生大量白色细胞，以后每隔 14d 转入新鲜培养基，即可获得均一的细胞团。这种均一的细胞经 14d 培养约增加 13 倍。细胞移植时，用不锈钢制孔径 40μm 的筛网，收集细胞按 80mL 培养基加 1. 5g 鲜重的比例进行接种。

⑤第一阶段的培养（细胞增殖的培养）　接种在 LS 培养基内继代培养 14d 后，用继代培养所述的方法收集细胞，将 1. 5g 鲜重细胞接种在 80mL MG-5 培养基中，进行振荡培养。在细胞增殖 6~7 倍后，自第 10~11 天起对数增殖期结束，增殖速度开始降低。生产紫草素的种质细胞的生长阶段对第二阶段在 M-9 培养基中的培养有较大影响。用对数生长期的细胞作为种细胞，紫草素的得率最高。因此，从细胞收获量和紫草素生产考虑，在移植后 9d 结束第一阶段最为适宜。此外，MG-5 培养基不含植物激素，所以不能用以维持细胞株的继代培养。

⑥第二阶段的培养（生产紫草素的培养）　以上述方法收集第一阶段所获得的细胞，取 2. 4g 鲜重细胞移入装有 80mL M-9 培养基的 300mL 三角瓶中，在 100r/min 转速下振荡培养。紫草素的生成能为肉眼所确定。从培养第 2 天起，一部分细胞即呈红色，至第 7 天全部细胞团完全呈鲜红色，经 14d 培养的细胞中紫草素含量可达 15%，1L 培养基中紫草素的收获量为 15g。

## 小　结

植物次生代谢是植物在长期进化中对生态环境适应的结果。其代谢物具有多种复杂的生物学功能，在提高植物对外境环境的适应性和种间竞争能力、抵御天敌的侵袭、增强抗病性等方面发挥重要作用。植物次生代谢物也是人类生活、生产中不可缺少的重要物质，为医药、轻工、化工、食品及农药等提供了宝贵的原料。本章从细胞大规模培养类型，利用植物细胞培养进行次生代谢物生产的方法，利用植物器官毛状根与冠瘿组织培养生产次生代谢物的方式等方面进行系统的论述与分析，并列举了利用人参细胞培养生产人参皂苷，紫草细胞培养生产紫草素的成功实例。

## 复习思考题

### 一、名词解释

植物细胞培养，次生代谢物，两相培养技术，两步培养，毛状根。

### 二、回答题

1. 简述应用植物细胞培养技术生产次生代谢物的优势。
2. 简述常用于植物细胞悬浮培养的生物反应器的类型，适合的生物反应器的选择方法。
3. 简述植物细胞固定化生物反应器特点及常见类型。
4. 简述植物细胞大规模培养体系的建立程序。
5. 影响植物组织和细胞培养中次生代谢物积累的因素有哪些？
6. 可通过哪些途径提高植物细胞中次生代谢物的产量？
7. 简述利用毛状根生产植物次生代谢物的特点。

## 推荐阅读书目

1. 植物细胞培养工程．元英进．化学工业出版社, 2004.
2. 药用植物大规模组织培养．高文远, 贾伟．化学工业出版社, 2005.
3. 植物组织培养原理与技术．李胜, 李唯．化学工业出版社, 2009.

## 参考文献


高文远，贾伟，2005. 药用植物大规模组织培养［M］. 北京：化学工业出版社.

高兴喜，姚强，王磊，等，2009. 真菌激发子对灵芝液体发酵生产多糖和三萜类物质的影响［J］. 食品科学，23：309-313.

谷荣辉，洪利亚，龙春林，2013. 植物细胞培养生产次生代谢物的途径［J］. 植物生理学报，49（9）：869-881.

黄卫文，李忠海，黎继烈，等，2011. 植物细胞悬浮培养及其在白藜芦醇研究中的应用［J］. 中南林业科技大学学报，31（4）：104-108.

吕春茂，范海延，姜河，等，2007. 植物细胞培养技术合成次生代谢物质研究进展［J］. 云南农业大学学报，22（1）：1-7.

吕建军，2008. 肉苁蓉细胞培养与次生代谢物形成的研究［D］. 沈阳：沈阳药科大学.

陶金华，濮雪莲，江曙，2011. 内生真菌诱导子对茅苍术细胞生长及苍术素积累的影响［J］. 中国中药杂志，36（1）：27-31.

魏欣方，周斌，贾景明，2010. 3 种前体饲喂对高山红景天悬浮培养细胞中红景天苷的影响［J］. 中国实验方剂学杂志，16（15）：83-86.

文涛，2009. 虎杖愈伤组织白藜芦醇次生代谢调控体系研究［D］. 雅安：四川农业大学.

杨帆，赵君，张之为，等，2010. 植物悬浮细胞的研究进展［J］. 生命科学研究，14（3）：257-262.

岳才军，臧忠婧，于立权，等，2012. 达玛树脂提取物对人参细胞中皂苷单体含量的影响［J］. 热带农业工程，36（3）：1-4.

翟俏丽，2011. 真菌诱导子促进白桦悬浮细胞中三萜合成机理的初步研究［D］. 哈尔滨：东北林业大学.

ABEDIN M J, FELDMANN J, MEHARG A A, 2002. Uptake kinetics of arsenic species in rice plants［J］. Plant physiology, 128 (3): 1120-1128.

CHANDRA S, CHANDRA R, 2011. Engineering secondary metabolite production in hairy roots［J］. Phytochemistry reviews, 10: 371-395.

CHEN B, WANG XM, CAI Y, et al., 2012. Effect of three precursors on accumulation of principal volatile oil constituents in tissue culture plantlets of *Atractylodes lancea* (Thunb.) DC.［J］. Agricultural science & technology, 13 (8): 1687-1690.

CRAGG GM, NEWMAN DJ, 2009. Nature: a vital source of leads for anticancer drug development［J］. Phytochemistry reviews (2009), 8: 313-331.

GEORGIEV MI, PAVLOV AI, BLEY T, 2007. Hairy root type plant in vitro systems as sources of bioactive substances［J］. Applied microbiology and biotechnology, 74: 1175-1185.

KIERAN PM, MACLOUGHLIN PF, MALONE DM, 1997. Plant cell suspension cultures: some engineering considerations［J］. Journal of biotechnology, 59: 39-52.

KOLEWE ME, GAURAV V, ROBERTS SC, 2008. Pharmaceutically active natural product synthesis and supply via plant cell culture technology［J］. Molecular pharmaceutics (5): 243-256.

PAUWELS L, INZE D, GOOSSENS A, 2009. Jasmonate-inducible gene: what does it mean?［J］. Trends in plant science, 14: 87-91.

RAO SR, RAVISHANKAR GA, 2002. Plant cell cultures: chemical factories of secondary metabolites［J］. Biotechnology advances, 20: 101-153.

SHU-WEI YANG, ROSA UBILLAS, JAMES McALPINE, et al., 2001. Three new phenolic compounds from a manipulated plant cell culture, *Mirabilis jalapa*［J］. Journal of natural products, 64: 313-317.

TEPE B, SOKMEN A, 2007. Production and optimisation of rosmarinic acid by *Satureja hortensis* L. callus cultures［J］. Natural product research, 21: 1133-1144.

WHO, 2001. Arsenic compounds, environmental health criteria［S］. (2nd ed). Geneva: World Health Organization, 224.

WILSON SA, ROBERTS SC, 2012. Recent advances towards development and commercialization of plant cell culture processes for the synthesis of biomolecules［J］. Plant biotechnology journal, 10: 249-268.

YAN Q, WU JY, LIU R, 2011. Modeling of tanshinone synthesis and phase distribution under the combined effect of elicitation and *in situ* Adsorption in *Salvia miltiorrhiza* hairy root cultures［J］. Biotechnology letters, 33: 813-819.

ZHONG J J, 2001. Biochemical engineering of the production of plant specific secondary metabolites by cell suspension cultures［D］. In: advances in biochemical engineering/biotechnology. Berlin/Heidelberg: Springer.

# 附　录

## 植物组织培养常用培养基配方

**1. MS 培养基**（Murashige & Skoog，1962，广泛用于多种植物的组织培养）

| 成　分 | 含量（mg/L） | 成　分 | 含量（mg/L） | 成　分 | 含量（mg/L） |
|---|---|---|---|---|---|
| $NH_4NO_3$ | 1650 | $ZnSO_4 \cdot 7H_2O$ | 8.6 | 盐酸硫胺素 | 0.4 |
| $KNO_3$ | 1900 | $H_3BO_3$ | 6.2 | 盐酸吡哆醇 | 0.5 |
| $KH_2PO_4$ | 170 | KI | 0.83 | 烟　酸 | 0.5 |
| $CaCl_2 \cdot 2H_2O$ | 440 | $Na_2MoO_4 \cdot 2H_2O$ | 0.25 | 蔗　糖 | 30 000 |
| $MgSO_4 \cdot 7H_2O$ | 370 | $CuSO_4 \cdot 5H_2O$ | 0.025 | 琼　脂 | 8000 |
| $FeSO_4 \cdot 7H_2O$ | 27.8 | $CoCl_2 \cdot 6H_2O$ | 0.025 | pH | 5.8 |
| $Na_2$-EDTA | 37.3 | 肌　醇 | 100 | | |
| $MnSO_4 \cdot 4H_2O$ | 22.3 | 甘氨酸 | 2 | | |

**2. $B_5$ 培养基**（Gamborg et al.，1968）

| 成　分 | 含量（mg/L） | 成　分 | 含量（mg/L） | 成　分 | 含量（mg/L） |
|---|---|---|---|---|---|
| $KNO_3$ | 3000 | $ZnSO_4 \cdot 7H_2O$ | 2 | 盐酸硫胺素 | 10 |
| $(NH_4)_2SO_4$ | 134 | $H_3BO_3$ | 3 | 盐酸吡哆醇 | 1 |
| $NaH_2PO_4 \cdot H_2O$ | 150 | KI | 0.75 | 烟　酸 | 1 |
| $CaCl_2 \cdot 2H_2O$ | 150 | $Na_2MoO_4 \cdot 2H_2O$ | 0.25 | 蔗　糖 | 20 000 |
| $MgSO_4 \cdot 7H_2O$ | 500 | $CuSO_4 \cdot 5H_2O$ | 0.025 | 琼　脂 | 10 000 |
| $FeNa_2$-EDTA | 28 | $CoCl_2 \cdot 6H_2O$ | 0.025 | pH | 5.5 |
| $MnSO_4 \cdot 4H_2O$ | 10 | 肌　醇 | 100 | | |

**3. $N_6$ 培养基**（朱至清等，1975，用于禾谷类花药、原生质体的培养和诱导玉米体细胞胚胎发生）

| 成　分 | 含量（mg/L） | 成　分 | 含量（mg/L） | 成　分 | 含量（mg/L） |
|---|---|---|---|---|---|
| $KNO_3$ | 2830 | $MnSO_4 \cdot 4H_2O$ | 4.4 | 盐酸硫胺素 | 1 |
| $(NH_4)_2SO_4$ | 463 | $ZnSO_4 \cdot 7H_2O$ | 1.5 | 盐酸吡哆醇 | 0.5 |
| $KH_2PO_4$ | 400 | $H_3BO_3$ | 1.6 | 烟　酸 | 0.5 |
| $CaCl_2 \cdot 2H_2O$ | 166 | KI | 0.8 | 琼　脂 | 8000 |
| $MgSO_4 \cdot 7H_2O$ | 185 | $Na_2$-EDTA | 37.3 | pH | 5.8 |
| $FeSO_4 \cdot 7H_2O$ | 27.8 | 甘氨酸 | 2 | | |

**4. LS 培养基**（Linsmaier & Skoog，1965）

| 成分 | 含量（mg/L） | 成分 | 含量（mg/L） | 成分 | 含量（mg/L） |
|---|---|---|---|---|---|
| $NH_4NO_3$ | 1650 | $MnSO_4 \cdot 4H_2O$ | 22.3 | 肌醇 | 100 |
| $KNO_3$ | 1900 | $ZnSO_4 \cdot 7H_2O$ | 8.6 | 盐酸硫胺素 | 0.4 |
| $KH_2PO_4$ | 170 | $H_3BO_3$ | 6.2 | 蔗糖 | 30 000 |
| $CaCl_2 \cdot 2H_2O$ | 440 | KI | 0.83 | 琼脂 | 8000 |
| $MgSO_4 \cdot 7H_2O$ | 370 | $Na_2MoO_4 \cdot 2H_2O$ | 0.25 | pH | 5.8 |
| $FeSO_4 \cdot 7H_2O$ | 27.8 | $CuSO_4 \cdot 5H_2O$ | 0.025 | | |
| $Na_2$-EDTA | 37.3 | $CoCl_2 \cdot 6H_2O$ | 0.025 | | |

**5. H 培养基**（Bourgin & Nitsch，1967，用于烟草花药和一般组织培养）

| 成分 | 含量（mg/L） | 成分 | 含量（mg/L） | 成分 | 含量（mg/L） |
|---|---|---|---|---|---|
| $NH_4NO_3$ | 720 | $MnSO_4 \cdot 4H_2O$ | 25 | 盐酸硫胺素 | 0.5 |
| $KNO_3$ | 950 | $ZnSO_4 \cdot 7H_2O$ | 10 | 盐酸吡哆醇 | 0.5 |
| $KH_2PO_4$ | 68 | $H_3BO_3$ | 10 | 叶酸 | 0.5 |
| $CaCl_2 \cdot 2H_2O$ | 166 | $Na_2MoO_4 \cdot 2H_2O$ | 0.25 | 生物素 | 0.05 |
| $MgSO_4 \cdot 7H_2O$ | 185 | $CuSO_4 \cdot 5H_2O$ | 0.025 | 蔗糖 | 30 000 |
| $FeSO_4 \cdot 7H_2O$ | 27.8 | 肌醇 | 100 | 琼脂 | 8000 |
| $Na_2$-EDTA | 37.3 | 甘氨酸 | 2 | pH | 5.5 |

**6. ER 培养基**（1965）

| 成分 | 含量（mg/L） | 成分 | 含量（mg/L） | 成分 | 含量（mg/L） |
|---|---|---|---|---|---|
| $NH_4NO_3$ | 1200 | $MnSO_4 \cdot 4H_2O$ | 2.23 | 盐酸硫胺素 | 0.5 |
| $KNO_3$ | 1900 | $H_3BO_3$ | 0.63 | 烟酸 | 0.5 |
| $KH_2PO_4$ | 340 | KI | 0.83 | 盐酸吡哆醇 | 0.5 |
| $CaCl_2 \cdot 2H_2O$ | 440 | $Na_2MoO_4 \cdot 2H_2O$ | 0.025 | 甘氨酸 | 2 |
| $MgSO_4 \cdot 7H_2O$ | 370 | $CuSO_4 \cdot 5H_2O$ | 0.0025 | 蔗糖 | 40 000 |
| $FeSO_4 \cdot 7H_2O$ | 27.8 | $CoCl_2 \cdot 6H_2O$ | 0.0025 | pH | 5.8 |
| $Na_2$-EDTA | 37.3 | Zn · Na-EDTA | 15 | | |

**7. 克诺普的“四盐营养液”**（W. Knop & Julius von Sachs，1865）

| 成分 | 含量（mg/L） | 成分 | 含量（mg/L） |
|---|---|---|---|
| $Ca(NO_3)_2$ | 800 | $KH_2PO_4$ | 200 |
| $KNO_3$ | 200 | $MgSO_4$ | 200 |

**8. GS 培养基**（曹孜义等，1986，用于葡萄试管苗培养）

| 成 分 | 含量（mg/L） | 成 分 | 含量（mg/L） | 成 分 | 含量（mg/L） |
|---|---|---|---|---|---|
| $(NH_4)_2SO_4$ | 67 | $MnSO_4 \cdot H_2O$ | 5 | 盐酸硫胺素 | 10 |
| $KNO_3$ | 1250 | $ZnSO_4 \cdot 7H_2O$ | 1 | 盐酸吡哆醇 | 1 |
| $CaCl_2 \cdot 2H_2O$ | 150 | $H_3BO_3$ | 1.5 | 烟 酸 | 1 |
| $MgSO_4 \cdot 7H_2O$ | 125 | KI | 0.375 | 蔗 糖 | 15 000 |
| $FeSO_4 \cdot 7H_2O$ | 13.9 | $CuSO_4 \cdot 5H_2O$ | 0.0125 | 琼 脂 | 4000~7000 |
| $Na_2$-EDTA | 18.65 | $CoCl_2 \cdot 6H_2O$ | 0.0125 | pH | 5.9 |
| $NaH_2PO_4 \cdot H_2O$ | 175 | 肌 醇 | 25 | | |

**9. SH 培养基**（Schenk & Hildebrandt，1972，用于松树组织培养）

| 成 分 | 含量（mg/L） | 成 分 | 含量（mg/L） | 成 分 | 含量（mg/L） |
|---|---|---|---|---|---|
| $KNO_3$ | 2500 | $ZnSO_4 \cdot 7H_2O$ | 1 | 烟 酸 | 5 |
| $CaCl_2 \cdot 2H_2O$ | 200 | $H_3BO_3$ | 5 | 肌 醇 | 1000 |
| $MgSO_4 \cdot 7H_2O$ | 400 | KI | 1 | 盐酸吡哆醇 | 5 |
| $FeSO_4 \cdot 7H_2O$ | 20 | $Na_2MoO_4 \cdot 2H_2O$ | 0.1 | 蔗 糖 | 30 000 |
| $Na_2$-EDTA | 15 | $CuSO_4 \cdot 5H_2O$ | 0.2 | pH | 5.8 |
| $MnSO_4 \cdot H_2O$ | 10 | $CoCl_2 \cdot 6H_2O$ | 0.1 | | |
| $NH_4H_2PO_4$ | 300 | 盐酸硫胺素 | 5 | | |

**10. WS 培养基**（Wolter & Skoog，1966）

| 成 分 | 含量（mg/L） | 成 分 | 含量（mg/L） | 成 分 | 含量（mg/L） |
|---|---|---|---|---|---|
| $NH_4NO_3$ | 50 | $Na_2HPO_4 \cdot 2H_2O$ | 35 | 草酸铁 | 28 |
| $KNO_3$ | 170 | $NH_4Cl$ | 35 | 盐酸硫胺素 | 0.1 |
| $Ca(NO_3)_2 \cdot 4H_2O$ | 425 | $MnSO_4 \cdot 4H_2O$ | 7.5 | 盐酸吡哆醇 | 0.1 |
| $FeSO_4 \cdot 7H_2O$ | 27.8 | $MnSO_4 \cdot 7H_2O$ | 9 | 烟 酸 | 0.5 |
| $Na_2$-EDTA | 37.3 | $ZnSO_4 \cdot 7H_2O$ | 3.2 | 蔗 糖 | 20 000 |
| KCl | 140 | KI | 1.6 | 琼 脂 | 10 000 |
| $Na_2SO_4$ | 425 | 肌 醇 | 100 | | |

**11. Nitsch 培养基**（NN，1969）

| 成 分 | 含量（mg/L） | 成 分 | 含量（mg/L） | 成 分 | 含量（mg/L） |
|---|---|---|---|---|---|
| $NH_4NO_3$ | 720 | $MnSO_4 \cdot 4H_2O$ | 25 | 生物素 | 0.05 |
| $KNO_3$ | 950 | $ZnSO_4 \cdot 7H_2O$ | 10 | 甘氨酸 | 2 |
| $KH_2PO_4$ | 68 | $H_3BO_3$ | 3 | 盐酸硫胺素 | 1 |
| $CaCl_2 \cdot 2H_2O$ | 166 | $Na_2MoO_4 \cdot 2H_2O$ | 0.25 | 盐酸吡哆醇 | 0.5 |
| $MgSO_4 \cdot 7H_2O$ | 185 | $CuSO_4 \cdot 5H_2O$ | 0.08 | 烟 酸 | 5 |
| $FeSO_4 \cdot 7H_2O$ | 27.8 | 叶 酸 | 0.5 | 蔗 糖 | 20 000 |
| $Na_2$-EDTA | 37.3 | 肌 醇 | 100 | | |

**12. White 培养基（1963）**

| 成 分 | 含量（mg/L） | 成 分 | 含量（mg/L） | 成 分 | 含量（mg/L） |
|---|---|---|---|---|---|
| $KNO_3$ | 80 | $MnSO_4 \cdot 4H_2O$ | 5 | 盐酸硫胺素 | 0.1 |
| $Ca(NO_3)_2 \cdot 4H_2O$ | 200 | $ZnSO_4 \cdot 7H_2O$ | 3 | 盐酸吡哆醇 | 0.1 |
| $MgSO_4 \cdot 7H_2O$ | 720 | $H_3BO_3$ | 1.5 | 烟 酸 | 0.3 |
| $NaH_2PO_4 \cdot H_2O$ | 17 | KI | 0.75 | 蔗 糖 | 20 000 |
| $Na_2SO_4$ | 200 | $MoO_3$ | 0.001 | 琼 脂 | 10 000 |
| $Fe_2(SO_4)_3$ | 2.5 | 甘氨酸 | 3 | pH | 5.6 |

**13. Knop 培养基（1865）**

| 成 分 | 含量（mg/L） | 成 分 | 含量（mg/L） |
|---|---|---|---|
| $KNO_3$ | 125 | $Ca(NO_3)_2 \cdot 4H_2O$ | 500 |
| $MgSO_4 \cdot 7H_2O$ | 125 | $KH_2PO_4$ | 125 |

**14. Miller 培养基（1963—1967）**

| 成 分 | 含量（mg/L） | 成 分 | 含量（mg/L） | 成 分 | 含量（mg/L） |
|---|---|---|---|---|---|
| $NH_4NO_3$ | 1000 | $ZnSO_4 \cdot 7H_2O$ | 1.5 | 盐酸硫胺素 | 0.1 |
| $KNO_3$ | 1000 | $H_3BO_3$ | 1.6 | 盐酸吡哆醇 | 0.1 |
| $KH_2PO_4$ | 300 | KI | 0.8 | 烟 酸 | 0.5 |
| $Ca(NO_3)_2 \cdot 4H_2O$ | 347 | $NiCl_2 \cdot 6H_2O$ | 0.35 | 蔗 糖 | 30 000 |
| $MgSO_4 \cdot 7H_2O$ | 35 | KCl | 65 | 琼 脂 | 10 000 |
| $FeNa_2$-EDTA | 32 | $MnSO_4 \cdot 4H_2O$ | 4.4 | pH | 6 |

**15. 改良 MS 培养基**（用于石斛兰的生根）

| 成 分 | 含量（mg/L） | 成 分 | 含量（mg/L） | 成 分 | 含量（mg/L） |
|---|---|---|---|---|---|
| $NH_4NO_3$ | 1650 | $MnSO_4 \cdot 4H_2O$ | 22.3 | 肌 醇 | 100 |
| $KNO_3$ | 1900 | $ZnCl_2$ | 3.93 | 盐酸硫胺素 | 0.4 |
| $KH_2PO_4$ | 170 | $H_3BO_3$ | 6.2 | IAA | 0.1 |
| $CaCl_2 \cdot 2H_2O$ | 440 | KI | 0.83 | 蔗 糖 | 30 000 |
| $MgSO_4 \cdot 7H_2O$ | 370 | $Na_2MoO_4 \cdot 2H_2O$ | 0.25 | 琼 脂 | 13 000 |
| $FeSO_4 \cdot 7H_2O$ | 27.8 | $CuSO_4 \cdot 5H_2O$ | 0.025 | pH | 5.5 |
| $Na_2$-EDTA | 74.5 | $CoCl_2 \cdot 6H_2O$ | 0.025 | | |

**16. NT 培养基**（Nagata & Takebe，1971）

| 成 分 | 含量（mg/L） | 成 分 | 含量（mg/L） | 成 分 | 含量（mg/L） |
|---|---|---|---|---|---|
| $NH_4NO_3$ | 825 | $MnSO_4 \cdot 4H_2O$ | 22.3 | 肌 醇 | 100 |
| $KNO_3$ | 950 | $ZnSO_4 \cdot 7H_2O$ | 8.6 | 甘露醇 | 0.7mol/L |
| $KH_2PO_4$ | 680 | $H_3BO_3$ | 6.2 | 盐酸硫胺素 | 1 |
| $CaCl_2 \cdot 2H_2O$ | 220 | KI | 0.83 | 蔗 糖 | 10 000 |
| $MgSO_4 \cdot 7H_2O$ | 1233 | $Na_2MoO_4 \cdot 2H_2O$ | 0.25 | pH | 5.8 |
| $FeSO_4 \cdot 7H_2O$ | 27.8 | $CuSO_4 \cdot 5H_2O$ | 0.025 | | |
| $Na_2$-EDTA | 37.3 | $CoSO_4 \cdot 7H_2O$ | 0.03 | | |

**17. HL 培养基**（1982）

| 成 分 | 含量（mg/L） | 成 分 | 含量（mg/L） | 成 分 | 含量（mg/L） |
|---|---|---|---|---|---|
| $NH_4NO_3$ | 400 | $Ca(NO_3)_2 \cdot 4H_2O$ | 556 | 甘氨酸 | 2 |
| $KH_2PO_4$ | 170 | $K_2SO_4$ | 99 | 烟 酸 | 1 |
| $CaCl_2 \cdot 2H_2O$ | 96 | $ZnSO_4 \cdot 7H_2O$ | 8.6 | 盐酸硫胺素 | 1 |
| $MgSO_4 \cdot 7H_2O$ | 370 | $H_3BO_3$ | 6.2 | 盐酸吡哆醇 | 1 |
| $FeSO_4 \cdot 7H_2O$ | 27.8 | $Na_2MoO_4 \cdot 2H_2O$ | 0.25 | 蔗 糖 | 20 000 |
| $Na_2$-EDTA·$2H_2O$ | 37.3 | $CuSO_4 \cdot 5H_2O$ | 0.25 | 琼 脂 | 4800 |
| $MnSO_4 \cdot 4H_2O$ | 22.5 | 肌 醇 | 100 | | |

**18. MT 培养基**（Murashige & Tucker，1969）

| 成 分 | 含量（mg/L） | 成 分 | 含量（mg/L） | 成 分 | 含量（mg/L） |
|---|---|---|---|---|---|
| $NH_4NO_3$ | 1650 | $MnSO_4 \cdot 4H_2O$ | 22.3 | 肌 醇 | 100 |
| $KNO_3$ | 1900 | $ZnSO_4 \cdot 7H_2O$ | 8.6 | 甘氨酸 | 100 |
| $KH_2PO_4$ | 170 | $H_3BO_3$ | 6.2 | 盐酸硫胺素 | 10 |
| $CaCl_2 \cdot 2H_2O$ | 440 | KI | 0.83 | 盐酸吡哆醇 | 10 |
| $MgSO_4 \cdot 7H_2O$ | 370 | $Na_2MoO_4 \cdot 2H_2O$ | 0.25 | 烟 酸 | 5 |
| $FeSO_4 \cdot 7H_2O$ | 27.8 | $CuSO_4 \cdot 5H_2O$ | 0.025 | 维生素 C | 2 |
| $Na_2$-EDTA | 37.3 | $CoCl_2 \cdot 6H_2O$ | 0.025 | 蔗 糖 | 50 000 |

**19. Nitsch 培养基**（1951，用于传粉后子房培养）

| 成 分 | 含量（mg/L） | 成 分 | 含量（mg/L） | 成 分 | 含量（mg/L） |
|---|---|---|---|---|---|
| $Ca(NO_3)_2 \cdot 4H_2O$ | 500 | $MnSO_4 \cdot 4H_2O$ | 3 | 蔗 糖 | 20 000 |
| $KNO_3$ | 125 | $ZnSO_4 \cdot 7H_2O$ | 0.05 | 琼 脂 | 10 000 |
| $KH_2PO_4$ | 125 | $H_3BO_3$ | 0.5 | pH | 6 |
| $MgSO_4 \cdot 7H_2O$ | 125 | $Na_2MoO_4 \cdot 2H_2O$ | 0.025 | | |
| 柠檬酸铁 | 10 | $CuSO_4 \cdot 5H_2O$ | 0.025 | | |

**20. 改良 Nitsch 培养基**（1963，用于传粉后子房培养）

| 成 分 | 含量（mg/L） | 成 分 | 含量（mg/L） | 成 分 | 含量（mg/L） |
|---|---|---|---|---|---|
| $Ca(NO_3)_2 \cdot 4H_2O$ | 500 | $ZnSO_4 \cdot 7H_2O$ | 0.05 | 盐酸硫胺素 | 0.25 |
| $KNO_3$ | 125 | $H_3BO_3$ | 0.5 | 盐酸吡哆醇 | 0.25 |
| $KH_2PO_4$ | 125 | $Na_2MoO_4 \cdot 2H_2O$ | 0.025 | 烟 酸 | 1.25 |
| $MgSO_4 \cdot 7H_2O$ | 125 | $CuSO_4 \cdot 5H_2O$ | 0.025 | 蔗 糖 | 50 000 |
| 柠檬酸铁 | 10 | 甘氨酸 | 7.5 | 琼 脂 | 7000 |
| $MnSO_4 \cdot 4H_2O$ | 3 | 泛酸钙 | 0.25 | pH | 6.0 |

**21. GD 培养基**（Gresshoff & Doy，1972，用于松树组织培养）

| 成 分 | 含量（mg/L） | 成 分 | 含量（mg/L） | 成 分 | 含量（mg/L） |
|---|---|---|---|---|---|
| $NH_4NO_3$ | 1000 | $ZnSO_4 \cdot 7H_2O$ | 3 | 甘氨酸 | 0.4 |
| $KNO_3$ | 1000 | $H_3BO_3$ | 3 | 盐酸硫胺素 | 1 |
| $KH_2PO_4$ | 300 | KI | 0.8 | 盐酸吡哆醇 | 0.1 |
| $Ca(NO_3)_2 \cdot 4H_2O$ | 347 | $Na_2MoO_4 \cdot 2H_2O$ | 0.25 | 烟 酸 | 0.1 |
| $MgSO_4 \cdot 7H_2O$ | 35 | $CuSO_4 \cdot 5H_2O$ | 0.25 | 蔗 糖 | 30 000 |
| $FeSO_4 \cdot 7H_2O$ | 27.8 | $CoCl_2 \cdot 6H_2O$ | 0.25 | 琼 脂 | 10 000 |
| $Na_2$-EDTA | 37.3 | KCl | 65 | pH | 5.8 |
| $MnSO_4 \cdot H_2O$ | 10 | 肌 醇 | 10 | | |

**22. T 培养基**（Bourgin & Nitsch，1967，用于烟草花粉植株和各类再生植株的壮苗培养）

| 成 分 | 含量（mg/L） | 成 分 | 含量（mg/L） | 成 分 | 含量（mg/L） |
|---|---|---|---|---|---|
| $NH_4NO_3$ | 1650 | $FeSO_4 \cdot 7H_2O$ | 27.8 | $MnSO_4 \cdot 4H_2O$ | 25 |
| $KNO_3$ | 1900 | $H_3BO_3$ | 10 | 蔗 糖 | 10 000 |
| $KH_2PO_4$ | 170 | $Na_2MoO_4 \cdot 2H_2O$ | 0.25 | 琼 脂 | 8000 |
| $CaCl_2 \cdot 2H_2O$ | 440 | $CuSO_4 \cdot 5H_2O$ | 0.025 | pH | 6.0 |
| $MgSO_4 \cdot 7H_2O$ | 370 | $Na_2$-EDTA | 37.3 | | |

**23. CC 培养基**（Potrykus et al.，1979）

| 成 分 | 含量（mg/L） | 成 分 | 含量（mg/L） | 成 分 | 含量（mg/L） |
|---|---|---|---|---|---|
| $NH_4NO_3$ | 640 | $ZnSO_4 \cdot 7H_2O$ | 5.76 | 烟 酸 | 6 |
| $KNO_3$ | 1212 | $H_3BO_3$ | 3.1 | 盐酸硫胺素 | 8.5 |
| $KH_2PO_4$ | 136 | KI | 0.83 | 盐酸吡哆醇 | 1 |
| $CaCl_2 \cdot 2H_2O$ | 588 | $Na_2MoO_4 \cdot 2H_2O$ | 0.24 | 甘氨酸 | 2 |
| $MgSO_4 \cdot 7H_2O$ | 247 | $CuSO_4 \cdot 5H_2O$ | 0.025 | 椰子乳 | 100 |
| $FeSO_4 \cdot 7H_2O$ | 27.8 | $CoSO_4 \cdot 7H_2O$ | 0.028 | 蔗 糖 | 20 000 |
| $Na_2$-EDTA | 37.3 | 肌 醇 | 90 | pH | 5.8 |
| $MnSO_4 \cdot 4H_2O$ | 11.5 | 甘露醇 | 36 430 | | |

**24. NB 培养基**

| 成 分 | 含量（mg/L） | 成 分 | 含量（mg/L） | 成 分 | 含量（mg/L） |
|---|---|---|---|---|---|
| $KNO_3$ | 2830 | $ZnSO_4 \cdot 7H_2O$ | 2 | 盐酸吡哆醇 | 0.5 |
| $(NH_4)_2SO_4$ | 463 | $H_3BO_3$ | 3 | 盐酸硫胺素 | 1 |
| $KH_2PO_4$ | 400 | KI | 0.75 | 烟 酸 | 0.5 |
| $CaCl_2 \cdot 2H_2O$ | 166 | $Na_2MoO_4 \cdot 2H_2O$ | 0.25 | 蔗 糖 | 50 000 |
| $MgSO_4 \cdot 7H_2O$ | 185 | $CuSO_4 \cdot 5H_2O$ | 0.025 | 琼 脂 | 8000 |
| $FeNa_2$-EDTA | 28 | $CoCl_2 \cdot 6H_2O$ | 0.025 | pH | 5.8 |
| $MnSO_4 \cdot 4H_2O$ | 10 | 甘氨酸 | 2 | | |

**25. MB 培养基**

| 成 分 | 含量（mg/L） | 成 分 | 含量（mg/L） | 成 分 | 含量（mg/L） |
|---|---|---|---|---|---|
| $NH_4NO_3$ | 1650 | $ZnSO_4 \cdot 7H_2O$ | 2 | 盐酸硫胺素 | 0.4 |
| $KNO_3$ | 1900 | $H_3BO_3$ | 3 | 盐酸吡哆醇 | 0.5 |
| $KH_2PO_4$ | 170 | KI | 0.75 | 烟 酸 | 0.5 |
| $CaCl_2 \cdot 2H_2O$ | 440 | $Na_2MoO_4 \cdot 2H_2O$ | 0.25 | 蔗 糖 | 30 000 |
| $MgSO_4 \cdot 7H_2O$ | 500 | $CuSO_4 \cdot 5H_2O$ | 0.025 | 琼 脂 | 8000 |
| $FeSO_4 \cdot 7H_2O$ | 27.8 | $CoCl_2 \cdot 6H_2O$ | 0.025 | 烟 酸 | 0.5 |
| $Na_2$-EDTA | 37.3 | 肌 醇 | 100 | pH | 5.8 |
| $MnSO_4 \cdot 4H_2O$ | 10 | 甘氨酸 | 2 | | |

**26. 改良 SH 培养基**（王友生等，2006，用于紫花苜蓿愈伤组织的诱导培养）

| 成 分 | 含量（mg/L） | 成 分 | 含量（mg/L） | 成 分 | 含量（mg/L） |
|---|---|---|---|---|---|
| $KNO_3$ | 2830 | $ZnSO_4 \cdot 7H_2O$ | 1 | 烟 酸 | 5 |
| $(NH_4)_2SO_4$ | 463 | $H_3BO_3$ | 5 | 蔗 糖 | 50 000 |
| $KH_2PO_4$ | 400 | KI | 1 | 琼 脂 | 8000 |
| $CaCl_2 \cdot 2H_2O$ | 166 | $Na_2MoO_4 \cdot 2H_2O$ | 0.1 | 肌 醇 | 100 |
| $MgSO_4 \cdot 7H_2O$ | 185 | $CuSO_4 \cdot 5H_2O$ | 0.2 | 盐酸硫胺素 | 5 |
| Fe-EDTA | 140 | $CoCl_2$ | 0.1 | 盐酸吡哆醇 | 0.5 |
| $MnSO_4 \cdot H_2O$ | 10 | $Na_2$-EDTA | 37.3 | pH | 5.8 |

**27. MSO 培养基**（王友生等，2006，用于紫花苜蓿胚状体的分化）

| 成 分 | 含量（mg/L） | 成 分 | 含量（mg/L） | 成 分 | 含量（mg/L） |
|---|---|---|---|---|---|
| $NH_4NO_3$ | 1650 | $ZnSO_4 \cdot 7H_2O$ | 2 | 盐酸硫胺素 | 0.4 |
| $KNO_3$ | 1900 | $H_3BO_3$ | 3 | 盐酸吡哆醇 | 0.5 |
| $KH_2PO_4$ | 170 | KI | 0.75 | 烟 酸 | 0.5 |
| $CaCl_2 \cdot 2H_2O$ | 440 | $Na_2MoO_4 \cdot 2H_2O$ | 0.25 | 蔗 糖 | 30 000 |
| $MgSO_4 \cdot 7H_2O$ | 370 | $CuSO_4 \cdot 5H_2O$ | 0.025 | 琼 脂 | 8000 |
| $FeSO_4 \cdot 7H_2O$ | 27.8 | $CoCl_2 \cdot 6H_2O$ | 0.025 | pH | 5.8 |
| $Na_2$-EDTA | 37.3 | 肌 醇 | 100 | | |
| $MnSO_4 \cdot 4H_2O$ | 10 | 甘氨酸 | 2 | | |

**28. BM1 培养基**（林治良等，1996，用于番木瓜离体培养体系的建立）

| 成 分 | 含量（mg/L） | 成 分 | 含量（mg/L） | 成 分 | 含量（mg/L） |
|---|---|---|---|---|---|
| $NH_4NO_3$ | 825 | $ZnSO_4 \cdot 7H_2O$ | 8.6 | 盐酸硫胺素 | 10 |
| $KNO_3$ | 950 | $H_3BO_3$ | 6.2 | 盐酸吡哆醇 | 10 |
| $KH_2PO_4$ | 85 | KI | 0.83 | 烟 酸 | 5 |
| $CaCl_2 \cdot 2H_2O$ | 440 | $Na_2MoO_4 \cdot 2H_2O$ | 0.25 | 维生素 C | 2 |
| $MgSO_4 \cdot 7H_2O$ | 370 | $CuSO_4 \cdot 5H_2O$ | 0.025 | BA | 0.5 |
| $FeSO_4 \cdot 7H_2O$ | 27.8 | $CoCl_2 \cdot 6H_2O$ | 0.025 | NAA | 0.2 |
| $Na_2$-EDTA | 37.3 | 肌 醇 | 100 | 蔗 糖 | 50 000 |
| $MnSO_4 \cdot 4H_2O$ | 22.3 | 甘氨酸 | 100 | | |

**29. BM2 培养基**（林治良等，1996，用于建立番木瓜试管株系的离体快繁）

| 成 分 | 含量（mg/L） | 成 分 | 含量（mg/L） | 成 分 | 含量（mg/L） |
|---|---|---|---|---|---|
| $NH_4NO_3$ | 1650 | $ZnSO_4 \cdot 7H_2O$ | 8.6 | 盐酸硫胺素 | 10 |
| $KNO_3$ | 1900 | $H_3BO_3$ | 6.2 | 盐酸吡哆醇 | 10 |
| $KH_2PO_4$ | 170 | KI | 0.83 | 烟 酸 | 5 |
| $CaCl_2 \cdot 2H_2O$ | 440 | $Na_2MoO_4 \cdot 2H_2O$ | 0.25 | 维生素 C | 2 |
| $MgSO_4 \cdot 7H_2O$ | 370 | $CuSO_4 \cdot 5H_2O$ | 0.025 | BA | 0.5 |
| $FeSO_4 \cdot 7H_2O$ | 27.8 | $CoCl_2 \cdot 6H_2O$ | 0.025 | NAA | 0.1 |
| $Na_2$-EDTA | 37.3 | 肌 醇 | 100 | 蔗 糖 | 50 000 |
| $MnSO_4 \cdot 4H_2O$ | 22.3 | 甘氨酸 | 100 | | |

**30. ZM 培养基**（张望东等，1994，用于杨树植株的再生）

| 成 分 | 含量（mg/L） | 成 分 | 含量（mg/L） | 成 分 | 含量（mg/L） |
|---|---|---|---|---|---|
| $NH_4NO_3$ | 1650 | $H_3BO_3$ | 6.2 | 谷氨酸 | 1 |
| $KNO_3$ | 1900 | KI | 0.83 | 2,4-D | 0.45 |
| $KH_2PO_4$ | 170 | $Na_2MoO_4 \cdot 2H_2O$ | 0.25 | 激动素 | 0.1 |
| $CaCl_2 \cdot 2H_2O$ | 440 | $CuSO_4 \cdot 5H_2O$ | 0.025 | 盐酸硫胺素 | 0.4 |
| $MgSO_4 \cdot 7H_2O$ | 370 | $CoCl_2 \cdot 6H_2O$ | 0.025 | 盐酸吡哆醇 | 0.5 |
| $FeSO_4 \cdot 7H_2O$ | 27.8 | 肌 醇 | 100 | 烟 酸 | 0.5 |
| $Na_2$-EDTA | 37.3 | 甘氨酸 | 2 | 蔗 糖 | 25 000 |
| $MnSO_4 \cdot 4H_2O$ | 22.3 | 天冬氨酸 | 1 | 琼 脂 | 8000 |
| $ZnSO_4 \cdot 7H_2O$ | 8.6 | 精氨酸 | 1 | pH | 5.8 |

**31. DCR 培养基**（Gupta & Durzan，1985）

| 成　分 | 含量（mg/L） | 成　分 | 含量（mg/L） | 成　分 | 含量（mg/L） |
|---|---|---|---|---|---|
| $NH_4NO_3$ | 400 | $MnSO_4 \cdot H_2O$ | 22.3 | 肌　醇 | 200 |
| $KNO_3$ | 340 | $ZnSO_4 \cdot 7H_2O$ | 8.6 | 甘氨酸 | 2 |
| $Ca(NO_3)_2 \cdot 4H_2O$ | 556 | $H_3BO_3$ | 6.2 | NAA | 0.5 |
| $KH_2PO_4$ | 170 | KI | 0.83 | 盐酸硫胺素 | 1.0 |
| $CaCl_2 \cdot 2H_2O$ | 85 | $Na_2MoO_4 \cdot 2H_2O$ | 0.25 | 盐酸吡哆醇 | 0.5 |
| $MgSO_4 \cdot 7H_2O$ | 370 | $CuSO_4 \cdot 5H_2O$ | 0.25 | 蔗　糖 | 30 000 |
| $FeSO_4 \cdot 7H_2O$ | 27.8 | $CoCl_2 \cdot 6H_2O$ | 0.025 | | |
| $Na_2$-EDTA | 37.3 | $NiCl_2$ | 0.025 | | |